21 世纪高等学校计算机规划教材

U0734399

多媒体技术及应用案例教程（第2版）

李建芳／主　编

江红／副主编

陈志云 高爽 杨云 张凌立／参　编

薛万奉／顾　问

Fl

Ps

Ai

Pr

人民邮电出版社

北　京

图书在版编目（CIP）数据

多媒体技术及应用案例教程 / 李建芳主编. -- 2版
. -- 北京：人民邮电出版社，2020.2
21世纪高等学校计算机规划教材
ISBN 978-7-115-50412-8

Ⅰ. ①多… Ⅱ. ①李… Ⅲ. ①多媒体技术－高等学校
－教材 Ⅳ. ①TP37

中国版本图书馆CIP数据核字(2018)第294022号

内 容 提 要

本书是根据教育部高等学校大学计算机课程教学指导委员会起草的《计算机基础课程教学基本
要求》中有关"多媒体技术及应用"课程的教学要求编写而成的，主要讲述各类媒体素材的处理与
合成技术，以及与之相关的多媒体技术基本理论。全书分为两部分：第一部分教学内容共 6 章，依
次为多媒体技术概述，图形、图像处理，动画制作，音频编辑，视频处理，多媒体作品合成；第二
部分为实验内容，依次对应第一部分的第1～第6章内容。

本书由浅入深，循序渐进地介绍了多媒体技术的理论及应用，案例丰富、通俗易懂、实用性强。
通过对本书的学习，读者可掌握多媒体素材的处理与合成的基本方法，了解多媒体技术的相关基本
理论，提高多媒体作品的设计能力。

本书可以作为高等学校相关专业相关课程的教学用书，也可作为多媒体技术应用的社会培训教
材及广大多媒体爱好者的参考书籍。

◆ 主　编　李建芳
　　副主编　江　红
　　责任编辑　王亚娜
　　责任印制　王　郁　焦志炜
◆ 人民邮电出版社出版发行　北京市丰台区成寿寺路 11 号
　　邮编　100164　电子邮件　315@ptpress.com.cn
　　网址　http://www.ptpress.com.cn
　　山东华立印务有限公司印刷
◆ 开本：787×1092　1/16
　　印张：19.25　　　　　　　　　2020 年 2 月第 2 版
　　字数：506 千字　　　　　　2020 年 2 月山东第 1 次印刷

定价：59.80 元
读者服务热线：(010)81055256　印装质量热线：(010)81055316
反盗版热线：(010)81055315
广告经营许可证：京东工商广登字 20170147 号

第2版 前言 PREFACE

　　随着计算机技术与通信技术的飞速发展，多媒体技术的应用已经渗透到人类社会的各个领域，改变着人们传统的学习和生活方式。了解多媒体技术并掌握其相关应用，是当代大学生应该具备的基本素质。本书依据普通高校教学大纲，同时基于提升读者应用技能的理念，注重理论的严谨性与完整性、技能的实用性与创新性，力求使读者在掌握多媒体技术的同时获得应用能力。

📌 内容介绍

全书分为两部分。第一部分内容如下。

◎ **第1章**　多媒体技术概述，介绍多媒体的基本概念、多媒体计算机系统的基本知识和多媒体技术的主要应用领域等内容。

◎ **第2章**　图形、图像处理，讲述图形、图像处理的基本概念，常用的图形、图像处理软件Photoshop CC的基本操作和应用案例，矢量绘图软件Illustrator CC的简单应用。

◎ **第3章**　动画制作，讲述计算机动画的基本概念、常用的动画制作软件Flash CC的基本操作和应用案例、3ds Max 2015的简单应用。

◎ **第4章**　音频编辑，讲述数字音频的基本知识、常用的音频编辑软件Audition CC 2015的基本操作和应用案例、TT作曲家简谱绘谱的基本用法。

◎ **第5章**　视频处理，讲述数字视频的基本知识、常用的视频合成软件Premiere Pro CC的基本操作和应用案例、After Effects CC的简单应用。

◎ **第6章**　多媒体作品合成，简明扼要地介绍多媒体作品合成的含义、传统数字媒体合成和流媒体合成的基本知识，讲解多媒体作品合成综合案例的制作过程。

第二部分内容为实验，对应于第一部分的第1～第6章。

📚 本书特色

◎ 以多媒体技术应用的实践操作为主，以案例讲解为主，适当介绍相关理论，体现"做中学"的教学理念。

◎ 全面激发读者的学习兴趣，选择案例时，兼顾案例的实用性、趣味性和艺术性，以达到寓教于乐、学以致用的目的。

📋 资源下载

本书的模拟试卷、习题答案，以及相关的实验素材和教学课件，可以到人邮教育社区（www.ryjiaoyu.com）下载。

📋 教学建议

对选用本书进行教学的教师，作者有以下建议。

◎ 针对非艺术类专业的学生，可以多媒体技术概述、Photoshop图像处理、Flash动画制作和多媒体作品合成为主，音频编辑、视频处理为辅。

◎ 针对美术、设计、音乐等艺术类专业的学生，可根据需要选讲Illustrator、3ds Max、TT作曲家、After Effects等内容模块，并可以适当拓宽讲解范围。

本书作者为李建芳、江红、陈志云、高爽、杨云、张凌立等，他们都是长期从事计算机多媒体课程教学的一线教师。全书由李建芳、江红统稿。在本书的出版过程中，薛万奉老师在计算机绘谱方面给予了无私的指导与帮助，在此深表感谢。

编　者
2020 年 2 月

目录
CONTENTS

第1部分　基础知识篇

第二部分　实验篇

第 1 部分
基础知识篇

CHAPTER 1

第1章
多媒体技术概述

1.1 多媒体的基本概念

多媒体诞生于20世纪80年代。在短短的30多年时间里，多媒体发展迅速，极大地改变了人们的生活方式，并对许多领域产生了巨大的影响。特别是近些年来，数字高新技术不断取得新的突破，伴随着计算机、数码产品（手机、数字电视机等）和网络的普及，多媒体已经成为当今世界最热门的话题之一。

1.1.1 媒体

媒体（Media）或称传播媒体、传媒或媒介，是承载和传播信息的载体，即信息传播过程中从传播者到接收者之间携带和传递信息的一切形式的物质工具、载体或平台，是各种传播工具的总称，如电影、电视、广播、印刷品（图书、杂志、报纸），可以代指新闻媒体或大众媒体，也可以指用于任何目的、传播任何信息和数据的工具。

计算机领域中的媒体概念有两层含义：第一层含义是传递信息的载体，如文本、声音、图形、图像、动画、影视等，它们借助于显示屏、音频卡、视频卡等设备以各自不同的方式向人们传递着信息，但都以二进制数据的形式存储在计算机存储器中；第二层含义是用以存储上述信息的实体，例如磁带、磁盘、光盘、各种移动存储卡等。本章所探讨的多媒体技术中的媒体指的是前者，即计算机不仅能处理文字和数值信息，而且还能处理声音、图形、图像、视频、动画等各种不同形式的信息。

国际电话电报咨询委员会（Consultative Committee on International Telephone and Telegraph，CCITT）将媒体分为5类：感觉媒体、表示媒体、表现媒体、存储媒体和传输媒体。

1. 感觉媒体

感觉媒体（Perception Medium）指能直接作用于人的感官，使人产生感觉的媒体，例如语言、文字、图像、声音、动画和视频等。本章探讨的多媒体技术中所说的媒体主要指感觉媒体。

2. 表示媒体

表示媒体（Representation Medium）指为加工、处理和传输感觉媒体而人为研究、构造出来的一种媒体，目的是更有效地加工、处理和传送感觉媒体，例如图像编码（JPEG、MPEG等）、文本编码（ASCII、Unicode编码、GB2312等）和声音编码等。

3. 表现媒体

表现媒体（Presentation Medium）指用于通信中使电信号和感觉媒体之间产生转换的媒体。例如键盘、鼠标、扫描仪、摄像机、光笔和话筒等，可视为输入表现媒体；显示器、打印机、扬声器/喇叭等，可视为输出表现媒体；手机触摸屏可以视为集输入和输出于一体的表现媒体。

4. 存储媒体

存储媒体（Storage Medium）指用于存放表示媒体的物理介质，例如光盘、硬盘、U盘、ROM及RAM等。

5. 传输媒体

传输媒体（Transmission Medium）指通信中的信息载体，例如双绞线、同轴电缆、光纤等。

1.1.2　多媒体

多媒体一词译自英文Multimedia（由mutiple和media复合而成），与多媒体对应的是单媒体（Monomedia），因此，从字面上即可看出，多媒体是由单媒体复合而成的。

多媒体是传统媒体在数字化技术的支持下产生的，不仅具有传统媒体（报纸、图书、广播、电影电视等）的信息传播功能，还能够在数字存储设备中保存、复制、修改完善，不仅处理起来非常方便，而且更加环保和节能。因此，多媒体比传统媒体具有更多的优点和更广阔的发展前景。

在信息技术领域，多媒体是指文本、声音、图形、图像、动画、视频等多种媒体信息的组合使用。图1-1-1所示是由Flash合成的多媒体作品截图。

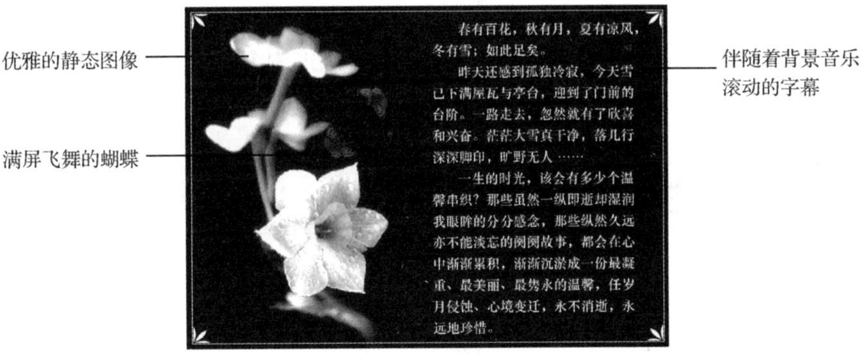

优雅的静态图像

满屏飞舞的蝴蝶

伴随着背景音乐滚动的字幕

图1-1-1　多媒体作品截图

多媒体是超媒体（Hypermedia）系统中的一个子集，而超媒体系统是使用超链接（Hyperlink）构成的全球信息系统。全球信息系统是因特网上使用传输控制协议/因特网互联协议（Transmission Control Protocol/Internet Protocol，TCP/IP）和用户数据报协议/因特网互联协议（User Data Protocol/Internet Protocol，UDP/IP）的应用系统。二维多媒体网页使用超级文本标记语言（Hyper Text Markup Language，HTML）、可扩展标记语言（Extensible Markup Language，XML）等语言编写，三维多媒体网页使用虚拟现实建模语言（Virtual Reality Modeling Language，VRML）等语言编写。目前的多媒体作品大多使用网络或光盘发布。

一般将多媒体看作"多媒体技术（Multimedia Technology）"的同义语。多媒体技术是利用计算机对文本、图形、图像、声音、动画、视频等多种信息综合处理、建立逻辑关系和人机交互作用的技术。因此，多媒体不仅指多种媒体的本身，而主要是指处理和应用它的一整套技术。本章所阐述的多媒体技术是指使用计算机对多种媒体信息（文本、声音、图形、图像、动画、视频等）进行加工处理，并在各媒体之间建立一定的逻辑连接，形成一个具有集成性、实时性和交互性的系统综合技术。多媒体技术具有以下特点。

1. 集成性

多媒体技术的集成性一方面指多种媒体信息的有机合成，另一方面指处理各种媒体信息所需要的软件工具和硬件设备的集成。对前者，《数字化生存》的作者尼古拉·尼葛洛庞帝曾说过，"声音、图像和数据的混合被称作'多媒体'，这个名词听起来很复杂，但实际上，不过是指混合的比特罢了"。

2. 实时性

声音与视频是密切相关的，必须同步进行，任何一方滞后都会影响信息的准确表达。这决定了多媒体技术具有实时性。另外，在多媒体网络技术、流媒体传输技术层面，实时性还包含"可以实时发布信息，以更强的时效性反馈信息"的含义。

3. 交互性

多媒体技术的交互性指用户通过人机界面能够与计算机进行信息交流，以便更有效地控制和使用多媒体信息。人机相互交流是多媒体最大的特点。

4. 多样化

多媒体技术的多样化是指信息媒体的多样化和媒体处理方式的多样化。多媒体技术同时复合图、文、声、像等多种媒体进行信息表达，计算机中相应的各种工具软件和硬件设备处理这些媒体的方式也是多种多样的。

此外，"超链接技术"也是多媒体技术的一个重要特征，通过超链接不但能够即时获取某个领域的最新信息，还可以不断深入，最终得到该领域无限扩展的内容。"超链接技术"同时也改变了人们循序渐进的信息认知方式，形成了联想式的认知方式。

1.2 多媒体关键技术

计算机多媒体的产生和发展对传统的媒体产生了巨大的冲击力，在很大程度上改变了人们生产和生活的方式，促进了社会生产力的迅速发展。当前，促进多媒体发展的关键技术主要有数据压缩技术、多媒体的采集和存储技术、多媒体信息检索技术、流媒体技术和虚拟现实技术等。因为这些技术取得了突破性的进展，多媒体技术才得以迅速地发展，而成为像今天这样具有强大的处理声音、文字、图像等媒体信息能力的高科技技术。

1.2.1 数据压缩

随着软硬件技术的发展，多媒体技术也向着高分辨率、高速度和高维度的方向发展，这势必导致多媒体的数据量日益增大。例如，1min未经压缩的1 024像素×768像素的真彩色视频的数据量为3GB，如果不进行压缩，对计算机的数据处理能力、存储空间和传输速度将带来巨大挑战。因此，压缩方法的研究一直是多媒体领域的热点。通常，压缩方法有如下两类。

1. 无损压缩

压缩前和解压缩后的数据完全一样的压缩方法称为无损压缩。例如，哈夫曼编码（Huffman Coding）就是一种典型的无损压缩方法，它对数据流中出现的各种数据进行概率统计，对概率大的数据采用短编码，对概率小的数据采用长编码，这样就使数据流压缩后形成的编码位数大大减少。无损压缩的特点是可以百分之百地恢复原始数据，但压缩率较低。

2. 有损压缩

无法将数据还原到与压缩前完全一样的状态的压缩方法称为有损压缩。有损压缩的过程中会丢失一些人眼或人耳不敏感的图像或音频信息。虽然丢失的信息不可恢复，但人的视觉和听觉主观评价是可以接受的。有损压缩的压缩率高，常见的有损压缩方法有预测编码、变换编码等。

1.2.2　采集与存储

近年来，随着计算机软硬件技术的发展，多媒体信息的采集和存储技术也有了很大的发展。

图像的采集包括扫描仪扫描、数码相机拍摄等多种方式。音频素材可通过声卡、音频编辑软件、乐器数字接口（Musical Instrument Digital Interface，MIDI）输入设备等方式采集。视频素材可通过录像机、电视机等模拟设备采集，再通过视频采集卡转换为数字信号；也可通过数字摄像机等数字设备采集。

多媒体数据的存储从早期的光盘存储器［如激光唱盘（Compact Disc，CD）、影音光盘（Video Compact Disc，VCD）和数字通用光盘（Digital Versatile Disc，DVD）等］发展到当前主流的各种存储卡，如CF（Compact Flash）卡、安全数码（Secure Digital Memory，SD）卡、多媒体卡（MultiMedia Card，MMC）等以及目前流行的云存储。

云存储指通过集群应用、网格技术或分布式文件系统等功能，将网络中的大量各种不同类型的存储设备通过应用软件集合起来协同工作，对外提供数据存储和业务访问的一个系统。任何地方的任何一个经过授权的使用者都可以通过标准的公用应用接口来登录云存储系统，享受云存储服务。国内云存储服务较为著名的有搜狐企业网盘、百度云盘、乐视云盘、移动彩云、金山快盘、坚果云、酷盘、115网盘、华为网盘、360云盘、新浪微盘、腾讯微云等。

1.2.3　多媒体信息检索

随着网络技术及多媒体技术的飞速发展，网络中出现了大量的多媒体信息，其中，图像信息占有最大比例。多媒体信息检索技术已经引起人们的广泛关注，基于内容的图像检索（Content-based Image Retrieval,CBIR）是该领域公认的最活跃的研究课题之一。传统的图像检索都是基于关键词的文本检索，实际检索的对象是文本，不能充分利用图像本身的特征信息。基于图像内容的检索，是根据图像的特征，如颜色、纹理、形状、位置等，从图像库中查找到内容相似的图像，利用图像的可视特征索引，大大地提高了图像系统的检索能力。

传统的谷歌（Google）、百度（Baidu）推出的图片搜索功能主要是基于图片的文件名来实现检索的，并不是真正的基于内容的图像检索。目前，已有一些真正基于内容的图像检索系统产生，如百度识图等。

1.2.4　流媒体

流媒体（Streaming Media）技术是一种新兴的网络多媒体技术。流媒体是采用流式传输的方式在互联网上播放的媒体格式。在流媒体之前，网络用户要浏览存储在远程服务器上的图像、音频、视频等媒体文件，必须等到文件的全部数据传输到用户端时才能够播放。流媒体则不同，它将视频文件经过特殊的压缩方式分成一个个的小数据包，只要一个数据包到达，流媒体播放器就开始播放。之后，流媒体数据陆续"流"向用户端，形成"边传送边播放"的状态，直到传输完毕。这种方式解决了用户在数据下载前的长时间等待问题；而且流媒体文件较小，便于存储和网络传输。

流媒体技术不是一种单一的技术，它是网络技术及视/音频技术的有机结合。在网络上实现流媒体技术，需要解决流媒体的制作、发布、传输及播放等方面的问题，而这些问题需要利用视/音频技术及网络技术来解决。

Internet的迅猛发展和普及为流媒体业务的发展提供了强大的动力，流媒体业务变得日益流行。流媒体技术广泛应用于多媒体新闻发布、在线直播、网络广告、电子商务、视频点播（Video On Demand，VOD）、视频监视、视频会议、远程教学、远程医疗等领域。目前网络上使用比较广泛的流媒体软件产品有3个，分别是RealNetwork的公司的Real Media、Apple（苹果）公司的Quick Time和Microsoft（微软）公司的Windows Media。

1.2.5　虚拟现实

虚拟现实（Virtual Reality，VR）技术是一种新型的多媒体技术，能够利用三维图像生成技术、多传感交互技术及高分辨率显示技术，生成逼真的三维虚拟环境，用户可以通过特殊的交互设备，感受到实时的、三维的虚拟环境。VR技术又称幻境或灵境技术。

虚拟现实技术融合了数字图像处理、计算机图形学、多媒体技术、传感器技术、人工智能等多个信息技术分支，其实质是提供了一种高级的人与计算机交互的接口，是多媒体技术发展的更高境界。

虚拟现实技术始于军事和航空、航天领域的需求，近年来已广泛地应用于各个行业。例如，在科技开发上，虚拟现实技术可以用来设计新材料，模拟各种成分的改变对材料性能的影响；在医疗上，虚拟人体使医生更容易了解人体的构造和功能，虚拟手术系统可用于指导手术的进行；在军事上，模拟战争过程已成为最先进的研究战争、培训指挥员的方法；娱乐上的应用也是虚拟现实最有前景的应用之一，例如，穿上一种滑雪模拟器，只要在室内做出各种各样的滑雪动作，就可通过头盔式显示器，看到皑皑白雪的高山、峡谷等从身边掠过，其情景就和真实滑雪场里的场景一模一样。未来，虚拟现实技术的发展前景非常广阔。

1.3　多媒体个人计算机系统

早期的微机仅能处理文字和数字，人机之间的交互只能通过键盘、鼠标和显示器等少数设备实现，交流的方式非常单一。为了改变这种现状，人们发明了多媒体计算机。

多媒体个人计算机（Multimedia Personal Computer，MPC）是能够对文本、声音、图形、图像、动画、视频等多种媒体进行获取、编辑、处理、存储、输出和表现的一种个人计算机系统。

1.3.1　多媒体计算机系统的硬件系统

多媒体计算机是在普通计算机基础上配以一定的硬件板卡和相应软件，并由各种接口部件组成，除要求高性能的中央处理器，还需要涉及多媒体的关键设备，包括各种板卡、多媒体数据存储设备、多媒体数据输入/输出设备。MPC联盟规定多媒体计算机系统至少由5个基本组成部分：个人计算机（Personal Computer，PC）、光盘驱动器、音频卡、Windows操作系统、一组音箱或耳机。

近年来计算机硬件技术发展迅速，如今个人购买的计算机配置都已经远高于MPC标准，硬件种类也大大增加，功能更为强大，多媒体功能已经成为个人计算机的基本功能，MPC标准已经不再重要。下面介绍多媒体计算机硬件系统中的一些重要设备及其新进展。

1. 中央处理器

芯片设计技术的发展，将多媒体和通信功能集成到了中央处理器（Central Processing Unit，CPU）芯片中，形成了专用的多媒体CPU。多媒体CPU使得PC对音频和视频的处理就如同对数字和文字的处理一样快捷。

现在市场上又兴起了具有"双核"或"多核"CPU的计算机系统。"核"即核心，又称内核，是CPU最重要的组成部分，CPU所有的计算、接受/存储命令、数据处理工作都由核心执行。多核CPU就是在一个CPU上集成了多个运算核心，大大提高了CPU的计算能力，计算机系统的性能也随之得到巨大的提升。

2. 音频卡

音频卡又称声卡（见图1-1-2），是最基本的多媒体声音处理设备，其功能是实现声音信号的A/D（模/数）和D/A（数/模）转换。采样频率是影响音频卡性能的一个重要因素，不同的音频卡可支持11.025kHz、22.05kHz和44.1kHz 3种采样频率。影响音频卡性能的另一个重要因素是采样分辨率（又称量化精度、量化位数），有8位、16位、32位之分。采样频率和采样分辨率共同决定音频卡性能的好坏。一般来说，采样频率越高，采样分辨率越高，音频卡的性能越好。

图1-1-2 音频卡

音频卡支持声音的录制和编辑、合成与播放、压缩和解压缩，并且具有与乐器数字接口（Musical Instrument Digital Interface，MIDI）设备和CD-ROM驱动器相连接的功能。在音频卡上连接的音频输入/输出设备包括话筒、音频播放设备、MIDI合成器、耳机、扬声器等。

3. 显卡

显卡（见图1-1-3），又称图形适配器，是显示高分辨率彩色图像的必备部件，用于控制显示在屏幕上的各个像素。目前计算机上的大部分显卡都支持800像素×600像素、1 024像素×768像素、1 280像素×1 024像素或更高像素的分辨率。为支持高分辨率，显卡必须有足够容量的显存（显示缓冲存储器）。显存大小直接影响屏幕分辨率、可显示颜色数与画面的垂直更新频率。显存也用于协助处理3D画面的运算，大容量的显存有助于提升3D数据处理速度。

图1-1-3 显卡

4. 视频卡

视频技术使得动态影像能够在计算机中输入、编辑和播放。视频技术通过软件、硬件都能够实现，目前使用较多的是视频卡（见图1-1-4）。视频卡可分为视频叠加卡、视频捕捉卡、电视编码卡、动态图像专家组（Moving Picture Experts Group，MPEG）卡和TV卡等多种，其功能是连接摄像机、盒

图1-1-4 视频卡

式磁带录像机（Video Cassette Recorder，VCR）、TV等设备，以便获取、处理和播放各种数字化视频媒体。

在各种视频卡中，视频叠加卡用于将标准视频信号经A/D转换与视频图形阵列（Video Graphics Array，VGA）信号进行叠加；视频捕捉卡（又称视频采集卡）用于将模拟视频信号转换成数字化视频信号，以音频视频交错格式（Audio Video Interleaved，AVI）存储在计算机中；电视编码卡用于将VGA信号转换成标准的视频信号；MPEG卡（又称解压卡/回放卡）用于将音频和视频进行MPEG解压缩与回放，该功能现在基本由软件实现；TV卡用于使计算机能够接收逐行倒相（Phase Alteration Line，PAL）制式或（美国）国家电视标准委员会（National Television Standards Committee，NTSC）制式的电视信号，同时TV卡还具有电视频道的选择功能。

5. CD-ROM 驱动器与 DVD 驱动器

只读光盘（Compact Disc Read-Only Memory，CD-ROM）驱动器简称光驱，是用于光盘读写操作的设备。根据与主机连接方式的不同，CD-ROM驱动器可分为内置式和外置式两种。还有一种可重复读写型光驱（Compact Disc-ReWritable，CD-RW），又称光盘刻录机。对广大用户来说，光驱早已成为多媒体个人计算机系统的必备配置。

光盘是利用光存储技术实现数据读写的大容量存储器。按读写功能分类，光盘可分为只读光盘（CD-ROM等）、一次写多次读光盘（Compact Disk-Recordable，CD-R等）和可擦写光盘（CD-RW等）3种。

图1-1-5　DVD-RW驱动器

DVD驱动器是对DVD光盘进行读写操作的设备，按读写方式的不同进行分类，DVD驱动器可分为只读型DVD驱动器（即DVD-ROM驱动器）、一次性写入型DVD驱动器（即DVD-R驱动器）和可重复擦写型DVD驱动器（即DVD-RW驱动器，见图1-1-5）等。

CD-ROM的容量通常为650 MB。DVD-ROM的容量要大得多，单面单层DVD-ROM的容量是4.7 GB，相当于7张CD-ROM的容量；双面双层DVD-ROM的容量是17.7 GB，更是CD-ROM容量的几十倍，因此成为多媒体计算机系统升级换代的理想产品。

6. U 盘与固态硬盘

U盘（见图1-1-6）是"USB闪存盘"的简称（又称优盘、闪盘），是基于USB接口，采用闪存芯片作为存储介质，且无须驱动器的可移动存储盘。U盘小巧便携且存储容量大（如128 GB、512GB等），可以随时随地轻松交换数据资料，U盘的出现是移动存储技术的一大突破。

图1-1-6　U盘

固态硬盘（见图1-1-7）的存储介质有两种，一种采用闪存，另一种采用动态随机存取存储器（Dynamic Random Access Memory，DRAM）。采用闪存芯片的固态硬盘（Solid State Disk，SSD），例如笔记本电脑硬盘、存储卡等。固态硬盘的优点很多，如可移动、数据保护不受电源控制、能适应各种环境等；其缺点是使用年限不高，适合个人用户。基于DRAM的固态硬盘，效仿传统硬盘的设计，是一种高性能的存储器，使用寿命很长，但需要独立的

图1-1-7　固态硬盘

电源来保护数据安全。

7. 触摸屏

随着多媒体信息查询设备的与日俱增，人们越来越多地谈到触摸屏，利用这种技术，用户只要用手指轻轻地触碰计算机显示屏上的图符或文字就能实现对主机的操作，从而使人机交互更为直截了当，这种技术大大方便了那些不懂计算机操作的用户。

触摸屏（touch screen）又称为触控屏、触控面板，是一种可接收触头等输入信号的感应式液晶显示装置。当接触了屏幕上的图形按钮时，屏幕上的触觉反馈系统可根据预先编程的程式驱动各种连接装置，可用以取代机械式的按钮面板，并借由液晶显示画面制造出生动的影音效果。触摸屏作为一种新型的输入设备，是目前最简单、方便、自然的人机交互方式之一，赋予了多媒体崭新的面貌，是极富吸引力的全新多媒体交互设备。

触摸屏（见图1-1-8）的应用范围非常广阔，主要是公共信息的查询，如电信局、税务局、银行、电力等部门的业务查询，城市街头的信息查询，此外还应用于领导办公、工业控制、军事指挥、娱乐餐饮、多媒体教学等。随着平板计算机和智能手机的普及，触摸屏从公共场合走向家庭和个人用户。

（a）　　　　　　　　　　（b）　　　　　　　　　　（c）

图1-1-8　一体机、平板计算机、智能手机的触摸屏

为了增强多媒体个人计算机的功能，其他可扩展的配置还有网卡、打印机、扫描仪（见图1-1-9）、数码相机、数码摄像机等。目前，PC的多媒体功能大多是通过附加上述插件和设备来实现的。

（a）　　　　　　　　　　　　　　（b）

图1-1-9　打印机（左）与扫描仪（右）

1.3.2　多媒体计算机系统的软件系统

多媒体计算机系统的软件系统包括多媒体操作系统、多媒体信息处理工具和多媒体应用软件3个层次。

1. 多媒体操作系统

多媒体计算机的使用需要多媒体操作系统的支持。多媒体操作系统是在传统操作系统的基础上增加了处理声音、图形、图像、动画、视频等多种媒体信息的功能，如Windows 98、Windows 2000、Windows XP、Windows Vista、Windows 7、Windows 10、Android、iOS等。多媒体操作系统支持多任务，支持大容量的存储器；在内存容量不足以支持同时运行多个大型程序时，能够通过虚拟内存技术，借助硬盘空间的交换来扩展内存空间；支持"即插即用"功能；支持高速的数据传输端口，如IEEE 1394接口等。Windows 10是目前被广泛应用的多媒体操作系统。本书将在1.3.3小节专门介绍Window 10的多媒体功能。

Android是一种基于Linux的自由及开放源代码的多媒体操作系统，由Google（谷歌）公司和开放手机联盟领导及开发，主要应用于移动设备，如智能手机和平板计算机，并逐渐扩展到其他领域，如电视、数码相机、游戏机等。2014年6月，Google公司发布全新移动操作系统Android L、车载系统、智能手表系统等，旨在从移动设备、穿戴设备、智能家居全方位打造安卓生态圈。在互联网的Google已经走过10年历史，从搜索巨人到全面的互联网渗透，Google服务如地图、邮件、搜索等已经成为连接用户和互联网的重要纽带，而Android平台手机将无缝结合这些优秀的Google服务。

2. 多媒体信息处理工具

多媒体信息处理工具按照用途进行划分，一般可分为多媒体信息加工工具、多媒体信息集成（创作）工具和多媒体播放工具。

（1）多媒体信息加工工具

常用的多媒体信息加工工具如下。

- 图形图像处理：Photoshop、CorelDRAW、Illustrator等。
- 声音处理：Ulead Audio Editor、Adobe Audition、CakeWalk等。
- 动画制作：Gif Animation、Flash、3ds Max、Maya等。
- 视频处理：Ulead Video Editor、Ulead Video Studio（会声会影）、Premiere等。

（2）多媒体信息集成工具

常用的多媒体信息集成工具如下。

- 基于幻灯片的多媒体创作工具PowerPoint。
- 基于时间顺序的多媒体创作工具Director、Flash。
- 基于图符的多媒体创作工具Authorware等。
- 网页形式的多媒体创作工具FrontPage、Dreamweaver等。

（3）多媒体播放工具

常用的多媒体播放工具有Windows Media Player、RealPlayer、QuickTime等。不同格式的多媒体文件要求对应的播放软件。Internet上有多种格式的多媒体文件，浏览器往往无法识别所有，此时可以下载对应的插件嵌入浏览器内部。通常，这些插件安装程序除了安装供浏览器使用的应用插件外，还同时安装可独立运行的播放软件。

一般来说，多媒体信息加工工具和多媒体信息集成工具的关系如下：首先通过前者加工处理得到所需要的各类多媒体素材（图形、图像、声音、动画、视频等），再由后者将上述各类素材进行集成，创作出丰富多彩的多媒体作品和多媒体应用软件。

3. 多媒体应用软件

多媒体应用软件是利用多媒体信息处理工具开发的，运行于多媒体计算机上，能够为用户提供某种用途的软件,如辅助教学软件、游戏软件、电子工具书、电子百科全书等。多媒体应用软件一般具有以下特点:由多种媒体集成,具有超媒体结构,比较注重交互性。

1.3.3　Windows 10 的多媒体工具

Windows 10中的多媒体工具主要包括声音设置与音量控制程序、录音机、Windows媒体播放机(Windows Media Player)和"照片"应用程序等。

1.　声音设置与音量控制程序

在Windows 10中,单击桌面左下角的"开始"按钮,选择"设置"命令,或者用鼠标右键单击桌面左下角的"开始"按钮,在弹出的快捷菜单中选择"设置"命令,均可以打开Windows设置窗口。单击其中的"系统"图标,在打开的系统设置窗口中,单击左侧边栏的"音量"菜单项,如图1-1-10所示,打开Windows 10的"声音"设置窗口(更简捷的方式是用鼠标右键单击Windows 10桌面右下角的喇叭图标◀》,在弹出的快捷菜单中选择"打开声音设置"命令,打开"声音"设置窗口)。

在图1-1-10所示的Windows 10"声音"设置窗口右上部,单击"声音控制面板"超链接,打开"声音"对话框,如图1-1-11和图1-1-12所示,从中可以对Windows 10的声音性能参数和相关硬件设备进行配置和属性设置(更简捷的方式是用鼠标右键单击Windows10桌面右下角的喇叭图标◀》,在弹出的快捷菜单中选择"声音"命令,打开"声音"对话框)。

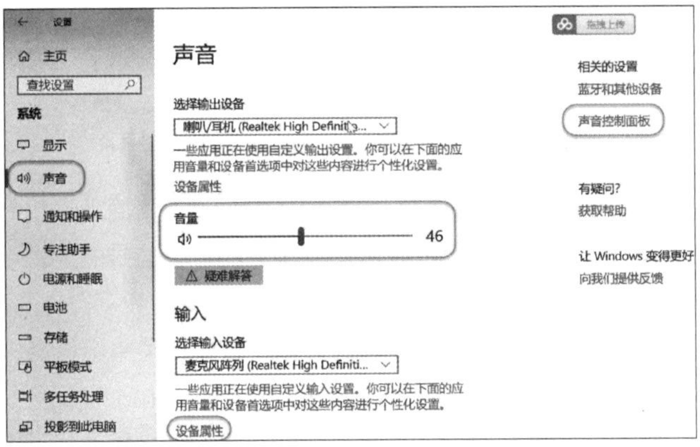

图 1-1-10　Windows 10 中的"声音"设置窗口 　　图 1-1-11　"声音"对话框(声音设置)

(a)"播放"设置　　　　(b)"录制"设置　　　　(c)"通信"设置

图1-1-12　"声音"对话框(其他设置)

通过Windows 10的音量合成器，可以实现音量控制。用鼠标右键单击Windows10桌面右下角的音量图标，在弹出的快捷菜单中选择"打开音量混合器"命令，打开"音量合成器"窗口，如图1-1-13所示。音量合成器可以打开、关闭以及调节扬声器、系统及正在运行的各种应用程序中的声音。

2. 录音机

单击桌面左下角的"开始"按钮，在应用程序列表中找到并选择"录音机"命令，即可打开Windows 10的录音机。

Windows 10的录音机比以前版本的录音机精简了不少。从界面（见图1-1-14）上看，刚刚启动后的录音机工具只有一个"录制"按钮。

使用录音机可以录制声音，并将其作为音频文件保存在计算机上，还可以通过不同的音频设备录制声音（例如在计算机上插入声卡的话筒）。录音的音频输入源的类型取决于计算机所拥有的音频设备以及声卡上的输入源。

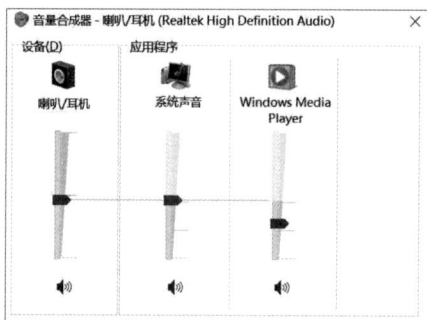

图1-1-13　Windows 10音量合成器

图1-1-14　Windows 10的录音机

在使用Windows 10录音机录制音频文件前，首先要确保有音频输入设备（如话筒）连接到计算机。单击"录制"按钮 🎤，即可录制音频，其窗口界面上可显示正在录制的声音信号的强弱以及音频的总的时间长度。若要停止录制音频，可单击"停止录音"按钮 ⏹。

录音完成后，在录音机界面上用鼠标右键单击所录制的声音，在弹出的快捷菜单中选择"打开文件位置"命令，如图1-1-15所示，可以查看所录制声音的保存位置（Windows 10录音机所录制的音频文件默认保存为M4A格式）。单击所录制的声音，可以播放声音，如图1-1-16所示。可以添加标记以标识录制或播放时的关键时刻，还可以共享、剪裁、删除、重命名所录制的声音，选择"查看更多"可以了解更多选项。

图1-1-15　打开文件位置

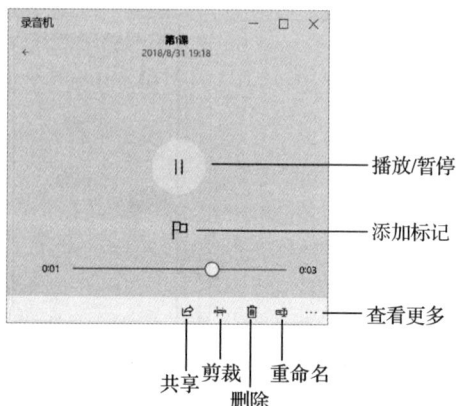

图1-1-16　播放和编辑所录制的声音

3. 媒体播放机

媒体播放机（Windows Media Player，WMP）是微软公司出品的一款播放器，通常在Windows操作系统中作为一个组件内置，也可以从网络下载。

媒体播放机不仅可以播放MP3、WMA、WAV等格式的音频文件，还可以播放AVI、WMV、MPEG-1、MPEG-2、DVD等格式的视频文件。对于Windows Media Player 8以后的版本，如果安装了RealPlayer相关的解码器，媒体播放机也可以播放RM格式的文件。用户可以自定义媒体数据库收藏媒体文件。媒体播放机支持播放列表，支持从CD抓取音轨复制到硬盘。媒体播放机还支持刻录CD，Windows Media Player 9以后的版本甚至支持与便携式音乐设备同步音乐。

Windows 10媒体播放机将媒体库和播放窗口进行了分离。在图1-1-17所示的Windows 10媒体播放机（媒体库）界面，单击右下角的"切换到正在播放"按钮，可以将窗口切换到图1-1-18所示的Windows 10媒体播放机（播放）界面，单击右上角的"切换到媒体库"按钮，又可以切换到媒体播放机（媒体库）界面。

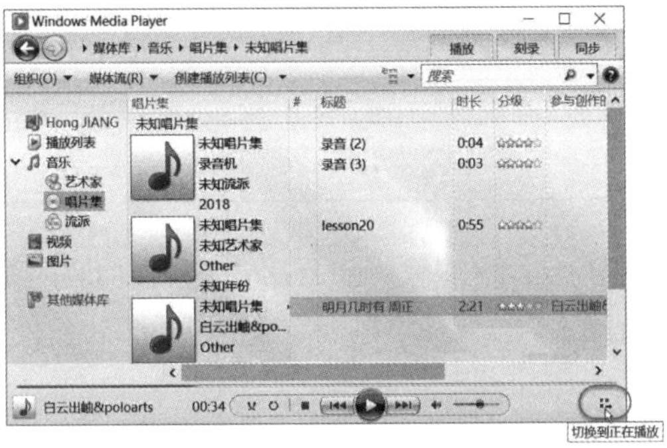

图1-1-17　媒体播放机（媒体库）

图1-1-18　媒体播放机（播放窗口）

4. 照片

Windows 10中的"照片"应用程序提供浏览、创建、编辑视频和相册的功能。借助滤镜、墨迹和3D效果等个性化设置可实现视频和相册的合成集锦。

单击桌面左下角的"开始"按钮，在应用程序列表中找到并选择"照片"命令，打开Windows 10的"照片"应用程序，如图1-1-19所示。

可以按日期、相册、视频项目、人物或文件夹浏览照片和视频集锦，也可以搜索以查找特定的人物、地点或事物。照片应用可以识别图像中的人脸和对象并添加标记，以便帮助用户查找所需内容，而无须不停地滚动鼠标。例如，尝试搜索"海滩"或"小狗"，或者在搜索窗格中选择一张所显示的人脸以查看所有包含此人的照片，如图1-1-20所示。

图1-1-19　"照片"应用程序窗口

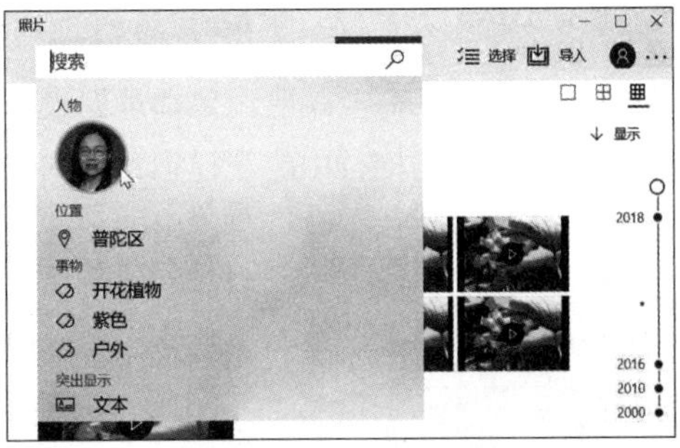

图1-1-20　基于人脸图片搜索包含此人的所有图片

对于打开的照片，可以利用"照片"应用程序"编辑"中的命令，进行裁剪、旋转、添加滤镜或自动增强拍摄效果等操作，也可以手动调整光线、颜色、清晰度或晕影等，甚至还可以删除红眼、祛除斑点等。

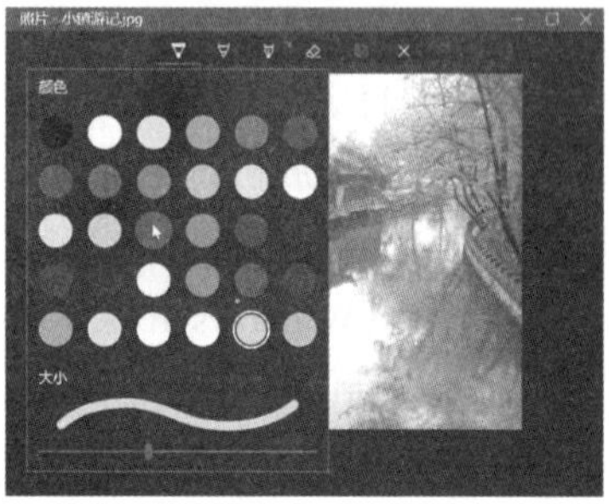

图1-1-21　在照片上绘图

对于打开的视频，可以利用"照片"应用程序，进行裁剪、添加慢动作、添加降雨彩屑等3D效果、将视频保存为帧（照片）、利用绘图添加艺术素材库等操作，以及创建带有文本、音乐的视频等。

对于打开的照片或视频，可以利用"照片"应用程序"编辑&创建"中的"绘图"命令，从随后出现的Windows Ink工具栏中选择自己喜欢的笔、选择颜色和粗细选项，在已有的作品上绘图，如图1-1-21所示。在视频上绘图时，还可以将墨迹附加到视频中特定的人或对象上，随后该墨迹会在对象移动或摄像机角度变化时一直跟随此对象。

1.4　其他多媒体终端

多媒体终端指多媒体产品的承载设备，是用户使用多媒体产品、感受多媒体内容的有形载体。当前主流的多媒体终端除了计算机外，还包括智能手机以及数字电视等数字电子产品。

1.4.1　智能手机

智能手机，是像个人计算机一样，具有独立的操作系统和独立的运行空间，可以由用户自行安装软件、游戏、导航等第三方服务商提供的应用程序，并可以通过移动通信网络或无线局域网等实现Internet接入的这样一类手机的总称。

智能手机具有优秀的操作系统、可自由安装各类软件、完全大屏的全触屏式操作感这三大特性。智能手机的三大主流操作系统分别是谷歌公司的Android系统、苹果公司的iOS系统以及微软Windows Phone系统。智能手机不仅可以进行传统的通信（通话、短信等），还可以拍摄照片、视频，上网以及安装第三方服务商提供的各类应用程序。在苹果公司革命性的创新产品iPhone的带领下，智能手机开启了一个移动多媒体时代。

1.4.2　数字电视

数字电视是一个从节目采集、节目制作、节目传输直到用户端收看，都以数字方式处理信号的系统。2006年12月，荷兰就已经停播地面模拟电视，成为世界上首个实现电视数字化的国家。最近几年，我国也在大力推行由电视模拟信号向数字信号的转换，并于2015年前在全国范围关闭模拟信号。其具体传输过程：由电视台送出的图像及声音信号，经数字压缩和数字调制后，形成数字电视信号，经过卫星、地面无线广播或有线电缆等方式传送；由数字电视接收后，通过数字解调和数字视音频解码处理还原出原来的图像及伴音。因为全过程均采用数字技术处理，因此信号损失小，接收效果好。

高清数字电视（High Definition Television，HDTV）是数字电视的一种，是水平扫描行数至少为

720行的高解析度的电视，宽屏模式为16：9，并且采用多通道传送。HDTV的扫描格式共有3种，即1 280像素×720像素、1 920像素×1 080像素和1 920像素×1 080像素。

HDTV可以划分为"一体机"和"分体机"。"一体机"就是在电视显示器中内置机顶盒的完整功能（信源解码、信道解码、条件接收）。"分体机"是不带机顶盒的数字电视显示器。目前市场上的数字电视机大多属于分体机，用户需购置机顶盒后才能收看数字高清电视节目。机顶盒的功能是将数字电视信号转换成模拟信号，这样用户使用普通的模拟电视机就可以收看数字电视节目。

1.5 多媒体技术的应用

多媒体技术的应用是通过计算机和通信设备的数字记录与传送，对文字、图形、图像、声音、视频及网络、通信等各种媒体进行处理。

1.5.1 教育领域

多种形式的多媒体教学手段已经在大、中、小学推广，如利用多媒体电子教案进行教学，网络多媒体远程教育，在课程中利用多媒体技术模拟交互过程、仿真工艺过程等。合理地进行多媒体教学，可改善教学效果，给教师和学生的教与学带来极大的方便。

图1-1-22所示为《中国最美古词》多媒体教学课件中的交互式画面。

图1-1-22 学习古词《青玉案》

1.5.2 通信领域

多媒体通信技术将多媒体技术与网络技术相结合，借助局域网、广域网或移动通信网为用户提供多媒体信息服务。与多媒体通信技术相关的应用领域主要有多媒体电话视频会议、网络视频点播、多媒体信件、远程医疗诊断、远程图书馆等。这些应用使人们的工作、生活和学习发生了深刻的变革。

图1-1-23所示为视频会议的示意图，图1-1-24所示为医疗远程诊疗示意图。

1.5.3 数字媒体艺术领域

数字媒体艺术，或称多媒体艺术，是以多媒体技术为基础发展起来的一个新兴领域，是多媒体技术与传统艺术的结合，包括计算机平面设计、数字图形图像（如数字绘画、数字摄影艺术等）、计算机动画、网络艺术、数字音乐、数字视频等领域。目前，数字媒体艺术在我国已经得到越来越广泛的应用，其发展前景不可限量。

2008年北京奥运会开幕式上美轮美奂的巨型卷轴画卷（见图1-1-25）；2010年上海世博会中国馆内会动的"清明上河图"（见图1-1-26），画面上的人在走动，旗帜在飘扬，河水在流动，一切都栩栩如生。这些都是多媒体技术在数字媒体艺术领域的经典应用。

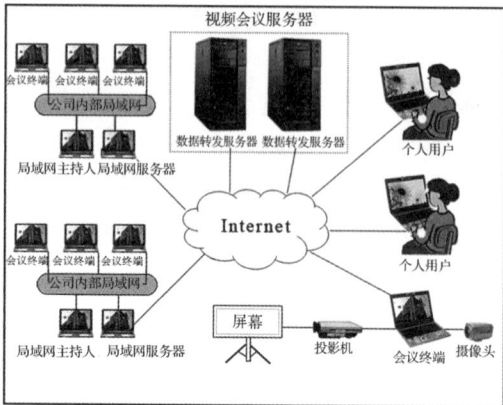

图1-1-23　视频会议示意图

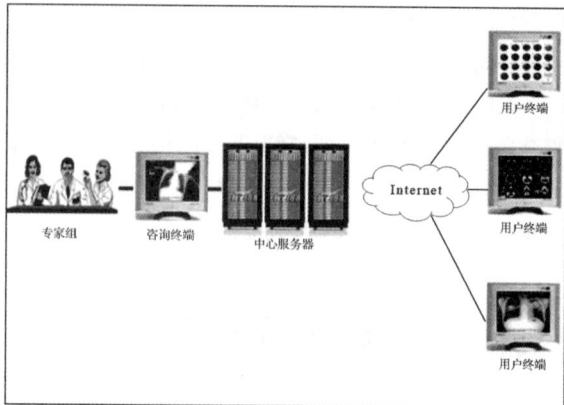

图1-1-24　医疗远程诊疗示意图

图1-1-25　北京奥运会开幕式上的巨型卷轴画卷

图1-1-26　上海世博会中国馆内会动的"清明上河图"

1.5.4　商业广告领域

如今商业广告已经渗透到社会生活的各个领域，通过传播新的观念，引领人们追求时尚、感受生活、增加消费，促进社会经济快速发展，成为企业在市场竞争中立于不败之地的重要战略手段。

为了有效地传播信息，各企业往往借助多种媒体，在广告中集文字、图形、图像、声音、交互动画和视频于一体，并不惜成本，通过户外广告、广播电视和网络等各种介质进行宣传，向广大消费者展示企业理念、产品信息及操作方法等。多媒体广告可以获得更好的广告效应。

1.5.5　电子出版领域

电子出版是多媒体技术应用的一个重要方面。电子出版物是利用计算机技术将图、文、声、像等信息存储在以磁、光、电为介质的设备中，并借助特定的设备来读取、复制、传输。电子出版物如电子书、电子杂志等，可以将文字、图像、声音、动画、视频等多种信息集成一体，表现形式丰富，存储密度高。电子出版物的容量大、体积小、成本低、检索快、易于保存和复制。用多媒体工具可以制作各种电子出版物，例如教材、地图、商业手册等，市场潜力巨大，发展前景可观。

近年来，Amazon（亚马逊）公司推出Kindle电子阅览器作为一种"硬件+内容"的电子出版物风靡全球，用户可以通过无线网络使用 Amazon Kindle 购买、下载和阅读电子书、报纸、杂志、博客及其他电子媒体。Kindle公司除了丰富的资源外，还提供对网络的支持功能（包含Wi-Fi和3G两种网络方式）。

1.5.6 人工智能模拟领域

人工智能主要研究如何使用计算机多媒体技术去完成以前需要人的智力才能够完成的工作；或者说人工智能是研究如何借助多媒体计算机的软硬件系统模拟人类智能行为的基本理论、方法、技术和应用系统的一门新的技术科学，如进行军事领域的作战指挥与作战模拟、飞行模拟，利用机器人协助人类工作（生产业、建筑业，或是危险的工作）等。

除了上述领域之外，多媒体技术还应用于办公自动化、旅游等领域。

习题与思考

一、选择题

1. Windows 10中的多媒体工具不包括 _____。

　　A. 录音机　　　　　B. Windows 媒体中心　C. 媒体播放机　　　　D. 照片

2. 多媒体计算机系统的软件系统不包括 _____。

　　A. 多媒体操作系统　　　　　　　　B. 多媒体信息处理工具

　　C. 多媒体设备驱动程序　　　　　　D. 多媒体应用软件

3. 以下不属于多媒体信息加工工具的是 _____。

　　A. Authorware　　B. Photoshop　　　C. Word　　　　　D. Audio Editor

4. Windows 10的媒体播放机主要用于 _____。

　　A. 播放声音和视频　　　　　　　　B. 编辑声音和视频

　　C. 为声音和视频添加特效　　　　　D. 录制声音

5. 一种比较确切的说法是，多媒体计算机是能够 _____ 的计算机。

　　A. 接收多种媒体信息　　　　　　　B. 输出多种媒体信息

　　C. 播放CD音乐　　　　　　　　　　D. 将多种媒体信息融为一体进行处理

6. 多媒体个人计算机在对声音信息进行处理时，必须配置的设备是 _____。

　　A. 扫描仪　　　B. 光盘驱动器　　　C. 音频卡（声卡）　　D. 话筒

7. 目前使用的数据CD光盘的容量大约是 _____ MB。

　　A. 650　　　　B. 2.88　　　　　　C. 280　　　　　　D. 1440

8. 下列多媒体信息处理软件中，_____ 是专门用来制作网页的。

　　A. Photoshop与Gif Animation　　　B. Flash与Dreamweaver

　　C. Authorware与Flash　　　　　　D. FrontPage与Dreamweaver

9. 在Windows 10中，要将声音分配给事件，应在"Windows设置"中单击 _____ 图标。

　　A. 时间和语言　B. 应用　　　　　　C. 更新和安全　　　D. 系统

10. 在Windows 10中，要想打开或者关闭Windows功能，可在"Windows设置"中单击 _____ 图标。

　　A. 系统　　　　B. 应用　　　　　　C. 账户　　　　　　D. 更新和安全

11. 在多媒体系统中，用户不是被动接受而是积极参与其中的活动。用户这种反应和参与主要体现了多媒体技术的 _____。

A. 实时性　　　　　　B. 集成性　　　　　　C. 交互性　　　　　　D. 共享性

12. 一个电子地图不仅有数字化地图图片，而且还有相应地名、建筑物的链接，还包括语音注解等，这主要体现了多媒体技术的 _____。

A. 实时性　　　　　　B. 集成性　　　　　　C. 交互性　　　　　　D. 共享性

13. 多媒体计算机系统中用于输入/输出音频信息的硬件设备是 _____。

A. 显卡　　　　　　B. 网卡　　　　　　C. 存储卡　　　　　　D. 声卡

14. 下列不属于图像输入设备的是 _____。

A. 数码照相机　　B. 数码摄像机　　C. 扫描仪　　　　　D. 投影仪

15. 以下不属于多媒体个人计算机系统的软件系统的是 _____。

A. 多媒体操作系统　　　　　　　　B. 多媒体交换系统

C. 多媒体信息处理工具　　　　　　D. 多媒体应用软件

16. 以下不属于多媒体信息加工范畴的是 _____。

A. 图形图像处理　　B. 动画制作　　　C. 视频处理　　　　D. 视频会议

17. 以下不能用于视频处理的软件是 _____。

A. Ulead Video Editor　　　　　　　B. Adobe Premiere

C. Adobe After Effects　　　　　　　D. Adobe Audition

18. 以下不能用于声音处理的软件是 _____。

A. Ulead Audio Editor　　　　　　　B. Cake Walk

C. Maya　　　　　　　　　　　　　　D. Adobe Audition

19. 对数码相机拍摄的照片进行修正处理以弥补直接拍摄的不足，最合适的软件是 _____。

A. Ulead Audio Editor　　B. Maya　　C. Photoshop　　D. Director

20. 多媒体计算机技术中的"多媒体"，可以认为是 _____。

A. 文字、图形、图像、声音、动画等　　B. 因特网、Photoshop等

C. 多媒体个人计算机、iPad　　　　　　D. 磁带、磁盘、光盘等实体

21. MP3是 _____。

A. 字符的数字化格式　　　　　　　B. 声音的数字化格式

C. 图形的数字化格式　　　　　　　D. 动画的数字化格式

22. 以下和多媒体通信技术不相关的领域是 _____。

A. 多媒体电话视频会议　　　　　　B. 多媒体电子邮件

C. 远程医疗诊断　　　　　　　　　D. 网络艺术

23. 以下不属于Windows 10中的多媒体工具的是 _____。

A. Illustrator　　　　　　　　　　　B. Windows Media Player

C. 录音机　　　　　　　　　　　　D. "照片"应用程序

24. 以下不属于图形图像处理软件的是 _____。

A. Photoshop　　　B. Premiere　　　C. CorelDRAW　　D. Illustrator

25. 以下与音频卡无连接的输入/输出设备是 _____。

A. 话筒　　　　　B. 扫描仪　　　　C. MIDI合成器　　D. 扬声器

26. 以下不属于视频卡的是 _____。

A. 视频叠加卡　　　　　B. MPEG卡　　　　　C. VCR卡　　　　　D. TV卡

27. CD-ROM的容量通常为650MB。DVD-ROM 的容量要大得多，单面单层DVD-ROM的容量是4.7GB，相当于7 张CD-ROM 的容量；双面双层DVD-ROM 的容量是 _____ 。

A. 9.4GB　　　　　B. 12GB　　　　　C. 17.7GB　　　　　D. 20GB

二、填空题

1. Windows 10录音机主要支持扩展名为 _____ 的声音文件。

2. 多媒体个人计算机系统包括多媒体计算机 _____ 系统和多媒体计算机 _____ 系统。

3. _____ 是利用多媒体信息处理工具开发，运行于多媒体计算机上，能够为用户提供某种用途的软件。

4. 音频卡又称声卡，主要功能是实现音频信号的A/D和 _____ 转换。

5. 视频技术通过软件、硬件都能够实现，但目前使用较多的是 _____ 。

6. 多媒体个人计算机系统的软件系统包括 _____ 、 _____ 和3个层次。

7. 多媒体通信技术将 _____ 技术与 _____ 技术相结合，借助局域网与广域网为用户提供多媒体信息服务。

8. 多媒体操作系统在 _____ 空间不足时，能够通过虚拟内存技术，借助 _____ 空间的交换来扩展内存空间。

9. 音频卡又称为 _____ ，是最基本的多媒体声音处理设备，其功能是实现声音的A/D和D/A转换。

10. _____ 和采样分辨率是影响音频卡性能的两个重要因素。

11. CD-ROM驱动器简称为 _____ ，是用于光盘读写操作的设备，可以分为 _____ 式和 _____ 式两种。

12. 光盘是利用 _____ 技术实现数据读写的大容量存储器。按读写功能分类，光盘可分为 _____ 光盘（CD-ROM 等）、一次写 _____ 光盘（CD-R等）和 _____ 光盘（CD-RW 等）3种。

13. 在各种视频卡中，视频叠加卡用于将标准视频信号经A/D 转换与VGA 信号进行叠加；视频捕捉卡（又称视频采集卡）用于将模拟的视频信号转换成数字化的视频信号，以 _____ 文件格式存储在计算机中。

14. MPC联盟规定多媒体计算机系统至少由5个基本组成部分：PC、光盘驱动器、 _____ 、Windows 操作系统、一组音箱或耳机。

15. _____ 也是多媒体技术的一个重要特征，通过它不但能够即时获取某个领域的最新信息，还可以不断深入，最终得到该领域无限扩展的内容。它同时也改变了人们循序渐进的信息认知方式，形成了联想式的认知方式。

16. Windows 10中的 " _____ " 应用程序提供浏览、创建和编辑视频和相册的功能。借助滤镜、墨迹和3D效果等个性化设置实现视频和相册的合成集锦。

17. 利用Windows 10的 _____ 可以将CD上的曲目复制到计算机中，形成*.wma 格式的文件。

18. 数字媒体艺术是以多媒体技术为基础发展起来的一个新兴领域，是 _____ 技术与

_____ 的结合，包括计算机平面设计、数字图形图像（如数字绘画、数字摄影艺术等）、计算机动画、网络艺术、数字音乐、数字视频等诸多领域。

19. 计算机领域中的媒体概念有两层含义：第一层含义是传递信息的 _____，如文本、声音、图形、图像、动画、影视等；第二层含义是用以存储上述信息的 _____，如磁带、磁盘、光盘、各种移动存储卡等。

20. 一个功能较齐全的多媒体个人计算机系统应该包括 _____部分、_____部分、_____部分、打印部分和刻录部分。

21. 从信号处理的角度出发可把附加的多媒体设备分为 _____ 和 _____ 两大类。

三、思考题

1. 简述Windows 10的录音机和媒体播放机的功能。
2. 在录音和放音时如何进行音量控制？
3. 怎样将声音方案分配给系统事件？
4. 联系实际，举例说明多媒体技术在一些领域的应用情况。

CHAPTER

第 2 章

图形、图像处理

2

2.1 基本概念

为了更好地学习和掌握图形、图像处理的实用技术，了解相关的一些基本概念是必要的。

2.1.1 位图与矢量图

数字图像分为两种类型：位图与矢量图。在实际应用中，二者为互补关系，各有优势。只有相互配合，取长补短，才能达到最佳表现效果。

1. 位图

位图也叫点阵图、光栅图或栅格图，由一系列像素点阵列组成。像素是构成位图图像的基本单位，每个像素都被分配一个特定的位置和颜色值。位图图像中所包含的像素越多，其分辨率越高，画面内容表现得越细腻，但文件所占用的存储量也就越大。位图缩放时将造成画面的模糊与变形（见图1-2-1）。

数码相机、数码摄像机、扫描仪等设备和一些图形图像处理软件（如Photoshop、Corel PHOTO-PAINT、Windows的画图程序等）都可以产生位图。

（a）原图 　　　　　　　　　　　（b）放大后的局部

图1-2-1　位图

2. 矢量图

矢量图就是利用矢量描述的图。图中各元素（这些元素称为对象）的形状、大小都是借助数学公式表示的，同时调用调色板表现色彩。矢量图形与分辨率无关，缩放多少都不会影响画质（见图

1-2-2）。

能够生成矢量图的常用软件有CorelDRAW、Illustrator、Flash、AutoCAD、3ds Max、Maya等。

（a）原图 　　　　　　　　　　　　（b）放大后的局部

图1-2-2　矢量图

一般情况下，矢量图所占用的存储空间较小，而位图则较大。位图图像适合表现细腻柔和、过渡自然的色彩（渐变、阴影等），内容更趋真实，如风景照、人物照等。矢量图形则更适合绘制平滑、流畅的线条，可以无限缩放而不变形，常用于图形设计、标志设计、图案设计、字体设计、服装设计等。

2.1.2　分辨率

根据不同的设备和用途，分辨率的概念有所不同。

1. 图像分辨率

图像分辨率指图像每单位长度上的像素点数，单位通常采用Pixels/Inch（像素/英寸，常缩写为ppi）或Pixels/cm（像素/厘米）等。图像分辨率的高低反映的是图像中存储信息的多少，分辨率越高，图像质量越好。

2. 显示器分辨率

显示器分辨率指显示器每单位长度上能够显示的像素点数，通常以点/英寸（dpi）为单位。显示器的分辨率取决于显示器的大小及其显示区域的像素设置，通常为96dpi或72dpi。

理解了显示器分辨率和图像分辨率的概念，就可以解释图像在显示屏上的显示尺寸为什么常常不等于其打印尺寸。图像在屏幕上显示时，图像中的像素将转化为显示器像素。此时，当图像分辨率高于显示器分辨率时，图像的屏幕显示尺寸将大于其打印尺寸。

另外，若两幅图像的分辨率不同，将其中一幅图像的图层复制到另一图像时，该图层图像的显示大小也会发生相应的变化。

3. 打印分辨率

打印分辨率指打印机每单位长度上能够产生的墨点数，通常以点/英寸（Dots/Inch，dpi）为单位。一般激光打印机的分辨率为600dpi～1200dpi，多数喷墨打印机的分辨率为300dpi～720dpi。

4. 扫描分辨率

扫描仪在扫描图像时，将源图像划分为大量的网格，然后在每一网格里取一个样本点，以其颜色值表示该网格内所有点的颜色值。按上述方法在源图像每单位长度上能够取到的样本点数，称为扫描分辨率，通常以点/英寸（Dots/Inch）为单位。可见，扫描分辨率越高，扫描得到的数字图像的质量越好。扫描仪的分辨率有光学分辨率和输出分辨率两种，购买时主要考虑的是光学分辨率。

5. 位分辨率

位分辨率指计算机采用多少个二进制位表示像素点的颜色值，也称位深。位分辨率越高，能够表示的颜色种类越多，图像色彩越丰富。

对于RGB图像来说，24位（红、绿、蓝3种原色各8位，能够表示2^{24}种颜色）以上称为真彩色，自然界里肉眼能够分辨出的各种色光的颜色都可以表示出来。

2.1.3 常用的图形、图像文件格式

一般来说，不同的图像压缩编码方式决定数字图像的不同文件格式。了解不同的图像文件格式，对于选择有效的方式处理图像，提高图像质量，具有重要意义。

- BMP格式：BMP是位图（Bitmap）的英文简写，是Windows系统的标准图像文件格式，应用广泛。Windows环境中几乎所有的图文处理软件都支持BMP格式。BMP格式采用无损压缩或不压缩的方式，包含的图像信息丰富，但文件容量较大。BMP格式支持黑白、16色、256色和真彩色。

- PSD格式：是Photoshop的基本文件格式，能够存储图层、通道、蒙版、路径和颜色模式等各种图像信息，是一种非压缩的原始文件格式。PSD文件容量较大，但可以保留几乎所有的原始信息，对于尚未编辑完成的图像，最好选用PSD格式进行保存。

- JPEG（JPG）格式：是目前广泛使用的位图图像格式之一，属于有损压缩，压缩率较高，文件容量小，但图像质量较高。该格式支持24位真彩色，适合保存色彩丰富、内容细腻的图像，如人物照、风景照等。JPEG（JPG）是目前网上主流的图像格式之一。

- GIF格式：是无损压缩格式，分静态和动态两种，是当前广泛使用的位图图像格式之一，最多支持8位即256种彩色，适合保存色彩和线条比较简单的图像，如卡通画、漫画等（该类图像保存成GIF格式将使数据量得到有效压缩）。GIF图像支持透明色，支持颜色交错技术，是目前网上主流的图像格式之一。

- PNG格式：PNG是可移植网络图形（Portable Network Graphic）的英文缩写，是专门针对网络使用而开发的一种无损压缩格式。PNG格式支持透明色，但与GIF格式不同的是，PNG格式支持矢量元素，支持真彩色，支持消除锯齿边缘的功能，因此可以在不失真的情况下压缩保存图形图像；PNG格式还支持1~16位的图像Alpha通道。PNG格式的发展前景非常广阔，被认为是未来Web图形图像的主流格式。

- TIFF格式：TIFF格式应用非常广泛，主要用于在应用程序之间和不同计算机平台之间交换文件。几乎所有的绘图软件、图像编辑软件和页面排版软件都支持TIFF格式；几乎所有的桌面扫描仪都能产生TIFF格式的图像。TIFF格式支持RGB、CMYK、Lab、索引和灰度、位图等多种颜色模式。

- PDF格式：PDF是可移植文档格式（Portable Document Format）的英文缩写。PDF格式适用于各种计算机平台，是可以被Photoshop等多种应用程序支持的通用文件格式。PDF文件可以存储多页信息，其中可包含文字、页面布局、位图、矢量图、文件查找和导航功能（例如超链接）。PDF格式是Adobe Illustrator和Adobe Acrobat软件的基本文件格式。

- WMF格式：是Windows中常见的一种图元文件格式，全称Windows Metafile Format，属于矢量文件格式。WMF图形往往由多个独立的图形元素拼接而成，文件容量较小，多用于图案造

型，但所呈现的图形一般比较粗糙。

- CDR格式：是矢量绘图大师CorelDRAW的源文件格式，一般文件容量较小，可无级缩放而不模糊变形（这也是所有矢量图的优点）。CDR格式在兼容性上较差，只能被CorelDRAW之外的极少数图形图像处理软件（如Illustrator）打开或导入。即使在CorelDRAW的不同版本之间，CDR格式的兼容性也不太好。

- AI格式：是矢量绘图软件Adobe Illustrator的源文件格式，其兼容性优于CDR格式，可以直接在Photoshop和CorelDRAW等软件中打开，也可以导入Flash。与PSD文件类似，AI文件也是一种分层文件，用户可将不同的对象置于不同的层上分别进行管理。区别在于AI文件基于矢量输出，而PSD文件基于位图输出。

其他比较常见的图形、图像文件格式还有TGA、PCX、EPS等。

2.1.4 常用的图形、图像处理软件

常用的图形、图像处理软件有Photoshop、CorelDRAW、Illustrator、AutoCAD、3ds Max等。

1. Photoshop

Photoshop 是美国 Adobe公司推出的一款专业的图形、图像处理软件，广泛应用于影像后期处理、平面设计、数码相片修饰、Web图形制作、多媒体产品设计制作等领域，是同类软件中当之无愧的图像处理大师。Photoshop处理的主要是位图图像，但其路径造型功能也非常强大，几乎可以与CorelDRAW等矢量绘图大师相媲美。与其他同类软件相比，Photoshop在图像处理方面具有明显的优势，是多媒体作品制作人员和平面设计爱好者的首选工具之一。

2. CorelDRAW

CorelDRAW是由加拿大Corel公司推出的平面矢量绘图软件，功能强大、使用方便，集图形设计、文本编辑、位图编辑、图形高品质输出于一体。CorelDRAW主要用于平面设计、工业设计、企业形象识别系统（Corporate Identity System，CIS）设计、绘图、印刷排版等领域，深受广大图形爱好者和专业设计人员的喜爱。

3. Illustrator

Illustrator是由美国Adobe公司开发的一款平面矢量绘图软件，是出版、多媒体和网络图像工业的标准插图软件，功能强大。Illustrator在桌面出版领域具有明显的优势，是出版业使用的标准矢量工具。Illustrator能够方便地与Photoshop、CorelDRAW、Flash等软件进行数据交换。

4. AutoCAD

AutoCAD是美国Autodesk公司生产的计算机辅助设计软件，用于二维绘图和基本三维设计，影响较大，使用人数众多，主要应用于工程设计与制图。AutoCAD的通用性较强，能够在各种计算机平台上运行，并可以进行多种图形格式的转换，具有很强的数据交换能力，目前已经成为国际上广为流行的绘图工具。

5. 3ds Max

3ds Max是由美国Autodesk公司开发的三维矢量造型和动画制作软件，主要应用于模拟自然界、设计工业品、建筑设计、影视动画制作、游戏开发、虚拟现实技术等领域。在众多的三维软件中，3ds Max由于开放程度高，学习难度相对较小，功能比较强大，完全能够胜任复杂图形与动画的设计要求，因此成为目前用户群庞大的一款三维创作软件。

上述软件各有优势，若能够配合使用，就可以创作出质量更高的图形、图像作品。例如在制作

室内外效果图时，最好先使用AutoCAD建模，然后在3ds Max中进行材质贴图和灯光处理，最后在Photoshop中进行后期处理，如添加人物和花草树木等。

2.2 图像处理大师Photoshop

启动Photoshop CC 2015，其工作界面如图1-2-3所示，包含菜单栏、文件标签、文档窗口、工具箱、工具选项栏、状态栏和各类面板等组件。

图1-2-3　Photoshop CC 2015的工作界面

下面介绍主要组件及其功能。

- 工具箱：汇集了Photoshop CC的20多组基本工具及选色按钮、编辑模式按钮。右下角有三角标志的为工具组，在工具组上单击鼠标右键或按下鼠标左键停顿片刻，可展开工具组，以选择组中其他工具。
- 工具选项栏：简称选项栏，用于设置当前工具的基本参数，其显示内容随所选工具的不同而变化。
- 文件标签：显示文件名称、文件格式、缩放比例、颜色模式、当前图层名称等信息。
- 文档窗口：显示和编辑图像的区域。用鼠标右键单击图像周围的空白区域，利用弹出的快捷菜单可以改变空白区域的颜色。
- 面板：汇集了Photoshop的众多核心功能。各面板允许随意组合，形成多个面板组。通过"窗口"菜单可以控制各面板的显示与隐藏。

◎ 提示　选择菜单命令"编辑|首选项|界面"，打开"首选项"对话框，利用其中的"颜色方案"选项可以修改工作界面的亮度。

2.2.1 基本工具

1. 选择工具

Photoshop的选择工具用于创建选区（选择要编辑的图像，并保护选区外的图像免受破坏）。数字图像的处理经常是在局部进行的，需要先创建选区，再进行编辑。选区创建得准确与否，直接关系到图像处理的质量。因此，选择工具在Photoshop中有着特别重要的地位。Photoshop的选择工具包括选框工具组、套索工具组和魔棒工具组。

（1）选框工具组

① 矩形选框工具

矩形选框工具[::]与椭圆选框工具用于创建规则几何形状的选区。在工具箱上选择"矩形选框工具"，按下鼠标左键并拖动鼠标，通过确定对角线的长度和方向创建矩形选区。矩形选框工具的选项栏参数如图1-2-4所示。

图1-2-4　矩形选框工具的选项栏参数

a. 选区运算按钮

● "新选区"■：默认选项，作用是创建新的选区。若图像中已经存在选区，新创建的选区将取代原有选区。

● "添加到选区"■：将新创建的选区与原有选区进行求和（并集）运算。

● "从选区减去"■：将新创建的选区与原有选区进行减法（差集）运算。结果是从原有选区中减去与新选区重叠的区域。

● "与选区交叉"■：将新创建的选区与原有选区进行交集运算。结果是保留新选区与原有选区重叠的区域。

b. 羽化

羽化的实质是以创建时的选区边界为中心，以所设置的羽化值为半径，在选区边界内外形成一个渐变的选择区域。羽化常用于创建边缘过渡效果（试一试，对羽化的选区进行填色）。

"羽化"参数必须在选区创建之前设置才有效。与之对应的是，使用菜单命令"选择|修改|羽化"可以对已经创建好的选区进行羽化。

c. 消除锯齿

"消除锯齿"选项的作用是消除选区边缘的锯齿，以获得边缘更加平滑的选区。

d. 样式

● 正常：默认选项，通过拖动鼠标使鼠标指针随意指定选区的大小。

● 固定比例：按指定的长宽比，通过拖动鼠标创建选区。

● 固定大小：按指定的长度和宽度的实际数值（默认单位是像素），通过单击创建选区。若想改变单位，可用鼠标右键单击"长度"或"宽度"数值框，从快捷菜单中选择其他单位。

e. 调整边缘

"调整边缘"按钮（或"选择|调整边缘"命令）用于对现有选区的边缘进行细微的调整，如边缘范围、对比度、平滑度和羽化度等。它同时还取代了之前版本的"抽出"滤镜，用来选取毛发等

细微图像。

② 椭圆选框工具

在工具箱上选择"椭圆选框工具"◯，按下鼠标左键拖动鼠标，可创建椭圆形选区。其选项栏参数与矩形选框工具的类似。

使用矩形选框工具或椭圆选框工具创建选区时，按住Shift键，可创建正方形或圆形选区；按住Alt键，则以首次单击点为中心创建选区；同时按住Shift键与Alt键，则以首次单击点为中心创建正方形或圆形选区。在实际操作中，应先按下键盘功能键（Shift键、Alt键或Shift+Alt组合键），再拖动鼠标创建选区；最后先松开鼠标左键，再松开键盘功能键，完成选区创建。

（2）套索工具组

① 套索工具

套索工具◯用于创建手绘的选区，用法如下。

STEP 01 选择"套索工具"，设置选项栏参数。

STEP 02 在待选对象的边缘按下鼠标左键，沿着对象边缘拖动鼠标圈选对象。当鼠标指针回到起始点时松开左键可闭合选区；若鼠标指针未回到起始点便松开左键，起点与终点将以直线段相连，形成闭合选区。

套索工具用于选择与背景颜色对比不强烈且边缘复杂的对象。

② 多边形套索工具

多边形套索工具◯用于创建多边形选区，用法如下。

STEP 01 选择"多边形套索工具"，设置选项栏参数。

STEP 02 在待选对象的边缘某拐点上单击，确定选区的第1个紧固点；将鼠标指针移动到相临拐点上再次单击，确定选区的第2个紧固点；依次操作下去。当鼠标指针回到起始点时（此时鼠标指针旁边将出现一个小圆圈）单击可闭合选区；当鼠标指针未回到起始点时，双击可闭合选区。

多边形套索工具适合选择边界由直线段围成的对象。

在使用多边形套索工具创建选区时，按住Shift键，可以确定水平、竖直或方向为45°倍数的直线段选区边界。

③ 磁性套索工具

磁性套索工具◯特别适用于快速选择与背景颜色对比强烈且边缘复杂的对象。其特有的选项栏参数如下。

● 宽度：指定检测宽度，单位为像素，决定了鼠标指针周围有多少像素能被检测到。

● 对比度：指定鼠标指针感应图像边缘的灵敏度，取值范围为1%～100%。较高的数值只检测指定宽度内对比强烈的边缘，较低的数值可检测到低对比度的边缘。

● 频率：指定产生紧固点的数量，取值范围为0～100。较高的频率将在所选对象的边界上产生更多的紧固点。

● 绘图板压力◯：如果配置有数位板和压感笔，可根据压感笔的压力大小调整检测范围。

磁性套索工具的一般使用方法如下。

STEP 01 选择"磁性套索工具"，根据需要设置选项栏参数。

STEP 02 在待选对象的边缘单击，确定第1个紧固点。

STEP 03 沿着待选对象的边缘移动鼠标指针，创建选区。在此过程中，磁性套索工具自动将紧固点添加到选区边界上。

STEP 04 若选区边界不易与待选对象的边缘对齐，可在待选对象边缘的适当位置单击，手动添加紧固点，然后继续移动鼠标选择对象。

STEP 05 当鼠标指针回到起始点时（此时鼠标指针旁边将出现一个小圆圈）单击可闭合选区；当鼠标指针未回到起始点时，双击可闭合选区，但起点与终点将以直线段连接。

（3）魔棒工具组

① 魔棒工具

魔棒工具适用于快速选择颜色相近的区域，用法如下。

STEP 01 选择"魔棒工具"，根据需要设置选项栏参数。

STEP 02 在待选的图像区域内某一点处单击。

魔棒工具的选项栏上除了"选区运算"按钮、"消除锯齿"复选框外，还有以下参数。

● 取样大小：用于设置取样范围，例如在3像素×3像素的矩形区域内，对9个像素颜色的平均值进行取样。

● 容差：用于设置颜色值的差别程度，取值范围为0～255，系统默认值为32。使用魔棒工具选择图像时，其他像素点与单击点的颜色值进行比较，只有差别在"容差"范围内的像素才被选中。一般来说，容差越大，所选中的像素越多。容差为255时，可选中整个图像。

● 只对连续像素取样 ：选中该项，只有容差范围内的所有相邻像素被选中；否则，将选中容差范围内的所有像素。

● 从复合图像中进行颜色取样 ：选中该项，魔棒工具将基于所有可见图层的合并图像创建选区；否则，仅考虑当前图层，依据当前图层创建选区。

② 快速选择工具

快速选择工具使用方法与画笔工具类似，以涂抹的方式"绘制"出选区，能够快速选择多个颜色相近的区域。其选项栏如图1-2-5所示。

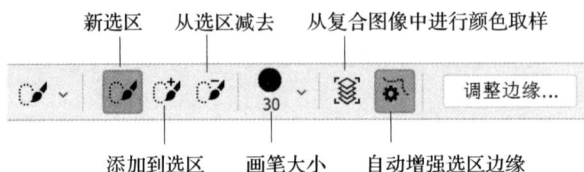

图1-2-5 快速选择工具的选项栏

● 画笔大小：用于设置快速选择工具的笔触大小、硬度和间距等属性。

● 自动增强选区边缘：选中该项，可自动应用边缘调整，以减少选区边界的粗糙度。

其余选项与其他选择工具对应的选项作用相同。

当待选区域和其他区域分界处的颜色差别较大时，使用快速选择工具创建的选区比较准确。另外，当要选择的区域较大时，应设置较大的笔触涂抹；反之亦然。

2. 绘画与填充工具

绘画与填充工具包括笔类工具组、橡皮擦工具组、填充工具组、形状工具组、文字工具组和吸管工具组等。使用这些工具能够方便地创建或修改图像，如绘制线条、擦除颜色、填充颜色、绘制各种形状、创建文字、吸取颜色等。

（1）画笔工具

画笔工具 的基本用法是使用前景色绘制线条。其选项栏如图1-2-6所示。

图1-2-6　画笔工具的选项栏

- ⬚：单击该按钮打开"画笔预设"选取器（见图1-2-7），从中选择预设的画笔笔尖形状，并可以更改预设画笔笔尖的大小和硬度。
- ⬚：单击该按钮打开"画笔"面板（见图1-2-8），从中选择预设画笔或创建自定义画笔。"画笔"面板的参数设置如下。
- ✔ 画笔预设：单击打开预设画笔列表框。通过列表框可选预设画笔的笔尖形状，更改画笔笔尖的大小。"画笔"面板底部为预览区，显示所选预设画笔或自定义画笔的应用效果。
- ✔ 画笔笔尖形状：用于设置画笔笔尖形状的详细参数，包括形状、大小、翻转、角度、圆度、硬度和间距等（见图1-2-8）。

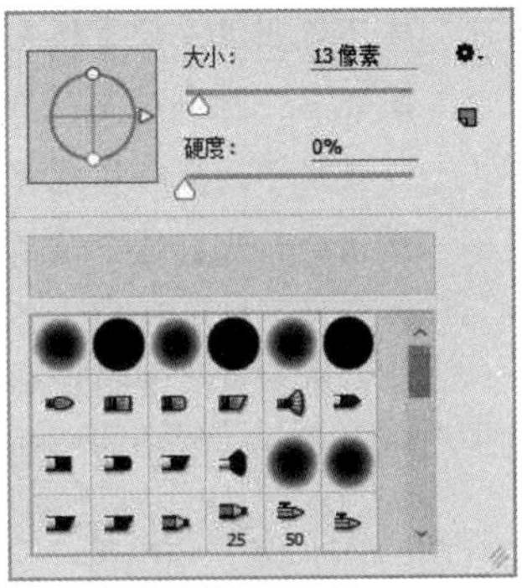

图1-2-7　"画笔预设"选取器

在"画笔"面板中，通过设置"形状动态""散布"等参数还可以创建特殊的画笔效果。

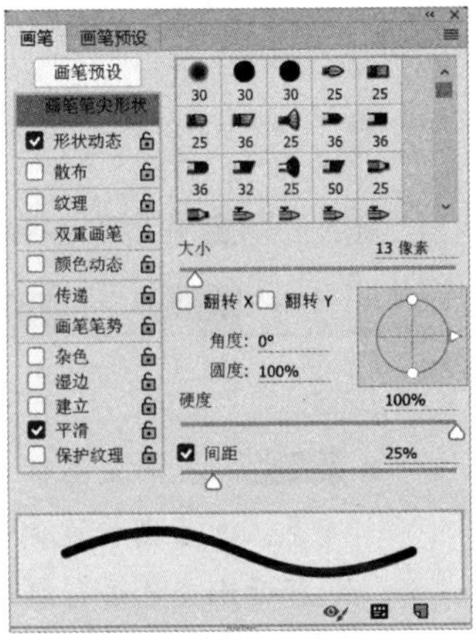

- 模式：设置画笔模式，使当前画笔颜色以指定的颜色混合模式应用到图像上。默认选项为"正常"。
- 不透明度：设置画笔的不透明度，取值范围为0～100%。
- 流量：设置画笔的颜色涂抹速度，取值范围为0～100%。
- ⬚：选择该按钮，可将画笔转换为喷枪，通过缓慢地拖动鼠标或按下左键不放以积聚、扩散喷洒颜色。
- ⬚ ⬚：选择这两个按钮后，用数位板绘画时光笔的压力大小可影响透明度和流量。

图1-2-8　"画笔"面板

（2）铅笔工具

铅笔工具 ✏ 与画笔工具用法类似，不同的是，使用铅笔工具只能绘制硬边线条，且笔画边缘不平滑，锯齿明显。

（3）历史记录画笔工具

利用"历史记录"面板上标记的记录或快照进行绘图，可使局部图像得以恢复。历史记录画笔工具 ✏ 的选项栏参数设置与画笔工具相同。

（4）橡皮擦工具

橡皮擦工具 ✏ 用于擦除图像。在背景图层上擦除时，被擦除区域的颜色以当前背景色取代；在位图图层上擦除时，可将图像擦成透明色。在包含矢量元素的图层（如文字层、形状层等）上禁止使用该工具。

（5）油漆桶工具

油漆桶工具 ✏ 用于填充单色（当前前景色）或图案。其选项栏如图1-2-9所示。

填充类型

图1-2-9　油漆桶工具的选项栏

- 填充类型：包括前景和图案两种。选择"前景"（默认选项），使用前景色填充。选择"图案"可从右侧的"图案"拾色器（见图1-2-10）中选择预设图案或自定义图案进行填充。
- 模式：指定填充内容以何种颜色混合模式应用到要填充的图像上。
- 不透明度：设置填充颜色或图案的不透明度。
- 容差：控制填充范围。容差越大，填充范围越广，取值范围为0～255，系统默认值为32。容差用于设置待填充像素的颜色与单击点颜色的相似程度。
- 消除锯齿：选中该项，可使填充区域的边缘更平滑。
- 连续：默认选项，作用是将填充区域限定在与单击点颜色匹配的相邻区域内。
- 所有图层：选中该项，将基于所有可见图层的合并效果进行填充。

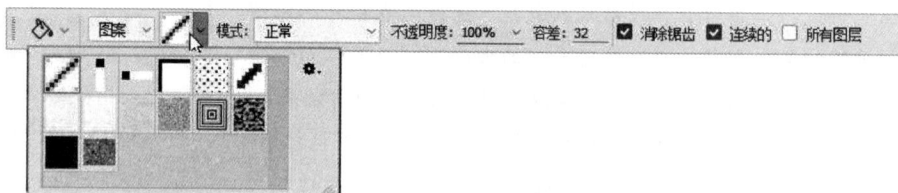

图1-2-10　展开"图案"拾色器的油漆桶工具选项栏

（6）渐变工具

渐变工具■用于填充各种过渡色。其选项栏如图1-2-11所示。

图1-2-11　渐变工具的选项栏

- ■■■■■：单击图标右侧的√按钮，可打开"渐变"拾色器（见图1-2-12），从中选择所需渐变色。单击图标左侧的■■■■按钮，则打开"渐变编辑器"窗口（见图1-2-13），可对当前选择的渐变色进行编辑修改或定义新的渐变色。
- ■■■■■：用于设置渐变种类。从左向右依次是线性渐变、径向渐变、角度渐变、对称渐变和菱形渐变。
- 模式：指定当前渐变色以何种颜色混合模式应用到图像上。
- 不透明度：用于设置渐变填充的不透明度。
- 反向：选中该项，可反转渐变填充中的颜色顺序。
- 仿色：选中该项，可用递色法增加中间色调，形成更加平滑的过渡效果。
- 透明区域：选中该项，可使渐变中的不透明度设置生效。

图1-2-12　展开"渐变"拾色器的渐变工具选项栏

图1-2-13　"渐变编辑器"窗口

下面举例说明渐变工具的基本用法。

STEP 01 打开"第2章素材/鸡蛋.jpg",如图1-2-14所示。

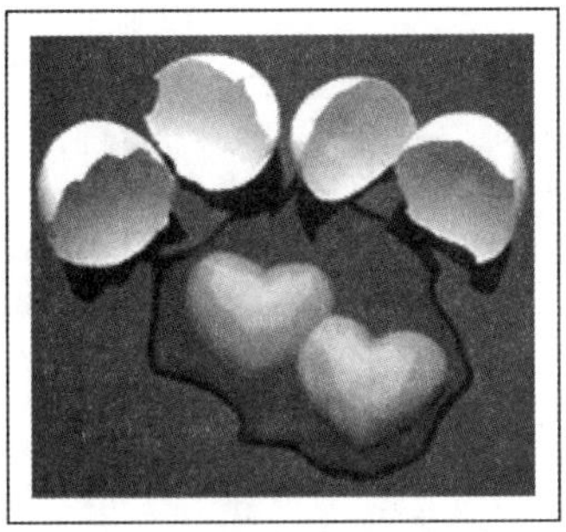

STEP 02 将前景色设置为白色。

STEP 03 选择"渐变工具" ▉。在选项栏上选择"菱形渐变" ◆（其他选项保持默认：模式-正常，不透明度为100%，不选"反向"，选择"仿色"和"透明区域"）。

STEP 04 打开"渐变"拾色器，选择"前景色到透明渐变" ▨（第2种渐变色）。

STEP 05 在图像上移动鼠标指针，形成菱形渐变效果。

STEP 06 改变鼠标指针拖动的方向和距离，在不同位置创建多个渐变效果，如图1-2-15所示。

图1-2-14 素材图像

（7）形状工具

形状工具包括矩形工具▭、圆角矩形工具▢、椭圆工具⬭、多边形工具⬠、直线工具✎和自定形状工具🐾，用于创建形状图层、路径或位图图形。Photoshop的自定形状工具还提供了丰富多彩的图形资源。自定形状工具的用法如下。

STEP 01 选择"自定形状工具" 🐾，在选项栏上选择"像素"工具模式。

图1-2-15 菱形渐变效果

STEP 02 在选项栏上单击"形状"右侧的三角按钮☑打开"自定形状"拾色器，从中可选择多种形状。

STEP 03 单击"自定形状"面板右上角的 ⚙ 按钮，打开面板菜单。通过面板菜单可选择更多的形状添加到"自定形状"拾色器中，如图1-2-16所示。

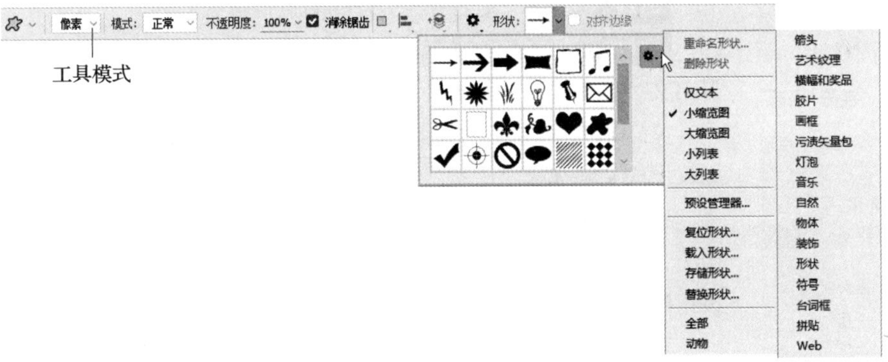

图1-2-16 打开"自定形状"拾色器

STEP 04 设置前景色。在图像中移动鼠标指针绘制自定形状。按住Shift键，可按比例绘制自定形状。

图1-2-17所示是使用形状工具绘制的各种图形。

（8）文字工具

文字工具包括横排文字工具、直排文字工具、横排文字蒙版工具和直排文字蒙版工具。文字工具的选项栏如图1-2-18所示。

图1-2-17 绘制自定形状

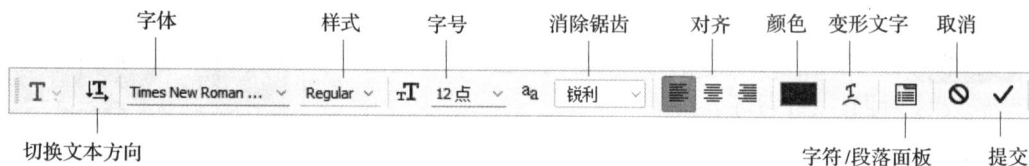

图1-2-18 文字工具的选项栏

文字工具的用法如下。

STEP 01 在工具箱上选择所需类型的文字工具。

STEP 02 在选项栏设置文字的字体、字号和颜色等参数（蒙版文字无须设置颜色）。

图1-2-19 "字符"面板

STEP 03 根据需要可单击 "字符/段落面板"按钮，打开"字符/段落"面板（见图1-2-19和图1-2-20），从中更详细地设置文字的字符格式或段落格式（包括行间距、字间距、基线位置等）。

STEP 04 在图像中单击，确定文字插入点（若步骤1选择的是蒙版文字，此时将进入蒙版状态，图像被50%不透明度的红色保护起来）。

STEP 05 输入文字内容。按Enter键换行或分列。

STEP 06 在选项栏上单击"提交"按钮 ✓，完成文字的输入，同时退出文字编辑状态（若单击"取消"按钮 ⊘，则撤销文字的输入）。

文字输入完成后，横排文字和直排文字将产生文字图层；而蒙版文字则仅形成文字选区。

在图层面板上双击文字图层的缩览图（此时该层的所有文字被选中），利用选项栏、字符/段落面板可修改文字的属性。最后单击"提交"按钮确认。

图1-2-20 "段落"面板

若要修改文字图层中的部分内容，可在选择文字图层和文字工具后，将鼠标指针移到对应字符上，按下鼠标左键拖动选择，然后进行修改并提交。

选择文字层，在选项栏上单击"变形文字"按钮 ⊥，可打开"变形文字"对话框，设置文字的变形方式。

蒙版文字的修改必须在提交之前进行。可拖动鼠标，选择要修改的内容，然后重新设置文字参数；或对全部文字进行变形。

（9）吸管工具

吸管工具 ✐ 用于从图像中取色。使用该工具在图像上单击，可将单击点的颜色或单击区域颜色的平均值吸取为前景色。若按住Alt键单击，则将所取颜色设为背景色。

3. 修图工具

Photoshop 的修图工具包括图章工具组、修复画笔工具组、模糊工具组和减淡工具组，常用于数字相片的修饰，以获得更加完美的效果。这里重点介绍仿制图章工具、修复画笔工具和修补工具的用法，从中可体验修图工具的强大功能。

仿制图章工具的基本用法

（1）仿制图章工具

仿制图章工具 ⬛ 常用于数字图像的修复，其选项栏如图1-2-21所示。

图1-2-21　仿制图章工具的选项栏

- 对齐：选中该项，复制图像时无论一次起笔还是多次起笔都是使用同一个取样点和原始样本数据；否则，每次停止并再次开始拖动鼠标时都是重新从原取样点开始复制，并且使用最新的样本数据。
- 样本：确定从哪些可见图层进行取样。

下面举例说明仿制图章工具的基本用法。

STEP 01 打开"第2章素材\小鸟.jpg"，如图1-2-22所示。

STEP 02 选择"仿制图章工具"，设置画笔大小17像素，选中"对齐"。其他选项默认。

STEP 03 将鼠标指针移动到取样点（例如右侧小鸟的眼睛部位）。按住Alt键单击取样。

STEP 04 松开Alt键。将鼠标指针移动到图像的其他区域（若存在多个图层，也可切换到其他图层，或者切换到其他图像），按下鼠标左键拖动鼠标，开始复制图像（注意源图像数据的十字取样点，适当控制鼠标指针移动的范围），如图1-2-23所示。

图1-2-22　素材图像

当前取样点　当前拖动位置

图1-2-23　复制样本

STEP 05 如果想更好地定位，可选择菜单命令"窗口|仿制源"，打开"仿制源"面板（见图1-2-24），选择"显示叠加"复选框，不选"已剪切"复选框，并适当设置"不透明度"，然后在图像中移动鼠标指针，很容易确定一个开始按键复制的合适位置，如图1-2-25所示。

图1-2-24　"仿制源"面板

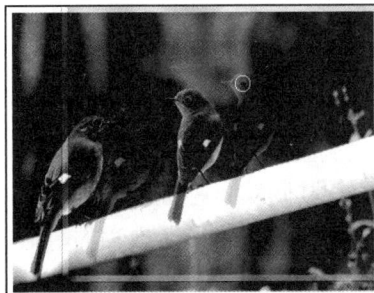

图1-2-25　定位后移动鼠标指针复制

STEP 06 由于在选项栏上选中了"对齐"复选框，因此中途可松开鼠标左键暂时停止复制。然后再次按下鼠标左键，继续拖动鼠标复制，直到将整个小鸟复制出来，如图1-2-26所示。

STEP 07 取消选择"对齐"复选框，按下鼠标左键拖动鼠标，再次复制样本数据。中间不要停止，直到复制出整个小鸟，如图1-2-27所示。

图1-2-26 复制出第1只小鸟

图1-2-27 复制出第2只小鸟

提示 此处"仿制源"面板与仿制图章工具配合使用，可以对采样图像进行重叠预览、缩放、旋转等操作。例如，在上述步骤4中，很难确定从什么位置开始按键复制才能使小鸟的腿刚好站立在横杆上。选择"仿制源"面板中的"显示叠加"复选框就能很好地解决这个问题。

（2）修复画笔工具

修复画笔工具 的用法与仿制图章工具和图案图章工具类似，可根据取样得到的样本图像或所选图案，以涂抹的方式覆盖目标图像。不仅如此，修复画笔工具还能够将样本图像或图案与目标图像自然地融合在一起，形成浑然一体的特殊效果。其选项栏如图1-2-28所示。

图1-2-28 修复画笔工具的选项栏

源：选择样本像素的类型，有"取样"和"图案"两种。"取样"表示从当前图像中取样，取样及修复图像的方式与仿制图章工具类似。"图案"表示使用从"图案"拾色器中选择的图案来修复目标图像，使用方法与图案图章工具类似。

其余选项与仿制图章工具的对应选项类似。

下面举例说明修复画笔工具的基本用法。

STEP 01 打开 "第2章素材\风华国乐—笛子.jpg"，如图1-2-29所示。

图1-2-29 素材图像

STEP 02 选择修复画笔工具，在选项栏上选择大小约70像素的软边画笔，模式设置为正片叠底（这样可使图像修复结果暗淡些），选择"取样"单选按钮。其他参数保持默认。

STEP 03 将鼠标指针定位于人物的眼睛部位，按住Alt键单击取样。

STEP 04 打开"仿制源"面板，设置参数如图1-2-30所示。

STEP 05 将鼠标指针定位于图1-2-31所示的位置并拖动鼠标粘贴样本图像（尽量不要覆盖原来图像中的人物、笛子和花瓣）。最后松开

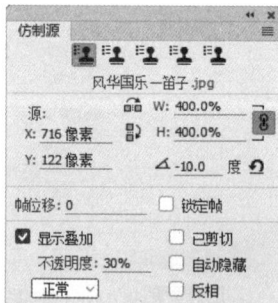

图1-2-30 "仿制源"面板

鼠标可得到如图1-2-32所示的效果。

图1-2-31　确定修复位置　　　　　图1-2-32　修复结果

（3）修补工具

修补工具🔲可使用其他区域的像素或图案中的像素修复选中的区域，并且可以将样本像素的纹理、光照和阴影等信息与源像素进行匹配。其选项栏如图1-2-33所示。

选区运算按钮

图1-2-33　修补工具的选项栏

● 选区运算按钮：与选择工具的对应选项用法相同。
● 修补：包括"源"和"目标"两种修补方式。
✔ 源：用目标区域的像素修补选区内的像素。
✔ 目标：用选区内的像素修补目标区域的像素。
● 透明：将取样区域或选定图案以透明方式应用到要修复的区域上。
● 使用图案：单击右侧的按钮✓，打开"图案"拾色器，从中选择预设图案或自定义图案作为取样像素，修补到当前选区内。

下面举例说明修补工具的基本用法。

STEP 01 打开"第2章素材\茶花.jpg"。

STEP 02 选择"修补工具"，在图像上移动鼠标指针以选择想要修复的区域（当然，也可以使用其他工具创建选区），如图1-2-34所示。在选项栏中选择"源"。

STEP 03 将鼠标指针定位于选区内，将选区拖动到要取样的区域（该区域的颜色、纹理等应与原选区相似，如图1-2-35所示）。松开鼠标，原选区内的像素被修补。取消选区，如图1-2-36所示。

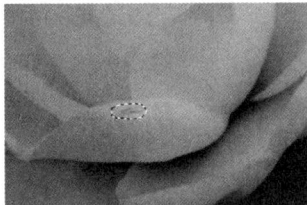

图1-2-34　选择要修复的区域　　　图1-2-35　寻找取样区域　　　　图1-2-36　修复效果

2.2.2　颜色模式与色彩调整

1. 颜色模式

"颜色模式"是Photoshop组织和管理图像颜色信息的方式。颜色模式除了用于确定图像中显示的颜色数量外，还影响通道数和图像的文件大小。Photoshop提供了RGB颜色、CMYK颜色、Lab颜色、索引颜色、灰度、位图、双色调和多通道等多种颜色模式。其中RGB颜色模式与CMYK颜色模式应用最为广泛。RGB颜色模式的图像一般比较鲜艳，适用于显示器、电视屏等可以自身发射并混合红、绿、蓝3种光线的设备，是Web图形制作中最常使用的一种颜色模式。CMYK模式是一种印刷模式，其中C、M、Y、K分别表示青、洋红、黄、黑4种油墨。

通过选择"图像|模式"菜单中的相应命令可以转换图像的颜色模式。在将彩色图像（如RGB模式、CMYK模式、Lab模式的图像等）转换为位图图像或双色调图像时，必须先转换为灰度图像，才能做进一步的转换。

2. 色彩调整

Photoshop的调色命令集中在"图像|调整"菜单下，包括亮度/对比度、色相/饱和度、色彩平衡、色阶、曲线、可选颜色、阴影/高光、黑白、反相、阈值等诸多命令。其中"色阶"命令功能比较强大，使用方便，是Photoshop最重要的调色命令之一。使用它可以调整图像的阴影、中间调和高光等色调区域的强度级别，校正图像的色调范围和色彩平衡，以获得令人满意的视觉效果。

打开"第2章素材\公园-雪.jpg"，如图1-2-37所示。选择菜单命令"图像|调整|色阶"，打开"色阶"对话框，如图1-2-38所示。

对话框的中间显示的是当前图像的色阶直方图（如果有选区存在，则对话框中显示的是选区内图像的色阶直方图）。色阶直方图即色阶分布图，反映图像中的暗调、中间调和高光等色调像素的分布情况。其中横轴表示像素的色调值，从左向右取值范围为0（黑色）～255（白色）。纵轴表示像素的数目。

图1-2-37　原图　　　　　　　　　　图1-2-38　"色阶"对话框

首先通过"通道"下拉列表确定要调整的是混合通道还是单色通道（本例图像为RGB图像，下拉列表中包括RGB混合通道和红、绿、蓝3个单色通道）。

沿"输入色阶"的滑动条，向左拖动右侧的白色三角滑块，图像变亮。其中，高光区域的变化比较明显，使比较亮的像素变得更亮。向右拖动左侧的黑色三角滑块，图像变暗。其中，暗调区域的变化比较明显，使比较暗的像素变得更暗。拖动中间的灰色三角滑块，可以调整图像的中间色调区域。向左拖动使中间调变亮，向右拖动使中间调变暗。

沿"输出色阶"的滑动条，向右拖动左端的黑色三角滑块，将提高图像的整体亮度；向左拖动右端的白色三角滑块，将降低图像的整体亮度。

本例中的参数设置如图1-2-39所示，单击"确定"按钮，图像调整结果如图1-2-40所示。

图1-2-39　本例参数设置

图1-2-40　图像调整结果

能否处理好颜色是获得高质量图像的关键，特别是对于数码拍摄技术不太娴熟的朋友，使用Photoshop进行色彩调整显得尤其重要。Photoshop的上述调色命令分别从不同的角度，采用不同的手段调整图像的色彩，尽可能多地掌握这些命令是必要的。下面再举一例。

打开"第2章素材\红梅.jpg"。选择菜单命令"图像|调整|可选颜色"，打开"可选颜色"对话框，从"颜色"下拉列表中选择红色，沿各滑动条拖动滑块，改变所选颜色中4色油墨的含量。本例参数设置如图1-2-41所示。单击"确定"按钮，图像调整结果如图1-2-42所示，图中的红梅瞬间变得鲜艳夺目了。

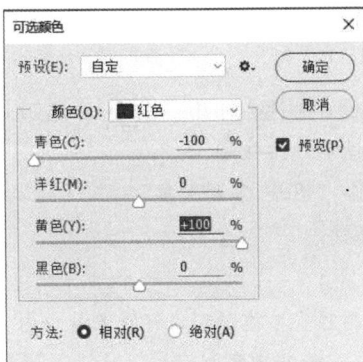

图1-2-41　本例参数设置

图1-2-42　图像调整结果

"可选颜色"命令用于调整图像中的红色、黄色、绿色、青色、蓝色、洋红、白色、中灰色和黑色各主要颜色中4色油墨的含量，使图像的颜色达到平衡。在改变某种主要颜色时，不会影响到其他主要颜色的表现。例如，本例改变了红色像素中4色油墨的含量，而同时保持白色、黑色、绿色等像素中4色油墨的含量不变。

2.2.3　图层

1.　图层概念

在Photoshop中，一幅图像往往由多个图层上下叠盖而成。所谓图层，可以理解为透明的电子画布。通常情况下，如果某一图层上有颜色存在，将遮盖其下面图层上对应位置的图像。在图像窗口中看到的画面，实际上是各层叠加之后的总体效果。

默认设置下，Photoshop用灰白相间的方格图案表示图层透明区域。背景层是一个特殊的图层，只要不转化为普通图层，它将永远是不透明的，而且始终位于所有图层的底部。

新建图像文件只有一个图层，JPG图像打开时也只有一个图层，即背景层。

在包含多个图层的图像中，要想编辑图像的某一部分内容，首先必须选择该部分内容所在的图层。

若图像中存在选区，可以认为选区浮动在所有图层之间，而不是专属于某一图层。此时，能做的就是对当前图层选区内的图像进行编辑修改。

2. 图层基本操作

（1）选择图层

在"图层"面板上单击图层的名称选择该图层。在单击的同时按Shift键或Ctrl键可选择多个连续或不连续的图层。选择多个图层后，就能同时对这些图层进行移动、变换等操作。

（2）新建图层

单击"图层"面板上的"创建新图层"按钮🔳，或选择"图层|新建"菜单中的命令可创建新图层。

（3）删除图层

在"图层"面板上选择要删除的图层，单击"删除图层"按钮🗑，或直接将图层缩览图拖动到"删除图层"按钮🗑上可删除图层。

（4）显示与隐藏图层

在"图层"面板上单击图层缩览图左边的👁图标，可以显示或隐藏该图层。

（5）复制图层

复制图层包括图像内部的复制与图像之间的复制。在同一图像中复制图层的常用方法如下。

● 在"图层"面板上，将图层的缩览图拖动到"创建新图层"按钮🔳上。

● 在"图层"面板上，选择要复制的图层，选择菜单命令"图层|复制图层"。

● 在"图层"面板上，选择要复制的图层，按Ctrl+J组合键。

在不同图像间复制图层的常用方法如下。

● 在"图层"面板上，使用移动工具将当前图像的某一图层直接拖动到目标图像窗口内。

● 选择要复制的图层，选择菜单命令"图层|复制图层"，打开"复制图层"对话框，如图1-2-43所示。在"为"文本框中输入图层副本的名称。在"文档"下拉列表中选择目标图像的文件名（目标图像必须打开）。单击"确定"按钮。

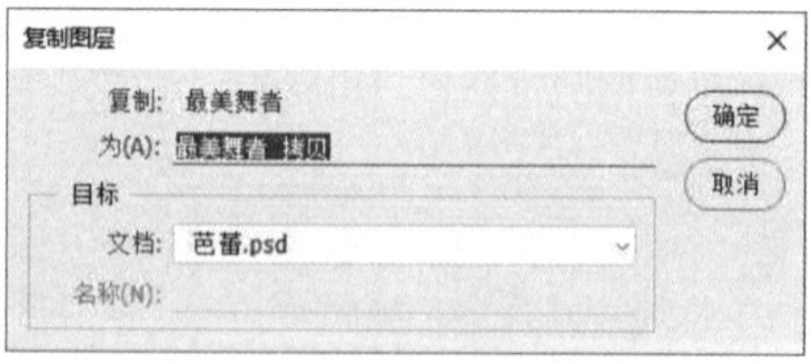

图1-2-43 "复制图层"对话框

（6）重命名图层

在"图层"面板上双击图层名称，进入名称编辑状态，输入新的名称，按Enter键即可。

（7）更改图层不透明度

在"图层"面板右上方的"不透明度"框内输入百分比值，按Enter键；或单击"不透明度"框右侧的﹀按钮，弹出"不透明度"滑动条，左右拖动滑块，可改变当前图层的不透明度。

（8）图层的重新排序

在"图层"面板上，将图层向上或向下拖动，当突出显示的线条出现在要放置图层的位置时，松开鼠标按键即可改变图层的排列顺序。另外，通过"图层|排列"菜单下的一组命令也可以改变图

层的排列顺序。

（9）合并图层

合并图层能够有效地减少图像占用的存储空间。图层合并命令包括"向下合并""合并图层""合并可见图层""拼合图像"等，在"图层"菜单和"图层"面板菜单中都可以找到。

- "向下合并"：将当前图层与其下面的一个图层合并（组合键为Ctrl+E）。
- "合并图层"：将选中的多个图层合并为一个图层（组合键为Ctrl+E）。
- "合并可见图层"：将所有可见图层合并为一个图层（组合键为Ctrl+Shift+E）。
- "拼合图像"：将所有可见图层合并到背景层。

（10）快速选择图层的不透明区域

按住Ctrl键，单击某个图层的缩览图（注意不是图层名称），可基于该图层上的所有像素创建选区。若操作前图像中存在选区，操作后新选区将取代原有选区。

该操作同样适用于图层蒙版、矢量蒙版与通道。

（11）背景层转化为普通层

背景层是一个比较特殊的图层，其排列顺序、不透明度、填充、混合模式等许多属性都是锁定的，无法更改。另外，图层样式、图层变换等也不能应用于背景层。解除这些"锁定"的唯一方法就是将其转换为普通图层，方法如下。

在"图层"面板上，双击背景层缩览图，在弹出的"新建图层"对话框中输入图层名称，单击"确定"按钮。

3. 图层样式

图层样式是创建图层特效的重要手段，包括斜面和浮雕、描边、内阴影、内发光、光泽、颜色叠加和投影等多种。图层样式影响的是整个图层，不受选区的限制，且对背景层和全部锁定的图层是无效的。

（1）添加图层样式

添加图层样式的方法如下。

STEP 01 选择要添加图层样式的图层。

STEP 02 在"图层"面板上单击"添加图层样式"按钮*fx*，从弹出的菜单中选择相应的图层样式命令；或选择菜单"图层|图层样式"下的有关命令，打开"图层样式"对话框，如图1-2-44所示。

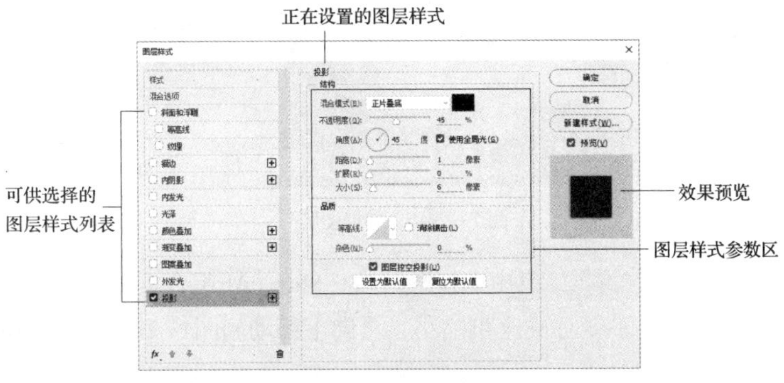

图1-2-44　"图层样式"对话框

STEP 03 在对话框左侧单击要添加的图层样式的名称，选择该样式。在参数控制区设置图层样式的参数。

STEP 04 如果要在同一图层上同时添加多种图层样式，可在对话框左侧继续选择其他样式名称，并设置其参数。

STEP 05 设置好图层样式参数，单击"确定"按钮，将图层样式应用到当前图层上。

（2）编辑图层样式

① 在"图层"面板上展开和折叠图层样式

添加图层样式后，"图层"面板上对应图层的右端会出现 _fx_ ∨ 图标，图层样式处于展开状态。通过单击 _fx_ ∨ 图标中的 ∨ 按钮，可折叠或展开图层样式，如图1-2-45所示。

② 在图像中显示或隐藏图层样式效果

图1-2-45 图层样式的显示与隐藏

在"图层"面板上展开图层样式后，通过单击图层样式名称左侧的 ◉ 图标，可在图像中显示或隐藏图层样式效果，如图1-2-45所示。通过单击"效果"左侧的 ◉ 图标，可显示或隐藏对应图层的所有图层样式效果。

③ 修改图层样式参数

在"图层"面板上展开图层样式后，双击图层样式的名称，可以打开"图层样式"对话框，重新修改相应图层样式的参数。

④ 删除图层样式

在"图层"面板上，将图层样式拖动到 🗑 按钮上，可将其删除。拖动 _fx_ ∧/_fx_ ∨ 图标或"效果"到 🗑 按钮上，可删除该图层的所有样式。

下面举例说明图层样式的用法。

STEP 01 打开"第2章素材\芭蕾.jpg"。将背景层转化为一般层，命名为"卡片"，如图1-2-46所示。

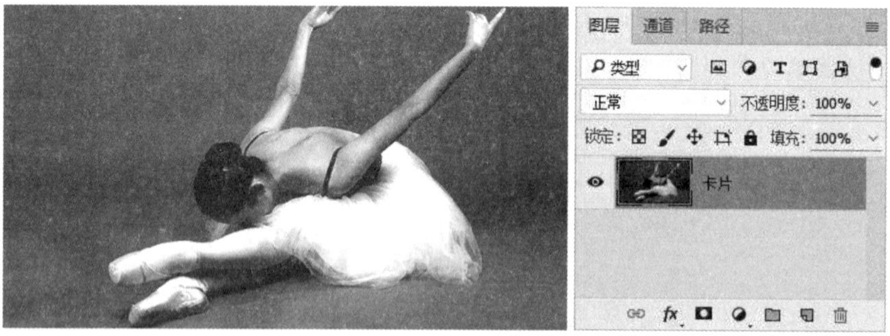

图1-2-46 转换图层

STEP 02 选择菜单命令"编辑|自由变换"，按住Shift+Alt组合键并拖动变换框4个角上的控制块，将"卡片"层图像中心不变且成比例缩小，再向上移动到图1-2-47所示的位置，按Enter键确认。

STEP 03 新建一个图层，填充白色。选择菜单命令"图层|新建|图层背景"，将该图层转化为背景层。

STEP 04 创建图1-2-48（a）所示的矩形选区。

STEP 05 在背景层的上面新建图层，命名为"边框"，并在该图层的选区内填充白色，如图1-2-48（b）所示。

（a）创建选区

（b）在"边框"层的选区内填充白色

图1-2-47　变换图层　　　　　　　　　　图1-2-48　创建白色边框层

STEP 06 取消选区。为"边框"层添加投影样式，参数设置如图1-2-49所示，单击"确定"按钮。图像最终效果及"图层"面板组成如图1-2-50所示。

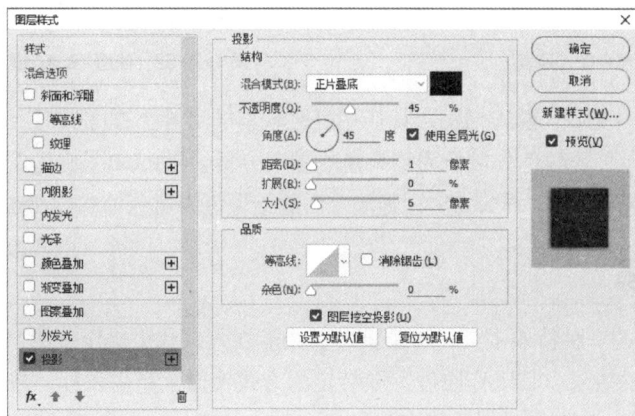

图1-2-49　设置投影参数

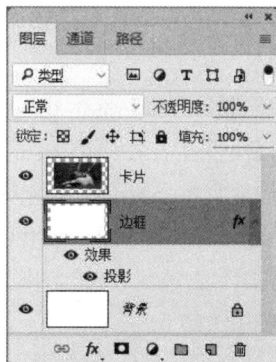

图1-2-50　图像最终效果及"图层"面板组成

4.　图层混合模式

图层的混合模式决定了图层像素如何与其下面图层上的像素进行混合。图层混合模式包括正常、溶解、变暗、正片叠底、变亮、滤色、叠加、柔光等多种，不同的混合模式会产生不同的图层叠盖效果。图层默认的混合模式为"正常"，在这种模式下，上面图层上的像素将遮盖其下面图层上对应位置的像素。

在"图层"面板上的"正常"下拉列表中可以为当前图层选择不同的混合模式，如图1-2-51所示。列表中的图层混合模式被水平分割线分成多个组，一般来说，每个组中各混合模式的作用是类似的。

打开"第2章素材\夕阳.psd"。将"远航"层的模式设为"变亮"，结果如图1-2-52所示。

图1-2-51　图层混合模式列表　　　　图1-2-52　使用"变亮"模式

"变亮"模式与"变暗"模式相反，其作用是比较本图层和下面图层对应像素的各颜色分量，选择其中值较大（较亮）的颜色分量作为结果色的颜色分量。以RGB图像为例，若对应像素分别为红色（255，0，0）和绿色（0，255，0），则混合后的结果色为黄色（255，255，0）。

2.2.4　滤镜

滤镜是Photoshop的一种特效工具，种类繁多，功能强大。滤镜操作方便，还可以使图像瞬间产生各种令人惊叹的特殊效果。其工作原理：以特定的方式使像素产生位移，数量发生变化，或改变颜色值等，从而使图像出现各种各样的神奇效果。

Photoshop CC提供了十几个常规滤镜组，如"风格化""画笔描边""模糊""模糊画廊""扭曲""锐化""视频""像素化""渲染""杂色""其他"等。每个滤镜组都包含若干滤镜，共100多个。

除了常规滤镜外，Photoshop CC还拥有"滤镜库""液化""消失点"等多个功能强大的滤镜插件。滤镜库插件整合了常规滤镜中的画笔描边、素描、纹理、艺术效果等多组滤镜，作为一个平台，可以一次性地将多个滤镜添加到图像上。液化滤镜可以对图像进行推、拉、旋转、镜像、收缩和膨胀等随意变形，使得该滤镜成为Photoshop修饰图像和创建艺术效果的强大工具。消失点滤镜可以帮助用户在编辑包含透视效果的图像时，保持正确的透视方向。

滤镜的一般用法如下。

STEP 01 选择要应用滤镜的图层、蒙版或通道。局部使用滤镜时，需要创建相应的选区。

STEP 02 选择"滤镜"菜单下的滤镜命令。

STEP 03 若弹出"滤镜"对话框，需设置参数。然后单击"确定"按钮，将滤镜应用于目标图像。

STEP 04 使用滤镜后，不要进行其他任何操作，使用菜单命令"编辑|渐隐××"（其中××代表刚刚使用的滤镜名称）可弱化或改变滤镜效果。

STEP 05 按Ctrl+F组合键，可重复使用上次滤镜（消失点滤镜等除外）。下面举例说明滤镜的基本用法。

下面举例说明滤镜的基本用法。

STEP 01 打开"第2章素材\水仙2.psd"，选择背景层，如图1-2-53所示。

图1-2-53　选择目标图像

STEP 02 选择菜单命令"滤镜|渲染|镜头光晕"，打开"镜头光晕"对话框，参数设置如图1-2-54所示（在对话框中图像预览区的任意位置单击，可确定镜头光晕的位置）。

STEP 03 单击"确定"按钮关闭对话框。滤镜效果如图1-2-55所示。

图1-2-54　设置滤镜参数

图1-2-55　滤镜效果

STEP 04 按Ctrl+F组合键，或选择"滤镜"菜单顶部的命令，重复使用上一次的滤镜。"镜头光晕"滤镜的效果得到加强，如图1-2-56所示。

图1-2-56　重复使用上一次滤镜

上面介绍的滤镜为Photoshop的自带滤镜，或称内置滤镜。还有一类滤镜，种类非常多，是由Adobe之外的其他公司开发的，称为外挂滤镜。这类滤镜安装好之后，出现在Photoshop滤镜菜单的底部，使用方法和内置滤镜一样。关于外挂滤镜的安装应注意以下几点。

● 安装前一定要退出Photoshop程序窗口。

● 有些Photoshop外挂滤镜软件带有安装程序，运行安装程序，按提示进行安装即可。在安装过程中要求选择外挂滤镜的安装路径时，选择Photoshop安装路径下的Plug-Ins文件夹、Required\Plug-ins文件夹或Required\Plug-ins\Filters文件夹。有些外挂滤镜没有安装程序，而是一些扩展名为8BF的滤镜文件。对于这类外挂滤镜，直接将滤镜文件复制到上述文件夹下即可使用。

2.2.5 蒙版

在Photoshop中，蒙版主要用于控制图像在不同区域的显示程度。根据用途和存在形式的不同，可将蒙版分为快速蒙版、剪贴蒙版、图层蒙版和矢量蒙版等多种。下面介绍使用较广泛的图层蒙版与剪贴蒙版。

1. 图层蒙版

图层蒙版附着在图层上，能够在不破坏图层的情况下，控制图层上不同区域像素的显隐程度。

（1）添加图层蒙版

选择要添加蒙版的图层，可采用下述方法之一添加图层蒙版。

● 单击"图层"面板上的"添加图层蒙版"按钮▣，或选择菜单命令"图层|图层蒙版|显示全部"，可以创建一个白色的蒙版（图层缩览图右边的附加缩览图表示图层蒙版）。白色蒙版对图层的内容显示无任何影响。

● 按住Alt键单击"图层"面板上的▣按钮，或选择菜单命令"图层|图层蒙版|隐藏全部"，可以创建一个黑色的蒙版。黑色蒙版隐藏了对应图层的所有内容。

● 在存在选区的情况下，单击▣按钮，或选择菜单命令"图层|图层蒙版|显示选区"，将基于选区创建蒙版。此时，选区内的蒙版填充白色，选区外的蒙版填充黑色。按住Alt键单击▣按钮，或选择菜单命令"图层|图层蒙版|隐藏选区"，所产生的蒙版正好相反。

（2）删除图层蒙版

在"图层"面板上选择图层蒙版的缩览图，单击面板上的🗑按钮，或选择菜单命令"图层|图层蒙版|删除"。在弹出的提示框中单击"应用"按钮，将删除图层蒙版，同时蒙版效果应用到图层上（图层遭到破坏）；单击"删除"按钮，则在删除图层蒙版后，蒙版效果不会应用到图层上。

（3）在蒙版编辑状态与图层编辑状态之间切换

在"图层"面板上选择添加了图层蒙版的图层后，若图层蒙版缩览图的周围显示有边框，表示当前层处于蒙版编辑状态，所有的编辑操作都是作用在图层蒙版上。此时，若单击图层缩览图可切换到图层编辑状态。

若图层缩览图的周围显示有边框，表示当前层处于图层编辑状态，所有的编辑操作都是作用在图层上，对蒙版没有任何影响。此时，若单击图层蒙版缩览图可切换到蒙版编辑状态。

图层蒙版是以灰度图像的形式存储的，其中黑色表示所附着图层的对应区域完全透明，白色表示完全不透明，介于黑白之间的灰色表示半透明，透明的程度由灰色的深浅决定。Photoshop允许使用所有的绘画与填充工具、图像修整工具以及相关的菜单命令对图层蒙版进行编辑和修改。

打开"第2章素材\荷花.psd"。在"图层"面板上选择"荷花"层，添加显示全部的图层蒙版，如图1-2-57所示。此时"荷花"层处于蒙版编辑状态。

在工具箱上将前景色和背景色分别设置为黑色与白色。选择菜单命令"滤镜|渲染|云彩"。该滤镜在图层蒙版上将前景色和背景色随机混合，使图像中出现白色烟雾效果，如图1-2-58所示。

在图层蒙版编辑状态下，使用菜单命令"图像|调整|亮度/对比度"降低蒙版灰度图像的亮度，结果图像中的白色雾气变得更浓；增加亮度，结果相反。

2. 剪贴蒙版

剪贴蒙版可以通过一个称为基底图层的图层控制其上面的一个或多个内容图层的显示区域和显隐程度。下面举例说明剪贴蒙版的基本用法。

STEP 01 打开"第2章素材\竹子.jpg"，按Ctrl+A组合键全选图像，按Ctrl+C组合键复制图像。

STEP 02 打开"第2章素材\水墨.psd"，如图1-2-59所示。选择"水墨"层，按Ctrl+V组合键，将"竹子"图像粘贴在"水墨"层上面的图层1中（遮盖了下面图层中的水墨与书法），如图1-2-60所示。

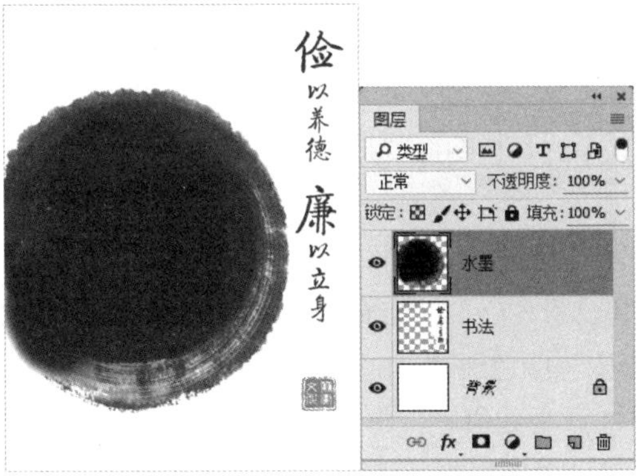

图1-2-57　添加显示全部的图层蒙版

图1-2-58　在图层蒙版上应用云彩滤镜

图1-2-59　素材图像"水墨"

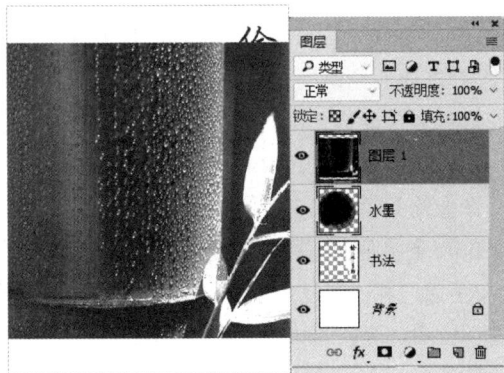

图1-2-60　粘贴图层

STEP 03 选择图层1，选择菜单命令"图层|创建剪贴蒙版"，为图层1创建剪贴蒙版。结果如图1-2-61所示。

STEP 04 调整图层1中竹子的位置，结果如图1-2-62所示。

剪贴蒙版创建完成后，带有 图标并向右缩进的图层（本例中的图层1）称为内容图层。与内容图层下面相邻的一个图层（本例中的"水墨"层），称为基底图层。基底图层充当了内容图层的剪贴蒙版，其中像素的颜色对剪贴蒙版的效果无任何影响，而像素的不透明度却控制着内容图层的显示程度。不透明度越高，显示程度越高。本例中水墨的边缘是半透明的，结果从这儿看到的内容图层的图像也是半透明的。

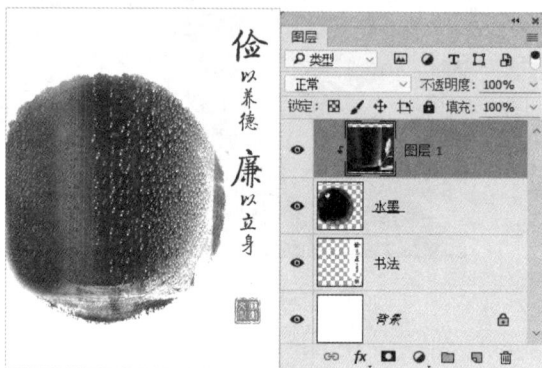

图1-2-61　创建剪贴蒙版

图1-2-62　调整竹子的位置

若想使图层1从剪贴蒙版中释放出来，重新转化为普通图层，可在选择图层1的情况下，选择菜单命令"图层|释放剪贴蒙版"。

蒙版有时也被称作遮罩，它不是Photoshop特有的工具，例如Flash、Premiere、CorelDRAW等相关软件中都可以使用蒙版，只不过操作形式不同而已。

2.2.6　通道

简而言之，通道就是存储图像颜色信息或选区信息的一种载体。用户可以将选区存放在通道的灰度图像中，并可以对这种灰度图像做进一步处理，创建更复杂的选区。

Photoshop的通道包括颜色通道、Alpha通道、专色通道和蒙版通道等多种类型。其中使用频率最高的是颜色通道和Alpha通道。

打开图像时，Photoshop根据图像的颜色模式和颜色分布信息，自动创建颜色通道。在RGB、CMYK和Lab颜色模式的图像中，不同的颜色分量分别存放于不同的颜色通道。在"通道"面板顶部列出的是复合通道，由各颜色分量通道混合而成，其中的彩色图像就是在图像窗口中显示的图像。图1-2-63所示是某个RGB图像的颜色通道。

图像的颜色模式决定了颜色通道的数量。例如，RGB颜色模式的图像包含红（R）、绿（G）、蓝（B）3个单色通道和一个复合通道；CMYK图像包含青（C）、洋红（M）、黄（Y）、黑（K）4个单色通道和一个复合通道；Lab图像包含L明度通道、a颜色通道、b颜色通道和一个复合通道；而灰度、位图、双色调和索引颜色模式的图像都只有一个颜色通道。

除了Photoshop自动生成的颜色通道外，用户还可以根据需要，在图像中自主创建Alpha通道和专色通道。其中，Alpha通道用于存放和编辑选区，专色通道则用于存放印刷中的专色。但位图模式的图像是个例外，不能额外添加通道。

1. 颜色通道

颜色通道用于存储图像中的颜色信息——颜色的含量与分布。下面以RGB图像为例进行说明。

STEP 01 打开"第2章素材\百合.jpg"，如图1-2-64所示。显示"通道"面板，单击选择蓝色通道，如图1-2-65所示。

颜色通道用法举例

图1-2-63　RGB 图像的颜色通道

图1-2-64　素材图像

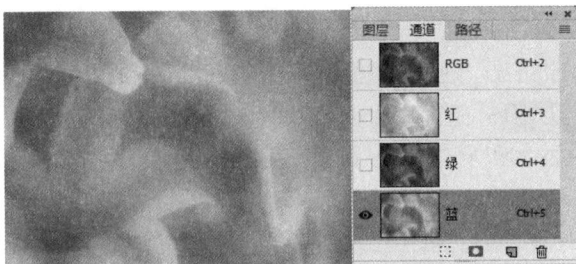

图1-2-65　蓝色通道的灰度图像

从图像窗口中查看蓝色通道的灰度图像。亮度越高，表示彩色图像对应区域的蓝色含量越高；亮度越低的区域表示蓝色含量越低。黑色区域表示不含蓝色，白色区域表示蓝色含量最高，达到饱和。由此可知，修改颜色通道的亮度势必会改变图像的颜色。

STEP 02 在"通道"面板上单击选择红色通道，同时单击复合通道（RGB通道）左侧的灰色方框□，显示眼睛图标◉，如图1-2-66所示。这样可以在编辑红色通道的同时，从图像窗口查看彩色图像的变化情况。

STEP 03 选择菜单命令"图像|调整|亮度/对比度"，参数设置如图1-2-67所示，单击"确定"按钮。

图1-2-66　选择红色通道

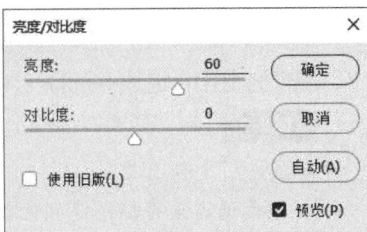

图1-2-67　提高亮度

提高红色通道的亮度，等于在彩色图像中增加红色的混入量，图像变化如图1-2-68所示。

图1-2-68　提高图像中的红色含量

47

STEP 04 将前景色设为黑色。在"通道"面板上单击选择蓝色通道，按Alt+Backspace组合键，在蓝色通道上填充黑色。这相当于将彩色图像中的蓝色成分全部清除，整个图像仅由红色和绿色混合而成，如图1-2-69所示。

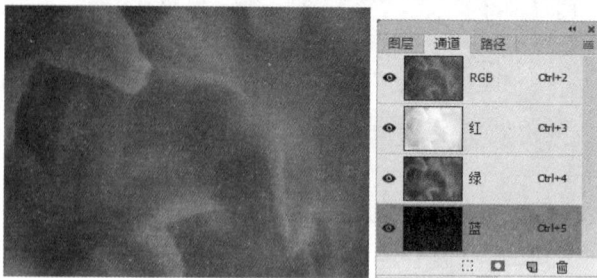

图1-2-69　将图像中的蓝色成分全部清除

由此可见，通过调整颜色通道的亮度，可校正色偏，或制作具有特殊色调效果的图像。

STEP 05 选择绿色通道，通过菜单命令"滤镜|滤镜库"添加"纹理|纹理化"滤镜，参数设置如图1-2-70所示，单击"确定"按钮。图像变化如图1-2-71所示。

图1-2-70　设置纹理滤镜　　　　图1-2-71　在绿色通道上添加滤镜

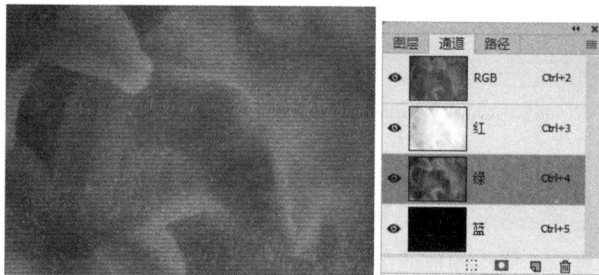

滤镜效果主要出现在彩色图像中绿色含量较高的区域。如果将滤镜效果添加在其他颜色通道上，图像的变化肯定是不同的。

STEP 06 在"通道"面板上单击选择复合通道，返回图像的正常编辑状态。

总之，对于颜色通道，可以得出如下结论。

● 颜色通道是存储图像颜色信息的载体，默认设置下以灰度图像的形式存储于"通道"面板。

● 调整颜色通道的亮度，可以改变图像中各原色成分的含量，使图像色彩产生变化。

● 在单色通道上添加滤镜，与在整个彩色图像上添加滤镜，图像变化一般是不同的。

2. Alpha 通道

Alpha通道用于将选区存储在灰度图像中。在默认设置下，Alpha通道中的白色代表选区，黑色表示未被选择的区域；灰色表示部分被选择的区域，即透明的选区。

用白色涂抹Alpha通道，或增加Alpha通道的亮度，可扩展选区的范围；用黑色涂抹或降低亮度，则缩小选区的范围或增加选区的透明度。Alpha通道也是编辑选区的重要场所。

Alpha通道的基本操作如下。

（1）创建Alpha通道

在图像处理的不同场合，可采用下列方法之一创建Alpha通道。

● 在"通道"面板上单击"新建通道"按钮，可使用默认设置创建一个全部黑色的Alpha通道，即不包含任何选区的Alpha通道。

- 在"通道"面板上，将单色通道拖动到"新建通道"按钮 ▣ 上，可以复制颜色通道。复制出的通道虽然是颜色通道的副本，但二者之间除了灰度图像相同外，没有任何其他的联系，通道副本也属于Alpha通道，其中一般包含比较复杂的选区。
- 在图层编辑状态下，使用菜单命令"选择|存储选区"可以将图像中的现有选区存储在新生成的Alpha通道中，以备后用。

（2）删除Alpha通道

在"通道"面板上，将要删除的Alpha通道拖动到"删除"按钮上即可删除Alpha通道。

（3）从Alpha通道载入选区

可采用下述方法之一，载入存储于Alpha通道中的选区。

- 在"通道"面板上，选择要载入选区的Alpha通道，单击"载入选区"按钮 ▦ 。若操作前图像中存在选区，则载入的选区将取代原有选区。
- 在"通道"面板上，按住Ctrl键，单击要载入选区的Alpha通道的缩览图。若操作前图像中存在选区，则载入的选区将取代原有选区。
- 使用菜单命令"选择|载入选区"，也可以载入Alpha通道中的选区。如果当前图像中已存在选区，则载入的选区还可以与现有选区进行并、差、交集运算。

2.2.7 路径

路径工具是Photoshop最精确的选取工具之一，适合选择边界弯曲而平滑的对象，如人物的脸部曲线、花瓣、心形等。同时，路径工具也常用于创建边缘平滑的图形。

Photoshop的路径工具包括钢笔工具组、路径选择工具和直接选择工具。其中，钢笔工具、自由钢笔工具可用于创建路径，其他工具（如路径选择工具、直接选择工具和转换点工具等）用于路径的编辑与调整。另外，使用形状工具也能够创建路径。

路径是矢量对象，不仅具有矢量图形的优点，在造型方面还具有良好的可控制性。Photoshop是公认的位图编辑大师，它在矢量造型方面的能力也几乎可以和CorelDRAW、3ds Max等专业矢量软件相媲美。

1. 路径基本概念

路径是由钢笔工具等创建的直线或曲线。连接路径上各线段的点叫作锚点。锚点分两类：平滑锚点和角点（或称拐点、尖突点）。角点又分含方向线的角点和不含方向线的角点两种。通过调整方向线的长度与方向可以改变路径曲线的形状，如图1-2-72所示。

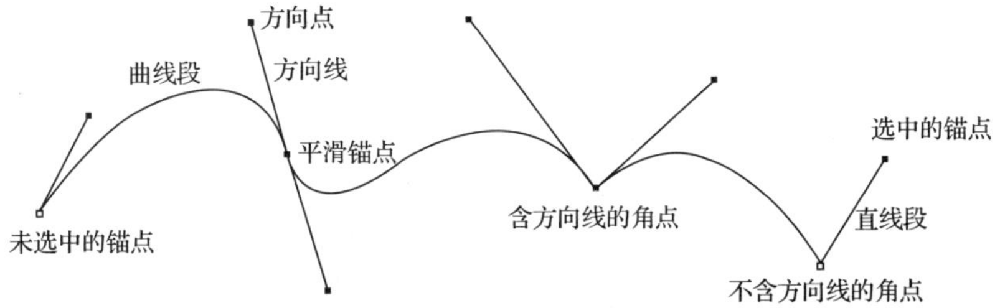

图1-2-72 路径组成

- 平滑锚点：在改变锚点单侧方向线的长度与方向时，锚点另一侧的方向线会相应调整，使锚点两侧的方向线始终保持在同一方向上。通过这类锚点的路径是光滑的。平滑锚点两侧的方向线的长度不一定相等。

● 不含方向线的角点：由于不含方向线，所以不能通过调整方向线改变通过该类锚点的局部路径的形状。如果与这类锚点相邻的锚点也是没有方向线的角点，则二者之间的连线为直线路径；否则为曲线路径。

● 含方向线的角点：此类角点两侧的方向线一般不在同一方向上，有时仅含单侧方向线。两侧方向线可分别调整，互不影响。路径在该类锚点处形成尖突或拐角。

2. 路径基本操作

（1）创建路径

在工具箱上选择"钢笔工具"，在选项栏上将工具模式设置为"路径"，如图1-2-73所示。

图1-2-73　钢笔工具选项栏参数

① 创建直线路径

在图像中单击，生成第1个锚点；移动鼠标指针再次单击，生成第2个锚点，同时前后两个锚点之间由直线路径连接起来。依次下去，形成折线路径。

要结束路径的创建，可按住Ctrl键在路径外单击，形成开放路径，如图1-2-74所示。要封闭路径，只要将鼠标指针定位在最先创建的第1个锚点上（此时指针旁出现一个小圆圈）单击，图1-2-75所示为闭合路径。

在创建直线路径时，按住Shift键，可沿水平、竖直或45°角倍数的方向创建路径。

图1-2-74　折线开放路径

构成直线路径的锚点不含方向线，又称直线角点。

② 创建曲线路径

在确定路径的锚点时，若按下左键拖动鼠标，则前后两个锚点由曲线路径连接起来。若前后两个锚点的拖动方向相同，则形成S形路径（见图1-2-76）；若拖动方向相反，则形成U形路径（见图1-2-77）。

结束创建曲线路径的方法与直线路径相同。

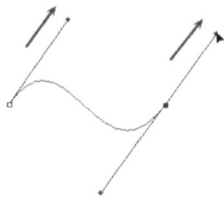

图1-2-75　折线闭合路径

图1-2-76　S形路径　　　　图1-2-77　U形路径

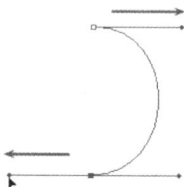

在使用"形状工具"时，只要在选项栏上将工具模式设置为"路径"，即可使用"形状工具"创建路径。

（2）显示与隐藏锚点

当路径上的锚点被隐藏时，使用"直接选择工具" 🔲 在路径上单击，可显示路径上所有的锚点，如图1-2-78右图所示。反之，使用直接选择工具在显示锚点的路径外单击，可隐藏路径上所有的锚点，如图1-2-78左图所示。

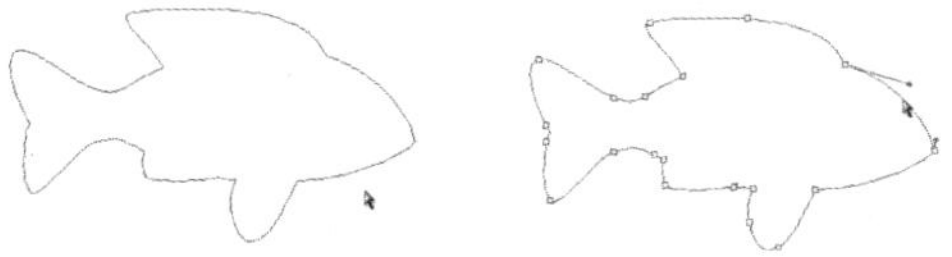

图1-2-78　隐藏锚点（左图）和显示锚点（右图）

（3）转换锚点

使用"转换点工具" 🔲 可以转换锚点的类型，具体操作如下。

① 将直线角点转化为平滑锚点和含方向线的角点

选择"转换点工具"，将鼠标指针定位于要转换的直线角点上，按下鼠标左键拖动，可将锚点转化为平滑锚点。将鼠标指针定位于平滑锚点的方向点上，按下鼠标左键拖动，平滑锚点可转化为含方向线的角点，如图1-2-79所示。继续拖动方向点，改变单侧方向线的长度和方向，进一步调整锚点单侧路径的形状。

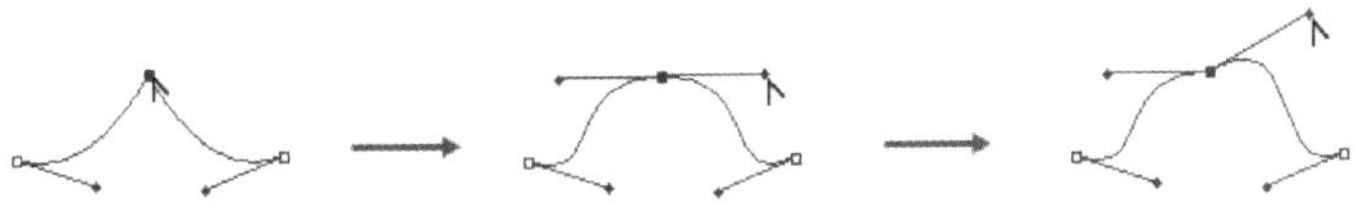

图1-2-79　将直线角点转化为平滑锚点和含方向线的角点

② 将平滑锚点或含方向线的角点转化为直线角点

若锚点为平滑锚点或含方向线的角点，使用"转换点工具"在锚点上单击，可将锚点转化为直线角点。

在调整路径时，使用"直接选择工具" 🔲 拖动锚点或方向点，不会改变锚点的类型。

（4）选择与移动锚点

使用"直接选择工具" 🔲 既可以选择锚点，也可以改变锚点的位置，方法如下（假设路径上的锚点已显示）。

STEP 01 选择"直接选择工具"。

STEP 02 在锚点上单击，可选中单个锚点（空心方块变成实心方块）。选中的锚点若含有方向线，方向线将显示出来。

STEP 03 通过在锚点上移动鼠标指针可以改变单个锚点的位置。

（5）添加与删除锚点

添加与删除锚点的常用方法如下。

STEP 01 选择"钢笔工具"，在选项栏上选中"自动添加/删除"。

STEP 02 将鼠标指针移到路径上要添加锚点的位置（鼠标指针变成 🔲+ 形状），单击可添加锚点。也可以直接使用"添加锚点工具" 🔲 在路径上添加锚点。添加锚点并不会改变路径的形状。

STEP 03 将鼠标指针移到要删除的锚点上（鼠标指针变成 🔲- 形状），单击可删除锚点。也可以直接使用"删除锚点工具" 🔲 删除锚点。删除锚点后，路径的形状将重新调整，以适合其余的锚点。

（6）选择与移动路径

选择与移动路径的常用方法如下。

STEP 01 选择"路径选择工具" ▶。

STEP 02 在路径上单击即可选择整个路径。在路径上移动鼠标指针可改变路径的位置。

（7）删除路径

要想删除路径，可在选择路径后，按Delete键。也可以在"路径"面板上，将要删除的路径直接拖动到"删除当前路径"按钮 🗑 上。

（8）显示与隐藏路径

在"路径"面板的灰色空白区域单击，取消路径的选择，可以在图像中隐藏路径。在"路径"面板上单击以选择要显示的路径，可以在图像中显示该路径。一次只能选择和显示一条路径。

（9）路径转化为选区

路径转化为选区的常用方法如下。

STEP 01 在"路径"面板上选择要转化为选区的路径。

STEP 02 单击"路径"面板底部的"将路径作为选区载入"按钮 ⸬（载入的选区将取代图像中的原有选区）。

当图像中的选区和路径同时显示时，要想操作选区，必须将路径隐藏起来。

下面举例说明路径工具的基本用法。

STEP 01 新建一个400像素×400像素、分辨率为72像素/英寸、RGB颜色模式、底色为白色的图像文件。

STEP 02 使用"钢笔工具"创建一个封闭的三角形路径，如图1-2-80所示。

STEP 03 使用"转换点工具"把①号锚点和②号锚点转化为平滑锚点，如图1-2-81所示。

STEP 04 使用删除锚点工具删除③号锚点，如图1-2-82所示。

路径工具的基本用法举例

图1-2-80 创建多边形路径　　图1-2-81 转换锚点类型　　图1-2-82 删除锚点

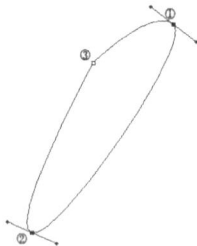

STEP 05 再使用"转换点工具"把①号锚点和②号锚点转化为含方向线的角点，并通过改变每条方向线的长度与方向把路径调整成竹叶形状，如图1-2-83左图所示。

STEP 06 使用"直接选择工具"移动底部锚点的位置，把竹叶调整成侧面型，如图1-2-83右图所示。移动锚点的位置，然后再适当调整方向线的长度与方向，可以形成多种类型的竹叶形状。

STEP 07 使用"直接选择工具"在路径外单击隐藏锚点。选择文字工具，将鼠标指针定位在路径上，当显示 ✐ 指示符的时候单击，此时插入点定位在路径上。输入文字并提交编辑，如图1-2-84所示。这样可创建沿路径排列的文字。

注意：利用"字符"面板设置基线偏移参数 A⁺ 的值，可调整文字与路径的间距。

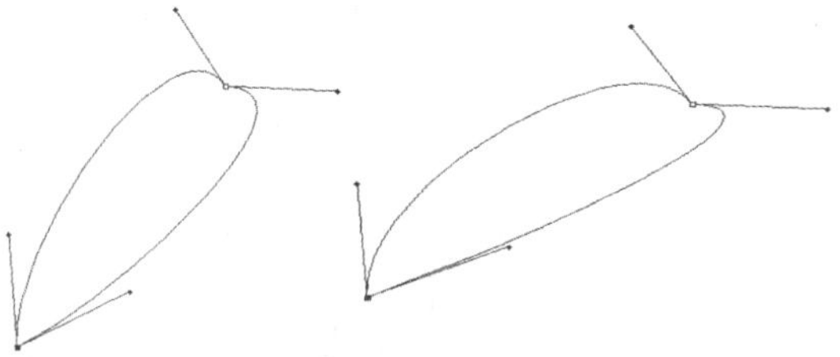

图1-2-83 把路径调成竹叶形状

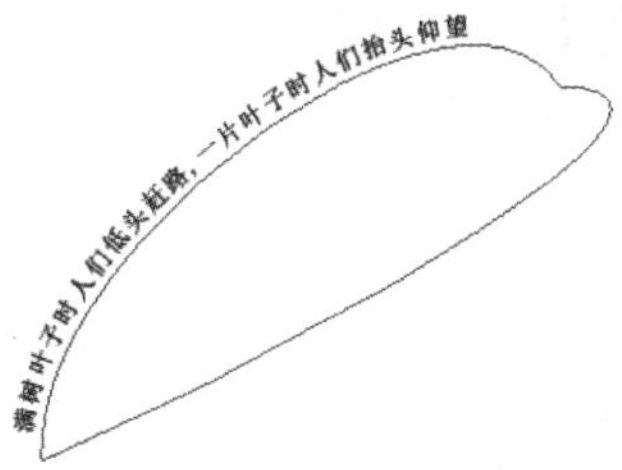

图1-2-84 创建路径文字

2.3 Photoshop图像处理综合案例

2.3.1 画葡萄

1. 主要技术看点

本例的主要技术看点包括新建文件、保存文件、创建选区（设置羽化参数）、取消选区、选取颜色、填充颜色、画笔工具与文字工具的使用、移动与复制选区内图像等。

画葡萄

2. 操作步骤

STEP 01 新建一个300像素×450像素、72像素/英寸、RGB颜色模式（8位）、白色背景的图像文件。

STEP 02 在工具箱上选择"椭圆选框工具"。在选项栏上设置羽化参数的值为1，其他选项采用默认值。（按住Shift键）在图像窗口中图1-2-85所示的位置创建圆形选区。

STEP 03 在工具箱底部将前景色设置为紫色（颜色值为#6633ff）。

STEP 04 选择"油漆桶工具"。在选区内单击填色，如图1-2-86所示。

STEP 05 选择"移动工具"，将鼠标指针定位于选区内。按住Alt键不放，将选区内的图像拖动到图1-2-87所示的位置后松开鼠标按键。

图1-2-85 创建圆形选区

图1-2-86 填色

图1-2-87 复制选区内图像

STEP 06 按照步骤5的操作方式，继续复制选区内的图像，得到类似图1-2-88所示的效果。

STEP 07 按Ctrl+D组合键取消选区，将前景色设置为黑色。

STEP 08 选择"画笔工具"。设置画笔大小为13像素左右、硬度为0。在"葡萄"颗粒上依次单击，得到图1-2-89所示的效果。

STEP 09 将前景色设置为墨绿色。设置画笔大小为9像素左右、硬度为100%。在图1-2-90所示的位置绘制葡萄的"茎"。

STEP 10 将前景色设置为黑色。选择"直排文字工具"，在图像的左上角与右下角分别创建文本，如图1-2-91所示。

图1-2-88 多次复制后的效果 　　图1-2-89 绘制"点" 　　图1-2-90 绘制"茎" 　　图1-2-91 书写文字

STEP 11 分别以PSD格式和JPG格式（最佳效果）存储图像。

STEP 12 关闭图像窗口。

2.3.2 寒梅傲雪

1. 主要技术看点

本例的主要技术看点包括新建文件、打开文件、保存文件、新建图层、复制图层、变换图层、绘制水平线、创建选区、调整色彩、创建文本等。

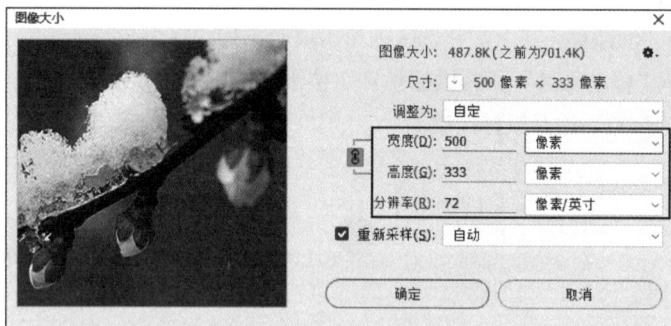

寒梅傲雪

2. 操作步骤

STEP 01 打开 "第2章素材\寒梅.jpg"。

STEP 02 选择菜单命令"图像|图像大小"，打开"图像大小"对话框。设置参数如图1-2-92所示，完成后单击"确定"按钮。本步操作的目的是成比例缩小图像，以方便后面的操作。

图1-2-92 "图像大小"对话框

STEP 03 按Ctrl+A组合键全选素材图像，按Ctrl+C组合键复制选区内的图像。

STEP 04 在工具箱底部将背景色设置为黑色。

STEP 05 新建一个500像素×350像素、72像素/英寸、RGB颜色模式（8位）、黑色背景（在"新建"对话框中将"背景内容"参数设置为"背景色"）的图像文件。

STEP 06 按Ctrl+V组合键粘贴图像，得到图1-2-93所示的效果。

STEP 07 按Ctrl+T组合键（或选择菜单命令"编辑|自由变换"），显示自由变换控制框。在竖直方向拖动控制框水平边的中间控制块，压缩图像得到图1-2-94所示的效果。

图1-2-93　在新建图像中粘贴图像

图1-2-94　在竖直方向压缩图层1

STEP 08 在选项栏右侧单击✔按钮以执行变换。

STEP 09 在图层1的上面新建图层2。将前景色设置为白色。

STEP 10 选择"直线工具"（位于形状工具组）。设置选项栏参数如图1-2-95所示。

图1-2-95　设置直线工具的选项栏参数

STEP 11 （选择图层2）在寒梅图像的顶边绘制水平线，如图1-2-96所示。

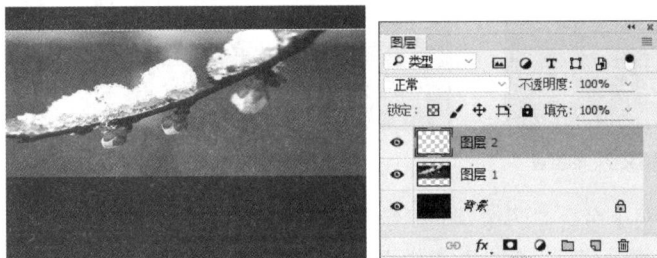

图1-2-96　在图层2中绘制水平线

STEP 12 复制图层2，得到图层2拷贝。选择移动工具，按向下方向键↓（可同时按住Shift键），将拷贝图层中的水平线移动到图1-2-97所示的位置（寒梅图像的底边）。

图1-2-97　复制并移动图层

STEP 13 打开"第2章素材\文字（1）.jpg"。按Ctrl+A组合键全选图像，按Ctrl+C组合键复制图像。

STEP 14 切换到新建图像。按Ctrl+V组合键粘贴图像，得到图层3，如图1-2-98所示。

STEP 15 按Ctrl+T组合键，显示自由变换控制框。设置选项栏参数如图1-2-99所示。单击选项栏右侧的✔按钮以确认变换。

STEP 16 选择"移动工具"，将图层3中的图像移动到图1-2-100所示的位置。

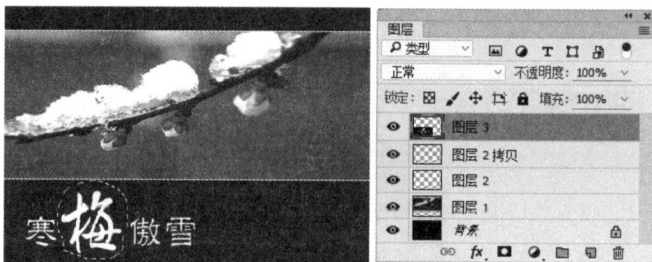

图1-2-98　将文字素材复制到新图像

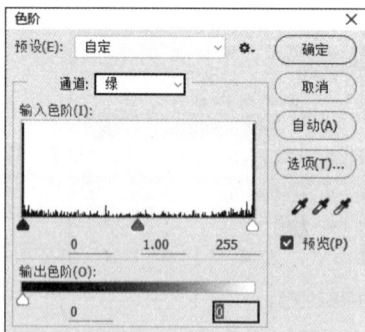

图1-2-99　设置自由变换参数

STEP 17 使用"套索工具"（羽化参数设置为0）圈选"梅"字，如图1-2-101所示。

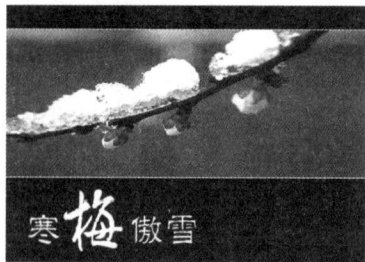

图1-2-100　调整"标题文字"的位置

图1-2-101　圈选图像

STEP 18 选择菜单命令"图像|调整|色阶"，打开"色阶"对话框。选择绿色通道，将"输出色阶"的白色滑块拖动到最左侧（与黑色滑块重合），如图1-2-102（a）所示。此时圈选的"文字"显示为紫色。

STEP 19 类似地，选择蓝色通道，将"输出色阶"的白色滑块拖移到最左侧，如图1-2-102（b）所示。确认对话框后圈选的"梅"字显示为纯红色。

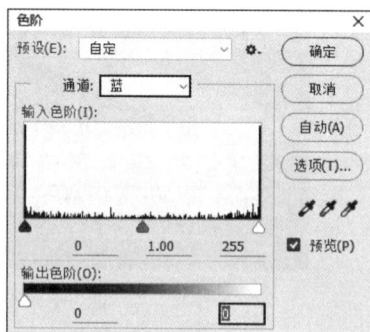

（a）　　　　　　　　　　　　　　　（b）

图1-2-102　设置"色阶"对话框参数

STEP 20 按Ctrl+D组合键取消选区。

STEP 21 仿照步骤17～步骤20的操作方法将图像中的"寒"与"傲雪"调整为纯绿色（改变红色通道与蓝色通道），如图1-2-103所示。

STEP 22 使用"横排文字工具"在图像的右上角创建图1-2-104所示的文本。

图1-2-103　色彩调整结果

STEP 23 选择图层1。选择菜单命令"编辑|变换|水平翻转"，结果如图1-2-105所示。

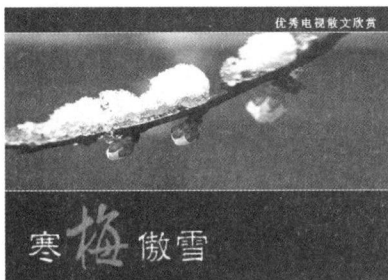

图1-2-104　创建文本　　　　　　　　　图1-2-105　最终效果及图层组成

STEP 24 分别以PSD格式和JPG格式（最佳效果）存储图像，最后关闭所有的图像文件。

2.3.3　烟雨江南

1. 主要技术看点

本例的主要技术看点包括图层基本操作（复制、移动、缩放等）、图层混合模式、色彩调整、选区创建等。

2. 操作步骤

STEP 01 打开"第2章素材\书法（枫桥夜泊）.jpg"，按Ctrl+A组合键全选图像，按Ctrl+C组合键复制图像。

STEP 02 打开"第2章素材\烟雨江南.jpg"。按Ctrl+V组合键粘贴图像，得到图层1。使用"移动工具"将书法图像移动到右上角，如图1-2-106所示。

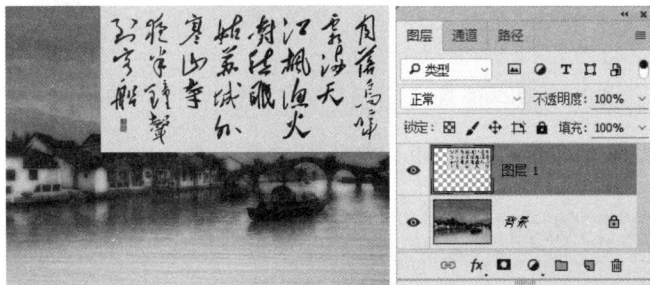

图1-2-106　粘贴图像

STEP 03 将图层1的混合模式由"正常"改为"变暗"。选择菜单命令"编辑|自由变换"适当缩小图层1的图像，按Enter键确认，如图1-2-107所示。

图1-2-107　更改图层混合模式并缩小图层

STEP　04 打开 "第2章素材\渔火.jpg"。使用"套索工具"圈选图中的渔火及其倒影，如图1-2-108所示。按Ctrl+C组合键复制图像。

STEP　05 切换到"烟雨江南.jpg"。按Ctrl+V组合键粘贴图像，得到图层2。

STEP　06 将图层2的混合模式设置为"变亮"。使用"移动工具"将"渔火"调整到左侧船头的位置，如图1-2-109所示。

图1-2-108　圈选图像（素材局部）

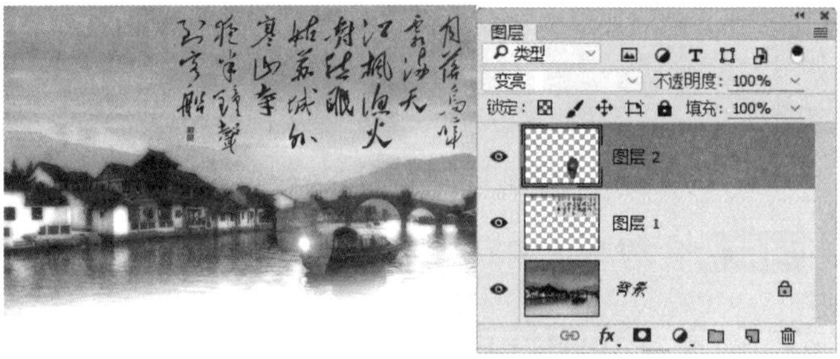

图1-2-109　更改图层混合模式并调整图层位置

STEP　07 选择菜单命令"图像|调整|色阶"，打开"色阶"对话框。参数设置如图1-2-110所示。单击"确定"按钮，图像调整效果如图1-2-111所示。

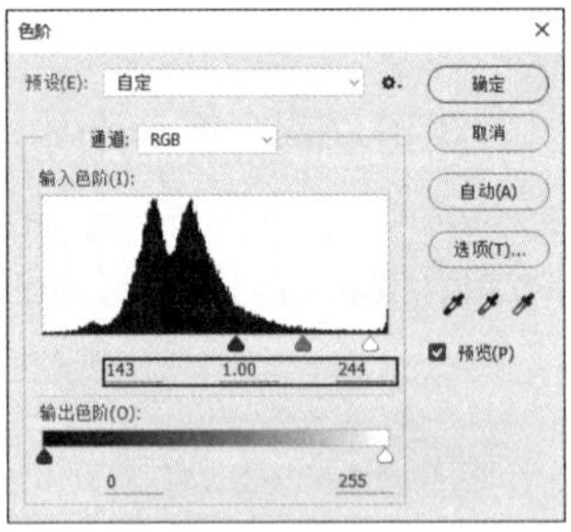

图1-2-110　设置色阶参数

图1-2-111　图像最终合成效果

STEP　08 保存图像。图像最终效果可参考"第2章素材\烟雨江南（合成）.jpg"。

2.3.4　最美的舞者

1．主要技术看点

本例的主要技术看点包括图层基本操作、图层蒙版、色彩调整、渐变等。

2．操作步骤

STEP　01 打开 "第2章素材/脚尖上的优雅.jpg"。在"图层"面板上双击背景

最美的舞者

层缩览图，打开"新建图层"对话框，采用默认设置，单击"确定"按钮。这样可将背景层转化为普通层"图层0"，如图1-2-112所示。

STEP 02 选择菜单命令"图像 | 画布大小"向下扩充画布，参数设置如图1-2-113所示（高度扩大到614像素，宽度不变）。

图1-2-112　转化背景层　　　　图1-2-113　设置"画布大小"参数

STEP 03 复制图层0，得到图层0拷贝。选择菜单命令"编辑 | 变换 | 垂直翻转"将图层0拷贝上下颠倒。使用移动工具将图层0拷贝竖直向下移动到图1-2-114所示的位置。

STEP 04 选择菜单命令"编辑 | 自由变换"，从变换控制框底部向上压缩图像至图1-2-115所示的位置，按Enter键确认变换。

图1-2-114　复制与变换图层　　　　图1-2-115　压缩图层

STEP 05 选择菜单命令"图像 | 调整 | 亮度/对比度"提高图层0拷贝的亮度，参数设置如图1-2-116所示。

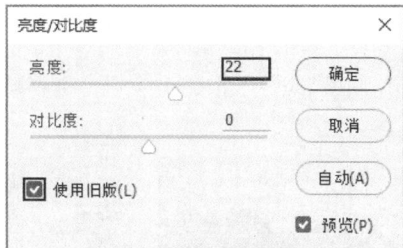

图1-2-116　设置"亮度/对比度"参数

STEP 06 为图层0拷贝添加高斯模糊滤镜（模糊半径设置为1像素）。

STEP 07 新建图层，填充黑色，放置在所有其他层的下面。

STEP 08 为图层0拷贝添加图层蒙版，并确保图层0拷贝处于蒙版编辑状态。

STEP 09 在图像窗口中，按住Shift键的同时沿竖直方向由A点向B点移动鼠标指针(见图1-2-

117），创建由白色到黑色的线性渐变。结果如图1-2-118所示。

STEP 10 分别以PSD格式和JPG格式(最佳效果)存储图像，最后关闭所有的图像文件。

图1-2-117　在蒙版上做渐变

图1-2-118　图像最终效果

2.3.5　仙女下凡

1. 主要技术看点

本例主要技术看点包括复制通道、编辑通道、载入通道选区、图层蒙版修补选区、色阶调整、图层复制等。

2. 操作步骤

STEP 01 打开"第2章素材\舞蹈.psd"（见图1-2-119），选择"人物"层。按Ctrl+A组合键全选图像，按Ctrl+C组合键复制图像。

仙女下凡

图1-2-119　素材图片"舞蹈"

STEP 02 打开"第2章素材\仙境.jpg"。按Ctrl+V组合键粘贴图像，生成图层1，改名为"仙女"，如图1-2-120所示。

图1-2-120　粘贴图层，更名图层

STEP 03 选择菜单命令"编辑|自由变换"适当成比例缩小"仙女"层中的人物,使用移动工具调整人物的位置,如图1-2-121所示。

图1-2-121 调整"仙女"的大小与位置

STEP 04 打开"第2章素材\白云.jpg"。显示"通道"面板,查看各个单色通道,发现红色通道中的白云与周围蓝天背景的明暗对比度最高。

STEP 05 复制红色通道,得到"红 拷贝"通道(见图1-2-122)。选择菜单命令"图像|调整|色阶",打开"色阶"对话框,对"红 拷贝"通道中的灰度图像进行调整。参数设置如图1-2-123所示,完成后单击"确定"按钮。

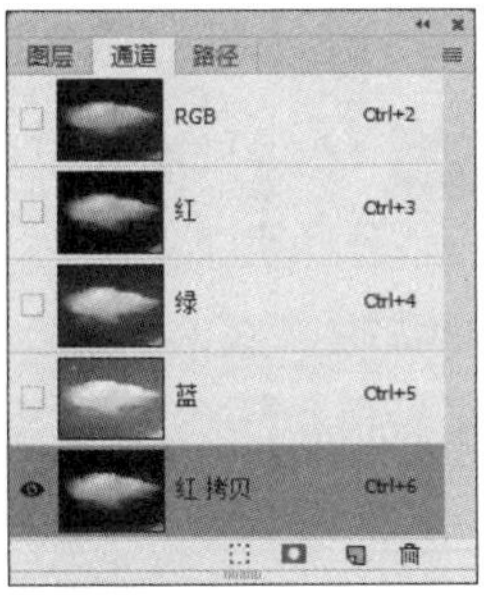

图1-2-122 复制通道

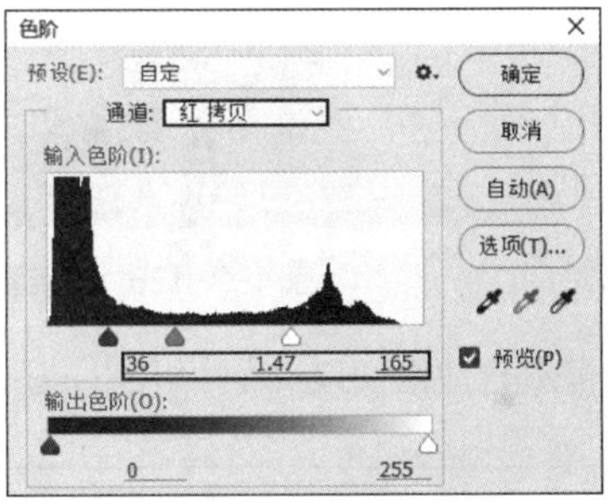

图1-2-123 提高通道图像的对比度

STEP 06 使用黑色软边画笔将"红 拷贝"通道右下角的白色涂抹掉(对通道的编辑修改也是在图像窗口中进行的)。"红 拷贝"通道的最终编辑效果如图1-2-124所示。

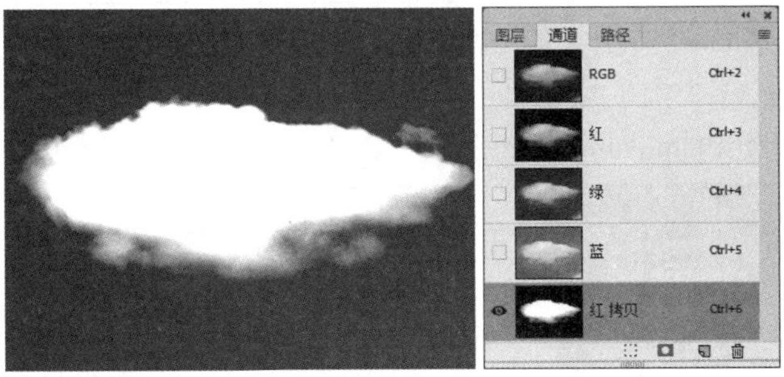

图1-2-124 "红 拷贝"通道的最终效果

STEP 07 按住Ctrl键在"通道"面板上单击"红 拷贝"通道的缩览图,载入通道选区。

STEP 08 单击选择复合通道。按Ctrl+C组合键复制背景层选区内的白云。切换到"仙境"图像,按Ctrl+V组合键粘贴图像,生成图层1,改名为"白云",并将"白云"移动到图1-2-125所示的位置。

图 1-2-125　粘贴和移动图层

STEP 09 为"白云"层添加"显示全部"的图层蒙版。使用黑色软边画笔（大小约为70像素，不透明度约为10%）涂抹白云的周围边缘（特别是顶部边缘），使深色适当变浅，并有透明效果，如图1-2-126所示。

图 1-2-126　使用图层蒙版处理白云边界

STEP 10 将最终合成图像以"仙女下凡.jpg"为文件名进行保存。

2.4　Illustrator绘图基础

2.4.1　Illustrator 简介

Illustrator是由美国Adobe公司开发的一款矢量绘图软件，是出版、多媒体和网络图像工业的标准插图软件，功能非常强大，享有手绘大师的美誉。

图1-2-127所示是使用Illustrator设计的作品。

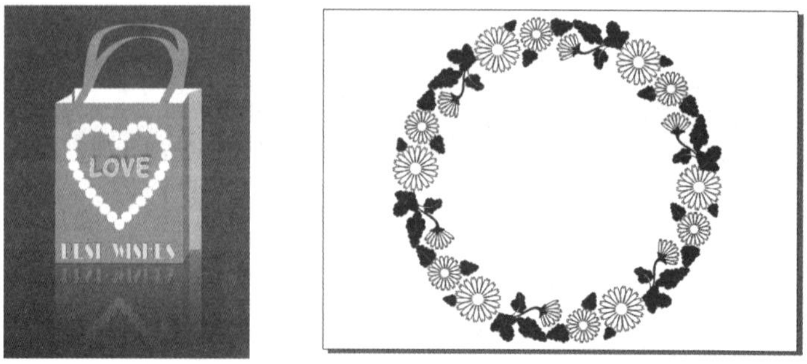

（a）手提袋　　　　　　　　　　　　　（b）花环

图 1-2-127　Illustrator 作品

Illustrator与Photoshop同是Adobe公司的权威产品，二者的兼容性很好，操作方法也比较接近。如果已经熟悉了Photoshop的操作，学习Illustrator会比较容易一些，反之也是一样。

2.4.2 Illustrator CC 窗口组成

运行Illustrator CC 2015简体中文版，其窗口界面如图1-2-128所示，包括菜单栏、控制栏、工具箱、画板、用户工作区、面板和状态栏等组成部分。

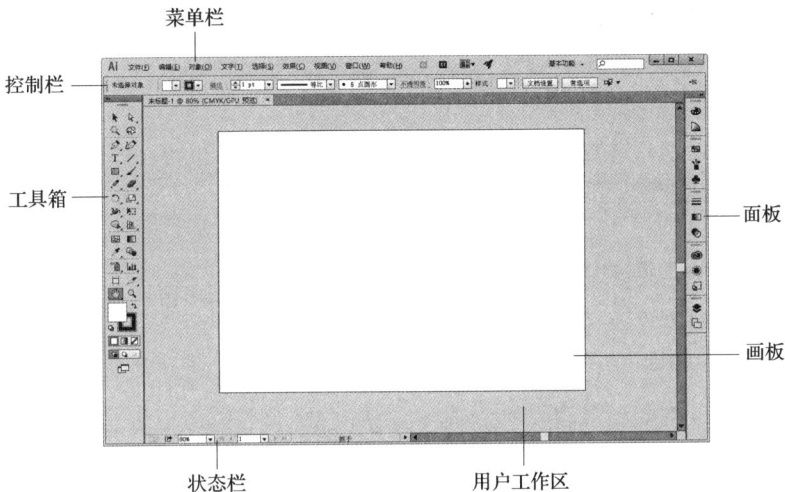

图 1-2-128 Illustrator CC 窗口组成

画板（或称页面）在用户工作区内，是包含可打印图稿的整个区域。Illustrator的每个文档可包含多个画板，其数量可以在新建文档时指定。在文档创建好之后，还可以通过"画板"面板新建或删除画板。

2.4.3 Illustrator CC 基本操作

1. 文件的基本操作

Illustrator中文档的创建、打开与存储操作与Photoshop类似。新建文档时可确定画板的数量、大小、方向、单位等重要参数。编辑文档时可通过工具箱上的画板工具来修改每个画板的大小和方向。

Illustrator的源文件格式为*.ai。通过菜单命令"文件|导出"还可以输出Photoshop（*.PSD）、JPEG（*.JPG）、PNG（*.PNG）、AutoCAD绘图（*.DWG）等多种类型的文件，以便在其他相关软件中打开或导入后做进一步处理。通过菜单命令"文件|置入"也可以输入Photoshop（*.PSD、*.PDD）、JPEG（*.JPG、*.JPE、*.JPEG）、PNG（*.PNG）、AutoCAD绘图（*.DWG）、GIF89a（*.GIF）、Microsoft Word（*.DOC）等多种类型的文件。

2. 设置对象颜色

（1）设置对象填色、描边色

矢量图形对象包括内部填充和外围描边（或称边界、笔触）两部分。因此在创建图形之前或编辑图形的过程中，需要分别设置图形的填充色（即填色）和描边色两种颜色。

设置填色的方法如下。

STEP 01 在工具箱底部单击 "填色"按钮（该按钮将出现在"描边"按钮的前面，如

图1-2-129所示）。

STEP 02 单击 "颜色"按钮，可通过"颜色"面板或"色板"面板设置单色填色。也可以直接双击"填色"按钮打开"拾色器"对话框以选择单色填色。

STEP 03 单击 "渐变"按钮，可通过"渐变"面板设置渐变色填色。

STEP 04 单击 "无"按钮，可将填色设置为无色。

描边色的设置方法类似。

（2）编辑渐变色填色

通过"渐变"面板（见图1-2-130）可以进行以下操作：设置渐变类型、渐变角度，增加或删除渐变色，设置每一个色标的位置和颜色等。

将鼠标指针移动到渐变色编辑条的下方，当鼠标指针呈现 形状时单击可增加色标。选择某个色标后，通过"颜色"面板可修改色标的颜色（在"颜色"面板中可以选择所需的颜色模式）。

图1-2-129 设置填色和描边色

图1-2-130 "渐变"面板

对于新增加的色标，将鼠标指针移至色标上并按住鼠标左键不放，沿垂直方向向下拖移，可删除该色标（或单击渐变色编辑条右侧的 按钮，删除选中的色标）。

（3）使用图案填色

在 "色板"面板中选择"打开色板库|图案"下的相应命令，打开相应的图案面板（见图1-2-131），从中单击所需的图案，可将其应用于所选图形的填充或描边部分（见图1-2-132）。

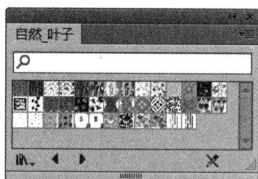

图1-2-131 "自然_叶子"面板

图1-2-132 将图案应用于填充和描边

（4）设置描边属性

通过"描边"面板和控制栏可设置图形的描边属性，如粗细、线型、箭头等。

（5）创建符号对象

从工具箱中选择"符号喷枪工具" 。打开"符号"面板，从中选择所需要的符号（也可以从"符号"面板中选择"打开符号库"下的命令，打开相应的符号面板），此时在画板上单击或拖动鼠标，即可创建对应的符号，如图1-2-133所示。

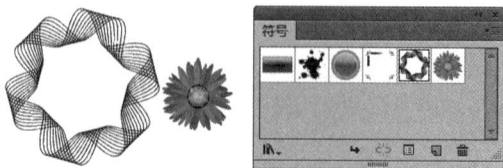

图1-2-133 创建符号对象

2.4.4　绘制图形

1．矩形工具组

矩形工具组包括矩形、圆角矩形、椭圆、多边形、星形、光晕等工具。在使用这些工具绘制图形时，应注意以下几点。

- 选择组中某个工具，在工作区单击，可打开其选项对话框，以设置工具参数。该操作对直线段工具组也是适用的。

绘图模式

- 按住Shift键可创建正方形、圆形等正的图形，按住Alt键则以首次单击点为中心创建图形，同时按住Shift键与Alt键，则以首次单击点为中心创建正方形、圆形等正的图形。

- 在创建图形前，除了要设置填色和描边颜色外，有时还需要在工具箱底部选择合适的绘图模式，如图1-2-134所示。

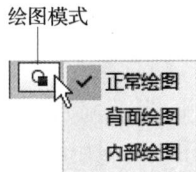

图1-2-134　选择绘图模式

2．手绘工具组

手绘工具组包括铅笔工具、平滑工具和路径橡皮擦工具等。在使用这些工具时，应注意以下几点。

- 在工具箱上双击"铅笔工具"或"平滑工具"，可以打开相应的选项对话框，以便设置工具参数。该操作对"直线段工具""弧形工具""画笔工具""橡皮擦工具""画板工具""符号喷枪工具组""形状生成器工具组"等也是适用的。

- 平滑工具与路径橡皮擦工具仅对选中的路径曲线有效。

3．线型工具组

线型工具组包括直线段、弧形和螺旋线等工具。

图1-2-135　设置弧线段工具参数

【实例】
八卦图做法（一）

【实例】绘制八卦图（一）。

STEP 01　选择"弧形工具"。在控制栏上设置描边颜色为黑色，粗细为0.25 pt 📋▼ 描边：0.25 p▼。

STEP 02　在画板上单击，打开"弧线段工具选项"对话框，参数设置如图1-2-135所示。单击"确定"按钮，得到1/4圆周，如图1-2-136所示。

图1-2-136　1/4圆周

STEP 03　选择"镜像工具"🔈（在"旋转工具组"◌中）。按住Alt键不放，在画板上弧线段的右下角端点上单击，打开"镜像"对话框，参数设置如图1-2-137所示。单击"复制"按钮，结果如图1-2-138所示。

图1-2-137　设置镜像参数

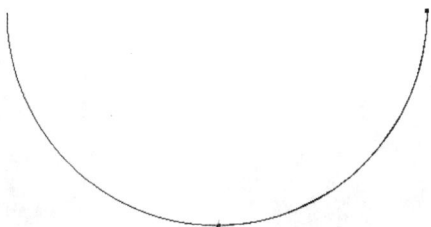

图1-2-138　镜像复制弧线段

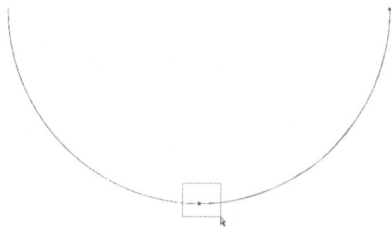

图1-2-139　框选底部两个端点

STEP 04 选择"直接选择工具" ▷，在画板上框选两段弧形底部的两个端点，如图1-2-139所示。在控制栏上单击"连接所选终点"按钮 ✐。这样可使所选两个端点连接在一起，变成一个端点，两段弧也变成一段弧了。

STEP 05 使用"直接选择工具" ▷ 框选整个半圆弧，此时弧上的3个锚点都被选中（呈实心方块状）。这样就选择了整个弧线段。

STEP 06 选择"比例缩放工具" ⬚，按住Alt键不放，在画板上半圆弧的右上角端点上单击，打开"比例缩放"对话框，参数设置如图1-2-140所示。单击"复制"按钮，得到缩小后的半圆弧，如图1-2-141所示。

图1-2-140　设置缩放参数

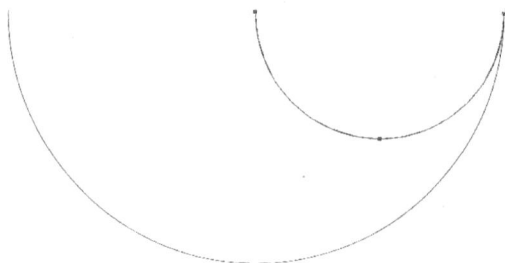

图1-2-141　复制出小弧形

STEP 07 选择"旋转工具" ⟳。按住Alt键不放，在画板上小弧形的左上角端点上单击，打开"旋转"对话框，参数设置如图1-2-142所示。单击"复制"按钮，结果如图1-2-143所示。

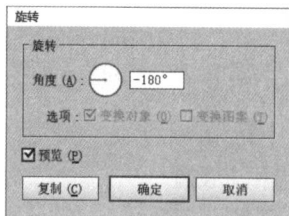

图1-2-142　设置旋转参数

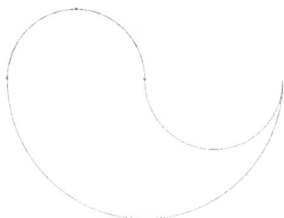

图1-2-143　旋转复制结果

STEP 08 仿照步骤4分别连接当前3个半圆弧形接口处的端点（共3处），使3个弧形变成一个封闭的曲线。选择该封闭曲线，将填充色设置为黑色。

STEP 09 在图1-2-144所示的位置绘制白色小圆。

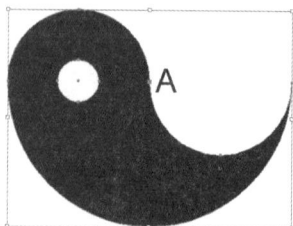

STEP 10 使用"选择工具" ▶ 框选画板上的所有图形（见图1-2-145）。仿照步骤7以A点为中心旋转复制所选图形。修改填充色后得到的最终效果如图1-2-146所示。

图1-2-144　绘制白色小圆

图1-2-145　选择所有图形

图1-2-146　八卦图

4. 钢笔工具组与直接选择工具组

钢笔工具组包括钢笔工具、添加锚点工具、删除锚点工具、转换锚点工具，用来创建和编辑平滑的路径曲线，操作方法与Photoshop对应工具基本相同。

直接选择工具组包括直接选择工具和编组选择工具。"直接选择工具" ![箭头] 与Photoshop中对应工具的用法类似，用于选择路径曲线上的锚点，移动锚点、调整方向线以改变曲线局部的形状。编组选择工具 ![箭头] 用于选择和编辑组合对象中的单个对象（使用菜单命令"对象|编组"可将选中的多个对象组合起来）。

在使用直接选择工具时，其控制栏上的"显示多个选定锚点的手柄"按钮 ![图标]、"连接所选终点"按钮 ![图标] 和"在所选锚点处剪切路径"按钮 ![图标] 对路径的编辑非常有用。

图1-2-147　心形

【实例】使用钢笔工具、转换锚点工具、直接选择工具、镜像工具等绘制图1-2-147所示的心形。

操作提示：创建一条竖直参考线→创建心形的左半部分→镜像复制出右半部分→连接终点并填色。

【实例】绘制八卦图（二）。

【实例】
使用钢笔工具等
绘制心形

STEP 01 使用椭圆工具配合Shift键在画板上绘制只有边框没有填色的圆形。

STEP 02 选择圆形。选择"比例缩放工具" ![图标]。按住Alt键不放，在圆形的右侧端点（即象限点）上单击，打开"比例缩放"对话框，参数设置如图1-2-148所示。单击"复制"按钮，结果如图1-2-149所示。

【实例】
八卦图做法（二）

STEP 03 再次选择大的圆形。仿照步骤2的操作方法以左侧端点为中心缩放复制大圆，得到图1-2-150所示的结果。

图1-2-148　设置缩放参数

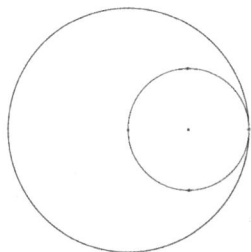

图1-2-149　缩放复制结果

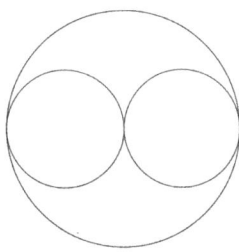

图1-2-150　第2次缩放复制结果

STEP 04 选择左侧小圆，按Ctrl+C组合键复制，再按Ctrl+Shift+V组合键原位置粘贴（对应菜单命令"编辑|就地粘贴"，与Flash类似）。

STEP 05 在工具箱上双击"比例缩放工具" ![图标]，利用打开的对话框将步骤4中复制出来的小圆等比缩小为原来的30%，结果如图1-2-151所示。

STEP 06 使用"直接选择工具" ![箭头] 单击选择外围最大的圆形，然后单击选择其左侧端点（选中的端点为实心方块，其他3个端点为空心方形）。在控制栏上单击"在所选锚点处剪切路径"按钮 ![图标]，使圆形从此处断开。用同样的方法将最大圆形从右侧端点处断开（此时大圆被拆分为上下两个半圆弧）。

STEP 07 使用"选择工具" ➤ 先在空白处单击取消对象的选择状态，再单击选择上半圆弧，按Delete键删除，如图1-2-152所示。

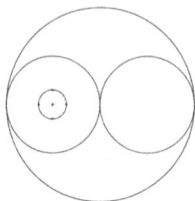

图1-2-151 通过复制与缩放获得最小的圆   图1-2-152 拆分大圆并删除上半圆弧

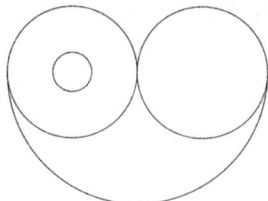

STEP 08 按步骤6～步骤7的方法依次拆分相切的左右两个小圆，并删除左侧小圆的下半圆弧和右侧小圆的上半圆弧。结果如图1-2-153所示。

STEP 09 下面的操作与实例"绘制八卦图（一）"基本相同。先是连接外围的3个半圆弧，使其变成封闭曲线，设置填色后再进行旋转复制，并修改复制图形的颜色。最终得到图1-2-154所示的八卦图。

图1-2-153 最终拆分结果   图1-2-154 八卦图

5. 画笔工具

（1）设置画笔参数

在工具箱上双击"画笔工具"按钮 ✐ ，可打开"画笔工具选项"对话框，设置画笔工具的公共参数。

选择菜单命令"窗口|画笔"打开"画笔"面板（见图1-2-155），双击其中某个画笔，打开其选项对话框（见图1-2-156），进一步设置该类画笔的相关参数。

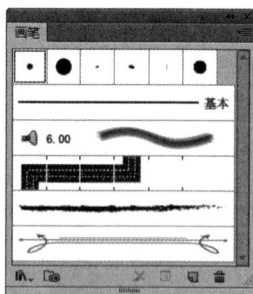

图1-2-155 "画笔"面板   图1-2-156 "书法画笔选项"对话框

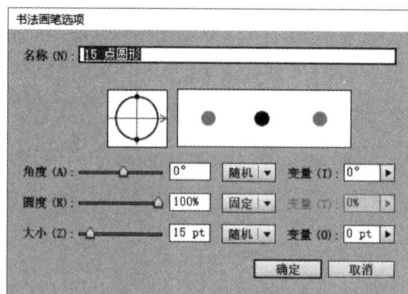

也可以先在"画笔"面板上选择某个画笔，然后在"画笔"面板中选择"画笔选项"命令，打开所选画笔的选项对话框。

（2）画笔分类

从"画笔"面板中可以了解到，Illustrator的画笔分为散点画笔、书法画笔、图案画笔、艺术画笔、毛刷画笔等多种。

（3）将画笔应用于路径

选择路径曲线，在"画笔"面板上单击某个画笔，可将该画笔应用于所选路径。

【实例】制作装饰文字效果。

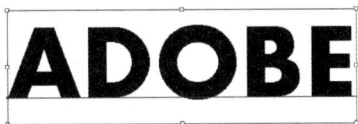

STEP 01 使用"文字工具" T 创建文本对象"ADOBE"，字体为Aharoni Bold，大小为150 pt。

STEP 02 使用"选择工具" ▶ 选择该文本对象（见图1-2-157）。选择菜单命令"文字|创建轮廓"使文本转化为路径曲线，并重新设置填色为无色，描边为黑色，如图1-2-158所示。

图1-2-157　选择文本对象

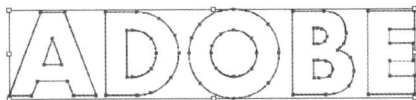

图1-2-158　转化为路径

STEP 03 从"画笔"面板中选择"打开画笔库|边框|边框_装饰"命令，打开"边框_装饰"面板（见图1-2-159）。

STEP 04 在"边框-装饰"面板上单击"前卫"图案画笔 ，将该图案画笔应用于"文字"路径（见图1-2-160）。此时"前卫"图案画笔 已加入到"画笔"面板中。

图1-2-159　"边框_装饰"面板

图1-2-160　将图案画笔应用于路径

STEP 05 在"画笔"面板上双击"前卫"图案画笔，打开"图案画笔选项"对话框（见图1-2-161），通过设置该画笔参数获得满意的装饰文字效果（见图1-2-162）。

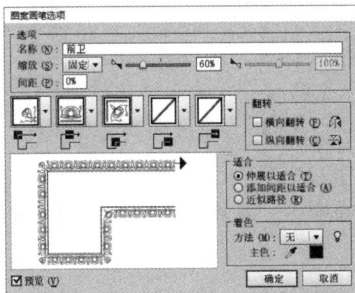

图1-2-161　"图案画笔选项"对话框

图1-2-162　装饰文字

2.4.5　编辑图形

1. 对象的排序、编组、锁定

利用"对象|排列"命令组，可以调整同一图层中对象的前后叠盖顺序。

利用"对象|编组"命令可以将选中的多个对象组合起来，以便作为一个整体进行变换。利用"对象|取消编组"命令可以将组合重新解开。

利用菜单命令"对象|锁定|所选对象"可以锁定选中的对象。锁定的对象是无法选择和修改的。利用菜单命令"对象|全部解锁"可解锁所有锁定的对象。

2. 对象变换

（1）选择工具

选择工具 ▶ 的作用是选择、移动、缩放、旋转对象。在缩放对象时，应注意Alt键与Shift键的作用。

（2）自由变换工具 ▶ᶜᵢ

利用自由变换工具可以缩放和旋转对象。除此之外，配合键盘功能键还可以对对象实施扭曲、斜切和透视等变换。方法如下。

先使用自由变换工具 ▶ᶜᵢ 选择对象，将鼠标指针移至控制点并按下鼠标左键不放，然后进行以下操作。

- 按住Ctrl键不放，同时拖动控制点可扭曲对象。
- 按住Ctrl+Alt组合键不放，同时拖动控制点可斜切对象。
- 按住Ctrl+Alt+Shift组合键不放，同时拖动控制点可透视变换对象。

（3）比例缩放工具 ⊡

选择要缩放的对象，在工具箱上双击"比例缩放工具"按钮，打开"比例缩放"对话框。利用该对话框可以精确缩放对象，还可以在缩放的同时复制对象。

（4）旋转工具 ↻

选择要旋转的对象，在工具箱上双击"旋转工具"按钮，打开"旋转"对话框。利用该对话框可以精确旋转对象，还可以在旋转的同时复制对象。

（5）倾斜工具 ⧄

选择要斜切的对象，在工具箱上双击"倾斜工具"按钮，打开"倾斜"对话框。利用该对话框可以精确斜切对象，还可以在斜切的同时复制对象。

（6）镜像工具 ⧎

选择要镜像的对象，在工具箱上双击"镜像工具"按钮，打开"镜像"对话框。利用该对话框可以镜像对象，还可以在镜像的同时复制对象。

（7）"对象|变换"命令组

通过"对象|变换"命令组可以实现对象的精确移动、缩放、旋转、镜像和斜切等操作，变换的同时还可以复制对象。其中，需要注意的还有以下两个命令。

- 再次变换：对对象实施移动、缩放、旋转、镜像等操作后，选择该命令（或按Ctrl+D组合键），可重复执行上述变换。
- 分别变换：一次性对对象实施精确移动、缩放、旋转和镜像等多种操作。
  变换的同时还可以复制对象。

【实例】绘制松针。

STEP 01 新建文档，设置画板大小为692像素×461像素。

STEP 02 使用"直线段工具"绘制一条粗细为2pt、宽约30px的绿色直线段。

【实例】
绘制松针

STEP 03 选择"旋转工具" ↻ 。按住Alt键不放，在直线段的一侧端点上单击，打开"旋转"对话框，设置角度值为10。单击"复制"按钮，结果如图1-2-163所示。

STEP 04 按Ctrl+D组合键34次继续执行上述变换，形成图1-2-164所示的图形。

STEP 05 框选所有直线段，使用菜单命令"对象|编组"进行组合。在控制栏右侧查看该组合的宽度与高度。

STEP 06 在画板外的灰色区域绘制一个同样大小的白色圆形，如图1-2-165所示。

图1-2-163　旋转复制　　　　图1-2-164　再次变换　　　　图1-2-165　创建白色圆形

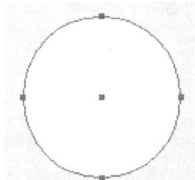

STEP 07 将直线段组合移到灰色工作区。同时选中圆形与组合。选择菜单命令"窗口|对齐"打开"对齐"面板，依次单击面板上的"水平居中对齐"与"垂直居中对齐"按钮将二者对齐（此时白色圆形在上面）。

STEP 08 使用"选择工具" ▶ 在空白处单击取消对象的选择状态。再次单击白色圆形将其单独选中。选择菜单命令"对象|排列|后移一层"将白色圆形移到直线段组合的下面，如图1-2-166所示。

STEP 09 将圆形与直线段组合再次组合，形成松树的一片叶子。

STEP 10 选择菜单命令"文件|置入"将素材文件"树干.gif"导入到画板中。

STEP 11 在控制栏上单击"对齐所选对象"按钮 ⊞▾，从打开的菜单中选择"对齐画板"命令（见图1-2-167）。

图1-2-166　修改排列顺序　　　图1-2-167　选择"对齐画板"命令

STEP 12 在控制栏上依次单击"水平居中对齐"按钮 ♣ 与"垂直居中对齐"按钮 ⊪，以便将素材图片对齐到画板中央。

STEP 13 选择菜单命令"对象|排列|置于底层"将素材图片放置到图层最下面。选择菜单命令"对象|锁定|所选对象"锁定素材图片。

STEP 14 将"松树叶子"进行复制，适当缩放，在"树干"上排列。最后得到类似图1-2-168所示的效果。

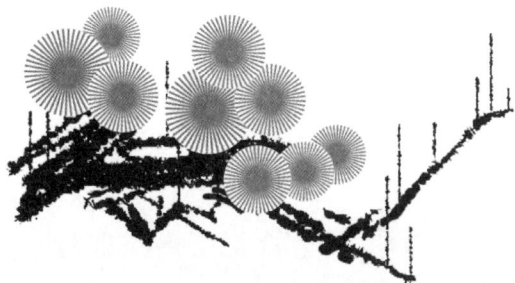

图1-2-168　松树效果

3. 对齐与分布对象

利用"对齐"面板（或在选择对象后利用控制栏上的对齐与分布按钮组），可以进行对齐与分布对象的操作。

4. 路径的运算与查找

利用"路径查找器"面板（见图1-2-169）可对选定的多个图形实施并集、差集、交集、补集、分割等运算。

5. 混合对象

利用"对象|混合"命令组（主要是"混合选项"与"建立"命令）可以在两个图形之间形成颜色与形状的过渡，如图1-2-170所示。

图1-2-169　"路径查找器"面板

图1-2-170　图形混合效果

2.4.6　使用效果

"效果"菜单中的命令用于改变对象的外观。有的效果只能应用于矢量对象，有的效果只能应用于位图（栅格）对象。有的效果既能应用于矢量对象，也能应用于位图对象。

在对象上添加的效果可通过"外观"面板随时进行编辑修改。

【实例】绘制图案。

STEP 01　创建圆形（描边颜色为#3399FF，粗细为0.5pt，填色为无色），如图1-2-171所示。

STEP 02　选择圆形。选择菜单命令"效果|扭曲和变换|波纹效果"，打开"波纹效果"对话框，设置参数如图1-2-172所示。

图1-2-171　创建圆形

图1-2-172　"波纹效果"对话框

STEP 03　单击"确定"按钮关闭对话框，圆形变形效果如图1-2-173所示。

STEP 04　在工具箱上双击"旋转工具"，打开"旋转"对话框，设置角度值为3，其他参数保持默认。单击"复制"按钮关闭对话框，结果如图1-2-174所示。

STEP 05　连续按Ctrl+D组合键（或选择菜单命令"对象|变换|再次变换"）4次，可得到图1-2-175所示的效果（取消选择后）。

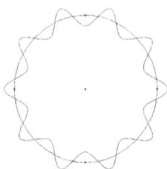

图1-2-173　波纹变形效果

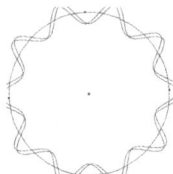

图1-2-174　旋转复制图形

图1-2-175　图案最终效果

习题与思考

一、选择题

1. 下列描述不属于位图特点的是 _____。

    A. 由数学公式来描述图中各元素的形状和大小

    B. 适合表现含有大量细节的画面，例如风景照、人物照等

    C. 图像内容会因为放大而出现马赛克现象

    D. 与分辨率有关

2. 位图与矢量图比较，其优越之处在于 _____。

    A. 对图像放大或缩小，图像内容不会出现模糊现象

    B. 容易对画面上的对象进行移动、缩放、旋转和扭曲等变换

    C. 适合表现含有大量细节的画面

    D. 一般来说，位图文件比矢量图文件要小

3. "目前广泛使用的位图图像格式之一；属于有损压缩，压缩率较高，文件容量小，但图像质量较高；支持真彩色，适合保存色彩丰富、内容细腻的图像；是目前网上主流的图像格式之一。"是下属 _____ 格式图像文件的特点。

    A. JPEG（JPG）   B. GIF   C. BMP   D. PSD

4. 构成位图图像的最基本单位是 _____。

    A. 颜色   B. 像素   C. 通道   D. 图层

5. 在使用仿制图章工具取样时，必须按下 _____ 键。

    A. Alt   B. Ctrl   C. Shift   D. Enter

6. 下面对矢量图和位图描述正确的是 _____。

    A. 位图的基本组成单元是锚点和路径

    B. 矢量图的基本组成单元是像素

    C. 使用Adobe Photoshop不能创建矢量图

    D. 使用Adobe Illustrator能够生成矢量图

7. 图像分辨率的单位是 _____。

    A. ppi   B. dpi   C. pixel   D. lpi

8. _____ 在选项栏中没有"模式"选项。

    A. 仿制图章工具   B. 文字工具   C. 画笔工具   D. 铅笔工具

9. _____ 适合选择图像中颜色相近的区域。

    A. 魔棒工具   B. 磁性套索工具

    C. 椭圆选框工具   D. 矩形选框工具

10. 在套索工具组中不包含 _____。

    A. 套索工具   B. 磁性套索工具

    C. 矩形套索工具   D. 多边形套索工具

11. 下列不支持无损压缩的图像文件格式是 _____。

A. JPEG   B. TIFF   C. PSD   D. PNG

12. 使用椭圆选框工具时配合 _____ 键能够创建圆形选区。

A. Shift   B. Ctrl   C. Alt   D. Tab

13. 在RGB颜色模式的图像中添加一个新通道，该通道可能属于 _____ 通道。

A. Alpha   B. Beta   C. Gamma   D. 颜色

14. 在Photoshop中，下面有关修补工具的使用描述正确的是 _____ 。

A. 修补工具和修复画笔工具在使用时都要先按住Alt键来确定取样点

B. 修补工具和修复画笔工具在修图时都可以保留原图像的纹理、亮度、层次等信息

C. 修补工具可以在不同图像之间使用

D. 在使用修补工具之前所确定的修补选区不能有羽化值

15. 在Photoshop中利用渐变工具创建从黑色至白色的渐变效果，如果想使两种颜色的过渡非常平缓，下面操作有效的是 _____ 。

A. 将渐变工具拖动的距离尽可能长一些

B. 将渐变工具拖动的路线控制为斜线

C. 将渐变工具的不透明度降低

D. 将渐变工具拖动的距离尽可能缩短

16. 在Photoshop中使用魔棒工具选择图像时，"容差"参数的值为 _____ 时所选择的范围相对最大。

A. 10   B. 20   C. 30   D. 40

17. 如果选择了一个前面的历史记录，所有位于其后的历史记录都变成灰色显示，以下描述正确的是 _____ 。

A. 这些变成灰色的历史记录已经被删除，但可以按Ctrl+Z组合键将其恢复

B. 允许非线性历史记录的选项处于选中状态

C. 应当清除这些灰色的历史记录

D. 若从当前选中的历史记录开始继续修改图像，则其后的灰色历史记录都会被删除

18. 画板（或称页面）位于用户工作区内，是包含可打印图稿的整个区域。Illustrator的每个文档可包含 _____ 画板。

A. 1个   B. 2个   C. 4个   D. 多个

19. Adobe Illustrator可以方便地与Photoshop等软件进行数据交换，关于两个软件本质区别的叙述，正确的是 _____ 。

A. Illustrator的文件是以处理矢量图形为主的绘图软件，而Photoshop是以处理位图图像为主的图形图像处理软件

B. Illustrator的文件可存储为EPS格式，而Photoshop不可以

C. Illustrator可打开PDF格式的文件，而Photoshop不可以

D. Illustrator和Photoshop都可以对图形进行像素化处理，但同样的文件均存储为EPS格式后，Illustrator存储的文件要小很多

20. 以下关于Adobe Illustrator的描述，不正确的是 _____ 。

A. Illustrator可以制作Flash（SWF）和SVG图形

B. Illustrator 可以打开Photoshop（*.PSD）文件

C.　Illustrator可以指定专色和原色，但不可以指定Web颜色

D.　Illustrator可将透明特性赋予任何对象

二、填空题

1.　图像每单位长度上的像素点数称为 ＿＿＿＿＿＿＿＿ ，单位通常采用"像素/英寸"。

2.　＿＿＿＿＿＿＿＿指计算机采用多少个二进制位表示像素点的颜色值，也称位深。

3.　＿＿＿＿＿＿＿＿格式是Photoshop的基本文件格式，能够存储图层、通道、蒙版、路径和颜色模式等各种图像属性，是一种非压缩的原始文件格式。

4.　数字图像分为两种类型：＿＿＿＿＿＿＿＿与＿＿＿＿＿＿＿＿。在实际应用中，二者为互补关系，各有优势。只有相互配合，取长补短，才能达到最佳表现效果。

5.　位图也叫点阵图、光栅图或栅格图，由一系列像素点阵列组成。＿＿＿＿＿＿＿＿是构成位图图像的基本单位。

6.　矢量图就是利用矢量描述的图。图中各元素的形状、大小都是借助数学公式表示的，同时调用调色板表现色彩。矢量图形与＿＿＿＿＿＿＿＿无关，缩放多少都不会影响画质。

7.　对于＿＿＿＿＿＿＿＿图形，无论将其放大或缩小多少，图形都有一样平滑的边缘和清晰的视觉效果。

8.　CMYK模式的图像有＿＿＿＿＿＿＿＿个单色通道。

9.　在使用菜单命令"色阶"调整图像时，选择＿＿＿＿＿＿＿＿通道是调整图像的明暗对比，选择通道是调整图像的色彩。例如一个RGB图像在选择＿＿＿＿＿＿＿＿通道时可以通过调整增减图像中的黄色。

10.　图层＿＿＿＿＿＿＿＿用于控制图层的显示范围和显示程度，但不会破坏图层上的图像。

11.　＿＿＿＿＿＿＿＿颜色模式的图像适于屏幕显示，CMYK颜色模式的图像适于印刷。

12.　油漆桶工具可根据像素颜色的近似程度来填充图像，填充的内容包括＿＿＿＿＿＿＿＿和＿＿＿＿＿＿＿＿两种类型。

13.　＿＿＿＿＿＿＿＿工具可以提高或降低图像的饱和度。

14.　路径由＿＿＿＿＿＿＿＿、＿＿＿＿＿＿＿＿和＿＿＿＿＿＿＿＿组成。

15.　在Photoshop的拾色器中，对颜色的描述方式有＿＿＿＿＿＿＿＿、＿＿＿＿＿＿＿＿、和＿＿＿＿＿＿＿＿4种。

16.　在Photoshop中，使用仿制图章工具时按住＿＿＿＿＿＿＿＿键并单击可以确定取样点。

17.　在Photoshop中缩放图像时，按住＿＿＿＿＿＿＿＿键可以保证等比例缩放。

18.　在Photoshop中，＿＿＿＿＿＿＿＿缩放工具可以以100%的比例显示图像。

19.　在Photoshop中，通道分为＿＿＿＿＿＿＿＿通道、＿＿＿＿＿＿＿＿通道和＿＿＿＿＿＿＿＿通道等多种类型。

20.　模糊工具通过降低相邻像素的＿＿＿＿＿＿＿＿而使涂抹过的区域变模糊。

21.　Illustrator是由美国Adobe公司开发的一款＿＿＿＿＿＿＿＿软件，是出版、多媒体和网络图像工业的标准插图软件，功能非常强大，享有手绘大师的美誉。

22.　在Illustrator中，＿＿＿＿＿＿＿＿在用户工作区内，是包含可打印图稿的整个区域。

23.　Illustrator的源文件格式为＿＿＿＿＿＿＿＿。

24.　矢量图形对象一般包括＿＿＿＿＿＿＿＿和＿＿＿＿＿＿＿＿两部分。

25.　在创建矢量图形之前或编辑图形的过程中，需要分别设置图形的＿＿＿＿＿＿＿＿和

_____两种颜色。

三、操作题

1. 利用 "练习\图像\静以致远.jpg" 和 "院墙.jpg" 制作图1-2-176所示的效果。

（◎）**提示** 可使用多边形套索工具、文字工具和菜单命令 "描边" 进行操作。

第2章习题－
操作题1

图1-2-176 效果图

2. 利用 "练习\图像\墙壁.gif" 和 "花朵.psd" 制作 "吊饰" 效果（见图1-2-177）。

操作提示：

（1）将 "墙壁.gif" 的颜色模式转换为 "RGB颜色"。

（2）将 "花朵.psd" 中的花朵复制到 "墙壁" 图像中，适当缩小，调整好位置。

（3）使用画笔工具（增大画笔间距）在 "花朵" 层绘制白色点画线。添加阴影效果，完成一个吊饰的制作。

（4）使用上述类似的方法制作其他吊饰。

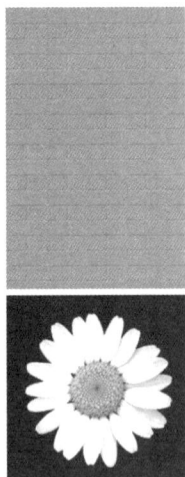

（a）素材图片

（b）效果图 "吊饰"

图1-2-177 制作"吊饰"效果

3. 使用 "练习\图像\童年.jpg" （见图1-2-178）制作图1-2-179所示的艺术镜框效果。

操作提示：

（1）打开素材图像，新建图层1。

第2章习题－
操作题3

（2）创建矩形选区。在图层1的选区内填充黑色。反转选区，填充白色。

（3）取消选区。将图层1的混合模式设置为"滤色"。

（4）对图层1使用玻璃滤镜（纹理：小镜头）。

图1-2-178　原图

图1-2-179　艺术镜框效果

◎ **提示** 滤色模式的工作原理——根据图像每个通道的颜色信息，将本图层像素的互补色与下一图层对应像素的颜色进行复合，结果总是两层中较亮的颜色保留下来。本图层颜色为黑色时对下层没有任何影响，本图层颜色为白色时将产生白色。

4．利用"练习\图像\月夜素材01.jpg"与"月夜素材02.jpg"合成图1-2-180所示的月夜效果。

操作提示：

（1）满月颜色为#ffffcc，羽化约3个像素。

（2）将"月夜素材02.jpg"制作到"月夜素材01.jpg"，图层混合模式设置为"变暗"（原理与"滤色"相反）。

第2章习题-
操作题4

5．利用"练习\图像\风景.jpg"制作图1-2-181所示的蓝天白云效果。

操作提示：

（1）打开素材，新建图层1。将前景色与背景色分别设置为黑色与白色，添加云彩滤镜。

（2）将图层1的图层混合模式设置为滤色。为图层1添加图层蒙版，在蒙版上做黑白线性渐变。

第2章习题-
操作题5

图1-2-180　月夜合成效果

图1-2-181　蓝天白云效果

CHAPTER

第 3 章
动画制作

3

3.1　动画概述

3.1.1　动画原理

　　动画是由一系列静态画面按照一定的顺序组成的,这些静态的画面称为动画的帧。通常情况下,相邻的帧的差别不大,其内容的变化存在着一定的规律。当这些帧按顺序以一定的速度播放时,由于眼睛的视觉滞留作用的存在,形成了连贯的动画效果。

　　在传统动画的制作中,首先将每一个帧画面手工绘制在透明胶片上,然后利用摄像机将每一个画面按顺序连续拍摄下来,再以一定的速度进行播放就可以看到动画效果了。1h的动画片往往需要绘制几万张的图片,因此传统动画片的创作要付出非常艰巨的劳动。图1-3-1所示是美术片《哪吒传奇》中的部分画面。

　　所谓计算机动画就是以计算机为主要工具创作的动画。在计算机动画中,比较关键的画面仍要人工绘制,关键画面之间的大量过渡画面由计算机自动计算后插补完成。这样就能够节省大量的人力和时间,使动画的创作变得方便多了。目前,计算机动画所要解决的主要问题就是如何通过计算更好地实现关键画面的过渡问题。

图1-3-1　美术片《哪吒传奇》中的部分画面

> 🎯 **提示**　人们眼前的物体被移走之后,该物体反映在视网膜上的影像不会立即消失,而是继续短暂滞留一段时间,滞留时间的长短一般为0.1~0.4s。这就是视觉暂留原理的内容。它是科学家们19世纪初期发现的。

　　动画与视频有着明显的不同。一般来说,数字视频信号来源于摄、录像机,由一系列静态图像组成,其内容是对现实世界的直接反映,因而仅仅从外观上看,它具有写实主义的风格。而动画画面比较简洁,往往通过制作者徒手绘制或借助于计算机生成,"体现出一种浪漫主义色彩"(《新媒体艺术》张燕翔著）。

其次，动画与视频并不是孤立存在的。一方面，影视作品中常常夹杂着大量的动画片段，以更加生动鲜明地表现主题，或实现通过实际拍摄无法完成的影视特技；另一方面，动画制作者也常常将拍摄的一系列图像输入到计算机中，经动画软件处理形成动画，以获得更加逼真的动态效果。

3.1.2 动画分类

传统的动画就是一幅幅预先绘制好的静态画面的连续播放，而计算机动画则可以通过插值方法在两个静态画面之间生成一系列过渡画面，Flash动画甚至允许与用户互动。

计算机动画按帧的产生方式分为逐帧动画与补间动画两种。

- 逐帧动画：动画的每个帧画面都由制作者手动完成，这些帧称为关键帧。计算机逐帧动画与传统动画的原理几乎是相同的。
- 补间动画：制作者只完成动画过程中首尾两个关键帧画面的制作，中间的过渡画面由计算机通过各种插值方法计算生成。

图1-3-2所示是由Morpher软件制作的图像变形动画，用户只需提供首尾两张图像，中间的变形过程可由Morpher轻松完成（在Flash中可通过元件不透明度传统补间动画实现）。

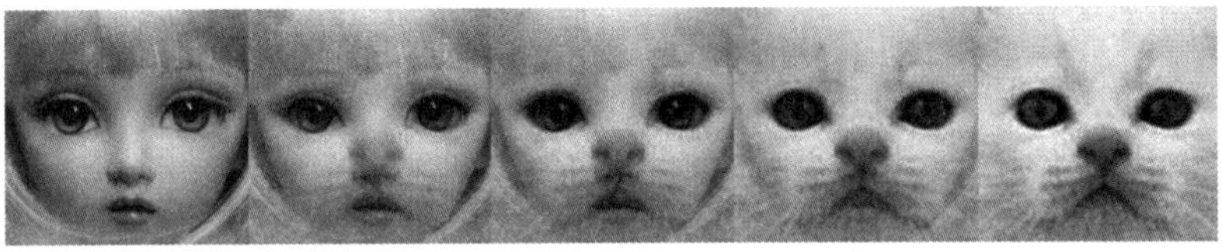

图1-3-2 图像变形动画

常用的动画制作软件有Gif Animator、Director、Flash、3ds Max、Maya等。

另外，利用Dreamweaver等软件同样可以合成令人炫目的动画效果。图1-3-3和图1-3-4所示是使用网页合成的动画特效《水中倒影》（效果可参考"第3章素材\睡莲\睡莲.html"）和《飘雪》（效果可参考"第3章素材\飘雪\飘雪.html"）。

图1-3-3 由Java脚本实现的网页动画（水中倒影）

图1-3-4 由Java脚本实现的网页动画（飘雪）

3.1.3 常用的动画制作软件

1. Gif Animator

Gif Animator是友立公司出品的一款GIF动画制作软件。使用Gif Animator创建动画时，可以套用许多现成的特效。该软件可将AVI影视文件转换成GIF动画文件，还可以使GIF动画中的每帧图片最优化，有效地减小文件的大小，以便浏览网页时能够更迅速地显示动画效果。

2. Flash

Flash是一款功能强大的二维矢量动画制作软件，是当今最受用户欢迎的动画工具之一。由于其简单易学、功能强大、动画文件较小及流式传输的特点，Flash成为"闪客"们创作网页动画的首选工具。目前Flash的最新版本已被Adobe公司更名为Animate CC，但界面和主要功能仍然延续了Flash传统的形式。

3. Director

Director是一款专业的多媒体制作软件，用于制作交互动画、交互多媒体课件、多媒体交互光盘，最突出的功能是制作多媒体交互光盘；也用来开发小型游戏。Director主要用于多媒体项目的集成开发。它功能强大、操作简单、便于掌握，目前已经成为国内多媒体开发的主流工具之一。

4. 3ds Max

3ds Max是由美国Autodesk公司开发的一款动画制作软件。在众多的三维动画软件中，3ds Max因其开放程度高，学习难度相对较小，功能比较强大，完全能够胜任复杂动画的设计要求，已拥有十分庞大的用户群。

5. Maya

Maya是由Alias|Wavefront（2003年更名为Alias）公司开发的三维动画软件，应用于专业的影视广告、角色动画、电影特技等领域。作为三维动画软件的后起之秀，Maya深受业界的欢迎与钟爱，已成为三维动画软件中的佼佼者。Maya集成了Alias|Wavefront最先进的动画及数字效果技术，它不仅包括一般三维和视觉效果制作的功能，而且还结合了最先进的建模、数字化布料模拟、毛发渲染和运动匹配技术。在建模上，有些方面它已经达到了任意揉捏造型的境界。Maya掌握起来有些难度，对计算机系统的要求相对较高。尽管如此，目前Maya的使用人数仍然很多。

3.2 平面矢量动画大师Flash

Flash 动画主要有以下特点。

1. 简单易用

Flash软件的界面非常友好，其不仅功能强大，而且基本动画的制作非常方便，绝大多数用户通过学习都有能力掌握。

2. 基于矢量图形

Flash动画主要基于矢量图形，而存储于库中的资源也可以重复使用，这使得一方面Flash动画文件所占用的存储空间较小，另一方面矢量图形的使用也使画面可以无限缩放而不会产生变形，从而保证了动画放大演示时的画面质量。

3. 流式传输

Flash动画采用了流媒体传输技术，在互联网上可以边下载边播放，而不必等到全部下载到客户端再观看。即使动画比较长，用户也无须长时间等待，就可以观看到流畅的动画效果。

4. 多媒体制作环境和强大的交互功能

Flash动画能够实现对多种媒体的支持，如GIF动画、图像、声音、视频等。声音的加入，有效地渲染了动画的气氛；外部图像的导入，丰富了动画画面的色彩。加上Flash强大的动画功能，这意味着利用Flash能够创作出有声有色、动感十足的多媒体作品。更可贵的是，利用Flash提供的动作脚本语言ActionScript进行编程，完全可以满足高级交互功能的设计要求。

鉴于上述特点和优点，Flash深受广大动画制作者的偏爱。

3.2.1　Flash 动画相关概念

Adobe Flash Professional CC 2015的窗口组成如图1-3-5所示（以下对软件简称Flash，不再注明版本）。正确理解窗口中标示的基本概念是学好Flash动画的基础。

注：通过菜单命令"编辑|首选参数|常规|用户界面"可以修改Flash界面颜色。

图1-3-5　Flash窗口组成

1.　图层

图层是Flash动画中一个非常重要的概念。在其他相关设计软件（例如Photoshop、Dreamweaver、AutoCAD等）甚至文本处理软件Word中都有图层的概念，其含义和作用大同小异。在图层的操作上，Flash与Photoshop比较接近。

可以将Flash动画中的图层理解为透明的电子画布。Flash动画文档往往由多个图层自上而下按顺序叠盖在一起。在每一张电子画布上都可以利用绘图工具绘制图形，或者将外部导入的图形图像置于其中。播放指针的位置指出了某一时刻看到的帧画面，其实是多个图层画面叠加后的总体效果。

使用图层一方面可以控制动画对象在舞台上的遮盖关系；另一方面，将一部动画中的不同对象（例如静止对象、运动对象、声音、动作等）和动画中不同的动作（例如太阳的升起、小鸟的飞行、树枝在微风中的摆动等）置于不同的图层中，彼此互不干扰，有利于动画的管理和维护。

2.　时间轴

时间轴的作用是组织和控制动画对象的出场顺序。其中的每一个小方格代表一帧。动画在播放时，一般是从左向右，依次播放每个帧中的画面。

3.　舞台

舞台是制作和观看Flash动画的矩形区域（新建一个动画文件时，屏幕中间的空白区域）。动画中关键帧画面的编辑是在包括舞台的工作区内完成的。每一帧画面中的对象只有放置在舞台上时，动画播放时才能正常显示出来。

4. 工作区

工作区包括舞台与周围的灰色区域。在灰色区域中同样可以定义和编辑关键帧画面中的对象，只是在播放发布后的Flash电影时看不到该区域内的所有内容。例如，在创建物体由屏幕外以某种方式运动到屏幕内的动画时，就需要在这块灰色区域中定义和编辑对象。

5. 帧

帧是Flash动画的基本组成单位，一帧就是一个静态画面。Flash动画一般都由若干帧组成，按顺序以一定的帧速率播放，形成动画。使用帧可以控制对象在时间上出现的先后顺序。

6. 关键帧

关键帧是一种特殊的、表示对象特定状态（颜色、大小、位置、形状等）的帧，一般表示一个变化的起点或终点，或变化过程中的一个特定的转折点。在外观上，关键帧上有一个圆点或空心圆圈。关键帧是Flash动画的骨架和关键所在，在Flash动画中起着非常重要的作用。在制作Flash动画时，关键帧的画面一般由动画制作者编辑完成，关键帧之间的其他帧（称为普通帧）由Flash自动计算完成。

7. 场景

场景类似于电视剧中的"集"或戏剧中的"幕"。一个Flash动画可以由多个场景组成。这些场景将按照"场景"面板中列出的顺序依次播放。对于Flash Professional CC 2015来讲，"场景"面板可以通过选择菜单命令"窗口|场景"显示出来。

3.2.2 基本工具的使用

工具箱是Flash最重要的面板之一，用于绘图、填色、选择和修改图形、浏览视图等。下面介绍工具箱中几种常用工具的基本用法。

1. 笔触颜色

"笔触颜色"按钮用于设置图形中线条的颜色。操作方法如下。

STEP 01 在工具箱上单击"笔触颜色"图标上的□按钮，弹出图1-3-6所示的"选色"面板，同时鼠标指针变成"吸管"状。

STEP 02 在"选色"面板上选择单色、渐变色或位图。

STEP 03 单击图1-3-6中的□按钮，可将笔触色设置为无色。

STEP 04 单击图1-3-6中的●按钮，将打开图1-3-7所示的"颜色选择器"对话框，以自定义笔触颜色。

STEP 05 另外，在"选色"面板的"16进制颜色值"数值框中，通过输入特定颜色的16进制颜色值，也可以确定笔触颜色。

STEP 06 在"选色"面板的"不透明度"数值框中输入百分比值，以确定颜色的透明度。

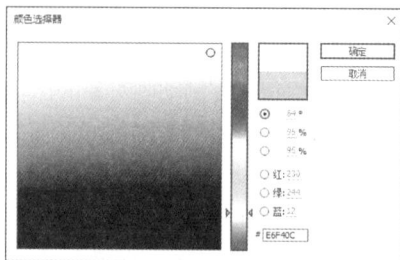

图1-3-6 "选色"面板

图1-3-7 "颜色选择器"对话框

另外，在工作区选中线条的情况下，可以在"属性"面板中设置线型和线宽。

2. 填充颜色

"填充颜色"按钮🖌用以设置图形内部填充的颜色。在Flash中，可以在图形中填充单色、渐变色或位图图案，操作方法如下。

STEP 01 在工具箱上单击"填充颜色"图标🖌上的□按钮，弹出图1-3-6所示的"选色"面板。

STEP 02 在"选色"面板上选择无色、单色或渐变色或位图，必要时可设置颜色的不透明度。

STEP 03 若步骤2中选择的是渐变色，可使用菜单命令"窗口|颜色"打开"颜色"面板编辑渐变填充色（见图1-3-8）。渐变类型包括线性渐变和径向渐变两种。在"颜色"面板上单击渐变色控制条上的某个色标（选中的色标尖部显示为黑色），可利用选色器、Alpha选项等设置该色标的颜色和不透明度。在渐变色控制条的下面单击可增加色标，左右拖动可改变色标的位置，向下拖动色标可将该色标删除。

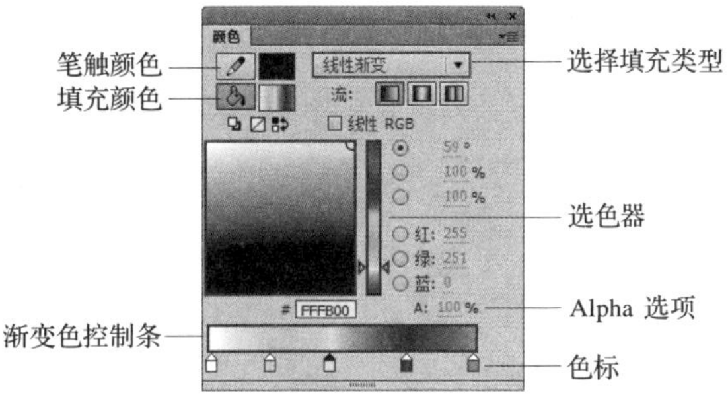

图1-3-8 "颜色"面板

3. 选择工具

"选择工具"�的基本功能是选择和移动对象，同时还可以粗略调整线条的形状。

（1）选择和移动对象

使用"选择工具"选择对象的要点如下。

● 单击：使用"选择工具"在对象上单击可选择对象，在对象外的空白处单击或按Esc键可取消对象的选择。特别要注意的是，对于使用矩形、椭圆和多角星形等工具直接绘制的完全分离的矢量图形（假设填充色和笔触色都不是无色），在图形内部单击，可选中图形的填充区域，如图1-3-9所示；在图形的边界上单击，可选中图形的边界线条，如图1-3-10所示。

● 双击：使用"选择工具"在矢量图形的内部双击，可选择整个图形（包括填充区域和边界线条），如图1-3-11所示。

图1-3-9 选择填充    图1-3-10 选择边界    图1-3-11 选择全部

⊙ **提示** 绘制矩形（假设笔触颜色不是无色）。使用选择工具分别在矩形的边框上单击和双击，看结果有何不同。

● 加选：按住Shift键，使用选择工具依次单击要选择的对象，可选中多个对象。

● 框选：选择"选择工具"，按下左键拖动鼠标，将所有要选择的对象框在内部后松开鼠标按键（见图1-3-12），所有框在内部的对象都会被选中。

要使用"选择工具"移动对象，只要在选中的对象上按住鼠标左键移动鼠标指针，即可改变对象的位置。按住Shift键，使用"选择工具"可在水平或竖直方向上拖动对象。

当然，也可以使用键盘上的方向键移动选中的对象。在使用方向键移动对象时，若同时按住Shift键，则每按一下方向键可使对象移动10个像素（否则仅移动1个像素）。

◎ **提示** 在使用Flash的其他工具时，按住Ctrl键不放，可临时切换到选择工具；松开Ctrl键，将返回原来的工具。

（2）调整线条的形状

选择"选择工具"，将鼠标指针移到未选中的矢量图形的边框线上（此时鼠标指针旁出现弧线标志），拖动鼠标，可改变图形的形状，如图1-3-13所示。

图1-3-12　框选对象 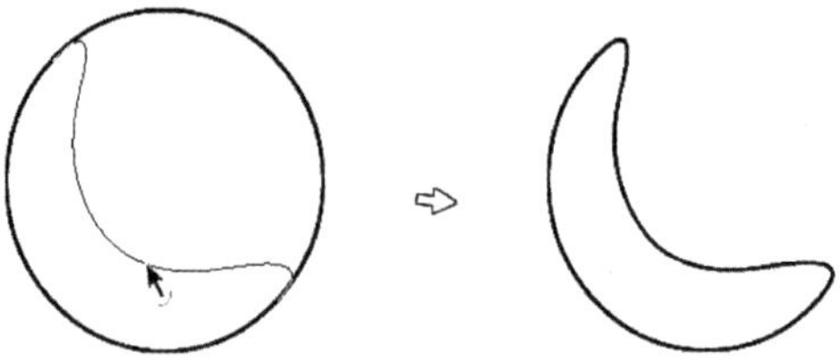　　　　　图1-3-13　修改图形的形状

若在拖动图形的边线前按下Ctrl键，则可使图形局部产生尖突变形（见图1-3-14）。

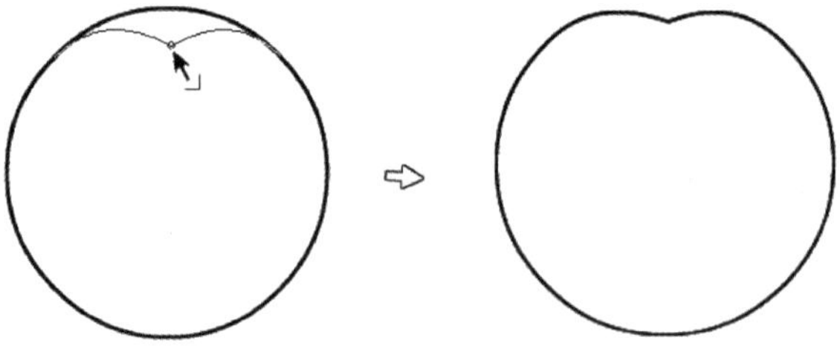

图1-3-14　改变图形局部的形状

◎ **提示** 在上述使用"选择工具"改变图形形状的时候，必须满足以下两个条件。① 图形是未经组合的矢量图形（如使用矩形、椭圆和多角星形等工具直接绘制出来的完全分离的图形）；② 图形对象未被选择。

4. 线条工具

选择"线条工具" ╱ ，在"属性"面板上设置线条的颜色（即笔触颜色）、粗细和线型。将鼠标指针置于舞台上按下左键拖动鼠标，可绘制任意长短和方向的直线段。若在绘制线条时按住Shift键不放，可创建水平、竖直和45°角倍数方向的直线段。

5. 椭圆工具

"椭圆工具" ◯ 用于绘制椭圆形和圆形。操作方法如下。

STEP 01 选择"椭圆工具"。在工具箱或"属性"面板上设置要绘制图形的填充色和笔触色。

STEP 02 在"属性"面板上设置笔触的粗细和线型。

STEP 03 在舞台上按下左键拖动鼠标，可绘制椭圆形。

STEP 04 在绘制椭圆时，若同时按住Alt键，可绘制以单击点为中心的椭圆。

STEP 05 在绘制椭圆时，若按住Shift键，可绘制圆形。

STEP 06 在绘制椭圆时，若同时按住Shift键与Alt键，可绘制以单击点为中心的圆形。

STEP 07 通过将填充颜色或笔触颜色设置为无色 ⊘ ，可绘制只有内部填充或只有边框的椭圆形或圆形。

【实例】绘制"圆月"效果。

STEP 01 新建Flash空白文档（通过菜单命令"修改|文档"）。设置舞台大小为400像素×300像素，舞台颜色为#0099FF。其他属性默认。

STEP 02 使用"椭圆工具"配合Shift键与Alt键在舞台中央绘制一个没有边框的白色圆形，如图1-3-15所示。

STEP 03 使用"选择工具"选择白色圆形。选择菜单命令"修改|形状|柔化填充边缘"，弹出"柔化填充边缘"对话框。参数设置如图1-3-16所示，完成后单击"确定"按钮。

STEP 04 取消圆形的选择状态，结果如图1-3-17所示。

【实例】
绘制"圆月"效果

图1-3-15 绘制圆形

图1-3-16 设置边缘柔化参数

图1-3-17 柔化后的效果

6. 矩形工具

"矩形工具" ▣ 用于绘制矩形、正方形和圆角矩形。操作方法如下。

STEP 01 选择"矩形工具"。在工具箱或"属性"面板上选择要绘制图形的填充色和笔触色。

STEP 02 在"属性"面板上设置笔触的粗细和线型。

STEP 03 在舞台上按下左键拖动鼠标，绘制矩形。

STEP 04 在绘制矩形时，若同时按住Alt键，可绘制以单击点为中心的矩形；若同时按住Shift键，可绘制正方形；若同时按住Shift键与Alt键，可绘制以单击点为中心的正方形。

STEP 05 通过将填充色或笔触色设置为无色，还可以绘制只有边框或只有填充的矩形。

STEP 06 在绘制矩形前，还可以在"属性"面板的"矩形选项"参数区设置圆角数值（见图1-3-18）以绘制圆角矩形，如图1-3-19所示。

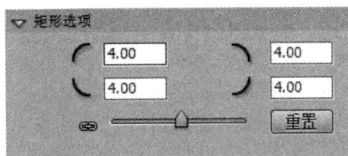

图1-3-18 设置圆角参数　图1-3-19 圆角矩形效果

7. 多角星形工具

"多角星形工具" ▢ 用于绘制正多边形和正多角星形。操作方法如下。

STEP 01 在工具箱上选择"多角星形工具"。

STEP 02 在工具箱或"属性"面板上设置要绘制图形的填充色和笔触色。

STEP 03 在"属性"面板上设置笔触的粗细和线型。

STEP 04 单击"属性"面板上的"选项"按钮，弹出图1-3-20所示的"工具设置"对话框。在"样式"列表中选择图形类型（多边形、星形），输入"边数"和"星形顶点大小"（即锐度，仅对星形有效）的值，单击"确定"按钮。

STEP 05 在工作区按下左键拖动鼠标，可绘制以单击点为中心的正多边形或星形，如图1-3-21所示。

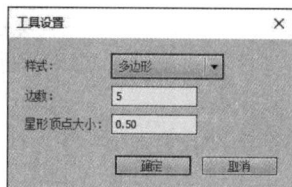

图1-3-20 "工具设置"对话框

图1-3-21 绘制多边形和星形

8. 铅笔工具

"铅笔工具" 可使用笔触颜色绘制手绘线条。操作方法如下。

STEP 01 选择"铅笔工具"，在"属性"面板上设置笔触颜色、粗细和线形。

STEP 02 在工具箱底部选择铅笔模式，如图1-3-22所示。

● 伸直：进行平整处理，转化为最接近的三角形、圆、椭圆、矩形等几何形状。

● 平滑：进行平滑处理，可绘制非常平滑的曲线。

● 墨水：绘制接近于"铅笔工具"实际运动轨迹的自由线条。

STEP 03 将鼠标指针置于舞台上，按下左键拖动鼠标，可随意绘制线条。Flash将根据绘图模式对线条进行调整。按住Shift键使用"铅笔工具"可绘制水平或竖直直线段。

9. 橡皮擦工具

"橡皮擦工具" 除了可以擦除绘图工具（线条工具、钢笔工具、椭圆工具、矩形工具、多角星形工具、铅笔工具、画笔工具等）绘制的图形外，还可以擦除完全分离的组合、完全分离的位图、完全分离的文本对象和完全分离的元件实例。另外，在工具箱上双击"橡皮擦工具"，可快速擦除舞台上所有未锁定的对象。

10. 墨水瓶工具

使用"墨水瓶工具" 可以修改线条的颜色、透明度、线宽和线型。操作方法如下。

STEP 01 选择"墨水瓶工具"。

STEP 02 在工具箱、"属性"面板或"颜色"面板上设置笔触的颜色。

STEP 03 在"属性"面板上设置笔触的粗细和线型。

STEP 04 在"颜色"面板上设置笔触颜色的不透明度（即Alpha值）或编辑渐变笔触色。

STEP 05 在完全分离的图形上单击，如图1-3-23、图1-3-24和图1-3-25所示。

图1-3-22 选择铅笔模式

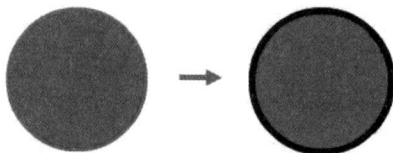

图1-3-23 修改图形的边缘线条

图1-3-24　为完全分离的位图添加边框

图1-3-25　为完全分离的文本添加边框

11. 颜料桶工具

"颜料桶工具" 🪣 可以在图形的填充区域填充单色、渐变色和位图，其用法如下。

（1）填充单色

STEP 01 使用"线条工具""铅笔工具"绘制封闭的区域，如图1-3-26所示。

STEP 02 选择"颜料桶工具"。在工具箱、"属性"面板或"颜色"面板上将填充色设置为纯色，必要时可设置不透明度参数。

STEP 03 如果要填充的区域没有完全封闭（存在小的缺口），此时可在工具箱底部选择一种合适的空隙大小，如图1-3-27所示。

图1-3-26　绘制封闭的区域

- 不封闭空隙：只有完全封闭的区域才能进行填充。
- 封闭小空隙：当区域的边界上存在小缺口时也能够进行填充。
- 封闭中等空隙：当区域的边界上存在中等大小的缺口时也能够进行填充。
- 封闭大空隙：当区域的边界上存在较大缺口时仍然能够进行填充。

所谓空隙的小、中、大只是相对而言。当区域的边界缺口很大时，任何一种空隙大小都无法填充。所以，在视图缩小显示的情况下，空隙即使看上去很小，也可能填不上颜色。

STEP 04 在封闭区域的内部单击填色，如图1-3-28所示。

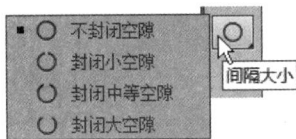

图1-3-27　选择空隙大小

图1-3-28　在封闭区域内部填色

（2）填充渐变色

STEP 01 使用"椭圆工具"和"铅笔工具"绘制图1-3-29所示的图形。

STEP 02 将填充色设置为径向渐变色。在"颜色"面板上对渐变色进行修改（左侧色标设置为白色，右侧色标设置为紫色）。

STEP 03 选择"颜料桶工具"。不选择工具箱底部的"锁定填充"按钮 🔒。依次在两个圆形区域的内部单击，填充渐变色（单击点即为径向渐变的中心），如图1-3-30所示。

（3）填充位图

STEP 01 新建空白文档。在舞台上绘

图1-3-29　绘制线条画　　　图1-3-30　填充渐变色

制矩形，如图1-3-31所示。

STEP 02 使用菜单命令"文件|导入|导入到库"，将素材图像"第3章素材\小狗.jpg"（见图1-3-32）导入。

STEP 03 在"属性"面板单击"填充颜色"按钮，从弹出的"选色"面板中选择导入的位图。

STEP 04 选择"颜料桶工具"。在前面绘制的矩形内部单击，将位图填充到矩形内，如图1-3-33所示。

| 图1-3-31 绘制矩形 | 图1-3-32 位图 | 图1-3-33 填充矩形 |

12. 手形工具

当工作区出现滚动条时，使用"手形工具"可以随意拖动工作区，将隐藏的部分拖移出来。在编辑修改图形的局部细节时，往往需要将视图放大许多倍。此时，"手形工具"是非常有用的。

在使用其他工具时，按住Space键不放，可切换到"手形工具"；松开Space键，将重新返回原来的工具。另外，双击工具箱上的"手形工具"按钮，舞台将全部显示且最大化显示在工作区窗口的中央位置。

13. 缩放工具

"缩放工具"的作用是将工作区放大或缩小显示。操作方法如下。

STEP 01 在工具箱上选择"缩放工具"。

STEP 02 根据需要在工具箱底部选择"放大"按钮或"缩小"按钮。

STEP 03 在需要缩放的对象上单击，对象以一定的比例放大或缩小。

STEP 04 使用"缩放工具"将要显示的内容框选在内部后松开鼠标按键，此时无论选择"放大"按钮还是"缩小"按钮，框选的内容都将放大显示到整个工作区窗口，如图1-3-34所示。

当舞台放大或缩小显示时，双击工具箱上的"缩放工具"按钮，舞台将恢复到100%的显示比例。

图1-3-34 框选放大

14. 文本工具 T

文本是向观众传达动画信息的重要途径。Flash中的文本包括静态文本、动态文本和输入文本3种类型。

静态文本在动画播放过程中外观与内容保持不变。

动态文本的内容及文字属性在动画播放过程中可以动态改变。用户可以为动态文本对象指定一个变量名，并可以在时间轴的指定位置或某一特定事件发生时，赋予该变量不同的值。在运行动画时，Flash播放器可以根据变量值的变化而动态更新文本对象的显示。

通过"属性"面板可以为静态文本和动态文本建立URL链接。

输入文本允许用户在动画播放时重新输入内容。例如，在Flash动画的开始创建一个登录界面，运行动画时，用户只有输入正确的信息才能继续观看动画电影的其余内容。

下面重点介绍静态文本的基本用法。

选择"文本工具"，根据需要在"属性"面板上设置文本的属性，包括"位置和大小""字符""段落""选项""辅助功能""滤镜"等选项栏，如图1-3-35所示。

- "文本类型"：选择文本的类型。此处选择"静态文本"。
- "文本方向"：选择文本的方向，包括"水平""垂直""垂直，从左向右"3种。
- "字符间距"：设置文本的字符间距。
- "添加滤镜"：为文本添加"投影""模糊""发光""斜角"等滤镜效果，类似于Photoshop的图层样式。此外，在Flash中也可以使用"文本"菜单设置文本的部分属性。

文本属性设置好之后，在舞台上单击确定插入点，然后输入文字内容。这样创建的是单行文本，行宽随着文本内容的增加而增加，需要换行时按Enter键即可。

若在文本属性设置好之后，将鼠标指针置于舞台上，按下左键拖动鼠标，则可创建文本输入框，然后在其中输入文本内容。这样产生的是固定宽度的段落文本，当输入文本的宽度接近输入框的宽度时，文本将自动换行。

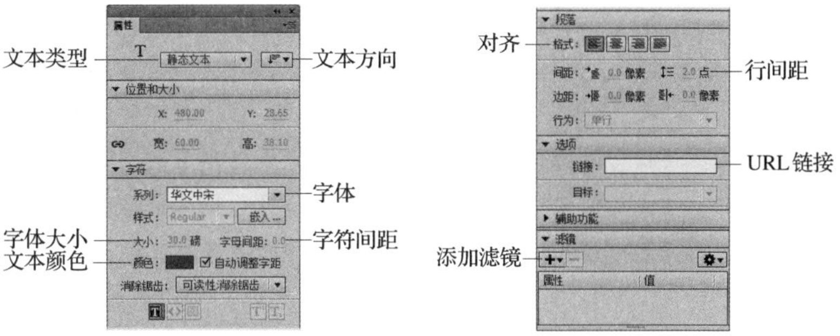

图1-3-35 文本工具的属性

在Flash中，文本只能设置单色填充色，且不能使用"颜料桶工具"进行填充，也不能使用"墨水瓶工具"设置边框。使用菜单命令"修改|分离"将文本对象彻底分离（分离到不能再分离）后，就可以使用"颜料桶工具"填充渐变色和位图，也可以使用"墨水瓶工具"设置边框的颜色。

15. 任意变形工具

使用"任意变形工具" ![icon] 可以在对象上实施缩放、旋转与倾斜等变形；对于使用Flash的绘图工具绘制的矢量图形和完全分离的文本、完全分离的位图等还可以进行扭曲和封套变形。以下仅演示"旋转与倾斜"变形的操作方法。

STEP 01 选择要变形的对象，在工具箱上选择"任意变形工具"。

STEP 02 在工具箱底部单击选择"旋转与倾斜"按钮 ，所选对象周围出现变形控制框。

STEP 03 将鼠标指针移到控制框4个角的控制块上，指针变成弯曲的箭头，沿顺时针或逆时针方向移动鼠标指针，可随意旋转对象，如图1-3-36左图所示。

STEP 04 若鼠标指针移到控制框4条边中间的控制块上,指针变成⇌或‖形状。沿水平或竖直方向移动鼠标指针,可使对象产生斜切变形,如图1-3-36右图所示。

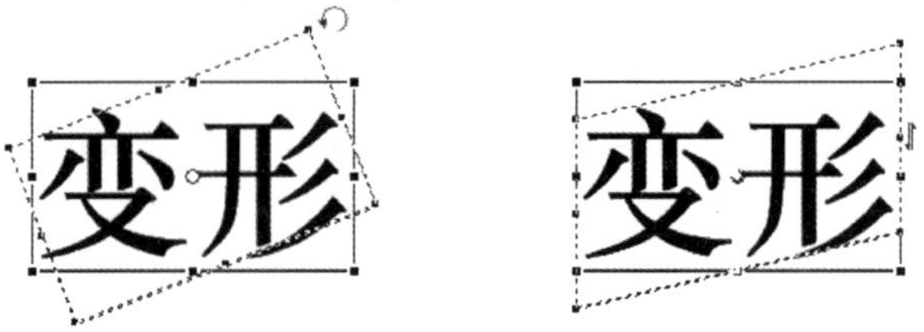

图1-3-36 旋转和斜切变形

3.2.3 Flash 基本操作

1. 设置文档属性

选择菜单命令"修改|文档",通过打开的"文档设置"对话框可以设置动画文档的舞台大小、舞台颜色、帧频率和标尺单位等属性。

在动画制作过程中,可以随时更改文档的属性。但是,一旦动画的许多关键帧创建完毕,再回过头来修改舞台大小,往往会给动画制作带来不必要的麻烦(需要重新调整舞台上众多对象的位置,其工作量不可小觑)。所以最好在动画制作前,首先确定好舞台大小。

2. 调整舞台的显示比例

在动画制作过程中,为方便动画的编辑处理,常常需要调整舞台的显示比例,常用的方法有以下两种。

(1)通过编辑栏右侧(默认设置下文档窗口右上角)的"缩放比率"列表(见图1-3-37),调整舞台的显示比例。

● "符合窗口大小":将舞台以适合工作区窗口大小的方式显示出来。

● "显示帧":将舞台在工作区窗口中全部显示并尽可能最大化居中显示。

● "显示全部":将工作区中动画场景的所有内容全部显示并尽可能最大化显示。

其余各选项均是以特定的百分比规定舞台的显示比例。另外,用户还可以将任意显示比例输入到"缩放比率"列表框中,然后按Enter键确认,舞台即以该比例显示。

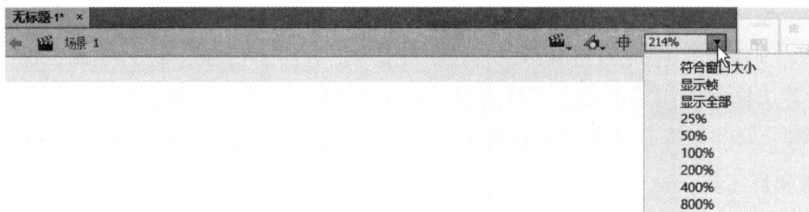

图1-3-37 缩放比率列表

(2)通过菜单命令"视图|缩放比率"调整舞台的显示比例。

3. 面板管理

Flash 的绝大多数面板命令都分布在"窗口"菜单的二级或三级子菜单中。

(1)面板的显示与隐藏

通过选中和取消选中"窗口"菜单中的面板命令,可在Flash 程序窗口中显示和隐藏相应的面板。也可以通过面板菜单中的"关闭"命令隐藏面板，如图1-3-38所示。

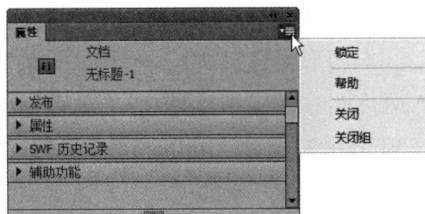

图1-3-38 "属性"面板菜单

（2）面板的折叠与展开

通过单击面板右上角的双三角按钮▣▣，可展开或折叠面板与面板组。

（3）隐藏与显示所有面板

选择菜单命令"窗口|隐藏面板"或按快捷键F4，可隐藏当前所有面板，包括工具箱。

在隐藏所有面板的情况下，选择菜单命令"窗口|显示面板"或按快捷键F4，可显示所有面板，包括工具箱。

（4）恢复面板默认布局

选择菜单命令"窗口|工作区|重置'××'"（××为当前工作区名称），将恢复面板的默认布局。

4. 导入外部对象

（1）图形、图像的导入

"导入（Import）/导出（Export）"命令一般位于软件窗口的"文件"菜单中，用于在不同软件之间交换数据。能够导入Flash中的外部图形、图像资源的类型包括*.JPG、*.BMP、*.GIF、*.PSD、*.PNG、*.AI等。这些资源一旦导入到库中，就可以在动画场景中无限重复使用。

① 导入到舞台

选择菜单命令"文件|导入|导入到舞台"，打开"导入"对话框。从中选择所需要的图形、图像文件，单击"打开"按钮，将图形、图像导入到舞台中。此时，导入的图形、图像资源也会同时出现在Flash的"库"面板中。

② 导入到库

选择菜单命令"文件|导入|导入到库"，打开"导入到库"对话框。从中选择所需要的图形、图像文件，单击"打开"按钮，将图形、图像导入到Flash的"库"面板中。此时，舞台上并不会出现导入的图形图像。

（2）GIF动画的导入

将GIF动画导入到Flash后，GIF动画的帧将自动转换为Flash的帧。Flash根据原GIF动画每帧滞留时间的长短确定转换后的Flash帧数。

选择菜单命令"文件|导入|导入到舞台"，选择所需要的GIF动画文件，单击"打开"按钮，即可将GIF动画导入到Flash当前层的时间线上。同时，组成GIF动画的各帧静态画面也出现在Flash的"库"面板中。

（3）视频的导入

通过菜单命令"文件|导入|导入视频"，可以将*.MOV、*.MP4、*.FLV等多种类型的视频资源导入到Flash中。

（4）声音的导入与使用

在Flash动画中，声音的导入与使用有着不同寻常的意义。无论是为动画配音，还是作为背景音乐，声音的使用无疑为动画电影的整体效果增色许多。合理地使用声音可以更好地渲染动画气氛，增强动画节奏。

① 导入声音

与图形图像的导入类似，通过菜单命令"文件|导入|导入到库"，可以将*.WAV、*.MP3、*.AU和*.flac等多种类型的声音文件导入到Flash的库中。综合考虑音质和文件大小等因素，在Flash中一般采用22.05kHz、16Bit和单声道的音频。

② 向动画中添加声音

将音频素材导入到Flash后，在时间轴上单击要添加音效的关键帧。打开"属性"面板，在"声音"参数区的"名称"下拉列表中选择所需要的声音文件名即可，如图1-3-39所示。

图1-3-39　在"属性"面板中选择声音

"属性"面板中其他有关声音的主要参数如下。

"效果"：设置声音的播放效果，包括"左声道""右声道""向右淡出""向左淡出""淡入""淡出""自定义"等。

"同步"：设置声音播放的同步方式。可供选择的同步方式如下。

● "事件"：使声音与某一动画事件同步发生。在该同步方式中，声音从事件的起始帧以独立于动画时间轴的方式进行播放，直至播放完毕（不管动画有没有结束）。

● "开始"：作用与事件方式类似。区别是，如果同一声音已经开始播放，且还没有播放完毕，这时即使动画重复播放也不会创建新的声音实例（这样就不会出现声音混杂的现象）。

● "停止"：将所选的声音指定为静音。

● "数据流"：在Web站点上播放动画时，该方式使声音和动画同步。Flash将调整动画的播放速度使之与数据流方式的声音同步。若声音过短而动画过长，Flash将无法调整足够快的动画帧，有些动画帧将被忽略，以保持动画与声音同步。与事件方式不同，若动画停止，数据流方式的声音也将停止。

无论选择哪一种同步方式，都可以选择声音的循环方式，包括"循环"和"重复"一定次数两种。

在交互式动画中，可使用动作脚本通过编码调用Flash库中甚至Flash外部的声音文件。

5. 图层管理

Flash中的图层分为普通层、引导层和遮罩层3种，图层的管理与Photoshop类似。

（1）新建图层

新建的Flash文档只有一个图层，默认名称为"图层1"。在时间轴面板左侧的图层控制区，单击"新建图层"按钮（见图1-3-40），或者用鼠标右键单击所选图层，在弹出的快捷菜单中选择"插入图层"命令，可在当前图层的上方添加一个新图层。

（2）删除图层

单击图层控制区的"删除图层"按钮（见图1-3-40），或者用鼠标右键单击所选图层，在弹出的快捷菜单中选择"删除图层"命令，可删除当前图层。当"时间轴"面板上仅剩一个图层时，是无法删除的。

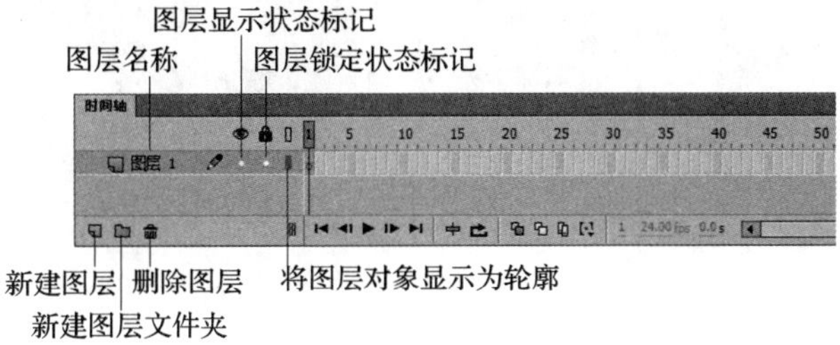

图1-3-40 时间轴面板

（3）重命名图层

在图层控制区双击某个图层的名称，进入图层名称编辑状态，输入新的名称，按Enter键或者在图层名称编辑框外单击即可。

（4）隐藏和显示图层

通过单击图层名称右侧的"图层显示状态标记"，可以在图层的显示状态与隐藏状态之间切换。隐藏某个图层后，该图层上的每帧画面在工作区中都是看不到的。在图层控制区单击 👁 按钮，可以隐藏或显示所有图层。

（5）锁定与取消锁定图层

通过单击图层名称右侧的"图层锁定状态标记"，可以在图层的锁定状态与解锁状态之间切换。锁定某个图层后，Flash禁止对该图层时间线上任何一帧的画面内容进行改动。但是，被锁定图层的时间线上有关帧的操作（如复制帧、删除帧、插入关键帧等）仍然可以进行。

在图层控制区单击 🔒 按钮，可以锁定或解锁所有图层。

（6）调整图层的叠盖顺序

图层的上下排列顺序影响舞台上对象之间的相互遮盖关系。在图层控制区，将图层向上或向下拖动，当突出显示的线条出现在要放置图层的位置时，松开鼠标按键即可改变图层的排列顺序。

【实例】使用Flash为 GIF动画"第3章素材\下雨了\下雨了.gif"配上下雨的音效。所使用的声音文件为同一素材文件夹下的"雨.wav"。

STEP 01 启动Flash，新建空白文档。

STEP 02 修改文档属性。设置舞台大小为500像素×334像素，舞台颜色为黑色，其他属性默认。

STEP 03 调整舞台的显示比例为"符合窗口大小"。

STEP 04 选择菜单命令"文件|导入|导入到舞台"导入GIF动画"第3章素材\下雨了\下雨了.gif"，如图1-3-41所示。

STEP 05 将图层1的名称更改为"动画"。

STEP 06 新建图层2。将图层2的名称更改为"声音"。

STEP 07 选择菜单命令"文件|导入|导入到库"导入"第3章素材\下雨了\雨.wav"。

STEP 08 在"声音"层的第1帧上单击，选中该空白关键帧。

STEP 09 打开"属性"面板，在"声音"参数区的"名称"下拉列表中选择"雨.wav"，在"同步"下拉列表中选择"开始"，在"声音循环"下拉列表中选择"循环"。此时的Flash窗口如图1-3-42所示。

图1-3-41　将GIF动画导入到图层1中

图1-3-42　添加声音

STEP 10 选择菜单命令"控制|测试"测试动画效果。

STEP 11 锁定"动画"层和"声音"层。

STEP 12 选择菜单命令"文件|保存"，以"下雨了.fla"为名保存动画源文件。

6. 调整对象的排列顺序

Flash不同图层的对象相互遮盖，上面图层的对象优先显示。实际上，同一图层的对象之间也存在着一个叠放顺序：一般来说，最晚创建的对象位于最上面，最早创建的对象则在最底部；完全分离的对象永远处于组合、文本、元件实例、导入的位图等非分离对象的下面。

使用菜单"修改|排列"下的"上移一层""下移一层"等命令可以调整同一图层上不同对象间的上下叠放次序，从而改变它们的相互遮盖关系。

但是，一个图层上某对象的叠放顺序无论怎样靠上，也总是被其上面图层的对象所遮盖；同样，一个图层上某对象的叠放顺序无论怎样靠下，都将其下面图层上的对象遮盖住。

7. 锁定对象

正如前面所述，图层的锁定是图层的每一帧上所有对象的锁定。要想锁定图层上的部分对象，可以先选择这些对象，然后选择菜单命令"修改|排列|锁定"即可。

对象一旦锁定，就无法选择和编辑修改，除非使用菜单命令"修改|排列|解除全部锁定"解锁。另外需要注意的是，"锁定"命令对完全分离的对象是无效的。

8. 组合对象

在Flash中，将多个对象组合后，在很大程度上可以像控制单个对象一样控制组合中的所有对象。组合对象的操作方法如下。

STEP 01 选择要组合的多个对象或单个完全分离的对象。

STEP 02 选择菜单命令"修改|组合"，组合效果如图1-3-43所示。

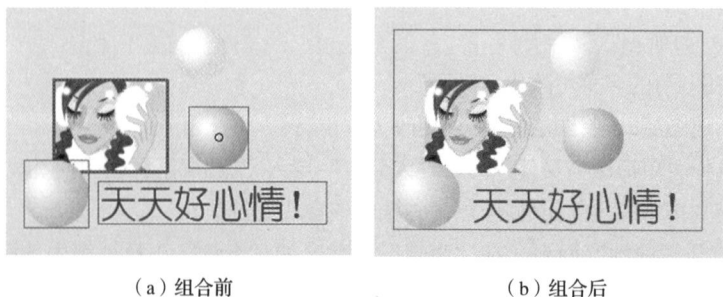

（a）组合前　　　　　　　　　　　（b）组合后

图1-3-43　组合对象

当需要修改组合中的部分对象时，可使用菜单命令"修改|取消组合"将组合解开。

对于完全分离的对象，可以选择其中的任何一部分。这种图形若不组合或转换为元件，很容易被破坏。因此，"组合"命令也常常用来组合单个完全分离的对象，如图1-3-44所示。

（a）组合前　　　　　　　　　　（b）组合后

图1-3-44　组合分离的单个对象

将Flash的绘图工具（钢笔、线条、矩形、椭圆、多角星形、铅笔、画笔等工具）绘制的图形组合后，其边框色与填充色将无法修改，除非双击该对象进入次级（组内）编辑状态或重新取消组合，回到完全分离的状态。

9. 分离对象

分离对象的操作如下。

STEP 01 选择要分离的对象。

STEP 02 选择菜单命令"修改|分离"或按Ctrl+B组合键。

文本对象、组合、导入的位图和元件的实例等不能用于补间形状动画的创建。只有将这些对象进行分离，分离到不能继续分离（"分离"命令显示为灰色无效状态）为止，才能用于补间形状动画。图1-3-45和图1-3-46所示为文本与多重嵌套的组合体分离时的状况。

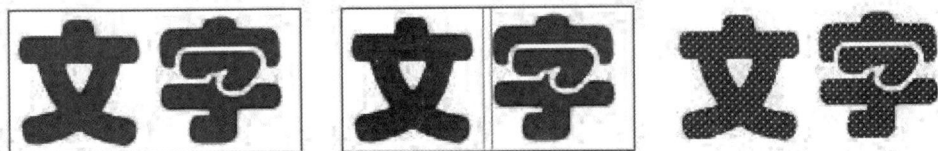

（a）分离前　　　　　（b）第1次分离后　　　　　（c）第2次彻底分离后

图1-3-45　分离文本对象

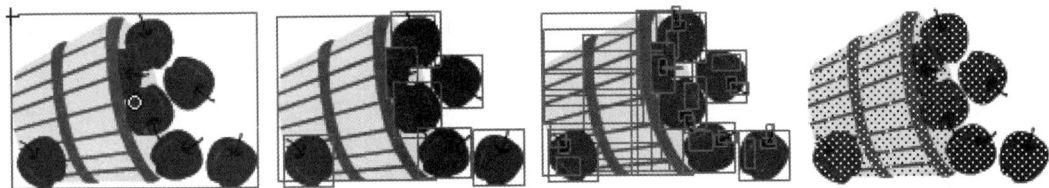

（a）分离前　　　（b）第1次分离后　　　（c）第2次分离后　　　（d）第3次彻底分离后

图1-3-46　分离多重组合体

"分离"与"取消组合"虽然是两个不同的命令，但二者之间存在着以下关系。

● 对于文本对象、元件的实例和导入的位图，只能将其分离，而不能取消组合。所谓"分离位图"实际上就是将位图矢量化。

● 对于组合体，执行一次"分离"或"取消组合"命令，其操作结果是等效的。

当两个或多个完全分离的图形重叠在一起时，在两个图形相交的边界，下面的图形将被分割；

而在相互重叠的区域，上面的图形将取代下面的图形。下面举例说明。

STEP 01 在舞台上绘制一个黑色矩形，再绘制一个其他颜色的圆形（见图1-3-47）。注意绘制图形时不要选择工具箱底部的"对象绘制"按钮 ◯，这样绘制出来的图形是完全分离的。

STEP 02 选择整个圆形（边框和填充），移动其位置使之与矩形部分重叠（见图1-3-48）。

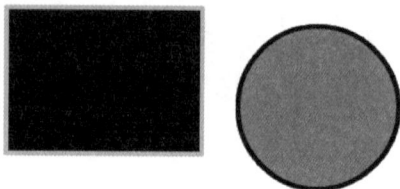

图1-3-47 绘制矩形与圆形

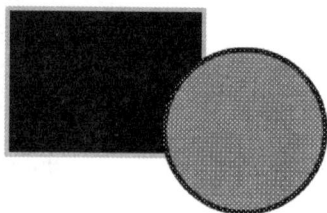

图1-3-48 将二者重叠放置

STEP 03 使用"选择工具"在舞台的空白处单击以取消圆形的选择状态。

STEP 04 使用"选择工具"双击矩形上没有被覆盖的填充区域，并将其移开，结果如图1-3-49所示。

STEP 05 （接步骤3）使用"选择工具"双击圆形的填充区域，重新选择圆形，并将其移开，结果如图1-3-50所示。

图1-3-49 被分割的矩形

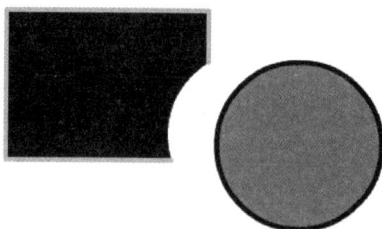

图1-3-50 在重叠区域，圆形取代矩形

在动画制作中，若两个完全分离的图形不得不重叠放置且不希望任何一方被分割或取代时，可以将二者放置在不同的图层中。

10. 对齐对象

选择菜单命令"窗口|对齐"，显示"对齐"面板，如图1-3-51所示。其中"对齐"栏的按钮从左向右依次是 "左对齐" ▐ 、"水平中齐" ▟ 、"右对齐" ▟ 、"顶对齐" ▜ 、"垂直中齐" ▟ 和 "底对齐" ▟ 。

对象对齐的操作方法如下。

STEP 01 首先选择舞台上的两个或两个以上的对象（这些对象可处于不同图层）。

STEP 02 在"对齐"面板上单击相应的对齐按钮。

图1-3-53所示是执行各对齐命令后对象的排列情况（对象的初始位置如图1-3-52所示）。

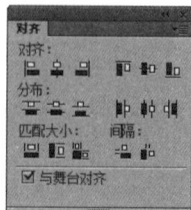

图1-3-51 "对齐"面板

图1-3-52 对象原排列图

（a）左对齐　　　　　　（b）水平中齐　　　　　　（c）右对齐

（d）顶对齐　　　　　　（e）垂直中齐　　　　　　（f）底对齐

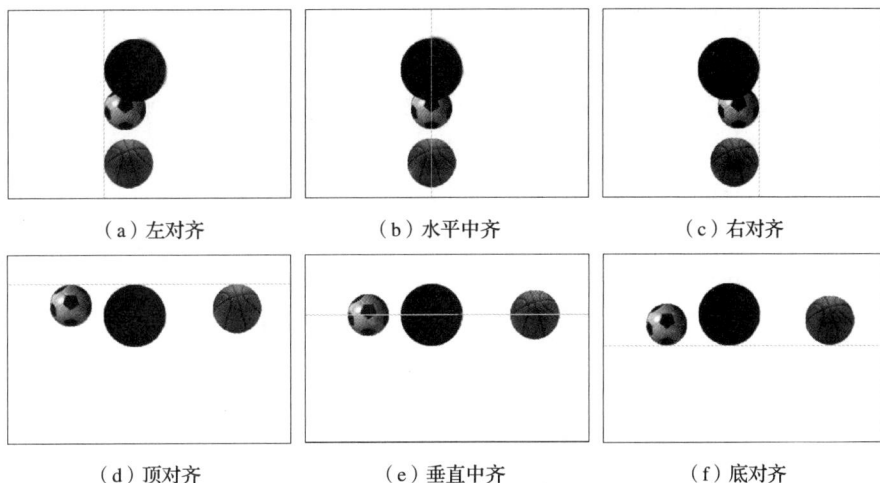

图1-3-53　对象对齐示意图

在对齐对象前，若事先勾选了"对齐"面板上的"与舞台对齐"复选框，再单击上述各对齐按钮，则结果是所选各对象（可以是一个）分别与舞台的对齐，如图1-3-54所示（对象的初始排列如图1-3-52所示，图中的方框表示舞台）。

（a）左对齐　　　　　　（b）水平中齐　　　　　　（c）右对齐

（d）顶对齐　　　　　　（e）垂直中齐　　　　　　（f）底对齐

图1-3-54　对象与舞台的对齐示意图

也可以使用菜单"修改|对齐"下的相应命令对齐对象。在选中"修改|对齐|与舞台对齐"命令的情况下选择各对齐命令，其结果是所选对象与舞台的对齐；否则，是所选对象之间的对齐。

11. 分布对象

在"对齐"面板上，"分布"栏的按钮从左向右依次是 "顶部分布"、"垂直居中分布"、"底部分布"、"左侧分布"、"水平居中分布"和"右侧分布"。

● "顶部分布"：使经过各对象顶端的假想水平线之间的距离相等。

● "垂直居中分布"：使经过各对象中心的假想水平线之间的距离相等。

● "底部分布"：使经过各对象底端的假想水平线之间的距离相等。

● "左侧分布"：使经过各对象左侧的假想竖直线之间的距离相等。

● "水平居中分布"：使经过各对象中心的假想竖直线之间的距离相等。

● "右侧分布" ▮｜：使经过各对象右侧的假想竖直线之间的距离相等。

仍以图1-3-52所示的对象为例，首先选择3个小球（这些对象可处于不同图层），在"对齐"面板上不勾选"与舞台对齐"复选框，单击相应的分布按钮。结果如图1-3-55所示。

在不勾选"与舞台对齐"复选框的情况下，执行"顶部分布" ▬、"垂直居中分布" ▬和"底部分布" ▬命令时，各对象仅在竖直方向移动，而且上下两端的对象的位置保持不变。同样，执行"左侧分布" ▮▮、"水平居中分布" ▮▮和"右侧分布" ▮｜命令时，各对象只在水平方向移动，而且左右两端的对象的位置保持不变。

（a）顶部分布　　　　（b）垂直居中分布　　　　（c）底部分布

（d）左侧分布　　　　（e）水平居中分布　　　　（f）右侧分布

图1-3-55　对象分布示意图

在分布对象前，若事先选择了"对齐"面板上的"与舞台对齐"选项，再单击上述各分布按钮，则结果是各对象以舞台的顶部和底部为边界或以舞台的左端和右端为边界的分布，如图1-3-56所示（对象的初始排列如图1-3-52所示，图中的方框表示舞台）。

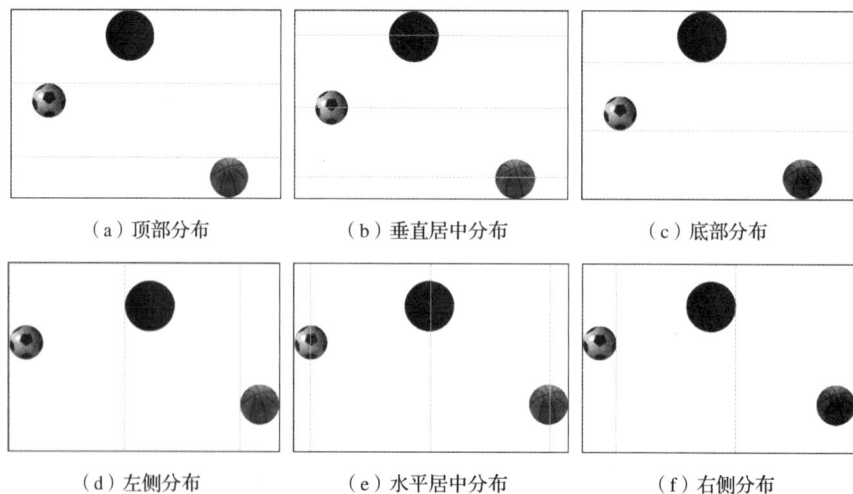

（a）顶部分布　　　　（b）垂直居中分布　　　　（c）底部分布

（d）左侧分布　　　　（e）水平居中分布　　　　（f）右侧分布

图1-3-56　对象相对舞台的分布示意图

除了"对齐"与"分布"之外，"对齐"面板上的"匹配大小"栏的按钮也有着重要的应用，它可以使所选对象的宽度和高度变换到一致，或者变换到与舞台的宽度和高度一致。

12. 精确变形对象

使用"变形"面板可以对动画对象进行精确的缩放、旋转和斜切等变形，还可以边变形边复制对象。

选择菜单命令"窗口|变形"，显示"变形"面板，如图1-3-57所示。

● 缩放：根据输入的百分比值，对选定对象进行水平和垂直方向的缩放。

● 旋转：选择"旋转"单选钮，在右侧数值框内输入旋转角度值，按Enter键，可以对当前对象进行旋转变形。正的角度表示顺时针旋转，负的角度表示逆时针旋转。

● 倾斜：选择"倾斜"单选钮，在右侧的数值框内输入一定的角度值，按Enter键，可以对当前对象在水平和垂直两个方向进行斜切变形。

利用"变形"面板可以同时对动画对象进行缩放与旋转变形，或缩放与斜切变形。

【实例】利用"变形"面板制作美丽图案。

STEP 01 新建空白文档。设置舞台背景色为黑色，其他属性保持默认。

STEP 02 使用"椭圆工具"在舞台中央绘制一个宽度为60像素、高度为240像素的椭圆。

STEP 03 将椭圆的边框和内部填充都设置为蓝色（#019BF8）。其中内部填充色的不透明度为50%。将椭圆的边框宽度设置为1.00，如图1-3-58所示。

图1-3-57 "变形"面板

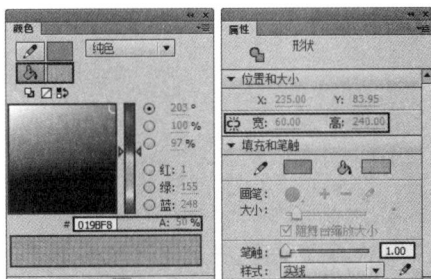

图1-3-58 设置填充色与不透明度

STEP 04 使用"选择工具"双击椭圆内部将椭圆全部选中，选择菜单命令"修改|组合"将椭圆组合，如图1-3-59所示。

STEP 05 打开"变形"面板。选择"旋转"单选钮，旋转角度设置为12。单击面板上的"重制选区和变形"按钮，复制并旋转椭圆。连续单击（见图1-3-60），共单击14次。最终效果如图1-3-61所示。

图1-3-59 组合椭圆　　图1-3-60 连续旋转和复制椭圆　　图1-3-61 最终效果

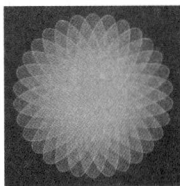

13. 库资源的利用

（1）库资源的使用

每个Flash源文件都有自己的库，其中存放着元件以及从外部导入的图形图像、声音、视频等各类资源。将动画中需要多次使用的对象定义为元件存放于库中，可以有效地减小文件的大小。

选择菜单命令"窗口|库"，打开"库"面板，如图1-3-62所示。

① 使用库资源：在库资源列表中单击选择某个资源，从库资源预览窗中进行预览。如果要在动画中使用该资源，可将该资源从库资源列表区或库资源预览窗中直接拖动到舞台上。

② 重命名库资源：在库资源列表区选择需要重命名的库资源，利用鼠标右键快捷菜单或"库"面板菜单中的"重命名"命令，可以更改当前库资源的名称。

删除库资源：在库资源列表区选择要删除的库资源，利用鼠标右键快捷菜单或"库"面板菜单中的"删除"命令，可以将该资源删除。

图1-3-62 "库"面板

（2）外部库资源的使用

在Flash动画的制作过程中，可以在当前文档窗口打开其他外部Flash文档的库（外部库），并将其中的资源用于当前文档中。操作方法如下。

选择菜单命令"文件|导入|打开外部库"，弹出"打开"对话框，选择其他的*.fla文件，单击"打开"按钮，该*.fla文件的"库"面板即可显示在当前文档窗口中。

外部库中的资源可以使用，但不允许编辑修改。

14. 动画的测试与发布

（1）动画的测试

Flash动画的创作过程一般是这样的：边测试，边修改，再测试，再修改，……，直至满意为止；最后发布动画作品。整个过程虽然艰辛，但也是一个逐渐满足个人艺术享受的过程。

在Flash动画文档编辑窗口，直接按Enter键，可以从当前帧开始播放动画，直至运行到动画的最后一帧结束。按这种方式进行测试，舞台上元件实例中的动画效果是无法演示的。

比较常用的测试方法是，选择菜单命令"控制|测试"，或者按Ctrl+Enter组合键，打开图1-3-63所示的播放窗口，演示动画效果。同时为当前动画导出SWF文件，保存在动画源文件（*.fla文件）存储的位置（该SWF文件与动画源文件的主名相同）。

此时，如果发现动画中存在问题，可关闭测试窗口，回到文档编辑窗口对动画进行修改。如此循环往复，直到满意为止。

（2）动画的发布

动画测试完成之后，接下来的工作就是发布动画电影。操作方法如下。

STEP 01 选择菜单命令"文件|发布设置"，弹出"发布设置"对话框，如图1-3-64所示。

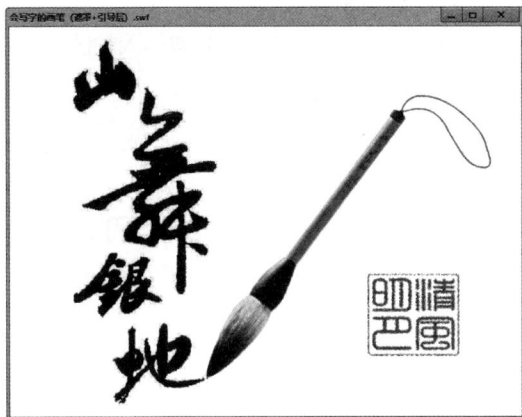

图 1-3-63　测试动画

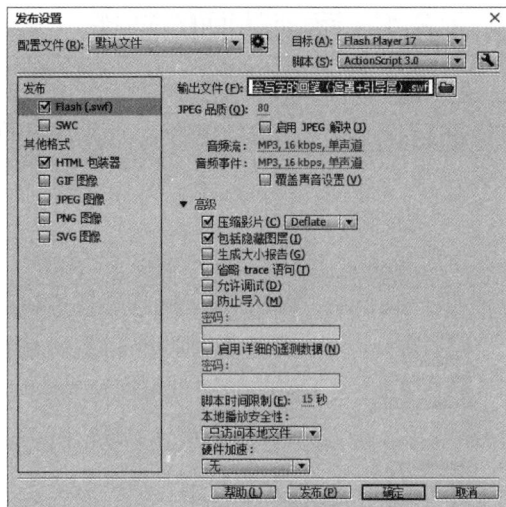

图 1-3-64　动画发布设置

STEP 02 在对话框左侧的选项栏内选择动画的发布类型，并在"输出文件"文本框内输入相应的输出文件名。必要时可单击右侧的 📁 按钮，选择发布文件的存储位置。在默认设置下，所发布的任何类型的文件的主名就是已存储的Flash源文件的主名，且发布位置也与Flash源文件的存储位置相同。

STEP 03 单击"发布"按钮，以上述指定的类型、文件名和发布位置发布动画。单击"确定"按钮，关闭对话框。

下面简单介绍Flash动画中几种常用的发布类型。

● "Flash（.swf）"：该格式是Flash动画电影的主要发布格式，唯一支持所有的Flash交互功能。选择该类型后，可以继续为SWF电影设置"目标"播放器版本、ActionScript脚本版本、JPEG图像品质、音频流和音频事件格式、允许调试和防止导入等属性。所谓"防止导入"，就是禁止他人在Flash中使用"文件|导入"命令将该SWF文件导入或附加导入条件。一旦选中了"防止导入"复选框，可在下面的"密码"文本框中输入密码。这样，当在Flash中导入该影片时，要求输入正确的密码才能将该影片导入。

● "HTML包装器"：可发布包含SWF影片的HTML网页文件。选择该类型后，可以继续在"发布设置"对话框中进一步设置SWF电影在网页中的尺寸大小、画面品质、窗口模式（如有无窗口、背景是否透明）等属性。

● "GIF图像""JPEG图像""PNG图像""SVG图像"：4种不同格式的图像格式，可以将动画以图片的形式进行发布。

3.3　Flash动画制作

使用Flash可以设计制作以下类型的动画：逐帧动画、传统补间动画、补间形状动画、补间动画、遮罩动画、元件动画和交互式动画等。

下面通过一些典型的实例来学习上述动画的制作方法。

3.3.1 逐帧动画的制作

所谓逐帧动画，指动画的每个帧都要由制作者手动完成，这些帧称为关键帧。

在逐帧动画中，关键帧中的对象可以使用Flash的绘图工具绘制，也可以是外部导入的图形、图像资源。

1. 制作眨眼睛动画

使用Flash与"第3章素材\小猴子眨眼睛\"下的"小猴子01.jpg""小猴子02.jpg""start.wav"制作眨眼睛动画，效果参照"第3章素材\眨眼睛.swf"。

STEP 01 启动Flash，新建ActionScript3.0类型的空白文档。

STEP 02 使用菜单命令"文件|导入|导入到库"，将素材"小猴子01.jpg""小猴子02.jpg""start.wav"导入到库中。

逐帧动画的制作

STEP 03 显示"库"面板。将素材图片"小猴子01.jpg"从"库"面板拖动到舞台，并从"属性"面板查看图片的大小为140像素×97像素，如图1-3-65所示。

STEP 04 使用菜单命令"修改|文档"将舞台大小设置为140像素×97像素，将帧频率设置为12帧/秒（fps）。

STEP 05 确认图片处于选择状态。选择菜单命令"窗口|对齐"，显示"对齐"面板。选择其中的"与舞台对齐"复选框。在"对齐"栏依次单击"水平中齐"按钮 ♣ 和"垂直中齐"按钮 ♣ ，将图片对齐到舞台中央。

STEP 06 在图层1的第2帧上单击鼠标右键，从弹出的快捷菜单中选择"插入空白关键帧"命令。

STEP 07 将素材图片"小猴子02.jpg"从"库"面板拖动到舞台，并对齐到舞台中央。

STEP 08 单击图层1的第1个关键帧，按住Shift键单击第2个关键帧（此时两个关键帧同时被选中）。在选中的帧上单击鼠标右键，从弹出的快捷菜单中选择"复制帧"命令。

STEP 09 在第3帧上单击鼠标右键，从弹出的快捷菜单中选择"粘贴帧"命令。将上述复制的帧粘贴到第3帧和第4帧。此时"时间轴"面板如图1-3-66所示。

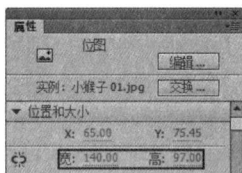

图1-3-65 查看图片大小　　　　图1-3-66 粘贴帧之后的"时间轴"面板

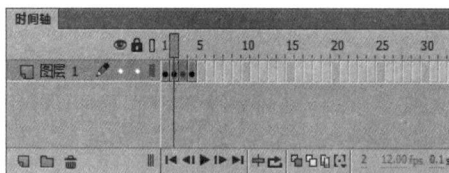

STEP 10 在第5帧插入空白关键帧。将图片"小猴子01.jpg"从"库"面板拖动到舞台，并对齐到舞台中央。

STEP 11 在第20帧上单击鼠标右键，从弹出的快捷菜单中选择"插入帧"命令。锁定图层1。

STEP 12 在"时间轴"面板左侧的图层控制区，单击"新建图层"按钮 ▣ ，在图层1的上方新建图层2。

STEP 13 选择图层2的第1帧（此时为空白关键帧）。在"属性"面板的声音"名称"下拉列表中选择"start.wav"，在"同步"下拉列表中选择"开始"（重复1次）。

STEP 14 在图层2的第3帧插入空白关键帧。在"属性"面板的声音"名称"下拉列表中选择

"start.wav"，在"同步"下拉列表中选择"开始"（重复1次）。锁定图层2。

STEP 15 动画完成后的"时间轴"面板如图1-3-67所示。

STEP 16 将动画源文件以"眨眼睛.fla"为名保存起来。

STEP 17 选择菜单命令"控制|测试"，观看动画效果。同时，Flash将在保存"眨眼睛.fla"文件的位置输出电影文件"眨眼睛.swf"。

STEP 18 关闭动画源文件"眨眼睛.fla"。

图1-3-67 动画完成后的"时间轴"面板

2. 制作载入动画

制作载入动画，效果参照"第3章素材\下载.swf"。

STEP 01 启动Flash，新建ActionScript3.0类型的空白文档。

STEP 02 使用菜单命令"修改|文档"将舞台设置为300像素×150像素，将帧频率设置为12帧/秒（fps）。其他属性采用默认值。

STEP 03 使用菜单命令"视图|缩放比率|显示帧"调整舞台显示大小，以方便后续操作。

STEP 04 在工具箱上选择"文字工具"，在"属性"面板上设置文字属性：静态文本、字体Academy Engraved LET（若找不到该字体，可利用第3章素材提供的字体文件进行安装）、字号为44、黑色、字符间距为9。在舞台上创建文本"Loading…"。

STEP 05 利用"对齐"面板将文本对齐到舞台的中央位置（见图1-3-68）。

图1-3-68 编辑完成第1个关键帧

STEP 06 确保文本对象"Loading…"处于选择状态。选择菜单命令"修改|分离"（或按Ctrl+B组合键），把文本对象分离成各自独立的单个字符，如图1-3-69所示。

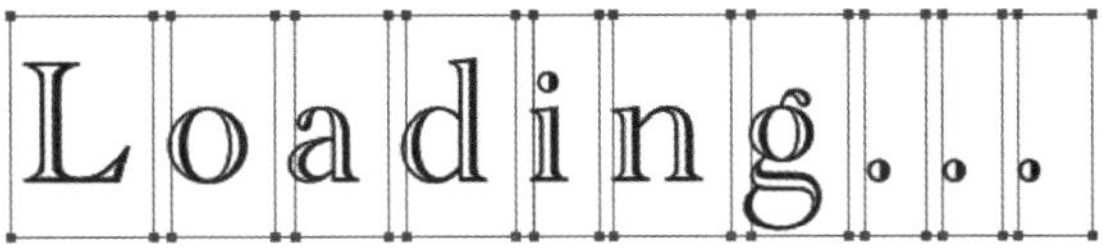

图1-3-69 分离文本一次

STEP 07 在"时间轴"面板上单击图层1的第2帧，再按住Shift键单击第10帧，选择第2～第10帧之间的所有帧［见图1-3-70（a）］。在选中的帧上单击鼠标右键，在弹出的快捷菜单中选择"转换为关键帧"命令，则所有选中的帧全部转变成关键帧［见图1-3-70（b）］。每个关键帧中的内容都和第1帧相同。

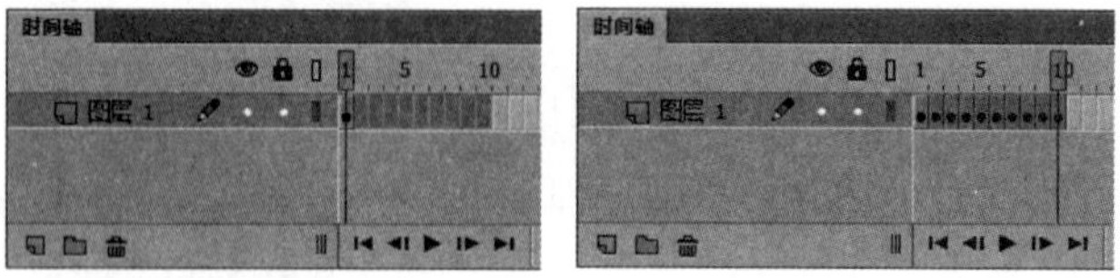

（a） （b）

图1-3-70 将第2～第10帧全部转变成关键帧

提示 在时间轴上插入一个关键帧或将时间轴上的某帧转换成关键帧后，该关键帧的内容与前面相邻关键帧的内容完全相同。在步骤7中，也可以首先在第2帧上单击鼠标右键，在弹出的快捷菜单中选择"插入关键帧"命令，将第2帧转换成关键帧；接着在第3帧、第4帧……第10帧上分别进行同样的操作。

STEP 08 单击图层1的第1个关键帧。在舞台上的空白处单击，取消所有字符的选择状态。使用"选择工具"框选后面的9个字符，按Delete键将其删除。此时第1帧的舞台上只剩下字符"L"，如图1-3-71所示。

（a）用"选择工具"框选对象

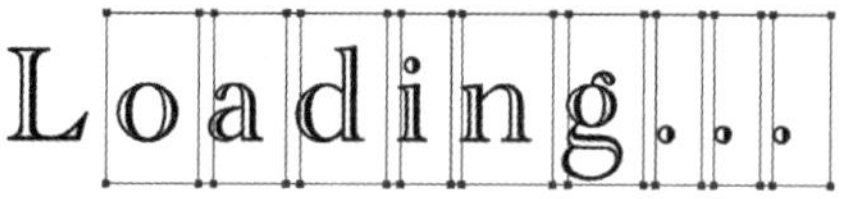

（b）框选后的状态

（c）删除框选的字符

图1-3-71 编辑第1个关键帧

提示 单击某一帧时，该帧的舞台上所有未锁定的对象都会被选中。

STEP 09 单击第2个关键帧，按类似的方法在舞台上删除后面的8个字符，只保留前两个字符"Lo"。

STEP 10 单击第3个关键帧，在舞台上只保留前3个字符"Loa"，其余删除。

STEP 11 依此类推，最后选中第9个关键帧，只删除舞台上的最后一个字符。

STEP 12 第10个关键帧舞台上的文本内容保持不变。

STEP 13 使用菜单命令"文件|另存为"将动画源文件保存为"下载.fla"。

STEP 14 选择菜单命令"控制|测试"，观看动画效果。同时，Flash将在保存"下载.fla"文件的位置输出电影文件"下载.swf"。

STEP (15) 关闭Flash源文件"下载.fla"。

3.3.2 补间动画的制作

所谓补间动画,指制作者只进行过渡动画中首尾两个关键帧的制作,关键帧之间的过渡帧由计算机自动计算完成。补间动画分为补间形状动画、传统补间动画和补间动画3种。

1. 制作补间形状动画

在Flash中,能够用于补间形状动画的对象有使用Flash的绘图工具直接绘制的完全分离的矢量图形、完全分离的组合、完全分离的元件实例和完全分离的文本等。在补间形状动画中,能够产生过渡的对象属性有形状、位置、大小、颜色、不透明度等。

【实例】制作水果变形动画,效果参照"第3章素材\水果变形.swf"。

STEP (01) 在Flash中新建ActionScript3.0类型的空白文档。文档属性采用默认值。

STEP (02) 在工具箱上选择"椭圆工具",将笔触色设置为无色,填充色设置为由白色到黑色的径向渐变。不选择"对象绘制"按钮 🔵,如图1-3-72所示。

STEP (03) 在"颜色"面板上修改填充色,将黑色换成绿色(#54A014),如图1-3-73所示。

白色到黑色的径向渐变

不选择"对象绘制"

图1-3-72 选色　　　　　　　　　图1-3-73 修改渐变色

STEP (04) 按住Shift键不放,使用"椭圆工具"在舞台上绘制一个圆形,如图1-3-74所示。在工具箱上选择"颜料桶工具"(不选择工具箱底部的"选项"栏中的"锁定填充"按钮 🔳),在圆形的左上角单击重新填色,以改变渐变的中心,如图1-3-75所示。至此图层1的第1个关键帧编辑完成。使用"对齐"面板,将所绘制的图形对齐到舞台中央。

图1-3-74 绘制圆形　　图1-3-75 修改渐变中心

STEP (05) 分别在图层1的第5帧和第20帧上单击鼠标右键,从弹出的快捷菜单中选择"插入关键帧"命令,如图1-3-76所示。

图1-3-76 在第5帧和第20帧分别插入关键帧

STEP (06) 选择第20帧,使用"选择工具"在舞台的空白处单击以取消对象的选择。

STEP (07) 依旧选择"选择工具",将鼠标指针移到圆形的边框线的顶部(此时,鼠标指针旁

图1-3-77　修改圆形顶部
的形状

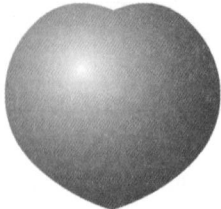

图1-3-78　修改圆形底部
的形状

出现一条弧线），按住Ctrl键不放向下移动鼠标指针，改变圆形局部的形状，如图1-3-77所示。

STEP 08 使用类似的方法，按住Ctrl键在圆形底部的边框线上向下移动鼠标指针，改变圆形底部的形状，如图1-3-78所示。

STEP 09 在"颜色"面板上修改渐变填充的颜色，将原来的绿色（#54A014）换成红色（#FA3810），如图1-3-79所示。

STEP 10 选择"颜料桶工具"（不选择工具箱底部的"锁定填充"按钮 ■），在"桃子"形左上角的渐变中心处单击，将填充色修改成由白色到红色的渐变（渐变的中心大致不变）。

STEP 11 在第25帧上单击鼠标右键，从弹出的快捷菜单中选择"插入关键帧"命令。

STEP 12 在第40帧上单击鼠标右键，从弹出的快捷菜单中选择"插入空白关键帧"命令（见图1-3-80）。

图1-3-79　修改渐变填充色

图1-3-80　在第40帧插入空白关键帧

STEP 13 选中第1帧，按Ctrl+C组合键复制该帧舞台上的图形。再选中第40帧，选择菜单命令"编辑|粘贴到当前位置"，将第1帧的圆形粘贴到第40帧的同一位置（见图1-3-81）。

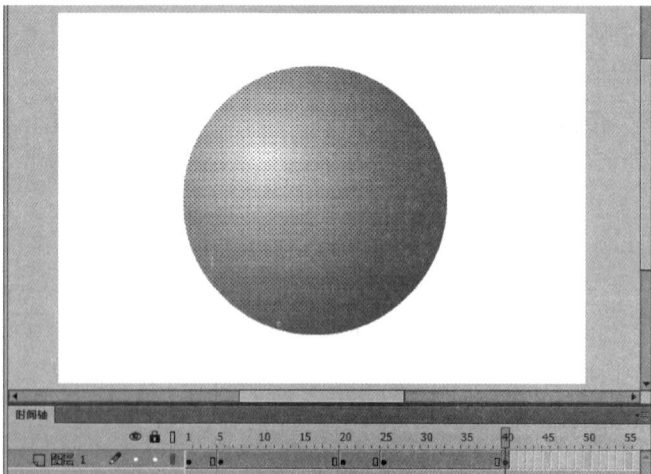

图1-3-81　将圆形从第1帧复制到第40帧的同一位置

STEP 14 选择第5帧，选择菜单命令"插入|补间形状"（或在第5帧上单击鼠标右键，从弹出的快捷菜单中选择"创建补间形状"命令）。这样就在第5帧和第20帧之间创建了一段补间形状动画。对第25帧进行同样的操作，如图1-3-82所示。

图1-3-82　在第5帧和第25帧分别插入补间形状动画

STEP 15 测试动画效果。将动画源文件保存为"水果变形.fla"，并发布SWF电影。

> **提示** 补间形状动画创建成功后，关键帧之间有实线箭头连接，关键帧之间的所有过渡帧显示为浅绿色背景。

2. 制作传统补间动画

在Flash中，能够用于传统补间动画的对象有组合、文本、导入的位图、元件实例等。在传统补间动画中，能够产生过渡的对象属性有位置、大小、旋转角度、颜色（只对元件实例）、透明度（只对元件实例）等。

【实例】制作一段球体从空中下落到地面又弹起的动画，效果参照"第3章素材\跳动的小球.swf"（假设小球每次弹起的高度相同）。

STEP 01 新建ActionScript3.0类型的空白文档。使用菜单命令"修改|文档"将舞台大小设置为400像素×350像素，将帧频率设置为12帧/秒（fps）。文档的其他属性保持默认。

【实例】
制作球体落地弹起
的动画

STEP 02 在工具箱上选择"线条工具"，将笔触色设置为黑色，填充色设置为黑白放射状渐变，不选择"对象绘制"按钮，如图1-3-83所示。

STEP 03 按住Shift键使用"线条工具"（实线、粗细为0.25个像素）在舞台底部绘制一条水平线，如图1-3-84所示。

STEP 04 将图层1改名为"背景"。锁定"背景"层，并在该层第20帧插入帧（见图1-3-85）。

STEP 05 新建一个图层，命名为"动画"，如图1-3-86所示。

图1-3-83　选色　图1-3-84　绘制底部水平线

图1-3-85　编辑"背景"层

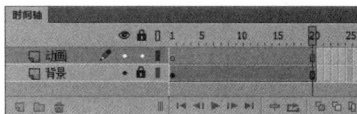

图1-3-86　创建"动画"层

STEP 06 在工具箱上选择"椭圆工具"，按住Shift键在舞台顶部水平中间位置绘制一个圆形。使用"颜料桶工具"在圆形的顶部单击，改变渐变的中心。使用"选择工具"单击选择圆形的边框，按Delete键将其删除，如图1-3-87所示。

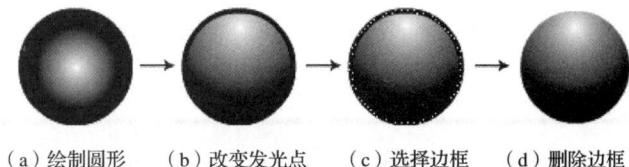

（a）绘制圆形　（b）改变发光点　（c）选择边框　（d）删除边框
图1-3-87　绘制发光球体

STEP 07 选择圆形，使用菜单命令"修改|转换为元件"将其转化为图形元件（存于"库"面板中），参数设置如图1-3-88所示。此时舞台上的圆形就变成了库中该元件的一个实例。元件的转化可确保后面传统补间动画的完成。关于元件、实例的概念可参阅本章后面的相关内容。

STEP 08 在"动画"层的第10帧和第20帧分别插入关键帧，如图1-3-89所示。（若无法选定单个帧，可以按住Ctrl键后单击需要选定的帧。）

图1-3-88 "转换为元件"对话框

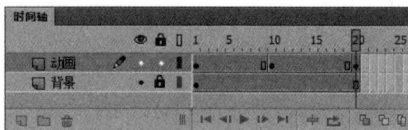

图1-3-89 编辑"动画"层的时间线

STEP 09 选择"动画"层的第10帧。按住Shift键，使用"选择工具"将舞台上的小球竖直拖动到水平线的上方与水平线相切的位置，如图1-3-90所示。

图1-3-90 将第10帧的小球移到底部

STEP 10 在"动画"层的图层名称上单击，选择整个"动画"层，如图1-3-91所示。

STEP 11 选择菜单命令"插入|传统补间"，或者在"动画"层的被选中的帧上单击鼠标右键，从弹出的快捷菜单中选择"创建传统补间"命令。这样就在"动画"层的所有关键帧之间插入了传统补间动画，如图1-3-92所示。

图1-3-91 选择"动画"层

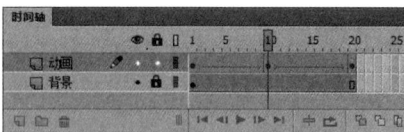

图1-3-92 创建传统补间动画

STEP 12 选择"动画"层的第1帧，在"属性"面板上设置"缓动"参数的值为-100，将"旋转"参数设置为顺时针1圈。用同样的方法设置第10帧的"缓动"参数值为100，"旋转"参数设置为逆时针1圈。

提示 通过"缓动"参数可以设置运动的加速度，其绝对值越大，则速度变化越快。"缓动"值为正时，表示减速运动；值为负时，表示加速运动。

STEP 13 锁定"动画"层。测试动画效果。保存.fla源文件，并导出SWF影片。

提示 传统补间动画创建成功后，关键帧之间有实线箭头连接，关键帧之间的所有过渡帧的背景显示为浅蓝色。

【实例】制作钟摆动画，效果参照"第3章素材\钟摆.swf"。

STEP 01 新建ActionScript3.0类型的空白文档。使用菜单命令"修改|文档"将帧频率设置为12帧/秒（fps）。文档的其他属性保持默认。

STEP 02 选择"椭圆工具"，笔触颜色设为无色，填充色设为黑白径向渐变，不选择"对象绘制"按钮○。

STEP 03 按住Shift键拖动鼠标，在舞台上图1-3-93所示的位置绘制圆形。

STEP 04 使用"颜料桶工具"在圆形的左上位置单击，改变渐变中心的位置（见图1-3-94）。

STEP 05 选择圆形，选择菜单命令"修改|组合"将其组合。

STEP 06 选择"线条工具" ✏，将笔触颜色设为黑色，按住Shift键沿竖直方向移动鼠标指针，在舞台上图1-3-95所示的位置绘制一条竖直线段。

STEP 07 使用"选择工具"框选圆形和竖直线。显示"对齐"面板，在"对齐"面板上选择"与舞台对齐"复选框，并单击"水平中齐"按钮 ♣，结果如图1-3-96所示。

STEP 08 确保选中圆形与直线。使用菜单命令"修改|转换为元件"将其转换为图形元件。

图1-3-93　绘制圆形　　　图1-3-94　修改渐变中心　　　图1-3-95　绘制黑色竖直线　　　图1-3-96　对齐对象

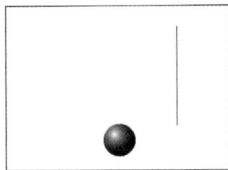

STEP 09 选择"任意变形工具" ▥，选中工具箱底部的"贴紧至对象"按钮。将图形元件实例的变形中心拖动到直线的顶部，如图1-3-97所示。

STEP 10 分别在图层1的第10、第20、第30、第40帧插入关键帧。

STEP 11 在图层1的名称上单击，选择该层的所有帧。选择菜单命令"插入|传统补间"，这样就在图层1的所有关键帧上插入了传统补间动画，如图1-3-98所示。

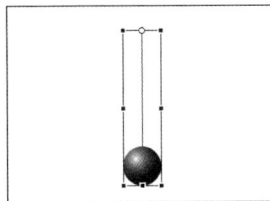

图1-3-97　调整变形中心　　　　　　图1-3-98　插入传统补间动画

STEP 12 单击第10帧（即第2个关键帧）。在工具箱上选择"任意变形工具"，然后选择菜单命令"窗口|变形"，显示"变形"面板。在"变形"面板上选中"旋转"按钮，并将旋转角度设置为45°，按Enter键确认。结果如图1-3-99所示。

STEP 13 类似地，选择第30帧（即第4个关键帧），将"变形"面板上的旋转角度设置为−45°，并按Enter键确认。这样可以将"钟摆"旋转到右侧顶部。

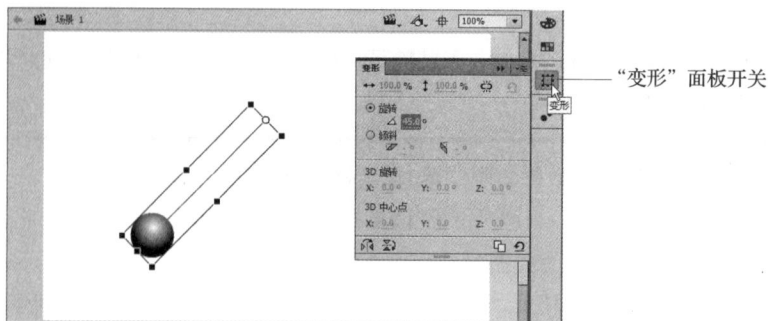

图1-3-99　将"钟摆"旋转到左侧顶部

"变形"面板开关

STEP 14 单击第1帧（即第1个关键帧），在"属性"面板上设置"缓动"参数的值为100。类似地，将第20帧（即第3个关键帧）的"缓动"值设为100，将第10帧（即第2个关键帧）和第30帧（即第4个关键帧）的"缓动"值设为−100。

STEP 15 至此，钟摆动画制作完成。动画效果如图1-3-100所示。

图1-3-100　"钟摆"动画示意图

STEP 16 保存.fla动画源文件，并导出SWF影片。

3.3.3　遮罩动画的制作

遮罩层是Flash动画中的特殊图层之一。遮罩层用于控制紧挨在其下面的被遮罩层的显示范围。确切地说，遮罩层上的填充区域（无论填充的是单色、渐变色还是位图，也不管填充区域的透明度如何）像一个窗口，透过它可以看到被遮罩层上对应区域的画面。在遮罩层的时间线上同样可创建各类动画；也就是说，遮罩层上图形的位置、大小和形状是可以改变的，这样就可以形成一个随意变化的动态窗口。因此，利用遮罩层可以完成许多有趣的动画效果，比如动态瀑布效果、百叶窗等各种转场效果等。

【实例】使用"第3章素材\转场\"下的图片素材"睡莲.jpg"和"冬雪.jpg"，通过在遮罩层上创建补间动画制作简单转场效果。动画效果参照"第3章素材\转场\转场.swf"。

【实例】
制作简单转场效果

STEP 01 新建ActionScript 3.0类型的空白文档。将舞台大小设置为400像素×300像素，帧频率设置为12帧/秒（fps）。文档的其他属性保持默认。

STEP 02 将素材图片"睡莲.jpg"和"冬雪.jpg"导入到库中。

STEP 03 显示"库"面板。将"睡莲.jpg"从库中拖动到舞台上。

STEP 04 打开"对齐"面板，将"睡莲.jpg"和舞台分别在水平和竖直方向居中对齐。

STEP 05 在图层1的第40帧上单击鼠标右键，从弹出的快捷菜单中选择"插入帧"命令。这样可将"睡莲"画面一直显示到第40帧。

STEP 06 锁定图层1，并将图层1的名称更改为"睡莲"，如图1-3-101所示。

STEP 07 新建图层2。将库中图片"冬雪.jpg"拖动到舞台上，并与舞台在水平和竖直方向分别居中对齐；锁定图层2，将其名称更改为"冬雪"，如图1-3-102所示。

图1-3-101　编辑图层1 　　　　　　　图1-3-102　编辑图层2

STEP 08 新建图层3，在图层3的名称上单击鼠标右键，在弹出的快捷菜单中选择"遮罩层"命令。此时图层3转换成遮罩层，同时"冬雪"层转换成被遮罩层，如图1-3-103所示。

图1-3-103　为"冬雪"层添加遮罩层

STEP 09 将图层3的名称更改为"转场"。

提示　　在遮罩层或被遮罩层的名称上单击鼠标右键，在弹出的快捷菜单中选择"属性"命令，打开"图层属性"对话框。选择其中的"一般"单选钮，可将遮罩层或被遮罩层转换成普通层（或称一般层）。利用类似的方法也可将普通层转换成遮罩层或被遮罩层（选择"图层属性"对话框中的"遮罩层"或"被遮罩"单选钮）。遮罩层和被遮罩层的删除与普通层相同。将遮罩层删除或将遮罩层转换成普通层后，被遮罩层将自动转换成普通层。

STEP 10 将"转场"层取消锁定，选择该层的第1帧。在舞台上绘制一个没有边框只有填充的矩形。选择该矩形，使用菜单命令"修改|转换为元件"将其转换为图形元件。

STEP 11 在"转场"层的第15帧插入关键帧，如图1-3-104所示。

STEP 12 选择"转场"层的第1帧，使用"选择工具"在矩形上单击，使"属性"面板上显示出矩形的参数。将"宽度"与"高度"都设置为1（像素）。使用"对齐"面板将缩小后的矩形对齐到舞台中央。

STEP 13 选择"转场"层的第15帧，使用同样的方法将该帧的矩形修改为400像素×400像素，并对齐到舞台中央。

STEP 14 在"转场"层的第1帧插入传统补间动画，并利用"属性"面板设置旋转参数为
旋转：逆时针　▼ × 30。

STEP 15 在"转场"层的第20帧、第35帧分别插入关键帧。

STEP 16 在"转场"层的第20帧插入传统补间动画，如图1-3-105所示。

图1-3-104 在第15帧插入关键帧 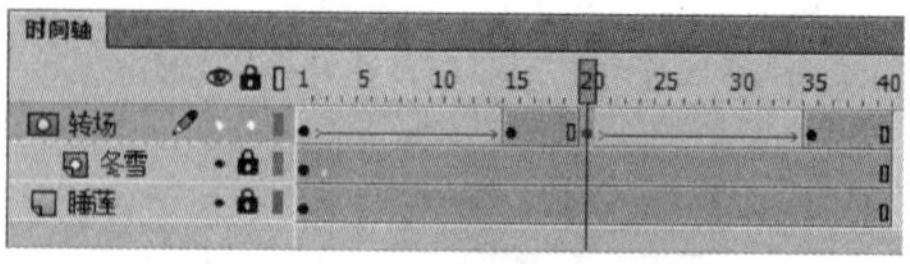   图1-3-105 在第20帧插入传统补间动画

STEP 17 选择"转场"层的第35帧，利用"属性"面板将其中的矩形修改为1像素×400像素，并水平对齐到舞台中央，如图1-3-106所示。

STEP 18 在"转场"层的第40帧插入关键帧，利用"属性"面板将其中的矩形（此时显示为一条"竖直线"）修改为1像素×1像素，并对齐到舞台中央。

STEP 19 在"转场"层的第35帧插入传统补间动画。

STEP 20 重新锁定"转场"层，如图1-3-107所示。

图1-3-106 修改第35帧的矩形    图1-3-107 本例完成后的编辑窗口

STEP 21 测试动画效果。保存.fla源文件，并导出SWF影片。图1-3-108所示是动画运行过程中的两个画面切换效果。

（a）

（b）

图1-3-108 本例中的画面切换效果

3.3.4 元件动画的制作

在Flash中，元件（Symbol）是存放于库中的、可以重复使用的图形、动画或按钮等资源。元件分为3类：图形（Graphic）元件、按钮（Button）元件和影片剪辑元件（Movie Clip）元件。

图形元件主要用于动画中的静态图形图像，有时也用来创建动画片段，但图形动画的播放依赖于主时间轴，并且交互式控制和声音不能在图形元件中使用。

按钮元件用于制作动画中响应标准鼠标事件的交互式按钮，可以根据不同的鼠标事件让系统运行不同的动作脚本。

影片剪辑元件的适用对象是独立于时间轴播放的动画片段。影片剪辑元件中可包含交互式控制和声音。

使用元件的好处主要有以下几点。

● 将多次重复使用的动画元素定义为元件，可显著减小动画文件所占用的存储空间，提高动画的下载和播放速度。

● 修改元件时，元件的所有实例将自动更新。这使得动画的维护非常方便。

● 元件存放于库中，可作为共享资源应用于其他动画源文件中。

1. 创建元件

元件的基本创建方法有两种。

（1）使用"新建元件"命令创建元件

STEP 01 选择菜单命令"插入|新建元件"，打开"创建新元件"对话框（见图1-3-109）。

STEP 02 在"创建新元件"对话框中选择元件类型，输入元件的名称。单击"确定"按钮，进入相应元件的编辑窗口。元件编辑窗口中的"+"号位置表示元件的中心，也是坐标系的原点，对应场景舞台的左上角。

STEP 03 在元件的编辑环境中完成元件的编辑。例如，在影片剪辑元件的编辑环境中，可以像在场景中一样创建和编辑动画。

STEP 04 单击编辑栏右端的"编辑场景"按钮（见图1-3-110），在弹出的菜单中选择场景的名称，返回场景编辑窗口。当然，也可以通过单击编辑栏左端的场景名称或箭头按钮◀返回场景编辑窗口。

编辑场景　编辑元件

图1-3-109　"创建新元件"对话框

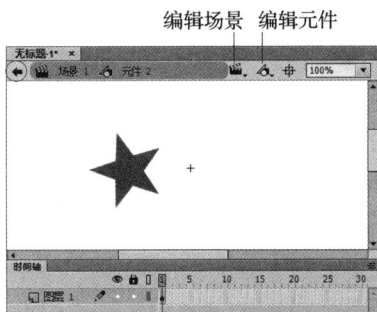

图1-3-110　元件编辑窗口

（2）使用"转换为元件"命令创建元件

创建元件的另一种方法是，直接选择场景中的对象，选择菜单命令"修改|转换为元件"，打开"转换为元件"对话框（见图1-3-111）。选择元件类型，输入元件名称，并利用"注册"按钮设置元件的中心。单击"确定"按钮，即可由选中的对象创建一个元件。场景中原来被选中的对象自动转化为元件的一个实例。

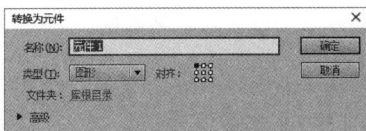

图1-3-111　"转换为元件"对话框

元件创建好之后，存放于库中。将元件从"库"面板拖放到工作区中，就得到该元件的一个实例（Instance），即可应用于动画场景中。另外，元件也可以嵌套使用。

元件的实例常用于传统补间动画或补间动画，不仅实例的大小、位置和角度可产生运动过渡，而且实例的颜色、不透明度等属性也可产生运动过渡。

2. 修改元件

在元件实例上单击鼠标右键，从弹出的快捷菜单中选择"编辑元件""在当前位置编辑""在新窗口中编辑"等命令，可进入元件的不同编辑环境。也可在编辑栏右端单击"编辑元件"按钮（见图1-3-110），从弹出的下拉菜单中选择元件的名称，进入相应元件的编辑窗口中。

在上述元件的不同编辑环境中完成对元件的编辑修改，返回场景。此时，场景中有关该元件的所有实例都会自动更新。

3. 添加色彩效果

Flash允许在元件的实例上添加色彩效果，操作方法如下。

STEP 01 在舞台上选择元件的实例。

STEP 02 显示"属性"面板，在"色彩效果"参数栏的"样式"列表中选择相应的命令。

STEP 03 在"色彩效果"参数栏设置上述命令的参数，以获得所需要的色彩效果。

4. 添加滤镜效果

Flash允许为文本对象、按钮元件或影片剪辑元件的实例添加滤镜效果，以产生投影、发光、模糊、斜角、色彩变换等效果。操作方法如下。

STEP 01 在舞台上选择文本对象文字、按钮元件或影片剪辑元件的实例。

STEP 02 显示"属性"面板，在"滤镜"参数栏单击"添加滤镜"按钮，从弹出的菜单中选择要添加的滤镜命令。

STEP 03 在"滤镜"参数栏设置相应滤镜的参数，以获得满意的效果。

5. 元件应用案例

（1）制作动态按钮

使用Flash与"第3章素材\按钮\"下的图片"door-up.gif""door-over.gif""door-down.gif"和声音"ding.wav"制作动态按钮，效果参照"第3章素材\请进.swf"。

制作动态按钮

STEP 01 启动Flash，新建ActionScript 3.0类型的空白文档。将所用素材"door-up.gif""door-over.gif""door-down.gif""ding.wav"导入到库中。

STEP 02 选择菜单命令"插入|新建元件"，打开"创建新元件"对话框。选择"按钮"元件类型，输入元件的名称"进入"。单击"确定"按钮，进入按钮元件的编辑环境。其中时间线开始4个状态帧的作用如下。

● 弹起（Up）：编辑鼠标指针不在按钮上时的状态。

● 指…（Over）：编辑鼠标指针移到按钮上时的状态。

● 按下（Down）：编辑将鼠标指针移置按钮上并按下鼠标左键时的状态。

● 点击（Hit）：编辑按钮对鼠标事件做出反应的范围，即响应区域。

STEP 03 选择"弹起"关键帧，把"door-up.gif"从"库"面板拖动到元件编辑区。利用"对齐"面板（选中"与舞台对齐"复选框）将其在水平与竖直方向居中对齐，如图1-3-112所示。

STEP 04 在"指…"帧插入空白关键帧，把"door-over.gif"从"库"面板拖动到元件编辑区。利用"对齐"面板将其在水平与竖直方向居中对齐，如图1-3-113所示。

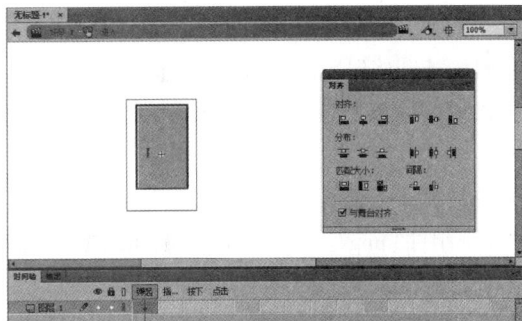

图1-3-112　编辑"弹起"帧

STEP 05 在"按下"帧插入空白关键帧，把"door-down.gif"从"库"面板拖动到元件编辑区。利用"对齐"面板将其在水平与竖直方向居中对齐，如图1-3-114所示。

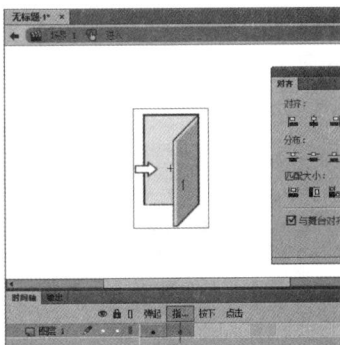

图1-3-113　编辑"指针经过"帧　　　　图1-3-114　编辑"按下"帧

STEP 06 在"点击"帧上插入空白关键帧，单击"时间轴"面板底部的"绘图纸外观"按钮，以便在编辑当前帧时能够浏览临近帧的画面（通过水平拖动{与}标记，可以调整临近帧的浏览范围）。

STEP 07 根据前面关键帧的图形形状，使用"线条工具"（或"钢笔工具"）、"颜料桶工具"等工具绘制合适的响应区域（见图1-3-115）。"点击"帧的图形在动画播放时是不显示的。

STEP 08 锁定图层1。新建图层2，并在图层2的"按下"帧插入关键帧。

STEP 09 在"属性"面板的"声音"栏中"名称"下拉列表中选择"ding.wav"，在"同步"下拉列表中选择"开始"（重复1次），如图1-3-116所示。

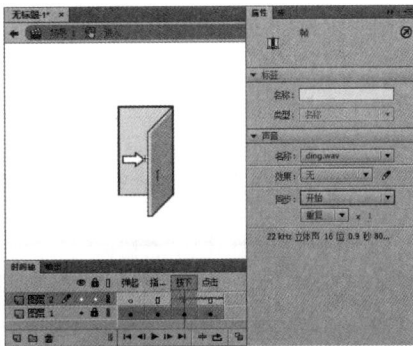

图1-3-115　定义响应区域　　　　图1-3-116　添加音效

STEP 10 单击编辑栏左端的场景名称或■按钮返回场景编辑窗口。将按钮元件"进入"从"库"面板拖动到场景的舞台，得到该元件的一个实例。

STEP 11 测试影片。将鼠标指针移到按钮上单击，注意按钮的反应。

STEP 12 将动画源文件以"请进.fla"为名保存起来。

（2）制作蝴蝶飞舞动画

使用Flash的元件和引导层技术及"第3章素材\蝴蝶\"下的图片"蝴蝶组件1.png""蝴蝶组件2.png""蝴蝶组件3.png" "背景.jpg"制作蝴蝶沿任意路径飞舞的动画，效果参照"第3章素材\飞舞的蝴蝶.swf"。

STEP 01 新建ActionScript 3.0类型的空白文档。使用菜单命令"修改|文档"将舞台大小设置为600像素×600像素，帧频率设置为12帧/秒（fps）。文档的其他属性保持默认。

制作蝴蝶飞舞动画

STEP 02 将"蝴蝶组件1.png""蝴蝶组件2.png""蝴蝶组件3.png""背景.jpg"导入到库中。

STEP 03 选择菜单命令"插入|新建元件"，打开"创建新元件"对话框。输入元件名称"蝴蝶"，并在"类型"下拉列表中选择"影片剪辑"选项。单击"确定"按钮，进入影片剪辑元件的编辑环境。

STEP 04 将"库"面板中的 "蝴蝶组件3.png"拖动到元件编辑区。利用"对齐"面板（选中"与舞台对齐"复选框）将其在水平与竖直方向居中对齐，如图1-3-117所示。

图1-3-117 对齐"蝴蝶组件3.png"

STEP 05 在确保选中"蝴蝶组件3.png"的情况下，选择菜单命令"修改|排列|锁定"以便将所选对象锁定。

STEP 06 在图层1的第3帧插入关键帧，在第4帧插入帧（在帧上单击鼠标右键，从弹出的快捷菜单中选择相关命令）。

STEP 07 选择第1帧，将库中的 "蝴蝶组件1.png"拖动到舞台上，调整位置，使其与"蝴蝶组件3.png"形成一只完整的蝴蝶，如图1-3-118所示。

⊚ **提示** 可以使用键盘方向键对蝴蝶翅膀的位置进行微调。

STEP 08 选择第3帧，将库中的 "蝴蝶组件2.png"拖动到舞台上，调整位置，使其与"蝴蝶组件3.png" 形成一只完整的蝴蝶，如图1-3-119所示。这样就在"蝴蝶"影片剪辑元件中创建了一段蝴蝶扇动翅膀的逐帧动画。

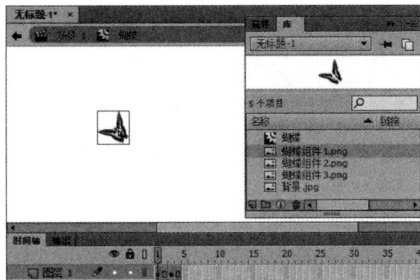

图1-3-118　编辑蝴蝶的第1个动作　　　　图1-3-119　编辑蝴蝶的第2个动作

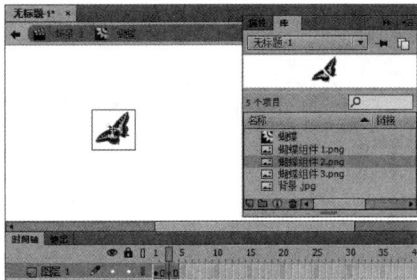

STEP 09 通过快速连续地按Enter键，测试动画效果。

STEP 10 返回场景1。将"蝴蝶"影片剪辑元件从库中拖动到舞台的右下角，得到该元件的一个实例，如图1-3-120所示。

STEP 11 在第40帧插入关键帧。将该帧的"蝴蝶"移到舞台的左上角（见图1-3-121）。

图1-3-120　创建"蝴蝶"元件的实例　　　　图1-3-121　编辑动画的第2个关键帧

STEP 12 在第1帧插入传统补间动画，并锁定图层1。选择菜单命令"控制|测试"，可以看到蝴蝶沿直线飞舞的动画。关闭测试窗口。

STEP 13 在图层1的图层名称上单击鼠标右键，从弹出的快捷菜单中选择"添加传统运动引导层"命令，为图层1创建引导层。此时，图层1自动转化为被引导层，如图1-3-122所示。

STEP 14 在工具箱上选择"铅笔工具"（在工具箱底部选择"平滑"模式，不选择"对象绘制"按钮，如图1-3-123所示）。在引导层绘制图1-3-124所示的引导路径（路径要平滑，尽量不要出现交叉重叠的部分。首尾靠近，但不要封闭）。

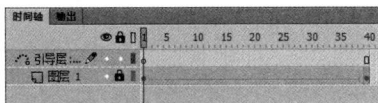

图1-3-122　添加传统运动引导层　　　　图1-3-123　设置铅笔绘图模式

STEP 15 选择菜单命令"视图|贴紧|贴紧至对象"（其他"贴紧"选项不要选）。

STEP 16 锁定引导层。解除图层1的锁定状态，并选择其第1帧。在工具箱上选择"选择工具"。将鼠标指针定位于"蝴蝶"的中心小圆圈上，拖动鼠标捕捉到引导路径上面的那个端点（见图1-3-125），松开鼠标按键。

STEP 17 使用"任意变形工具"将"蝴蝶"旋转到图1-3-126所示的角度（注意不要改变"蝴蝶"的位置）。

STEP 18 选择图层1的第40帧。仿照步骤16，使用"选择工具"拖动"蝴蝶"的中心小圆圈使其捕捉到引导路径下面的那个端点（见图1-3-127）。使用"任意变形工具"调整"蝴蝶"的角度（见图1-3-128）。

图1-3-124　绘制引导路径　　图1-3-125　捕捉引导路径的一个端点　　图1-3-126　调整运动对象的角度　　图1-3-127　使运动对象捕捉路径的另一个端点

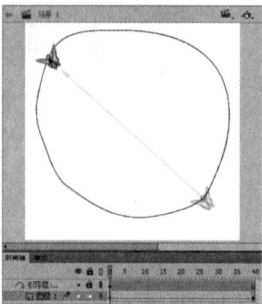

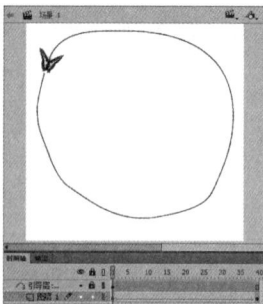

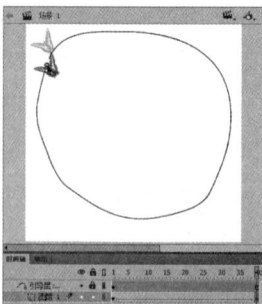

STEP 19 锁定图层1。选择菜单命令"控制|测试"，可以看到蝴蝶沿曲线路径飞舞的动画，但飞舞时还不能随曲线的变化调整方向。关闭测试窗口。

STEP 20 选择图层1的第1帧。在"属性"面板的"补间"参数区选中"调整到路径"复选框。再次测试影片，蝴蝶飞舞的动作就比较自然了。关闭测试窗口。

STEP 21 选择引导层。新建图层3，将其拖动到所有层的底部。选择菜单命令"修改|时间轴|图层属性"。在打开的"图层属性"对话框中选择"一般"单选钮，单击"确定"按钮。此时图层3由被引导层转换为普通层。

STEP 22 选择图层3的第1帧，将库中的"背景.jpg"拖动到舞台上，并利用"对齐"面板将图片与舞台在水平和竖直方向居中对齐。锁定图层3，如图1-3-129所示。

STEP 23 测试动画效果。保存.fla源文件，并导出SWF影片。

影片剪辑元件的实例如果只是放在主时间轴的一个关键帧中，那么在动画播放时，只要播放指针在该帧的停留时间（可用动作脚本控制）足够长，该剪辑中的动画就能够在规定时间内正常播放。而图形元件中的动画不同。要想使图形元件动画正常播放，必须在主时间轴上为图形元件实例分配足够的帧数。上述区别是除了能否包含交互控制和声音之外，影片剪辑元件与图形元件的又一重要区别。

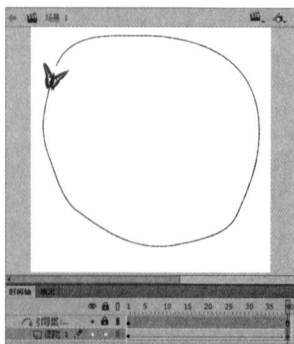

图1-3-128　调整运动对象的角度　　　　图1-3-129　添加动画背景

（3）制作水波效果动画

使用Flash的元件和遮罩层技术及图片"第3章素材\水波\海边小镇.jpg"制作水面波动效果，动画效果参照"第3章素材\水波\水面波动.swf"。

STEP 01 新建ActionScript 3.0类型的空白文档。使用菜单命令"修改|文档"将舞台大小设置为600像素×400像素，帧频率设置为12帧/秒（fps）。其他属性保持默认。

STEP 02 将 "海边小镇.jpg"导入到舞台中。利用"对齐"面板将其在水平与竖直方向分别与舞台居中对齐。

STEP 03 选择菜单命令"修改|分离"（或按Ctrl+B组合键）将素材图片分离。使用"选择工具"在舞台外的工作区空白处单击撤销分离图片的选择状态。

STEP 04 使用"套索工具" $\bigcirc$ （默认设置下与Photoshop的"套索工具"用法类似）圈选图片中的水面（图1-3-130所示亮色线条标出的部分，选择不用太精确）。选择菜单命令"编辑|复制"以复制选中的水面。

STEP 05 新建图层2。选择菜单命令"编辑|粘贴到当前位置"以便将水面粘贴到图层2首帧的同一位置。选择"选择工具"，使用向下方向键将图层2的水面向下移动3个像素左右。

STEP 06 新建图形元件，命名为"水平波纹"。在"水平波纹"元件的编辑窗口，绘制大小为600像素×2像素、边框无色、填充任意色的矩形（注意这里的矩形宽度大于水面的宽度）。利用"对齐"面板将该矩形在水平与竖直方向分别与舞台居中对齐，如图1-3-131所示。

图1-3-130　分离图片后选择水面

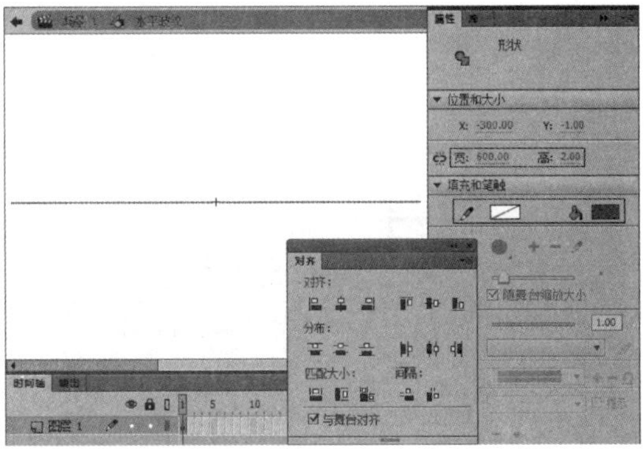

图1-3-131　编辑图形元件"水平波纹"

STEP 07 再次创建图形元件，命名为"遮罩"。将"水平波纹"元件从库中拖动到"遮罩"元件的编辑窗口。先选择菜单命令"编辑|复制"，再选择菜单命令"编辑|粘贴到当前位置"（或按Ctrl+Shift+V组合键）49次。这样在相同的位置共重叠有50条水平"线"。

STEP 08 将舞台显示比例设置为100%。按住Shift键不放，按向下方向键20次，目的是将其中一条水平"线"向下移动200个像素的距离（注意该距离大于水面的高度）。单击图层1的首帧，选择所有水平"线"。

STEP 09 显示"对齐"面板（不选"与舞台对齐"复选框），单击"分布"栏中的"垂直居中分布"按钮 $\stackrel{\bullet}{=}$ （也可单击"顶部分布"按钮或"底部分布"按钮）。结果如图1-3-132所示。

STEP 10 新建影片剪辑元件，命名为"动态遮罩"。将图片"海边小镇.jpg"从库中拖动到该元件的编辑窗口。利用"对齐"面板（选中"与舞台对齐"复选框）将图片在水平方向与舞台左对齐，在竖直方向与舞台底对齐。锁定图层1，并在图层1的第25帧插入帧。

图1-3-132　编辑图形元件"遮罩"

STEP 11 新建图层2。将"遮罩"元件从库中拖动到图层2的舞台，利用"对齐"面板（选中"与舞台对齐"复选框）将"遮罩"元件实例在水平方向与舞台左对齐，在竖直方向与舞台底对齐。

STEP 12 在图层2的第25帧插入关键帧，并竖直向下移动"遮罩"元件的实例至图1-3-133所示的位置（使"遮罩"元件实例的底部第4条水平"线"与"小镇"图片在底边对齐）。

STEP 13 在图层2的第1帧插入传统补间动画。删除图层1。

STEP 14 返回场景1。新建图层3。将"动态遮罩"元件从库中拖动到图层3的首帧。利用"对齐"面板将该元件的实例在左侧与底部分别与舞台对齐。将图层3转换为遮罩层（同时图层2自动转换为被遮罩层），如图1-3-134所示。

STEP 15 测试动画效果。保存.fla源文件，并导出SWF影片。

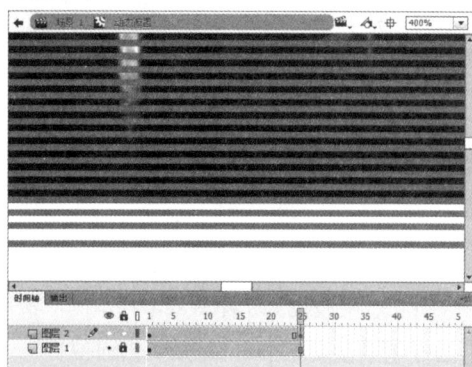

图1-3-133　在第25帧向下移动"遮罩"实例

图1-3-134　将图层3转换为遮罩层

3.3.5　交互式动画的制作

所谓Flash交互式动画就是借助ActionScript代码实现的动画。在这类动画中，用户通过鼠标、键盘等输入设备可以实现对动画的控制。交互式动画体现了Flash的强大功能。

ActionScript与JavaScript类似，是一种面向对象的脚本编程语言。通过"动作"面板，Flash可以在关键帧上添加ActionScript 3.0的代码，使按钮实例和影片剪辑实例等元素能感应用户的动作或受到用户的控制而实现各种动作。为关键帧添加的动作脚本将在播放指针到达该帧时运行，针对按钮和影片剪辑实例添加的动作脚本则在相关事件（如鼠标单击、在键盘上按下某键、影片剪辑播放到某帧等）发生时运行。

　　学习制作Flash交互动画最有效的方法是，首先学会在动画中添加Play、Stop、gotoAndPlay、gotoAndStop等简单脚本，然后根据需要为自己的动画选择正确的动作、属性、函数与方法。这样一边应用，一边学习，逐步提高应用ActionScript语言的熟练程度。另外，Flash还为初学者提供了制作交互动画的代码片段，即通过选择ActionScript语句并根据提示填写参数来编写动作脚本。这样，即使不懂程序设计的用户也能够尝试创建基本交互动画。

　　1. 制作简单导航动画

　　使用Flash与"第3章素材\交互\简单导航"下的有关素材制作简单导航动画，效果参照"第3章素材\简单导航.swf"。

STEP 01 启动Flash，新建ActionScript 3.0类型的空白文档。将"第3章素材\交互\简单导航"下的所有素材导入到库中。

STEP 02 将"小女孩.jpg"从库中拖动到舞台上。根据素材图片的大小，使用菜单命令"修改|文档"将舞台大小设置为580像素×500像素（其他文档属性保持默认），并使用"对齐"面板将素材图片与舞台对齐。

STEP 03 选择菜单命令"修改|排列|锁定"，将"小女孩.jpg"锁定在舞台上。

STEP 04 在图层1的第2帧插入空白关键帧。将"小鸭子.jpg"从库中拖动到舞台上，对齐到舞台中央，并锁定该图片（仿照步骤3）。

STEP 05 类似地，在第3帧插入空白关键帧，将"小猫猫.jpg"从库中拖动到舞台上，对齐到舞台中央，并锁定；在第4帧插入空白关键帧，将"小狗狗.jpg"从库中拖动到舞台上，对齐到舞台中央，并锁定。此时的动画编辑环境如图1-3-135所示。

STEP 06 选择第1帧。选择菜单命令"窗口|动作"以显示"动作"面板。在脚本编辑区输入函数"stop();"（注意代码中的字母、括号与分号等标点符号都是半角的），使动画运行到首帧时即停止在该帧播放，如图1-3-136所示。

图1-3-135　将大图片分别放在各关键帧

图1-3-136　为关键帧添加动作脚本

STEP 07 将"小鸭子_s.png""小猫猫_s.png""小狗狗_s.png"分别从库中拖动到第1帧的舞台上，位置分布如图1-3-137所示。

STEP 08 使用"选择工具"框选舞台上的3个小图。在"对齐"面板上取消选择"与舞台对齐"复选框，并在"对齐"参数栏单击"水平中齐"按钮；再在"分布"参数栏单击"垂直居中分布"按钮，使3个小图在竖直方向等间距排列，如图1-3-138所示。

121

图1-3-137 将小图拖动到首帧舞台

图1-3-138 对齐与分布3个小图

STEP 09 使用"选择工具"在3个小图外单击取消对象的选择状态。再单击选择舞台上的小图"小鸭子_s.png",选择菜单命令"修改|转换为元件"将其转换为按钮元件。此时小图"小鸭子_s.png"转换为按钮元件的一个实例。

STEP 10 确保选中"小鸭子"按钮实例,在"属性"面板上输入按钮实例的名称(见图1-3-139)。

图1-3-139 对按钮实例命名

STEP 11 确保选中"小鸭子"按钮元件的实例。选择命令"窗口|代码片段",打开"代码片段"窗口,单击ActionScript左边的小三角展开下级选项。用同样的方法再展开"时间轴导航"的下级选项(见图1-3-140),双击其中的"单击以转到帧并停止"命令,自动打开"动作"面板,如图1-3-141所示。此时,在"时间轴"面板上自动产生Actions图层,"动作"面板中自动生成的代码就添加在该图层的第1个关键帧上。

图1-3-140 "代码片段"窗口

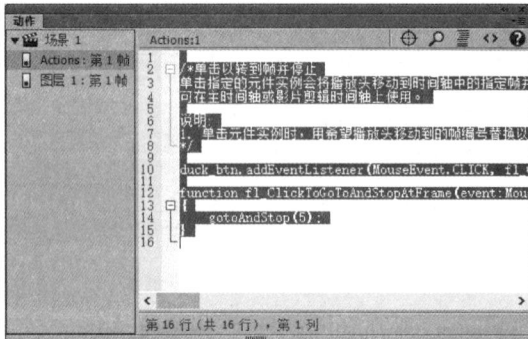

图1-3-141 为按钮添加动作

STEP 12 在"动作"面板中自动产生的代码的基础上进行修改,将gotoAndStop(5)更改为gotoAndStop(2),如图1-3-142所示,使动画在执行本段代码之后跳转到第2帧。代码中下画线的部分为可以修改的自定义函数名称,但要保持一致,duck_btn即步骤10中所命名的按钮实例名称。

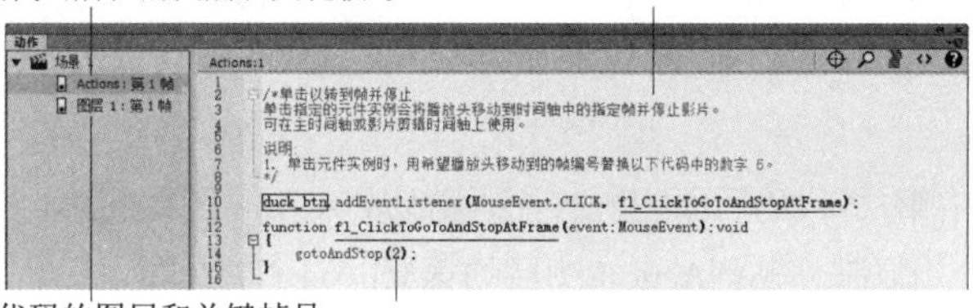

这段代码所在的图层和关键帧号　　　/*……*/之间的内容表示注释，帮助阅读代码

其他有代码的图层和关键帧号　　　将默认的5改为实际需要跳转到的帧号2

图1-3-142　修改代码

提示　图1-3-142所示的代码实际为按钮事件侦听器代码，其通用形式如下。

```
Wheretolisten.addEventListener(whatevent,responsetoevent);
```

其中，addEventListener()是事件侦听函数，wheretolisten是所在事件的对象，此处即按钮duck_btn，whatevent是事件类型（如单击鼠标MouseEvent.CLICK），responsetoevent则是事件发生时触发的函数名称。

针对某一事件触发的函数，需要通过function进行定义，其内容为一串动作的组合，如本例中，只执行一个动作：跳转到第2帧（gotoAndStop(2)）。

STEP 13 类似地，将第1帧舞台上的小图"小猫猫_s.png"转换为按钮元件，将相应的按钮实例命名为cat_btn，并参照步骤11和步骤12为该按钮实例添加以下动作代码，使单击该按钮后，画面可以跳转并停止在第3帧。

```
cat_btn.addEventListener(MouseEvent.CLICK, fl_ClickToGoToAndStopAtFrame_2);
function fl_ClickToGoToAndStopAtFrame_2(event:MouseEvent):void{
gotoAndStop(3);
}
```

STEP 14 用同样的方法将第1帧舞台上的小图"小狗狗_s.png"转换为按钮元件，将相应的按钮实例命名为dog_btn，并为该按钮实例添加以下动作代码，使单击该按钮后，画面可以跳转并停止在第4帧（如果"代码片段"窗口是打开着的，直接双击其中的"单击以转到帧并停止"命令即可）。

```
dog_btn.addEventListener(MouseEvent.CLICK, fl_ClickToGoToAndStopAtFrame_3);
function fl_ClickToGoToAndStopAtFrame_3(event:MouseEvent):void{
gotoAndStop(4);
}
```

STEP 15 分别在Actions图层的第2帧、第3帧和第4帧插入关键帧，选择第2帧，在"属性"面板的"声音"栏的"名称"下拉列表中选择"鸭.wav"；在"同步"下拉列表中选择"开始"，并将"声音循环"属性设为"重复1次"。

STEP 16 仿照步骤15为Actions图层的第3帧分配声音"猫.mp3"，为Actions图层的第4帧分配声音"狗.wav"，声音属性与第2帧相同。

STEP 17 锁定Actions图层和图层1。创建新图层，命名为"返回按钮"。在新层的第2帧插入关键帧，并在该帧舞台的右下角创建文本"返回"（幼圆、44磅、黄色）。将该文本转化为按钮元件，将按钮实例命名为back_btn，并通过"代码片段"窗口（双击其中的"单击以转到帧并播放"命令），在Actions图层的第2帧添加以下动作代码（这样在播放动画时，单击"返回"按钮，动画从当前帧跳转到同一场景的第1帧播放）。锁定"返回按钮"层。

```
back_btn.addEventListener(MouseEvent.CLICK, fl_ClickToGoToAndPlayFromFrame);
function fl_ClickToGoToAndPlayFromFrame(event:MouseEvent):void{
gotoAndPlay(1);
    }
```

STEP 18 将步骤17中第1行代码后面的所有代码剪切到Actions图层的第1个关键帧代码的最后，将步骤17中的第1行代码分别复制粘贴到Actions图层的第3和第4个关键帧上。

提示 这样做是为了使 "fl_ClickToGoToAndPlayFromFrame" 函数在动画执行到第1帧时就得以运行，而侦听代码在动画分别跳转到第2、第3、第4帧时，都会被运行到，使按钮被单击后具有跳转的效果。

STEP 19 测试动画效果。保存.fla源文件，并导出SWF影片。本例最终的"时间轴"面板如图1-3-143所示，本例动画源文件可参考"第3章素材/简单导航.fla"，动画效果可参考"第3章素材/简单导航.swf"。

图1-3-143　本例最终的"时间轴"面板

2．制作下雪动画

使用Flash与图片"第3章素材\交互\雨雪\雪.jpg"制作下雪动画，效果参照"第3章素材\交互\雨雪\下雪.swf"。

STEP 01 启动Flash，新建ActionScript 3.0类型的空白文档。选择菜单命令"修改|文档"，打开"文档设置"对话框，将"单位"设置为"像素"，舞台颜色设置为黑色，帧频设置为12帧/秒（fps）。

制作下雪动画

STEP 02 将 "雪.jpg"导入到舞台中，并与舞台对齐。

STEP 03 将图层1改名为"背景"，并在第3帧插入帧。锁定"背景"层。

STEP 04 选择菜单命令"视图|缩放比率|显示帧"，将舞台全部显示出来。

STEP 05 选择"椭圆工具"，在工具箱上将"笔触颜色"设置为无色，将"填充颜色"设置为黑白径向渐变。

STEP 06 打开"颜色"面板，将渐变中的黑色修改为白色，将其不透明度（Alpha）值设置为0，并将该"透明白色"色标适当地向左拖动，如图1-3-144所示。

STEP 07 创建图形元件，名称为"雪花"，使用上述"椭圆工具"并配合Shift键在其编辑窗口绘制一个小圆（宽度与高度约为16像素），利用"对齐"面板将其对齐到舞台中心，如图1-3-145所示。

STEP 08 创建影片剪辑元件，名称为"雪花飘落"，在其编辑环境中进行以下操作。

图1-3-144 编辑径向渐变

图1-3-145 绘制"雪花"

① 选择菜单命令"视图|标尺"以便将标尺显示出来（标尺单位为像素）。将图形元件"雪花"从库中拖动到第1帧的舞台上，置于工作区的顶部，如图1-3-146所示。

② 在图层1的第75帧上单击鼠标右键，从弹出的快捷菜单中选择"插入帧"命令。再在第1帧（关键帧）上单击鼠标右键，从弹出的快捷菜单中选择"创建补间动画"命令，如图1-3-146所示。

③ 依次将图层1时间轴上的红色播放指针拖动到第25帧、第50帧和第75帧，每拖动一次播放指针，将雪花向下倾斜拖动一段距离，最终形成图1-3-147所示的折线路径（不一定相同）。此时在时间轴上，可以看到位置变化所形成的关键点。

提示 每次定位到某一帧拖动"雪花"时，"雪花"应该为选中状态，且鼠标指针定位在"雪花"上的形状显示为 时再开始拖动。最终的折线路径与竖直标尺比照，高度尽量超过400像素（场景舞台高度）。

图1-3-146 在"雪花"图层创建补间动画

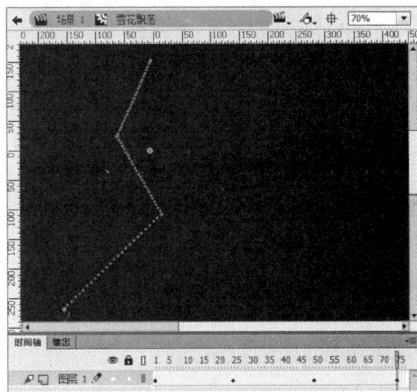

图1-3-147 "雪花"图层上的关键点

④ 在工具箱上的钢笔工具组中选择"转换锚点工具" ，将鼠标指针尖点分别定位在上述折线路径的中间两个拐点上，按下鼠标左键向左上或右上方向拖动，拖出方向线，使折线路径变成平滑的曲线路径，如图1-3-148所示。

按Enter键测试效果，可以看到"雪花"沿曲线路径下落的动画。至此，"雪花飘落"元件编辑完成。

STEP 09 在"库"面板中用鼠标右键单击"雪花飘落"影片剪辑元件，从弹出的快捷菜单中

选择"属性"命令，打开"元件属性"对话框，展开"高级"选项栏。如图1-3-149所示，选择"为ActionScript导出"及"在第1帧中导出"复选框，并将"类"设置为snowDrop,单击右面对应的编辑按钮 ✏️，打开图1-3-150所示的代码窗口。选择菜单命令"文件|另存为"将其以snowDrop.as为文件名保存起来，并关闭该代码窗口。

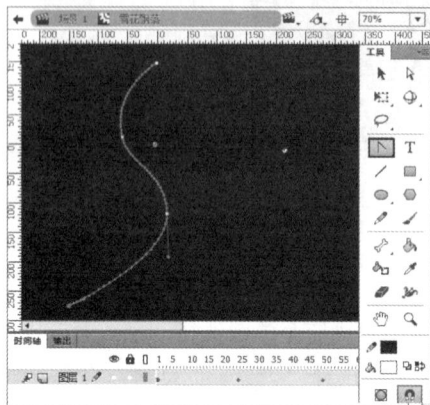

图1-3-148　将折线转换为平滑曲线　　　　图1-3-149　"元件属性"对话框

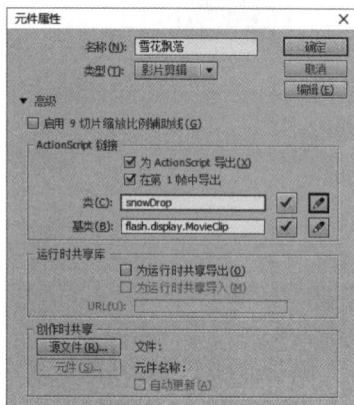

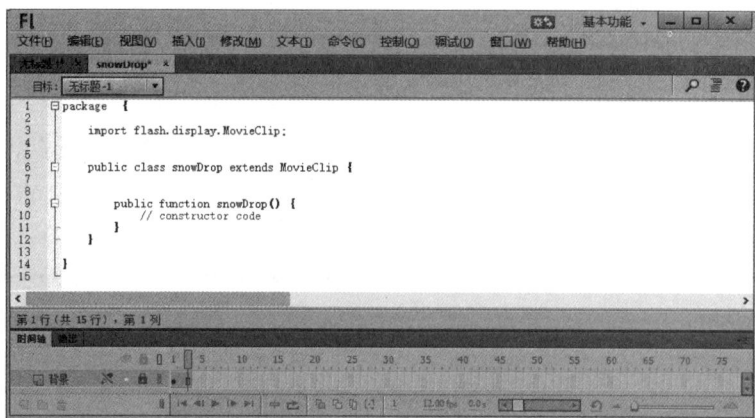

图1-3-150　对类snowDrop进行定义

STEP 10 回到场景1。新建图层2，改名为"代码"。在"代码"层的第2帧和第3帧分别插入关键帧，然后在第1个关键帧上单击鼠标右键，在弹出的快捷菜单中选择"动作"命令，打开"动作"面板，在面板中输入以下代码。

```
var mc:snowDrop;
var mcNum:uint=0;
```

不要关闭"动作"面板。选择"代码"层的第2个关键帧，在"动作"面板中输入以下代码。

```
mc=new snowDrop();   //创建新对象的过程，类似于复制功能
mc.x=Math.random()*550;   //设置新实例的x坐标（本例舞台宽度为550像素）
mc.y=Math.random()*400;   //设置新实例的y坐标（本例舞台高度为400像素）
mc.rotation = Math.random()*100-50;   //设置新实例的旋转角度
mc.alpha = Math.random()*0.6+0.4;   //设置新实例的透明度
mc.scaleX=Math.random()*0.8+0.2;  //设置新实例在x方向的大小
mc.scaleY=mc.scaleX;   //设置新实例在y方向的大小与x方向一致,即等比例缩放
addChild(mc);//将mc添加到显示列表
```

ActionScript3.0规定了一张表格，叫作显示列表，就是各种显示对象的清单。只有该列表
中的对象才能在舞台上显示。

选择"代码"层的第3个关键帧，在"动作"面板中输入以下代码。

```
mcNum++;
if(mcNum<240){
gotoAndPlay(2);
}
else{
stop();
}
```

STEP 11 关闭"动作"面板，测试动画效果。保存.fla源文件，并导出SWF影片。

在本例中，如果将"雪花"图形元件中的"雪花"替换为"花瓣"（使用"绘图工具"绘制或导入
外部资源），并将影片剪辑元件"雪花飘落"中的运动路径旋转一定角度，就可以形成花瓣纷纷飘落的
动画。当然要将主场景中的背景替换为合适的图片。动画效果参照"第3章素材\交互\雨雪\落花.swf"。

3.4　3ds Max动画基础

3.4.1　3dsMax 简介

3ds Max是由美国Autodesk公司开发的三维动画制作软件，主要用于模拟自然界、产品设计、建
筑设计、影视动画制作、游戏开发、虚拟现实技术等领域。3ds Max开放程度高，学习难度相对较
小，功能强大，因此成为目前应用领域较广，使用人数较多的一款三维软件。

3.4.2　窗口组成

启动3ds Max 2015简体中文版，其默认的窗口界面如图1-3-151所示，包括菜单栏、主工具栏、
"命令"面板、视图区、视图控制区、轨迹栏、动画控制区和状态栏等部分。

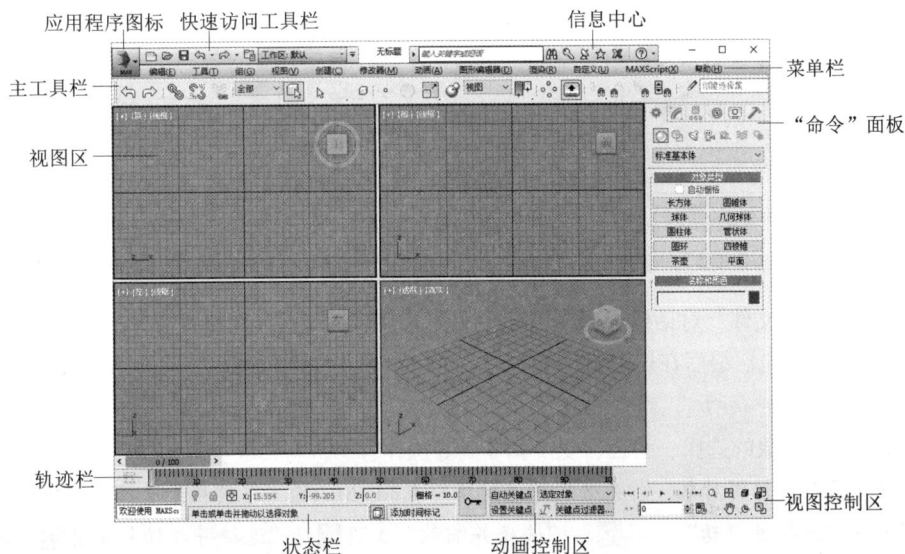

图1-3-151　3ds Max 2015窗口组成

3ds Max将各种常用的命令进行分类，组成多种不同的工具栏。其中主工具栏汇集了使用频率较高的一些重要命令。

"命令"面板位于窗口界面的右侧，由创建、修改、层次、运动、显示和实用程序6个子面板组成。

视图区是用户操作的主要区域。默认的视图区由顶（Top）、前（Front）、左（Left）和透视（Perspective）4个视口组成，可以分别从不同的角度观察和编辑场景中的对象。

视图控制区由多个视图控制按钮组成，主要用于控制视图中对象的显示大小和显示角度。

轨迹栏提供了显示动画帧数的时间线和用于确定当前帧的时间滑块。轨迹栏与动画控制区配合为用户提供了一种便捷的三维基础动画的创作方式。

3.4.3 基本操作

1. 文件的基本操作

单击3ds Max 2015程序窗口左上角的应用程序图标▣，打开"文件"菜单，利用其中的命令可进行新建文件、打开文件、保存文件、重置场景、导入文件和导出文件等操作。

3ds Max场景的原始文件格式为*.max，利用"导入"与"导出"命令还可以输入或输出其他类型的图形文件，如3D Studio（*.3DS）、Adobe Illustrator（*.AI）、AutoCAD（*.DWG）等类型。这是3ds Max与其他相关软件之间相互交换数据的重要接口。

如果要输出视频动画，可在主工具栏右侧单击"渲染设置"按钮▣，打开"渲染设置"对话框（见图1-3-152），选择"公用"选项卡。在"公用参数"卷展栏的"时间输出"参数区选择"活动时间段"单选钮。在"输出大小"参数区设置帧图像的宽度、高度和图像纵横比。在"渲染输出"参数区单击"文件"按钮，打开"渲染输出文件"对话框（见图1-3-153）。

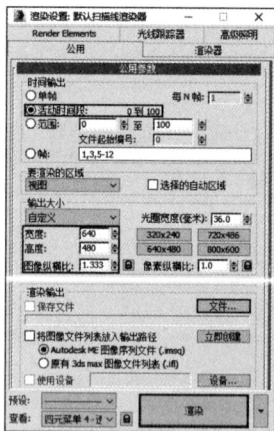

图1-3-152 "渲染设置"对话框

图1-3-153 "渲染输出文件"对话框

通过"渲染输出文件"对话框可以设置动画文件的存储位置、存储格式（*.avi或*.mov）、文件名及视频的质量等信息。最后在"渲染设置"对话框中单击"渲染"按钮，输出动画。

2. 对象编辑

对象编辑包括对象的选择、组合、变换和复制等操作。

● 选择对象：要编辑对象，首先必须选择对象。在3ds Max的主工具栏上选择"选择对象"工具▣（或"选择并移动"工具✛、"选择并缩放"工具▣、"选择并旋转"工具◉）后，可在视图中通过单击或区域框选的方式选择场景中的对象。配合Ctrl键单击可加选对象。也可以在主工具栏上选择"按名称选择"工具![图标]打开对话框，根据对象的名称进行选择。在场景中所选对象的外面单击可取消对象的选择。

● 组合对象：选择多个对象后，选择菜单命令"组|组"将它们组合起来，然后可以以组合为单位进行操作。通过菜单命令"组|解组"和"组|炸开"可以将组中的对象分离开来。

● 变换对象：对象的变换包括移动、缩放与旋转3种操作，分别通过"选择并移动"工具![图标]、"选择并缩放"工具![图标]和"选择并旋转"工具![图标]来完成。在此操作过程中，3ds Max的坐标系对操作结果起着至关重要的作用。

● 复制对象：复制对象的操作方式有多种，包括菜单命令"编辑|克隆""工具|镜像""工具|阵列"等。

● 对齐对象：对齐操作对于对象间的精确定位起着重要的作用。可通过菜单命令"工具|对齐|对齐…"或主工具栏上的"对齐"工具按钮![图标]来完成。另外，3ds Max的对齐工具还包括快速对齐、法线对齐、放置高光、对齐摄影机和对齐到视图等多种。

3.4.4 常用建模手段

1．基本二维图形

在"创建"面板上单击"图形"按钮（见图1-3-154），从"图形种类"下拉列表中选择"样条线"选项，可以看到多种基本图形创建按钮。这些基本图形包括线、矩形、圆、椭圆、弧、圆环、多边形、星形、文本、螺旋线、卵形和截面12种。除此之外，也可以利用"创建|图形"菜单创建基本图形。

在这12种基本图形中，除了"线"为可编辑样条线（包括顶点、线段和样条线三级子对象）之外，其他基本图形都是不可编辑的样条线，但可以通过添加"编辑样条线"修改器转换为可编辑样条线。

2．标准基本体

在3ds Max中，标准基本体包括长方体、圆锥体、球体、几何球体、圆柱体、管状体、圆环、四棱锥、茶壶和平面10种类型。标准基本体的创建方法比较简单，但使用频率很高。

利用"创建"面板（见图1-3-155）和"创建|标准基本体"菜单都可以创建标准基本体。

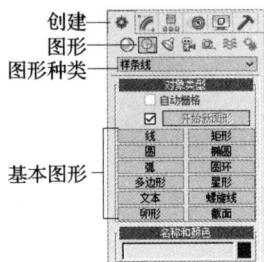

图1-3-154 "创建－图形"面板　　　图1-3-155 "创建－几何体"面板

3．扩展基本体

扩展基本体包括13种，分别是异面体（Hedra）、环形结（Torus Knot）、切角长方体（ChamferBox）、切角圆柱体（ChamferCyl）、油罐（OilTank）、胶囊（Capsule）、纺锤（Spindle）、球棱柱（Gengon）、L形体（L-Ext）、C形体（C-Ext）、环形波（RingWave）、棱柱（Prism）和软管（Hose）。

在"创建"面板的"几何体种类"下拉列表中选择"扩展基本体"选项，可显示扩展基本体的创建按钮。当然，也可以通过"创建|扩展基本体"菜单来创建扩展基本体。

4．复合对象

所谓复合对象就是把两个或两个以上的对象复合为一个对象，是3ds Max的一种非常有效的建模手段。

通常用户可以通过"复合对象"面板（见图1-3-156）创建复合对象。当然也可以通过"创建|复合"菜单来创建复合对象。

在3ds Max 2015中，复合对象包括"变形（Morph）""散布（Scatter）""一致（Conform）""连接（Connect）""水滴网络（BlobMesh）""图形合并（Shape Merge）""布尔（Boolean）""地形（Terrain）""放样（Loft）""网络化（Mesher）""ProBoolean""ProCutter"等10多种。在这些复合对象中，使用频率最高的是"放样"和"布尔"。

布尔是通过并集、交集、差集或切割等运算形式，将两个或两个以上的对象（通常指三维实体）复合成一个对象的一种建模手段。例如，创建长方体与球体，二者有部分重叠（见图1-3-157），进行布尔差集运算，可得到图1-3-158所示的结果。

放样是以一条曲线作为路径，以一个或多个二维图形（通常是闭合的）作为垂直于路径的截面来创建三维实体的复合建模手段，应用十分广泛。

例如，编辑图1-3-159所示的截面图形，创建图1-3-160所示的直线路径，通过放样可得到图1-3-161所示的实体。

图1-3-156 "复合对象"面板 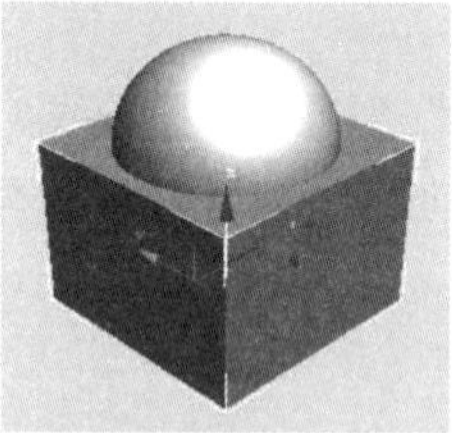　　图1-3-157 重叠的长方体与球体 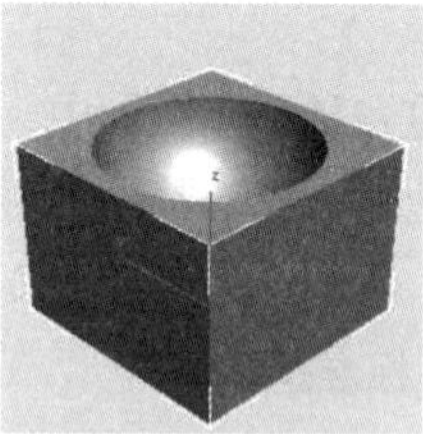　　图1-3-158 布尔运算结果

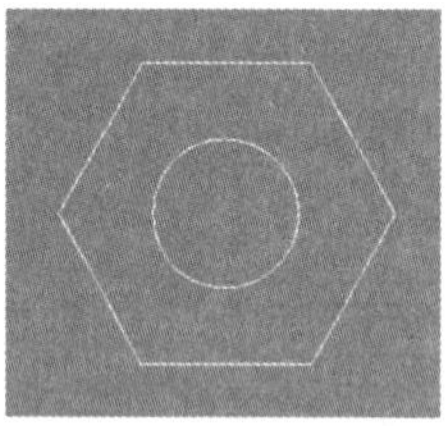

图1-3-159 截面图形　　图1-3-160 放样路径 　　图1-3-161 放样结果

3.4.5 使用修改器

1．标准修改器

3ds Max的标准修改器包括弯曲（Bend）修改器、拉伸（Stretch）修改器、锥化（Taper）修改器、扭曲（Twist）修改器、涟漪（Ripple）修改器、噪波（Noise）修改器、晶格（Lattice）修改器、FFD修改器、编辑网格（Edit Mesh）修改器、网格平滑（Mesh Smooth）修改器、UVW贴图（UVW Map）修改器等多种，主要用于对三维实体进行修改变形。

例如，弯曲修改器可用于对物体实施弯曲变形。图1-3-162所示纸张卷起的效果就是使用弯曲修改器制作的。

2. 图形修改器

3ds Max的图形修改器包括编辑样条线修改器、车削修改器、挤出修改器、倒角修改器、倒角剖面修改器等多种，用于将二维图形转换为三维实体。

例如，挤出修改器可以将二维平面图形在垂直于该平面的方向上产生一个高度，形成三维实体，如图1-3-163所示。

图1-3-162　卷纸效果

图1-3-163　将文字平面图形挤出为实体

在图1-3-164所示的小房子的建模中，挤出修改器可以起到重要的作用。

3.4.6　使场景更逼真

1. 材质与贴图

所谓材质就是将一些特定的信息指定给模型，使其表面呈现色彩、发光、透明、反射、折射等自然界某种物质的外观特征。

贴图是在赋予模型材质的同时，还可以将图形或图像指定到材质中，使模型表面产生纹理、图案、凹凸等效果。

图1-3-164　小房子的建模

将材质与贴图指定给模型，也就相当于告诉人们这个模型所对应的物体是由什么材料做成的。材质与贴图不仅能够逼真地模拟自然界不同物体的外观特征，有时还可以降低建模的复杂程度，提高计算机的运行速度。

编辑材质与贴图，并将其指定给场景中的模型，这些操作都是通过材质编辑器（见图1-3-165）完成的。

在图1-3-166所示的蝴蝶飞舞动画的制作中，通过设置合适的材质与贴图，可以使场景中的蝴蝶获得非常逼真的效果（该动画的视频文件见"第3章素材\3ds max\飞舞的蝴蝶.avi"）。

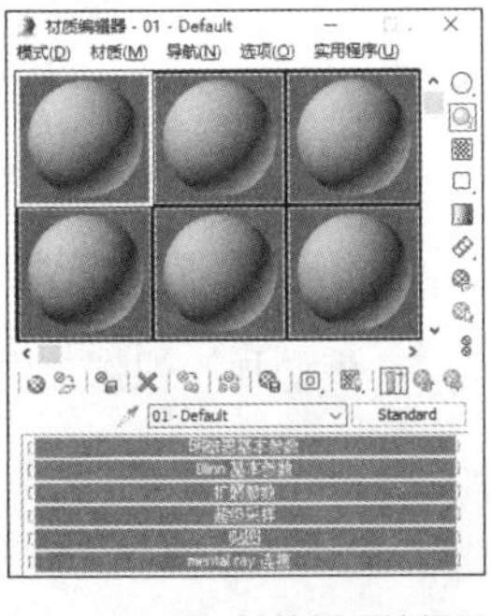

图1-3-165　精简材质编辑器

图1-3-166　蝴蝶飞舞动画

2．灯光与摄影机

在3ds Max中，灯光对象可以模拟真实世界中各种类型的光源，是照亮场景的重要手段，如图1-3-167所示。另外，通过恰当的灯光布置可以获得良好的照明环境，增加作品的质感和艺术感，使其更动人、更具生命力。

3ds Max有两种类型的灯光：光度学灯光和标准灯光。标准灯光用于模拟传统的灯光类型，如家用或办公室灯光、舞台和放电影时使用的灯光以及太阳光等。而光度学灯光是特别考虑到人类视觉感官系统对光线照射所产生的心理学效应，因此能够产生更逼真的渲染效果。

3ds Max的摄影机与现实生活中的摄影机非常相似。在三维效果图和动画制作中，通常要在场景中创建摄影机，通过调整视角在摄影机视图中获得一个观察和表现场景的合适角度，以获得一种身临其境的渲染效果。图1-3-168所示右下角的视图为摄影机视图。

图1-3-167　使用灯光模拟室外日光效果

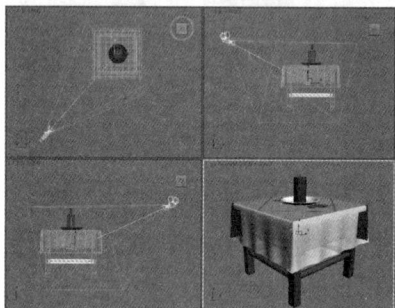

图1-3-168　使用摄影机

3.4.7　创建动画

1．基本动画

在3ds Max中，利用轨迹栏、曲线编辑器等工具，通过在不同的关键帧变换动画对象，修改动画对象的创建参数、修改器参数、材质贴图参数等，就可以方便地制作出效果逼真的三维动画。对于有特殊要求的动画（比如路径动画等），可以通过指定动画控制器来完成。

例如，借助轨迹栏与曲线编辑器，通过修改不同关键帧中样条线的弯度就可以制作图1-3-169所示的翻书动画（卷曲的页面是在样条曲线上添加"挤出"修改器得到的）。该动画的视频文件见"第3章素材\3ds max\翻页的书.avi"。

2．粒子动画

3ds Max的粒子系统主要用于制作动画，能够逼真地模拟雨、雪、流水、沙尘、烟花、爆炸、蚁群等常规动画难以实现的壮观景象。不同于基本的关键帧动画，粒子动画主要依靠调整粒子的创建参数和借助空间扭曲的控制来实现。

粒子系统由一系列不可编辑的小型子对象组成，这些子对象称为粒子，它们通过发射器发射出来，形成粒子流。在整个发射过程中，随着时间的变化每个粒子都有一个从产生、壮大到灭亡的过程。

图1-3-169　翻书动画

图1-3-170　下雪动画

图1-3-170所示是利用雪粒子系统制作的场面壮观的下雪效果。该动画的视频文件见"第3章素材\3ds max\下雪.avi"。

除了上述动画技术外，在3ds Max中还可以利用空间扭曲、正反向运动、环境效果、Video Post视频合成器等技术制作动画。

3.4.8 综合案例：设计制作小房子

STEP 01 启动3ds Max 2015。使用图形"线"在左视图绘制图1-3-171所示的封闭图形（小房子侧面墙壁）。

STEP 02 继续在左视图用"线"绘制图1-3-172所示的房顶封闭图形，用图形"矩形"绘制门（矩形）和窗户图形（由外侧大矩形和内测4个小矩形组成）。

STEP 03 使用菜单命令"编辑|克隆"对窗户外侧矩形进行原位置复制，并在复制出来的矩形上添加"挤出"修改器（选择菜单命令"修改器|网格编辑|挤出"），挤出数量为-300。

STEP 04 同样将房顶图形进行挤出，挤出数量为-200；将墙壁图形进行挤出，挤出数量为-10。此时透视图的效果如图1-3-173所示。

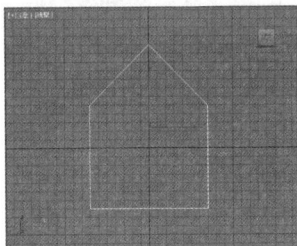

图1-3-171 绘制房子侧面图形　　图1-3-172 绘制房顶、窗户和门　　图1-3-173 将房顶与墙壁挤出为实体

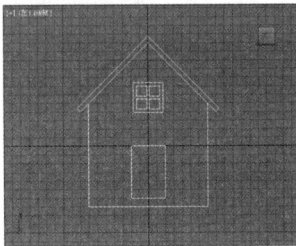

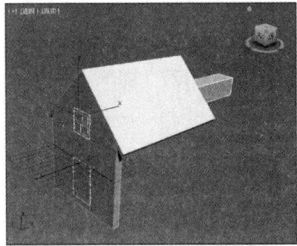

STEP 05 在挤出的墙壁实体与窗口实体之间进行复合对象的布尔运算（墙壁实体减去窗口实体），以便在墙壁上"凿"出窗洞。然后在透视图将墙壁沿x轴正向移动5个单位的距离（采用默认的视图坐标系），如图1-3-174所示。

STEP 06 将另一个窗户外侧的矩形转换为可编辑样条线，并将内测4个小矩形一一附加进来（选中可编辑样条线，在"修改"面板的"几何体"卷展栏可以找到"附加"按钮）。

STEP 07 将附加后的图形进行挤出，挤出数量为5，得到窗框实体。在透视图中将窗框实体在x轴方向对齐到墙壁实体的中央位置，如图1-3-175所示。

STEP 08 在左视图创建长宽与窗框外侧矩形相同、高度为2的长方体作为玻璃。在透视图中将玻璃与窗框在x轴方向居中对齐。

STEP 09 复制窗框、玻璃与墙体，并将副本对象沿x轴正向拖动到房子右侧对称的地方（可在顶视图操作），如图1-3-176所示。

图1-3-174 "凿"出窗洞　　　　图1-3-175 制作窗框　　　　图1-3-176 复制出右侧窗户与墙壁

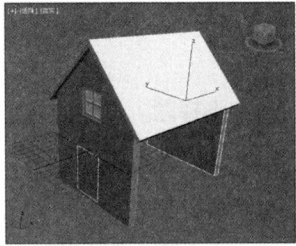

STEP 10 使用菜单命令"编辑|克隆"对门图形进行原位置复制。对门副本图形进行挤出，挤出数量为-100；在左墙壁实体与门副本挤出实体之间进行复合对象的布尔运算（墙壁实体减去门副本挤出实体），以便在左墙壁上"凿"出门洞。

STEP 11 对门图形进行挤出，挤出数量为5。在透视图中将"门图形挤出实体"在x轴方向对齐到左墙壁实体的中央位置，如图1-3-177所示。

STEP 12 使用长方体创建房子的前后墙体，并与其他墙体对齐，如图1-3-178所示。

STEP 13 在顶视图中图1-3-179所示的位置创建内外两个同心正方形。将其中一个矩形转换为可编辑样条线，并将另一个矩形附加进来。

图1-3-177 制作门洞与门

图1-3-178 创建前后墙壁

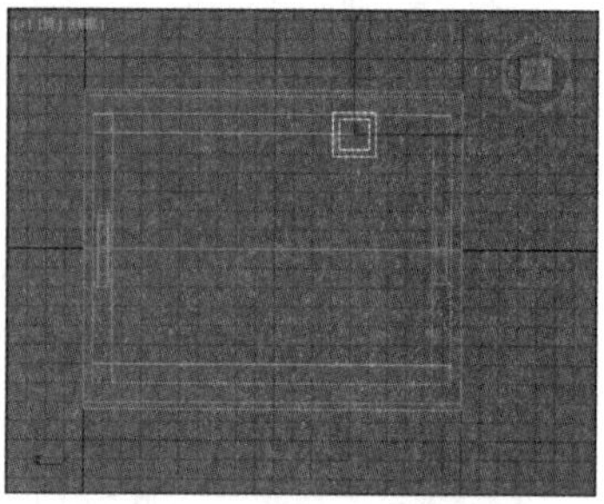

图1-3-179 创建烟囱模型

STEP 14 将步骤13中附加后的图形挤出一定高度作为烟囱，如图1-3-180所示。

STEP 15 对房子的各个部分进行材质贴图设置，得到图1-3-181所示的效果。

STEP 16 使用"环绕工具"将透视图旋转一定角度，得到图1-3-182所示的效果。

STEP 17 保存3ds Max源文件，并输出效果图文件。

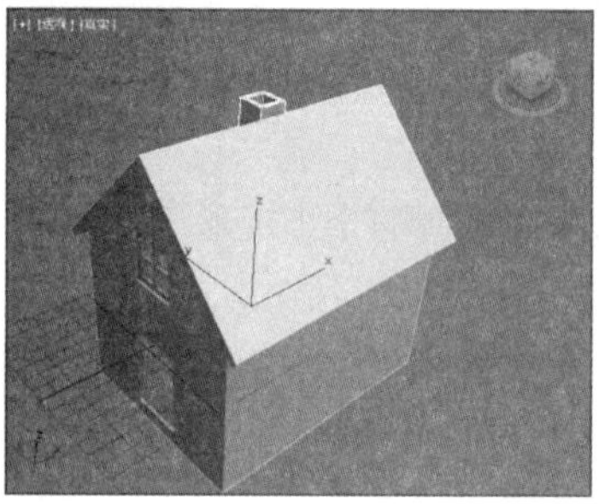

图1-3-180 创建烟囱模型2

图1-3-181 设置材质与贴图

图1-3-182 旋转视图

习题与思考

一、选择题

1. 以下哪一组软件主要是用于制作动画 _____。

    A. Flash、Photoshop、3ds Max   B. Flash、3ds Max、Maya

    C. Maya、AutoCAD、Authorware   D. Audition、Gif Animator、Director

2. 以下 _____ 不是Flash的特色。

    A. 简单易用   B. 基于矢量图形   C. 流式传输   D. 基于位图图像

3. 以下对帧的叙述不正确的是 _____。

    A. 帧是计算机动画的基本组成单位

B. 一帧就是一个静态画面

C. 帧一般表示一个变化的起点或终点，或变化过程中的一个特定的转折点

D. 使用帧可以控制对象在时间上出现的先后顺序

4. 以下对关键帧的叙述不正确的是 _____。

A. 是一种特殊的、表示对象特定状态（颜色、大小、位置、形状等）的帧

B. 空白关键帧不是关键帧

C. 一般表示一个变化的起点或终点，或变化过程中的一个特定的转折点

D. 关键帧是Flash动画的骨架和关键所在

5. 使用Flash的"任意变形"工具不可以对舞台上的组合对象实施 _____ 变形。

A. 封套   B. 倾斜   C. 缩放   D. 旋转

6. 在Flash中，_____ 不能直接用于创建补间形状动画。

A. 元件的实例

B. 使用"绘图工具"绘制的完全分离的矢量图形

C. 完全分离的组合

D. 完全分离的文本

7. 在Flash中，_____ 不能直接用于创建传统补间动画。

A. 图形元件的实例   B. 按钮元件的实例

C. 完全分离的矢量图形   D. 影片剪辑元件的实例

8. 在Flash中，执行 _____ 脚本后，将跳转到指定帧并停止继续播放。

A. stop   B. gotoAndPlay   C. gotoAndStop   D. gotoAndPause

9. 在Flash时间轴上插入关键帧的快捷键是 _____。

A. F5   B. F6   C. F7   D. F8

10. 在Flash中对帧频的说法，正确的描述是 _____。

A. 动画每秒播放的帧数   B. 动画每分钟播放的帧数

C. 动画每小时播放的帧数   D. 以上均不正确

11. 以下关于Flash的描述中，不正确的是 _____。

A. Flash能导入图像、视频、声音等多种媒体

B. Flash具有编写大型数据库应用软件的能力

C. Flash作品很容易发布到网络上

D. Flash集设计和编程于一体，不需要借助其他软件，直接使用Flash即可完成作品

12. Flash中关于元件的优点，正确的描述是 _____。

A. 使用元件可以简化电影的编辑

B. 使用元件可以更加流畅地播放电影

C. 使用元件可以显著缩减发布文件的大小

D. 以上均正确

13. Flash中的 _____ 面板可用于设置舞台背景。

A. "动作"   B. "对齐"   C. "属性"   D. "颜色"

14. 在Flash中要制作文本对象的补间形状动画，需对文本对象分离 _____ 次。

A. 1   B. 2   C. 3   D. 不确定

15. 在Flash中，假设舞台上有同一个元件的两个实例，如果将其中一个实例的颜色改为 #FFFFFF，大小改为原来的50%，那么另外一个实例将会 _____。

    A. 颜色也变为#FFFFFF，但大小不变

    B. 没有变化

    C. 颜色变为#FFFFFF，大小变为原来的50%

    D. 大小变为原来的50%，但颜色不变

16. 以下关于Flash元件的描述，正确的是 _____。

    A. 元件的实例不能再次转换成元件

    B. 元件中可以包含自己的实例

    C. 只有图形、图像或声音可以转换为元件

    D. 以上均不正确

17. 以下关于Flash影片剪辑元件的描述中，不正确的是 _____。

    A. 可以包含交互式控制和声音

    B. 不可以嵌套其他的影片剪辑实例

    C. 拥有自己独立的时间轴

    D. 在按钮元件中可放置影片剪辑元件的实例以创建动画按钮

18. Flash中不提供 _____元件的制作和编辑功能。

    A. 按钮   B. 音频   C. 图形   D. 影片剪辑

19. Flash中关于"时间轴"面板的图层编辑区，不正确的描述是 _____。

    A. 单击图层编辑区右上角的矩形框按钮，可将所有图层显示为轮廓

    B. 单击图层名称右边的锁定栏，可以锁定或解锁该图层

    C. 双击图层名称，即可重命名图层

    D. 单击图层编辑区右上角的眼睛按钮，可以显示或隐藏当前图层

20. Flash中影片剪辑元件一般指 _____。

    A. 一张图片   B. 一个音频文件

    C. 一个按钮   D. 一个独立的动画片段

21. 在Flash中打开"对齐"面板的菜单命令是 _____。

    A. "视图|对齐"   B. "窗口|对齐"

    C. "修改|对齐"   D. "文本|对齐"

22. 以下 _____操作不能切换到Flash元件的编辑模式。

    A. 用鼠标右键单击舞台上的元件实例，从弹出的快捷菜单中选择"编辑元件"命令

    B. 双击舞台上的元件实例

    C. 双击"库"面板中的元件图标

    D. 把舞台上的元件实例拖动到"库"面板上

23. Flash交互式动画就是借助 _____代码实现的动画。

    A. JavaScrip   B. FlashScript   C. VBScript   D. ActionScript

24. 以下 _____视图不属于3ds Max默认的视图。

    A. 透视   B. 左   C. 顶   D. 右

25. 3ds Max是由美国Autodesk公司开发的 _____系统。

A. 文字处理   B. 图像处理

C. 三维造型与动画制作   D. 数据处理

26. 3ds Max源文件的扩展名是 _____ 。

     A. max   B. dxf   C. dwg   D. 3ds

27. 在3ds Max中，使用菜单命令"文件|_____"可将*.3ds的文件输入到当前场景中。

     A. 打开   B. 合并   C. 导入   D. 替换

28. 在3ds Max中制作三维动画的一般步骤为 _____ 。

     A. 建模   B. 建模、渲染

     C. 建模、设置动画   D. 建模、设置动画、渲染

29. 以下 _____ 是3ds Max系统默认的视图组合。

     A. 顶、底、左、前   B. 顶、前、右、底

     C. 顶、前、底、透   D. 顶、前、左、透

二、填空题

1. 动画是由一系列静态画面按照一定的顺序组成的，这些静态的画面称为动画的_____。通常情况下，相邻的帧的差别不大，其内容的变化存在着一定的规律。当这些帧按顺序以一定的速度播放时，由于眼睛的_____作用的存在，形成了连贯的动画效果。

2. 计算机动画按帧的产生方式分为_____动画与_____动画两种。

3. _____ 的作用是组织和控制动画中的各个元素。其中的每一个小方格代表一帧。动画在播放时，一般是从左向右，依次播放每个帧中的画面。

4. _____ 是制作和观看Flash动画的矩形区域。每一帧画面中的对象只有放置在该区域内，才能够保证播放发布后的动画时能够被看到。

5. 使用"_____"对话框可以设置Flash文档的标尺单位、舞台大小、舞台颜色和帧频等属性。

6. Flash源文件的扩展名为_____ 。

7. 在制作Flash传统补间动画时，可以将对象转换为_____，存放于库中，并且可以重复使用。

8. Flash时间轴的主要组件是图层、_____、播放指针。

9. Flash的补间动画分为_____ 、_____ 和_____ 3种。

10. 将Flash动画发布成为可以在网络中播放的作品，可以使用菜单命令_____ ，常用的文件发布格式为_____ 、_____ 。

11. Flash中的元件分为以下3种类型：_____ 、_____ 和_____ 。

12. Flash按钮元件用于制作动画中响应标准鼠标事件的交互式按钮。按钮元件时间轴上的4个状态帧分别为_____ 、_____ 、_____ 、_____ 。

13. Flash控制动画的播放速度时，可以不修改时间轴而是通过调整_____ 来实现。

14. 在Flash中，选择"椭圆工具"，同时按下_____ 键，通过拖动鼠标可以画出正圆。

15. 在Flash中，元件以及导入的外部资源都存储在_____ 面板中。

16. 在Flash中，_____ 面板可以设置文本的大小、颜色等属性。

17. 在Flash中，_____ 元件的适用对象是独立于时间轴播放的动画片段，可包含交互式控制和声音。

18. 在Flash中，可应用＿＿＿＿＿＿＿＿＿动画制作正方形逐渐变为圆形的动画。

19. 在Flash中，要利用文字对象制作补间形状动画，首先要将其进行＿＿＿＿＿＿＿＿操作。

20. 在Flash中，新建元件的快捷键是＿＿＿＿＿＿＿＿＿，将对象转换为元件的快捷键是＿＿＿＿＿＿＿＿＿。

21. 在Flash中，插入普通帧的快捷键是＿＿＿＿＿＿＿＿＿，插入关键帧的快捷键是＿＿＿＿＿＿＿＿＿，插入空白关键帧的快捷键是＿＿＿＿＿＿＿＿＿。

22. 在Flash中，测试影片可以通过＿＿＿＿＿＿＿＿＿快捷键来实现。

23. 在Flash中可以将普通帧转换为＿＿＿＿＿＿＿＿帧或＿＿＿＿＿＿＿＿帧。

24. 在Flash中，每一帧都由制作者手动完成，而不是由Flash通过计算得到，然后依次连续播放各帧的动画称为＿＿＿＿＿＿＿＿＿动画。

25. 在Flash动画制作中可以通过添加＿＿＿＿＿＿＿＿层使对象沿任意路径运动。

26. 3ds Max是由美国Autodesk公司开发的三维＿＿＿＿＿＿＿＿制作软件，主要用于模拟自然界、产品设计、建筑设计、影视动画制作、游戏开发、虚拟现实技术等领域。

27. 3ds Max默认的视图区由＿＿＿＿＿＿＿＿、＿＿＿＿＿＿＿＿、＿＿＿＿＿＿＿＿和＿＿＿＿＿＿＿＿4个视图组成，可以分别从不同的角度观察和编辑场景中的对象。

28. 3ds Max视图控制区由多个视图控制按钮组成，主要用于控制视图中对象的显示＿＿＿＿＿＿＿＿和显示＿＿＿＿＿＿＿＿。

29. 3ds Max的＿＿＿＿＿＿＿＿栏提供了显示动画帧数的时间线和用于确定当前帧的时间滑块，其与动画控制区配合为用户提供了一种便捷的三维基础动画的制作方式。

30. 3ds Max场景的原始文件格式为＿＿＿＿＿＿＿＿。

31. 3ds Max中的＿＿＿＿＿＿＿＿运算是通过并集、交集、差集或切割等运算形式，将两个或两个以上的对象（通常指三维实体）复合成一个对象的一种建模手段。

三、操作题

1. 打开文件"练习\动画\月亮升起\flash.fla"，利用库中资源和素材"海边.png""tears.mp3"制作月亮升起的动画，效果可参照"练习\动画\月亮升起.swf"。

操作提示：

（1）打开flash.fla。设置舞台大小500像素×500像素，舞台颜色为#00293D。

（2）将"海边.png"和"tears.mp3"导入到库中。将图层1改名为"山水"。

（3）将"海边.png"从库中拖动到舞台上，对齐到舞台底部（水平居中）。

（4）新建图层2，改名为"月亮"。将"月亮"层拖动到"山水"层的下面。

（5）在"月亮"层的第1～第40帧创建月亮升起的补间形状动画。在升起的过程中，月亮的颜色由#FF9900逐渐变成#FFFFCC。在"月亮"层的第80帧插入帧。

（6）在"山水"层的第80帧插入帧。

（7）在所有层的上面新建图层3，改名为"小鸟"。将影片剪辑元件"鸟"从"库"面板拖动到舞台。在"小鸟"层的第1～第60帧创建小鸟从舞台右下角飞到左上角月亮边的传统补间动画。

（8）新建图层4，改名为"文字"。在该层的第69～第80帧创建逐帧动画"海上生明月，天涯共此时。"（文字一个一个地出现，可参考动画"第3章素材\下载.swf"的制作方法）。

（9）新建图层5，改名为"背景音乐"。选择该层的第1帧。在"属性"面板的"声音"栏的"名称"下拉列表中选择"tears.mp3"，将"同步"设为"开始"，重复1次。

（10）新建图层6，改名为"动作"。在该层的第80帧插入关键帧，并为该帧添加动作脚本"stop();"。动画最终的编辑环境如图1-3-183所示。

图1-3-183 动画最终的编辑环境

2. 仿照教程中的"水波效果制作"案例，利用图片素材"练习\动画\Summer Time.jpg"制作水面波动的动画，效果可参照"练习\动画\Summer Time（水波效果）.swf"。

3. 利用Flash的遮罩层、传统补间动画等技术，利用图片素材"练习\动画\座钟素材01.jpg"与"座钟素材02.png"制作座钟钟摆动画效果，效果可参照"练习\动画\座钟动画.swf"。

要求：舞台大小为400像素×490像素，帧频为24帧/秒。

4. 利用Flash的遮罩层、元件、传统补间动画等技术，利用图片素材"练习\动画\荷花.jpg"与"湿地.jpg"制作水平百叶窗过渡动画效果，效果可参照"练习\动画\水平百叶窗效果.swf"。

*5. 利用Flash的遮罩层、元件、传统补间动画等技术，利用图片素材"练习\动画\荷花.jpg"与"湿地.jpg"制作多重形状过渡动画效果，效果可参照"练习\动画\形状过渡效果.swf"。

第3章习题-
操作题2

第3章习题-
操作题3

第3章习题-
操作题4

第3章习题-
操作题5

第4章

音频编辑

4.1 数字音频概述

4.1.1 数字音频的产生

声源振动造成空气压力的变化，从而产生声音。这是一种模拟信号，以空气为媒介进行传播。通常以连续的波形表示声音，波形上升表示空气压力增大，波形下降表示空气压力减弱。振幅、频率和相位是度量声波属性的重要参数。振幅指声波中波峰与波谷的垂直距离；频率指单位时间内声源振动的次数，即声波周期的倒数。人耳能感应到的声音的频率范围是20～20 000 Hz。相位表示声波在周期内的具体位置（假如声波为正弦线$y=\sin x$，则声波在90°时处于波峰位置，180°时回到x轴，270°时到达波谷）。

音频的数字化是指通过采样将连续的模拟声音信号首先转化为电平信号，再通过量化和编码将电平信号转化为二进制的数字信号，保存在计算机的存储器中（A/D转换）。利用多媒体计算机系统播放声音的过程恰好相反：先将二进制的数字信号转化为模拟的电平信号，再由扬声器播出（D/A转换）。音频的A/D和D/A转换都是由音频卡完成的。

影响数字音频质量的因素主要有3个：采样频率、量化精度和声道数。

1. 采样

所谓采样，就是在连续的声波上每隔一定的时间（通常很短）采集一次幅度值，如图1-4-1所示。单位时间内的采样次数就是采样频率，单位为赫兹（Hz）。实际上，只要在一定长度的声波上

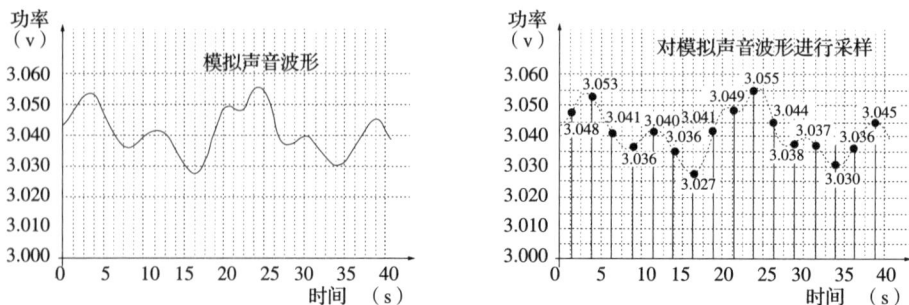

（a）原始声音波形　　　　　　　　　　　　（b）采样得到的数据

图1-4-1　采样

等间隔地采集足够多的样本数，就能够逼真地模拟出原始的声音。一般来说，采样频率越高，采集的样本数越多，数字音频的质量越好，但占据的磁盘存储空间越大。在实际应用中的采样频率一般采用11.025 kHz、22.05 kHz、44.1 kHz等。

2. 量化

量化就是将采样得到的数据表示成有限个数值（每个数值的位数也是有限的），以便在计算机中进行存储。而量化位数（或称量化精度、量化等级）指的是用多少个二进制位（bit）来表示采样得到的数据（见图1-4-2）。

对于同一声音波形（最大振幅一定）而言，用8 bit可将振幅均分为256（$=2^8$）个等级，而使用16 bit则可以将振幅均分为65 536（$=2^{16}$）个等级。可见，

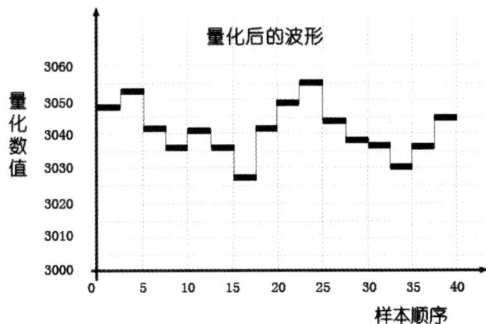

图1-4-2　量化

量化位数越大，数字音频的分辨率越高，还原后的音质越好，但占据的磁盘存储空间也越大。这就如同在度量同一个长度时以毫米为单位比以厘米为单位要精确一样。

在实际应用中的量化位数一般采用8位、16位和32位不等。

3. 声道

同一声源产生的声波，分别传送到人的左、右耳朵时，会听出细微的差别，通过这个差别，人们可以判断音源的位置。另一方面，不同声源产生的声波从各个方向到达人的耳朵时，其强度与成分一般是不同的。这种方向的差异性，使人们很容易就可以分辨出来自不同方向的声音。

声道指的是在录制或播放声音时，在不同的空间位置采集得到的或回放输出的相互独立的音频信号。声道数即声音录制时采用的音源数量，或回放时相应的扬声器数量。

单声道是一种比较原始的声音信号的传输方式，缺乏对声音的定位，往往造成声音的清晰度不太好。

立体声彻底改变了声音的定位问题。立体声在录制时，音频信号被分配到两个彼此独立的声道，从而获得很好的声音定位效果。在音乐欣赏中，立体声可以使听众清晰地分辨出各种乐器的方向，从而使音乐更富想象力，更具临场感。总之，立体声在层次感和音色丰富程度等方面都明显高于单声道。

目前，音效更好的5.1声道已得到广泛应用。5.1声道共有6个声道，其中的".1"声道，是一个经过专门设计的超低音声道，用于传送低于80 Hz的音频信号，这样在欣赏影视节目时使人的声音得到加强，将人物对话聚焦在整个声场的中部（语音信号的频率范围为300～3 000 Hz），增加了整体效果。5.1声道使听众获得了来自多个不同方向的声音环绕效果，从而营造出一个完整的声音氛围。

目前，我国的电影业已广泛采用环绕立体声的声音格式，电视节目正处于由单声道向多声道转换的过渡阶段，广播大多采用的还是单声道。

在多媒体计算机系统中，能够支持多少个声道数是衡量声卡档次的重要指标。

4.1.2　数字音频的编码与压缩存储

所谓编码，就是用一定位数的二进制数值表示由采样和量化得到的音频数据。在不进行压缩的情况下，将音频数据编码存储所需磁盘空间的计算公式为

存储容量（字节）＝采样频率×量化位数×声道数×时间／8（字节）

例如，标准CD音乐的采样频率为44.1 kHz，量化位数为16位，立体声双声道。1min长度的标准CD音乐所占用的磁盘存储量为

44.1×1 000×16×2×60 / 8 = 10 584 000（byte）≈ 10 336（KB）≈10.09（MB）

这样得到的数据量非常大，如不进行压缩编码，很难应用在多媒体计算机和网络中。

对音频数据的压缩大多从去除重复代码和去除无声信号两个方面进行考虑。由于数字音频的压缩往往会造成音频质量的下降和计算机运算量的增加，所以在压缩时要综合考虑音频质量、数据压缩率和计算量3个方面的因素。

常用的有损压缩方法有脉冲编码调制（Pulse Code Modulation，PCM）法和MPEG音频压缩法等。其中PCM法的一个典型应用就是Windows中的WAVE文件，这类编码音质特别好，但数据量很高。而MPEG音频压缩法的典型应用当属MP3音乐的制作，其音质接近CD，但文件大小仅为CD的十二分之一。

数字音频的诞生给音频传输带来了革命性的变化。因为模拟信号在复制和传输过程中会逐渐衰减，并且混入噪音，信号的失真度比较明显。而数字信号在复制与传输过程中却具有很高的保真度。

4.1.3　数字音频的分类

根据多媒体计算机产生数字音频方式的不同，可将数字音频划分为3类：波形音频、MIDI音频和CD音频。

1. 波形音频

波形音频是通过录制外部音源，由音频卡采样、量化后存盘得到的数字音频（常见的如*.WAV格式的文件）。这是多媒体计算机获取声音的最直接、最简便的方式。波形音频重放时，由音频卡将数字音频信号还原成模拟音频信号，经混音器混合后由扬声器输出。图1-4-3所示是波形音频输入与输出的简化过程。

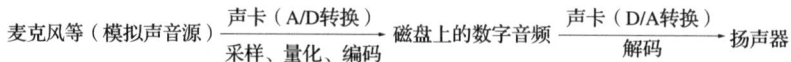

图1-4-3　波形音频的输入与输出过程

2. MIDI 音频

乐器数字接口（Musical Instrument Digital Interface，MIDI）是数字音乐的国际标准，它规定了设备（如计算机、电子乐器等）间相互连接的硬件标准和通信协议。

MIDI音频与波形音频的产生方式完全不同，它是将电子乐器键盘的弹奏信息（键名、力度、时间值长短等）记录下来，以*.MID文件格式存储在计算机硬盘上。这些信息称为MIDI消息，是乐谱的一种数字描述。MIDI音频播放时，多媒体计算机通过音频卡上的合成器，从相应的MIDI文件中读出MIDI消息，生成所需要的乐器声音波形，经放大后由扬声器输出。

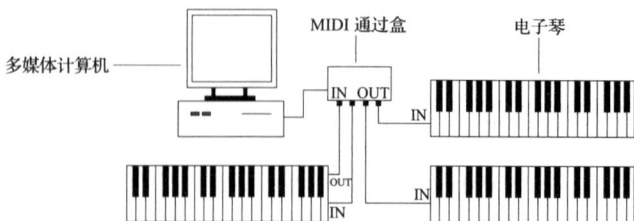

图1-4-4　MIDI音乐创作系统示意图

MIDI音频文件中记录的是一系列指令，而不是波形信息，它对存储空间的需求要比波形音频小得多。

数字式电子乐器的出现与不断改进，为计算机作曲创造了极为有利的条件。图1-4-4所示是一个MIDI音乐

创作系统的示意图。

3. CD 音频

CD音频是以44.1 kHz的采样频率、16位的量化位数将模拟音乐信号数字化得到的立体声音频，以音轨的形式存储在CD上，文件格式为*.cda。CD音频记录的是波形流，是一种近似无损的音频格式，它的声音基本上是忠于原声的。

4.1.4 常用的音频文件格式

数字音频是用来表示声音强弱的二进制数据系列，其压缩编码方式决定了数字音频的格式。一般来说，不同的数字音频设备对应着不同的音频文件格式，这些文件格式又分为有损压缩格式（MP3、RA等）和无损压缩格式（MIDI、WAV等）。

1. WAV 格式

WAV格式是Microsoft公司开发的一种无损压缩的声音文件格式，被Windows平台及其应用程序所支持，目前在计算机上广为流传。WAV格式支持多种压缩算法，支持多种采样频率、量化位数和声道数。几乎所有的音频编辑软件都"认识"WAV格式，多数音频卡都能以16位的量化精度、44.1kHz的采样频率录制和播放WAV格式的音频文件。其优点是音质好，与CD相差无几，能够重现各种声音；缺点是文件容量太大，不适合长时间记录。

2. MP3 格式

MP3格式诞生于20世纪80年代的德国，采用MPEG有损压缩技术，是目前应用极广的数字音频格式。其音质接近CD，但大小仅为CD音频的十二分之一。现在多数多媒体信息创作软件都支持MP3格式，因特网也在使用MP3格式进行音频信号的传输。

MP3格式保持声音的低频部分基本不失真，同时牺牲声音中12～16 kHz的高频部分以换取较小的文件存储量。其缺点是没有版权保护技术（也就是说谁都可以用）。

3. WMA 格式

WMA（Windows Media Audio）格式由Microsoft公司开发，技术领先，实力强劲，其音质强于MP3（音质好的可与CD音频相媲美），但数据压缩率更高，可达到1:18。WMA格式不仅可以内置版权保护技术，还支持音频流技术，因此比较适合在网络上使用。使用Windows Media Player就可以播放WMA音乐，7.0以上版本的Windows Media Player还具有把CD音频转换为WMA文件的功能。

4. AU 格式

AU格式（*.au）是UNIX操作系统下的声音文件，是网络上应用广泛的声音文件格式。AU音频不仅压缩率高，而且音质好（音质可与WAV格式相媲美，但文件容量要小得多），因此非常适合在网络上使用。尤其值得注意的是，Netscape或其他WWW 浏览器（Browser）都内含*.au播放器，却不支持*.wav声音文件（要想在Netscape里播放*.wav声音文件，只有外挂支持*.wav声音文件的播放器）。支持*.au声音文件的音频处理软件不多。可以使用Adobe Audition等音频处理软件来录制和处理*.au声音文件。

5. MIDI 格式

MIDI文件（*.mid）并不是一段录制好的声音，它记录的是有关音频信息的指令而不是波形，因此文件容量非常小；其播放效果因软硬件的不同而有所差异。当播放*.mid文件时，计算机将其中记录音频信息的指令发送给音频卡，音频卡中的合成器按照指令将乐器声音波形合成出来。

MIDI音频常用于计算机作曲领域。*.mid文件可以直接用计算机作曲软件创作，或通过声卡的

MIDI接口将外接电子乐器演奏的乐曲指令记录在计算机中，存储为*.mid文件。MIDI音频广受作曲家的喜爱。

6. CD 格式

CD*.cda是目前音质较好的数字音频格式。*.cda文件中记录的只是声音的索引信息，其大小只有1KB，因此，不能将CD光盘上的*.cda文件直接复制到计算机硬盘上播放。可使用一些软件（如超级解霸、Windows 的媒体播放机等）将*.cda文件转换成*.wav和*.wma等格式的文件再进行播放。CD光盘可以在CD唱机中播放，也可以借助Windows 的媒体播放机等进行播放。

标准CD音频的采样频率为44.1 kHz，传输速率为88 kbit/s，量化位数为16。CD音轨近似无损，音效基本上忠于原声。

7. RealAudio 格式

RealAudio是一种流媒体音频格式，主要用于网络在线音乐欣赏和网络广播，目前主要有*.rm、*.ra等文件格式。RealAudio格式可以根据网络用户的不同带宽提供不同的音频播放质量，在保证低带宽用户享有较好的播放质量的前提下，使高带宽用户获得更好的音质。同时，RealAudio格式还可以根据网络传输状况的变化随时调整数据的传输速率，以保证不同用户媒体播放的平滑性。

RealAudio音频的生成软件在对声音源文件进行压缩编码时，以丢弃人耳不敏感的频率极高与极低的声音信号为代价，获得理想的压缩比；同时根据不同的音质要求，保留较为完整的典型音频范围，能够提供纯语音、带有背景音乐的语音、单声道音乐和立体声音乐等多种不同的声音质量。

RealAudio音频可通过RealPlayer等进行播放。

4.1.5 常用的音频编辑软件

数字音频的编辑处理主要包括录音、存储、剪辑、去除杂音、添加特效、混音与合成、格式转换等操作。常用的音频处理软件有Ulead Audio Editor、Adobe Audition、Cakewalk、Samplitude2496等。

1. Ulead Audio Editor

Ulead Audio Editor是一款准专业的单轨音频编辑软件，是Ulead（友立）公司生产的数码影音套装软件包Media Studio Pro中的软件之一，不仅可以录音，还拥有丰富多彩的音频编辑功能和多种音频特效。Audio Editor学习起来非常便捷。除了Audio Editor之外，Media Studio Pro软件包还包括Video Editor（视频编辑）、Video Capture（视频捕获）等软件。

2. Adobe Audition

Adobe Audition可提供专业的音频编辑环境，主要为音频和视频从业人员设计，其前身是美国Syntrillium软件公司开发的Cool Edit Pro（被Adobe收购后，改名为Adobe Audition）。Adobe Audition使用简便，功能强大，具有灵活的工作流程，能够高质量地完成录音、编辑、特效、合成等多种任务。

3. Cakewalk

Cakewalk是由美国Cakewalk公司开发的一款专业的计算机作曲软件，功能强大，学习方便，主要用于编辑、创作、调试MIDI格式的音乐，在全世界拥有众多的用户。

2000年之后，Cakewalk向着更加强大的音乐制作工作站方向发展，并更名为Sonar。Sonar能够更好地编辑和处理MIDI文件，并在录音、编辑、缩混方面得到了长足的发展。2007年发布的Sonar 7.0，已经可以完成音乐制作中从前期MIDI制作到后期音频录音缩混烧刻的全部功能，同时还可以处理视频文件。

Cakewalk Sonar目前已经成为人们最常用的音乐制作工作站软件之一。

4. Samplitude 2496

Samplitude 2496是一款由德国SEKD公司出品的非常专业的数字音频工作站型软件，其强大的功能几乎覆盖了音频制作与合成的各个领域，被誉为音频合成软件之王。

Samplitude 2496不仅在世界上第一个支持24 Bit的量化精度、96 kHz的高采样率和无限轨超级缩混，更重要的是它采用了独特精确的内部算法，因此在音质和功能上遥遥领先于其他同类PC软件，被国内外的专业录音人士广泛使用，成为PC上多轨音频软件的绝对权威。

Samplitude 2496的主要功能包括多轨录音、波形编辑、调音台、信号处理器、母盘制作工具和CD刻录等。一台安装有Samplitude 2496的计算机，加上数字音频卡、监听设备、CD刻录机以及话筒、（硬件）调音台等前端设备，就构成了一个完整的音乐工作室。

4.2 Audition音频编辑技术

Audition是美国Adobe公司旗下的一款专业的音频软件，其主要功能包括录音、混音、音频编辑、效果处理、消除噪声、音频压缩与CD刻录等。

4.2.1 窗口界面的基本设置

Audition CC提供了3种专业的视图，即波形视图、多轨视图与CD视图，分别针对音频的单轨编辑、多轨合成与CD音频制作。

启动Audition CC 2015，其默认视图下的窗口界面如图1-4-5所示。

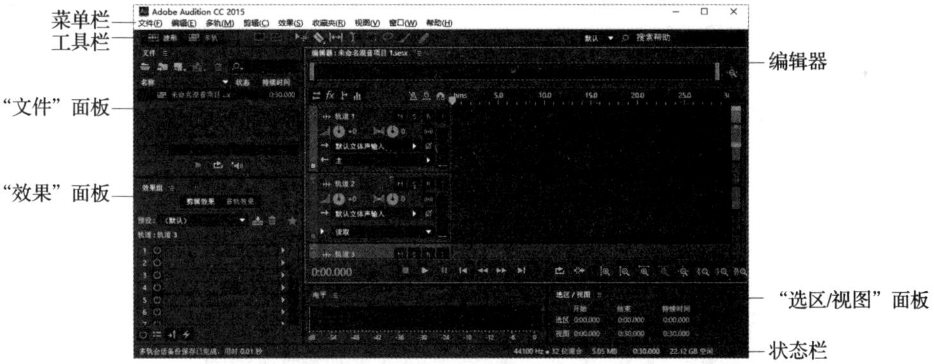

图1-4-5　多轨视图下的Audition窗口

1. 视图切换

通过选择"视图"菜单顶部的"多轨编辑器""波形编辑器""CD编辑器"命令，可以方便地在多轨视图、波形视图和CD视图之间切换。

2. 界面元素的显示与隐藏

（1）工具栏

工具栏提供了用于音频编辑的多种基本工具、"波形"视图与"多轨"视图切换按钮、"工作区"切换下拉列表等。默认设置下，工具栏紧靠在菜单栏的下面。通过菜单命令"窗口|工具"，可以显示或隐藏工具栏。

通过"窗口"菜单，还可以控制其他各类面板的显示和隐藏。

（2）状态栏

状态栏位于Audition程序窗口的最底部，显示了当前工作环境下的各类信息。通过菜单命令"视图|状态栏|显示"，可以显示或隐藏状态栏。通过"视图|状态栏"下的其他命令，或在状态栏上单击鼠标右键通过对弹出的快捷菜单操作，可以设置状态栏上显示信息的类型。

3. 视图缩放

放大视图可以查看音频波形的细节，缩小视图可以预览音频波形的整体。通过单击编辑器窗口右下角的各缩放按钮可以对音频波形进行多种形式的缩放。

这些缩放按钮的作用如下。

- "放大（振幅）"按钮：在垂直方向放大音频波形。
- "缩小（振幅）"按钮：在垂直方向缩小音频波形。
- "放大（时间）"按钮：在水平方向放大音频波形。
- "缩小（时间）"按钮：在水平方向缩小音频波形。
- "全部缩小"按钮：在编辑视图下最大化显示全部音频波形，或在多轨视图下最大化显示整个会话。
- "放大入点"按钮：以选区左边缘（入点）为基准水平放大音频（不管放大多少倍，选区左边缘始终显示在编辑器窗口中）。
- "放大出点"按钮：以选区右边缘（出点）为基准水平放大音频（不管放大多少倍，选区右边缘始终显示在编辑器窗口中）。
- "缩放至选区"按钮：缩放选区，恰好充满整个编辑器窗口。
- "缩放所选音轨"按钮：在多轨视图下，在垂直方向放大所选音轨，以充满编辑器窗口。再次单击该按钮可恢复到初始状态。

当然，选择菜单命令"窗口|缩放"，利用打开的"缩放"面板同样可以对音频进行上述缩放操作。

4. 滚动视图

当视图放大到一定倍数，或多轨会话中轨道过多，编辑器窗口中无法查看到全部音频波形或会话内容时（见图1-4-6），可通过拖动滚动条，查看波形或会话被隐藏的部分。

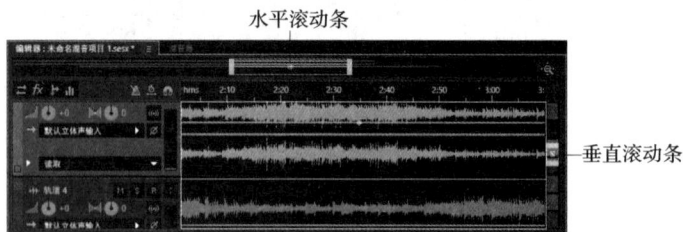

图1-4-6　滚动视图

5. 调整窗口的亮度

选择菜单命令"编辑|首选项（Preferences）|外观"，打开"首选项"对话框。用户可以根据个人喜好，利用"常规"选项卡中的相关选项，调节窗口界面的明暗度。另外，利用"编辑器面板"选项卡，可以自定义编辑器的颜色。

6. 自定义工作空间

在Audition中，通过拖动各面板的标签，可以将不同面板进行重新组合。通过拖动面板间的分隔线,可以调整面板所占用空间的大小。通过"窗口"菜单中的相关命令,可以根据需要打开或关闭一些面板。也可以利用"视图"菜单,改变时间、视频及状态栏等的显示方式。通过上述操作,能够形成个性化的工作空间。

通过菜单命令"窗口|工作区|新建工作区"可以将自定义的工作空间保存起来,使自定义工作空间的名称会出现在"窗口|工作区"菜单下。

通过菜单命令"窗口|工作区|删除工作区"可以删除自定义的工作空间。

通过菜单命令"窗口|工作区|重置默认",可以将当前工作空间恢复为系统默认布局。

4.2.2 文件的基本操作

1. 音频文件基本操作

（1）新建空白音频文件

选择菜单命令"文件|新建|音频文件",打开"新建音频文件"对话框（见图1-4-7）。选择采样率、声道和位深度等音频属性,单击"确定"按钮。此时编辑器窗口显示出新建文件的空白波形,同时新建文件出现在"文件"面板中。

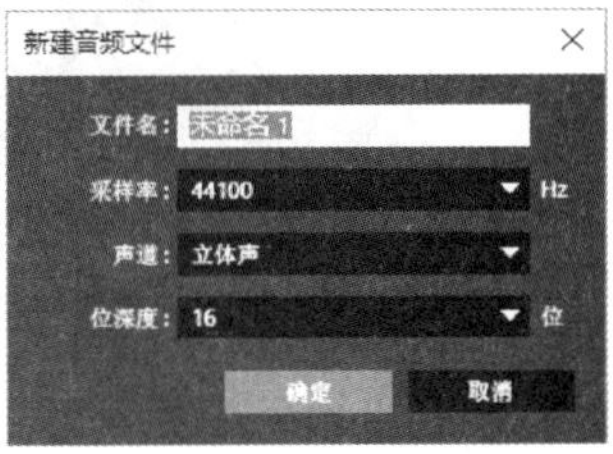

（2）打开音频文件

图1-4-7 设置新建音频属性

使用菜单命令"文件|打开"可打开*.wav、*.mp3、*.wma、*.cda等多种类型的音频文件。

（3）附加音频

所谓附加音频就是将一个或多个音频按顺序附加在当前打开的音频波形的后面或新建音频文件中。附加音频是在波形视图中进行的,操作方法如下。

● 选择菜单命令"文件|打开并附加|到新建文件",打开"打开并附加到新建文件"对话框（见图1-4-8）。选择一个或多个音频文件,单击"打开"按钮。此时,打开的一个或多个音频依次附加在新建音频文件中。

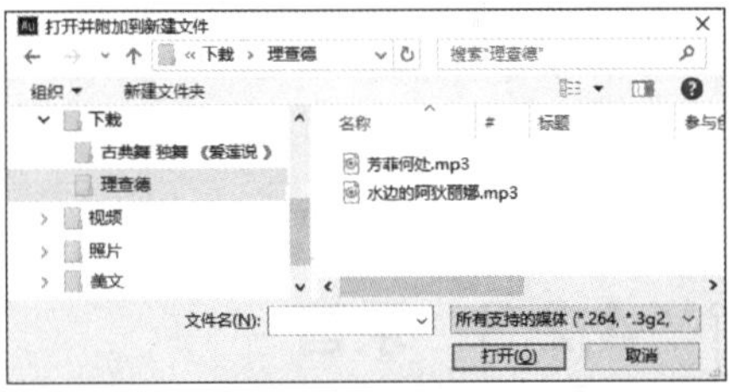

图1-4-8 "打开并附加到新建文件"对话框

● 选择菜单命令"文件|打开并附加|到当前文件",打开"打开并附加到当前文件"对话框,选择一个或多个音频文件,单击"打开"按钮。此时,选中文件的波形依次附加在当前波形的后面。

（4）保存音频文件

在波形视图下,可使用菜单命令"文件|保存"和"文件|另存为"等保存当前音频文件。Audition CC 能够保存的音频文件类型包括*.wav、*.mp3和*.wma等多种。

2. 会话文件基本操作

（1）新建会话文件

选择菜单命令"文件|新建|多轨会话",打开"新建多轨会话"对话框（见图1-4-9）。输入会话文件名称,选择文件保存位置,选择一种文件模板,或自定义文件的采样频率、位深和主控音轨类型。单击"确定"按钮即可创建一个新的会话文件。

在进行音频合成之前,必须先创建一个会话文件,然后根据需要将音频素材插入到会话文件的相应轨道中,并进行合成。

（2）在会话中插入音频文件

单击会话文件的一个轨道，并将播放指针定位于要插入音频素材的位置（见图1-4-10）。采用下列方法之一将音频素材插入到会话文件的指定轨道中。

- 使用菜单命令"多轨|插入文件"将音频插入到所选轨道的指定位置中（插入的音频同时出现在"文件"面板中）。
- 首先选择菜单命令"文件|导入|文件"（或单击"文件"面板上的"导入文件"按钮）将音频文件导入到"文件"面板中，再单击"文件"面板上的"插入到多轨混音中"按钮，将音频文件插入到所选轨道的指定位置中。

图1-4-9 "新建多轨会话"对话框　　图1-4-10 定位播放指针

当插入会话轨道的音频文件与会话文件的采样频率不同时，Audition CC会提示进行重新采样，并生成音频文件的副本。音频文件副本的品质有可能降低。

（3）保存会话文件

在多轨视图下，使用菜单命令"文件|保存"或"另存为"可以将会话文件保存起来（*.sesx类型的文件）。

在会话文件中，仅保存了轨道上素材的插入位置、在素材上添加的效果和包络编辑等数据，本身并不包含音频素材的原始数据，只是一个混音与合成的框架，所以，会话文件所需存储量比较小。

（4）导出音频文件

在多轨视图下，使用菜单命令"文件|导出|多轨混音|整个会话"可以将整个会话文件混缩输出到*.wav、*.mp3、*.wma等格式的音频文件中。

4.2.3 录音

首先根据当前计算机的配置，从声音CD、麦克风、立体声混音、MIDI合成器等设备中选择一种录音设备。这里以麦克风为例介绍声音录制的全过程。

1. 准备工作

STEP 01 将麦克风与计算机声卡的Microphone输入接口正确连接。

STEP 02 在"声音"对话框的"录制"选项卡中将所用麦克风设为默认设备（见图1-4-11）。

STEP 03 在设为默认录音设备的"麦克风"选项上单击鼠标右键，从弹出的快捷菜单中选择"属性"命令，打开"麦克风 属性"对话框，在"级别"选项卡（见图1-4-12）中将音量大小调整到合适。通过单击"确定"按钮依次关闭"麦克风 属性"对话框和"声音"对话框。

STEP 04 启动Audition CC 2015，选择菜单命令"编辑|首选项|音频硬件"，打开"首选项"对话框（见图1-4-13），将默认输入设备设置为麦克风，将默认输出设备设置为扬声器。

2. 在波形视图下录音

STEP 01 在Audition CC 2015窗口中新建音频文件（采用默认设置）。

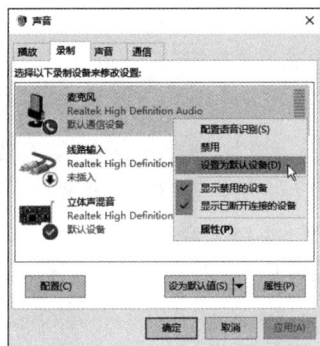

图 1-4-11　"声音"对话框

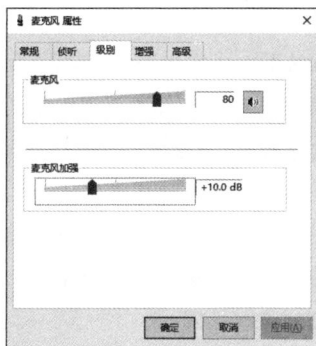

图 1-4-12　"麦克风 属性"对话框

STEP 02 单击编辑器窗口底部的"录制"按钮█，开始录音。录音完毕后，单击"停止"按钮
█即可。此时在编辑器窗口中可以看到录制的音频波形。

◎ **提示** 用鼠标右键单击编辑器窗口底部的以下按钮，可打开快捷菜单，设置按钮选项。

- 用鼠标右键单击"快进"按钮和"快退"按钮，可以设置快进和快退的速度。
- 用鼠标右键单击"录制"按钮，可以在快捷菜单中选择"定时录制模式"命令。在该模式下
  单击"录制"按钮可打开"定时录制"对话框，预先设置录音的时间长度和开始录音的时间
  （见图1-4-14）。

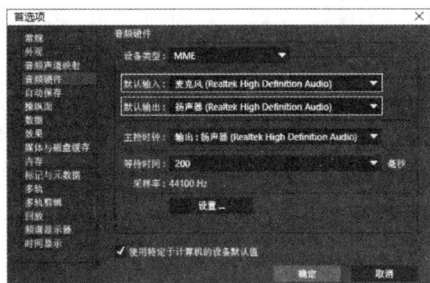

图 1-4-13　"首选项"对话框

图 1-4-14　"定时录制"对话框

3. 在多轨视图下录音

在多轨视图下的录音主要用于配音。多轨录音时，可以听到其他轨道上音频的声音。

STEP 01 在Audition CC 2015窗口新建会话文件（采用默认设置）。

STEP 02 在编辑器窗口要进行录音的轨道上单击选择"录音准备"按钮█（变红色），开启轨
道录音功能。

STEP 03 单击编辑器窗口底部的"录制"按钮█，开始录音。录音完毕后，单击"停止"按钮
█即可。此时在录音轨道上可以看到录制好的音频波形。

4.2.4　波形视图下音频的编辑

波形视图又称单轨视图，用于单个音频文件的编辑修改。操作过程如下：打开音频 → 修改音
频 → 添加效果 → 存储音频文件。音频编辑主要包括波形的选择、复制、剪切、粘贴和删除，改变
音量大小，淡入、淡出处理，静音处理，音频翻转等操作。

1. 选择波形

要编辑音频波形，必须先选择音频波形。操作要点如下。

● 在音频波形上双击可选择波形的可视区域。

● 在音频波形上三击或选择菜单命令"编辑|选择|全选"（或按Ctrl+A组合键），可选择整个波形。

● 在音频波形上按下左键并左右拖动鼠标，可选择鼠标指针所经过区域的波形。

● 使用"选区/视图"面板可精确选择音频波形，如图1-4-15所示。

● 将鼠标指针定位于选中波形的左/右边界上（鼠标指针变成↔形状），按下鼠标左键左右拖动鼠标可增减选择范围。

● 在音频波形的任意位置单击可取消波形选区。

2. 选择声道

在默认设置下，音频的编辑操作同时作用于立体声音频的左右两个声道。有时，需要启用其中一个声道，并对其中的波形进行编辑（见图1-4-16）。启用单个声道的方法如下。

● 使用菜单"编辑|启用声道"下的"L:左侧" "R:右侧" "所有声道"命令。菜单命令中勾选的就是启用的。

● 在默认设置下，立体声音频的左右两个声道都是启用的。在编辑器窗口中，对应左右声道波形的右侧有两个按钮："左声道启用开关"按钮 **L** 与"右声道启用开关"按钮 **R**。在不需要启用的声道开关按钮上单击即可。

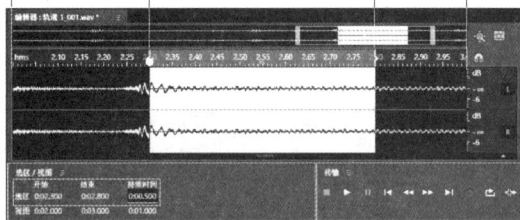

图1-4-15 精确选择音频波形　　　　图1-4-16 选择右声道部分波形进行修改

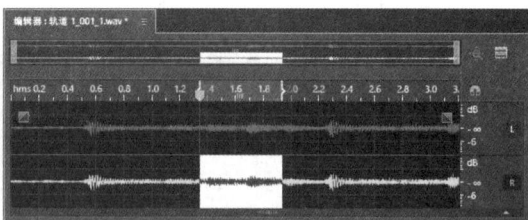

3. 复制、剪切与粘贴音频

复制、剪切与粘贴音频是音频编辑中经常使用的一组操作。操作要点如下。

● 选择音频。首先选择要复制或剪切的音频。

● 复制或剪切音频。选择菜单命令"编辑|复制"或按Ctrl+C组合键可复制音频（若复制的是整个音频，也可以不选择）。选择菜单命令"编辑|剪切"或按Ctrl+X组合键可剪切音频。

● 选择菜单命令"编辑|粘贴"或按Ctrl+V组合键粘贴波形。粘贴前若将播放指针定位于波形（可以是其他文件）的某一位置，则复制或剪切的波形插入到播放指针的右侧。粘贴前若选择了部分波形（可以是其他文件），则复制或剪切的波形替换选中的波形。

说明 选择菜单命令"编辑|复制到新文件"可直接将音频复制并粘贴到新建文件中，事先无需对音频进行复制或剪切操作。

---

4. 混合粘贴

混合粘贴命令可将剪贴板中的波形或其他音频文件的波形（源波形）与当前波形（目标波形）

以指定的方式进行混合。如果进行混合的两种波形的格式不同，则在混合粘贴时源波形将自动转换格式与目标波形一致。

选择菜单命令"编辑|混合粘贴"，打开"混合式粘贴"对话框（见图1-4-17）。其中各选项的作用如下。

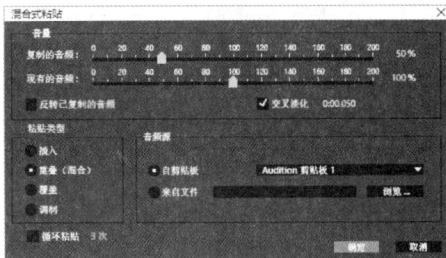

图1-4-17 "混合式粘贴"对话框

● 音量：设置混合时待粘入波形与现有波形的音量大小。

● 粘贴类型：选择两种波形的混合方式。

● 交叉淡化：两种波形混合时，在待粘入波形的首尾添加淡入和淡出效果。右侧数值框用于设置淡入和淡出效果的时间长短。

● 音频源：选择待粘入波形的来源。

● 循环粘贴：指定粘贴的次数。

5. 删除音频

删除音频的操作要点如下。

● 首先选择要删除的音频。

● 选择菜单命令"编辑|删除"或按Delete键可删除选中的音频。若删除的是音频中间的一部分，剩余的音频将自动首尾连接起来。

● 若选择菜单命令"编辑|裁剪（Trim）"，则保留选中的音频，删除未选的音频。

6. 可视化淡入与淡出

与使用"效果"菜单中的命令进行淡化处理相比，Audition的可视化淡入与淡出功能控制更为直观而高效。操作要点如下。

● 沿水平方向向内侧拖动淡化控制图标，可进行线性淡化，如图1-4-18（b）所示。

● 向右下/右上拖动淡入控制图标，或者向左下/左上拖动淡出控制图标，可进行指数或对数淡化，如图1-4-18（c）和图1-4-18（d）所示。

● 按住Ctrl键不放，同时向内侧拖动淡化控制图标，可进行余弦淡化，如图1-4-18（e）所示。

（a）原音频波形　　　　（b）线性淡化　　　　（c）指数淡化

（d）对数淡化　　　　（e）余弦淡化

图1-4-18 可视化淡入与淡出控制

7. 可视化调整振幅

与可视化淡入与淡出控制功能类似，Audition对音频波形的振幅的也可以进行可视化控制，同样比使用"效果"菜单中的命令进行振幅控制更加直观而方便。操作要点如下。

● 选择菜单命令"视图|显示HUD"，在波形上方显示出振幅控制图标（见图1-4-19）。

图1-4-19 振幅的可视化控制

● 在振幅控制图标上向上或向右移动鼠标指针，振幅增大；向下或向左移动鼠标指针，振幅减小。

● 在存在音频波形的情况下，振幅控制仅对所选波形生效，否则对整个波形都有效。

8. 静音处理

所谓静音就是听不到任何声音（即振幅为0）。有关静音的基本操作如下。

（1）插入静音

将播放指针定位于波形上要插入静音的时间点。选择菜单命令"编辑|插入|静音"，打开"插入静音"对话框，输入静音的持续时间，单击"确定"按钮。

（2）将音频转化为静音

选择要转化为静音的音频波形，选择菜单命令"效果|静音"，或用鼠标右键单击所选音频，从弹出的快捷菜单中选择"静音"命令，可将选区内的音频转化为静音。

在音频的处理中，可采用这种方式去除音频中的杂音。

9. 音频格式转换

使用菜单命令"编辑|变换采样类型"可以转换音频的采样频率、量化位数（即位深度）和声道数等属性。在进行声道转换时，对于立体声和5.1声道来讲，还可以设置左右声道混入音量的大小。"变换采样类型"对话框如图1-4-20所示。

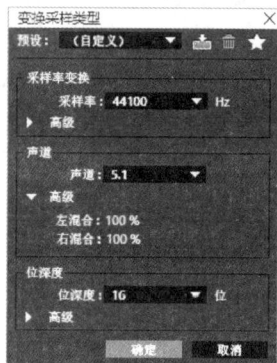

图1-4-20 "变换采样类型"对话框

4.2.5 多轨视图下的混音与合成

在多轨视图下，可以导入或录制多个音频文件，分放在不同的轨道上，按需要进行编排，添加效果，最终缩混输出。操作过程如下：新建会话文件 → 导入或录制音频素材 → 编排素材 → 添加效果 → 存储会话源件 → 输出缩混音频文件。

以下介绍多轨视图下音频编辑的基本操作，包括轨道控制、素材管理和包络编辑等。

1. 轨道控制

（1）添加与删除轨道

多轨视图下的轨道包括音频轨道、视频轨道、总音轨、主控音轨等多种。添加与删除轨道的操作方法如下。

● 使用菜单"多轨|轨道"下的命令添加不同类型的轨道。

● 使用鼠标右键单击轨道，通过弹出的快捷菜单添加不同类型的轨道，如图1-4-21所示。

● 选择要删除的轨道，选择菜单命令"多轨|轨道|删除所选轨道"，或用鼠标右键单击轨道，从弹出的快捷菜

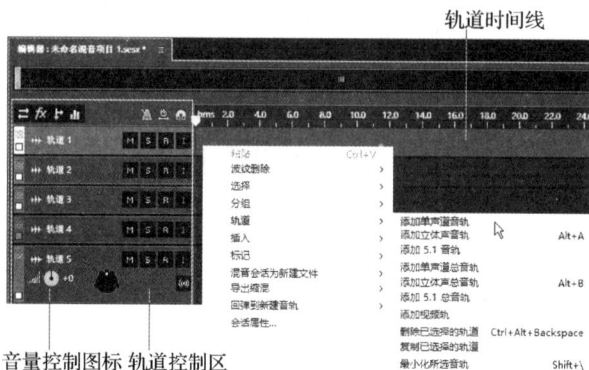

图1-4-21 编辑器窗口

单中选择"轨道|删除所选轨道"命令将轨道删除。

（2）控制轨道输出音量

在编辑器窗口的轨道控制区（见图1-4-21），拖动音量控制图标 ![icon]可调节音量。也可在音量控制图标的数字标记 ![icon]上单击，直接输入音量大小的数值。

（3）设置轨道静音与独奏

在编辑器窗口的轨道控制区，单击"静音"开关按钮 Ⓜ，可将对应的轨道设置静音效果；单击"独奏"开关按钮 Ⓢ，可将其他轨道静音，只播放该轨道。

要取消轨道的静音或独奏状态，可再次单击静音按钮或独奏按钮。

2. 素材编辑与管理

在多轨视图的轨道上插入音频素材后，形成一个个素材片段，对这些素材的管理主要包括选择、移动、组合、对齐、复制、删除、剪切、分离与合并等操作。

（1）选择与移动素材

● 在编辑器窗口，选择"移动工具" ![icon]或"时间选择工具" ![icon]，在轨道素材上单击可选择单个素材；按住Ctrl键单击可选择多个素材。

● 在编辑器窗口，选择"时间选择工具" ![icon]，将鼠标指针置于轨道素材上，按下左键沿水平方向拖动鼠标，可选择该素材上鼠标指针经过的区域。

● 在编辑器窗口，选择一个轨道，选择菜单命令"编辑|选择|所选轨道内的所有剪辑"，可选中所选轨道上的全部素材。

● 在多轨视图中，使用菜单命令"编辑|选择|全选"（或按Ctrl+A组合键）可选中所有轨道上的素材。

● 在编辑器窗口，使用"移动工具" ![icon]可在同一轨道或不同轨道之间拖动素材。

（2）复制素材

在Audition多轨视图中，常用的复制轨道素材的方法有以下几种。

● 在编辑器窗口选择要复制的素材，选择菜单命令"编辑|复制"（或按Ctrl+C组合键）；选择目标轨道，选择菜单命令"编辑|粘贴"（或按Ctrl+V组合键），可将素材粘贴到所选轨道播放指针的右侧。

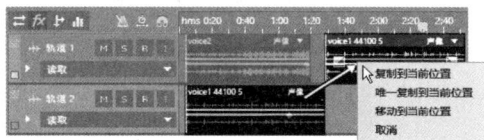

图1-4-22　复制素材

● 在编辑器窗口，选择"移动工具" ![icon]，将鼠标指针置于要复制的素材上，按住鼠标右键将鼠标指针移动到目标位置，然后松开鼠标右键，在弹出的快捷菜单中选择相应的复制命令（见图1-4-22）。

✔ 复制到当前位置：进行关联复制。这种方法节约磁盘空间，但若修改源素材文件，所有的副本都将随之更新。

✔ 唯一复制到当前位置：进行独立复制。这种方法不节省磁盘空间，源素材文件的修改不会影响到所有的副本。

（3）删除素材

在Audition多轨视图中，选择菜单命令"编辑|删除"或按Delete键，可删除所选轨道素材。此时，"文件"面板中仍保留有被删素材的原始文件。

（4）裁切素材

素材裁切是音频和视频编辑的常用操作。在Audition多轨视图中，有以下不同的音频素材的裁切方

图1-4-23　建立选区

图1-4-24　修剪素材

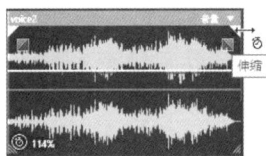

图1-4-25　启用素材伸缩模式

法。可根据不同的需要，选择不同的方法。

● 鼠标拖动方式：将鼠标指针停放在待裁切素材的左右边缘上，指针变成✛、◄和►形状的一种，按下左键沿鼠标指针箭头指向水平拖动鼠标，可对素材进行裁切。在拖动延长时，素材最终的长度不能超过其原始素材的长度。

● 菜单命令方式：选择"时间选择工具"▌，将鼠标指针置于轨道素材上，按下左键拖动鼠标，选择该素材和鼠标指针经过的区域（见图1-4-23）；选择菜单命令"剪辑|修剪到时间选区"可以裁切掉素材上选区左右两侧的部分（见图1-4-24，按Delete键则结果相反）。

（5）音频变速

选择菜单命令"剪辑|伸缩|启用全局剪辑伸缩"，此时轨道上每个素材的左上角和右上角都会出现白色三角图标（见图1-4-25），将鼠标指针停放在白色三角图标上，变成◄►形状，左右移动鼠标指针，可对素材进行伸缩变速处理（此时，素材左下角会显示伸缩的百分比，大于100%表示减速，小于100%表示加速）。

🛒 **说明**　在波形视图中，可以使用菜单命令"效果|时间与变调|伸缩与变调（处理）"对音频进行变速处理。

（6）组合素材

将多个轨道素材组合后，可以对它们进行统一的操作与管理。组和素材的方法如下。

● 选择要组合的多个素材，选择菜单命令"剪辑|分组|将剪辑分组"，也可以用鼠标右键单击选中的素材，从弹出的快捷菜单中选择"分组|将剪辑分组"命令，或按Ctrl+G组合键。

● 选择组合后的素材，选择菜单命令"分组|取消分组所选剪辑"，或取消选择选菜单命令"分组|将剪辑分组"，可以取消组合。

（7）锁定素材

选择菜单命令"剪辑|锁定时间"，或者用鼠标右键单击所选素材，从弹出的快捷菜单中选择"锁定时间"命令，可将选择的素材锁定。素材一旦被锁定，就不能进行编辑修改了。

选择被锁定的素材，取消选择菜单命令"剪辑|锁定时间"，或者用鼠标右键单击所选素材，在弹出的快捷菜单中取消选择"锁定时间"命令，可取消素材的锁定。

（8）分割与合并素材

在编辑器窗口，使用"时间选择工具"▌在轨道素材上要分割的位置单击，选择该素材并将播放指针定位于此，选择菜单命令"剪辑|拆分"，或者用鼠标右键单击所选素材，从弹出的快捷菜单中选择相同的命令，即可将素材分割成互不相干的两部分，每一部分都可以进行独立编辑。

当被分割开的各部分素材片段按原来的顺序首尾相连地排列在一起后，同时选中这些素材片段，选择菜单命令"剪辑|合并剪辑"，或用鼠标右键单击所选素材，从弹出的快捷菜单中选择相同的命令，可将分隔开的素材重新连接在一起。

（9）轨道内重叠素材

在多轨视图的同一轨道上，当通过鼠标拖动使两段音频部分重叠时，在默认设置下，两段音频在重叠部分出现交叉淡化过渡效果。在重叠部分的左上角或右上角，会显示"淡出标记" ▄ 或"淡入标记" ▄，如图1-4-26所示。

图1-4-26　轨道内的素材重叠

上下拖动上述淡化标记可以可视化地调整过渡曲线。通过水平拖动素材，可以改变重叠及过渡的时间。

选中重叠素材的其中一个，通过菜单"剪辑|淡入"或"淡出"下的命令可以修改过渡曲线的类型和属性。

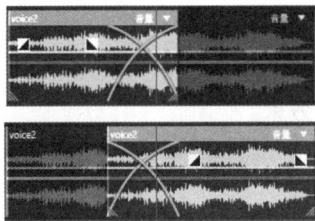

4.2.6　添加音频效果

添加效果是音频处理的重要环节。在Audition CC中，使用"效果"菜单、"效果组"面板等可以为音频添加多种效果。波形视图下的效果添加是针对音频素材的，而多轨视图下的效果添加是针对整个轨道的。

1. 在波形视图下添加效果

（1）使用"效果"菜单添加效果。

STEP 01 在编辑器窗口打开音频波形。建立要添加效果的波形选区（一般情况下，不选或全选可为整个音频添加效果。个别效果除外，比如"效果|静音"等）。

STEP 02 在"效果"菜单中选择相应的命令为音频添加效果。此时如果弹出效果对话框，则根据需要设置对话框参数，并单击"应用"和"关闭"按钮。

（2）使用"效果组"面板添加效果。

与使用"效果"菜单为音频添加效果不同的是，"效果组"面板共有16个插槽，每个插槽可以加载一个效果，所以可以一次性地为音频添加多种效果。但"效果组"面板不支持"处理"类效果（后面带有"处理"字样的效果命令），如删除静音（处理）、标准化（处理）、降噪（处理）、伸缩与变调（处理）等。

使用"效果组"面板添加效果的方法如下。

STEP 01 选择菜单命令"窗口|效果组"打开"效果组"面板，如图1-4-27所示。

STEP 02 单击插槽右端的三角按钮 ▶ 打开"效果"菜单，选择所需效果命令（见图1-4-27），打开效果对话框，设置参数（见图1-4-28，这里以"增幅"效果为例）。默认设置下对话框左下角的"切换开关状态"按钮 ⏻ 是打开的，在Audition CC的编辑器窗口可以试听当前参数设置的音频效果，满意之后关闭效果对话框。

使用"效果组"面板添加效果

"切换开关状态"按钮

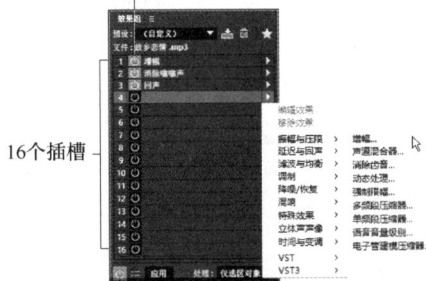

16个插槽

"切换全部效果的开关状态"按钮

图1-4-27　"效果组"面板

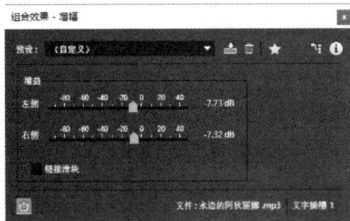

图1-4-28　效果对话框

STEP 03 在默认设置下，"效果组"面板左下角的"切换全部效果的开关状态"按钮是打开的。在Audition CC的编辑器窗口，可以试听加载了效果的所有（切换开关打开的）插槽的组合音频效果。

STEP 04 若单击"效果组"面板左下角的"应用"按钮，可将效果应用到音频上，同时应用了效果之后的各插槽恢复初始状态，可以重新加载效果。

2. 在多轨视图下添加效果

在多轨视图下，无论使用"效果"菜单，还是"效果组"面板为当前音频轨道添加效果，效果都会同时出现在（编辑器窗口）轨道控制区的效果插槽中。

单击编辑器窗口左上角的"效果"按钮 *fx*，切换到效果控制状态。在轨道控制区向下拖动当前轨道的下边界，显示轨道效果槽（见图1-4-29）。

与波形视图不同的是，在多轨视图下，"效果组"面板的左下角无"应用"按钮，使用"效果"菜单打开的效果对话框中也没有"应用"与"关闭"按钮。

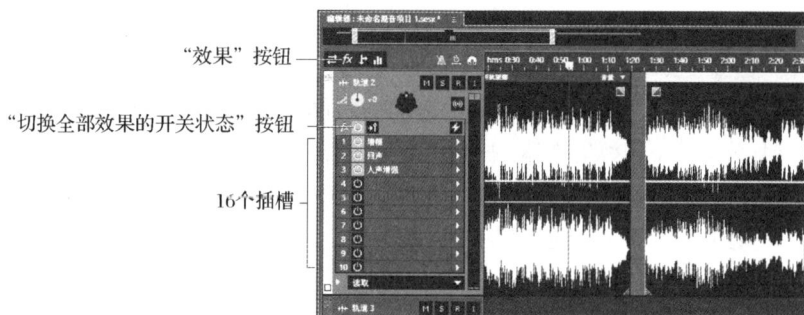

图1-4-29 在多轨视图下为轨道添加效果

在多轨视图下，若要为轨道上的单个音频剪辑添加效果，可双击该音频剪辑，切换到波形视图下为其添加效果，然后再返回多轨视图。

4.2.7 视频配音

Audition CC是一款专业的音频制作与配音软件，提供了比Premiere更为完善的视频配音环境。

1. 导入视频

选择菜单命令"文件|导入|文件"，或单击"文件"面板上的"导入文件"按钮，可以将AVI、MPEG、WMV、MP4、MOV等类型的视频文件导入到"文件"面板中。如果视频中包含音频，上述操作除了生成一个与源文件同名的视频文件外，还会生成一个相同名称且以"_音频"结尾的音频文件，如图1-4-30所示。

2. 将视频插入到轨道

在多轨视图下，从"文件"面板中选择导入的视频文件，单击"文件"面板上的"插入到多轨混音中"按钮，弹出图1-4-31所示的菜单。若选择"新建多轨会话"命令，则可将视频文件插入到新建会话的视频轨道中（见图1-4-32）；若选择后面的命令，则可将视频文件插入到已打开会话的视频轨道中。

如果不小心关闭了"视频"面板，可选择菜单命令"窗口|视频"将其打开。

单击编辑器窗口底部的"播放"按钮▶或按Space键，浏览视频效果。

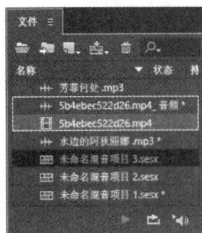
图1-4-30　导入视频素材　　图1-4-31　选择会话文件　　　　图1-4-32　插入视频

3. 为视频配音

在多轨视图下，将要配音的音频素材插入到音轨中，使用前面讲述的操作对音频进行编辑或添加效果。必要时可双击轨道上的音频素材，切换到波形视图进行编辑。当然，也可以用麦克风即时录音来为视频配音。

4.2.8　CD 刻录

在波形视图下，通过菜单命令"文件|导出|将音频刻录到CD"可将单个音频文件刻录到CD。要想1次刻录多个音频文件，可在CD视图下完成，方法如下。

1. 打开 CD 视图

选择菜单命令"视图|CD编辑器"或"文件|新建|CD布局"，可切换到CD视图。

2. 将音频插入 CD 轨道

在CD视图中，从"文件"面板选择要刻录CD的音频文件，直接拖动到CD列表，生成CD轨道，如图1-4-33所示。

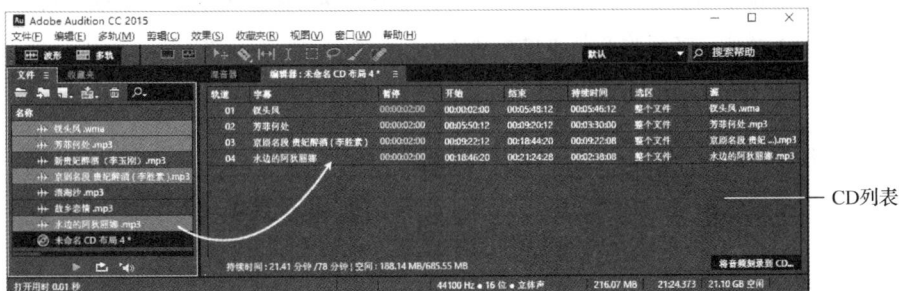
图1-4-33　将音频插入CD轨道

3. 编辑 CD 列表

CD列表的编辑要点如下。

● 选择音轨：单击可选择单个音轨，配合Shift键和Ctrl键单击可连续或间隔选择多个音轨。
● 音轨排序：通过拖动鼠标上下移动鼠标指针的方式可改变选中音轨的排列顺序。
● 移除音轨：按Delete键可删除选中的音轨。

4. 保存 CD 列表

使用菜单命令"文件|保存"或"另存为"，可将CD列表中的音轨设置保存为Audition CD布局（*.cdlx）格式的文件。必要时可重新打开CD布局文件，对其中的音轨列表进行再使用。

5. 刻录 CD

CD刻录的操作要点如下。

● 将空白CD光盘插入到CD刻录机驱动器中。

● 在CD视图中单击 将音频刻录到 CD... 按钮，打开"刻录音频"对话框。设置好相关选项，单击"确定"按钮，开始刻录。

● CD刻录完毕后，从CD刻录机驱动器中取出CD光盘即可。

CD音频的格式为44.1 kHz、16 bit和立体声，如果在CD列表中插入不同格式的音频文件，刻录时将自动进行格式转换。

4.3 计算机绘谱

计算机绘谱就是以计算机为工具，用标准记谱法绘制出完美的乐谱。目前世界上通用的两种记谱体系为五线谱与简谱。相应地，绘谱软件也分为五线谱绘谱软件和简谱绘谱软件两种。前者如芬兰的Sibelius、美国的Finale与Encore等，后者如国产的TT作曲家、乐音及个人开发的作曲大师简谱版等。计算机绘谱是传统音乐艺术与新兴计算机技术相结合的产物。

4.3.1 TT 作曲家简介

TT作曲家（1.2标准版，以下皆使用该版本进行讲解）是一个集简谱编曲、自动伴奏和打印功能于一体的作曲软件，由中央音乐学院属下的中音公司研发，其主要功能如下。

● 可利用简谱方式进行音乐编配，能够选择内置100种具有中国特色的伴奏风格。

● 通过导入和导出MIDI文件，可以与其他音乐软件搭配，对乐曲进行再加工。

● 可将五线谱与简谱相互转换，绘制并输出高品质的简谱乐谱，快速制作MIDI音乐。

● 具有歌词输入功能，可制作和打印中文歌曲。

TT作曲家的程序主窗口如图1-4-34所示。

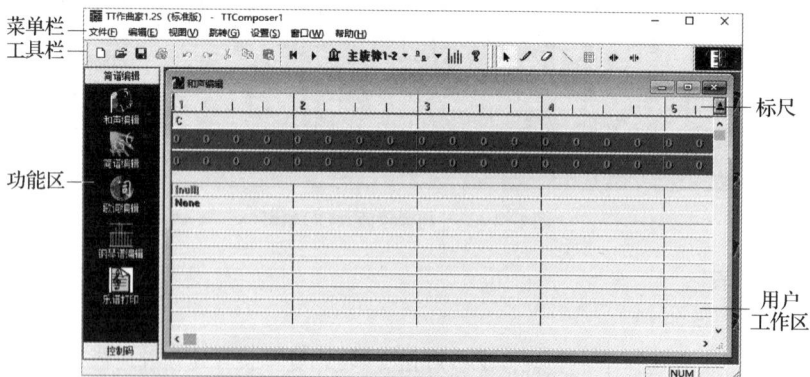

图1-4-34 TT作曲家的程序主窗口

4.3.2 TT 作曲家简谱绘谱实践

利用TT作曲家为民歌《深深的海洋》（女声二重唱）绘制简谱。

STEP 01 启动TT作曲家，在功能区单击"简谱编辑"按钮，打开"简谱编辑"窗口（此时可关闭"和声编辑"窗口）。

STEP 02 选择菜单命令"设置|调号、拍号"，打开"设置调号、拍号"对话框，参数设置如图1-4-35所示。单击"确定"按钮关闭对话框。

TT作曲家简谱
绘谱实践

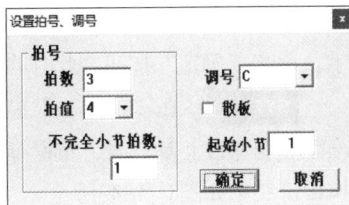

图1-4-35 "设置调号、拍号"对话框

🛒 **说明** 一般情况下，歌（乐）曲是从强拍开始的，但也有从弱拍或次强拍开始的。从弱拍或次强拍开始的小节叫作弱起小节，或称为不完全小节。弱起小节的歌（乐）曲的最后结束小节也往往是不完全的，首尾相加其拍数正好相当于一个完全小节。如果歌（乐）曲从强拍开始，则"设置调号、拍号"对话框中的"不完全小节拍数"应设置为与"拍数"一致。

STEP 03 选择菜单命令"设置|小节数"将小节数设置为19。

STEP 04 在工具栏上单击 **主旋律-1** ▾ 上的三角按钮，从弹出的菜单中选择"主旋律（两轨）"命令。此时的"简谱编辑"窗口如图1-4-36所示。

STEP 05 在"简谱"窗口（见图1-4-37）单击选择音高按钮 **0** 与时值按钮 **0**（若"简谱"窗口未打开，可选择菜单命令"视图|简谱"将其打开）。

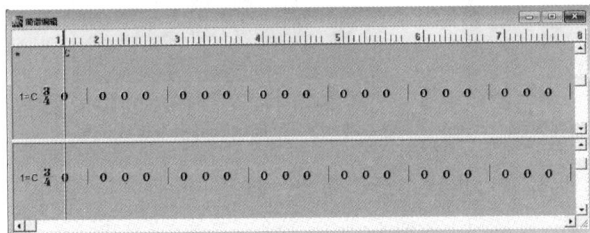

图1-4-36 显示两轨的"简谱编辑"窗口

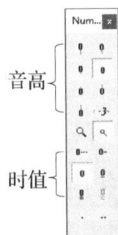

图1-4-37 "简谱"窗口

STEP 06 在工具栏上选择"选择工具" ▸，在"简谱编辑"窗口的上窗格空白处（距离标尺远一点的地方）单击，以便激活"主旋律-1"轨道（窗格左上角出现*符号）。

STEP 07 在标尺上对准第1小节（此处为不完全小节）音符的刻度线单击，以便确定输入点（见图1-4-36）。（切换到西文输入法）在键盘上按数字键"5"输入音符"5"，此时标尺输入线自动跳转到下一个音符的位置（见图1-4-38）。

STEP 08 在"简谱"窗口选择音高按钮 **i** 与时值按钮 **0-**，在键盘上按数字键"3"输入音符"3 –"。同样，在"简谱"窗口选择音高按钮 **i** 与时值按钮 **0**，在键盘上按数字键"3"输入音符"3"。此时标尺输入线自动跳转到第3小节的起始音符位置（见图1-4-39）。

STEP 09 仿照步骤8首先输入"2 – 2"。选择菜单命令"视图|符号-1"打开"符号-1"窗口（见图1-4-40），选择其中的"倚音（装饰音）记号"按钮 **12**。在工具栏上选择"输入"按钮

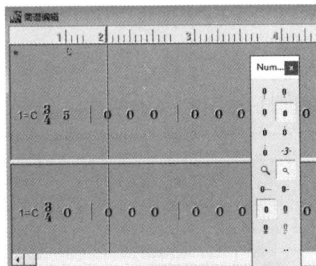

图1-4-38 使用键盘输入音符"5"

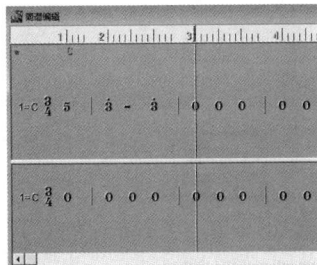

图1-4-39 使用键盘输入音符"3"

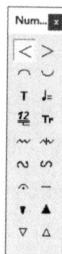，在第3小节最后一个音符<u>2</u>的左上角单击，打开"设置装饰音"对话框，参数设置如图1-4-41所示。单击"确定"按钮。此时的"简谱编辑"窗口如图1-4-42所示。

STEP 10 在"符号-1"窗口选择"连线记号"按钮⌒，将"十"字鼠标指针定位在第3小节第一个音符<u>2</u>的上方，按下左键拖动鼠标，将鼠标指针移至第3小节最后一个音符<u>2</u>的上方，松开鼠标按键。结果如图1-4-43所示。

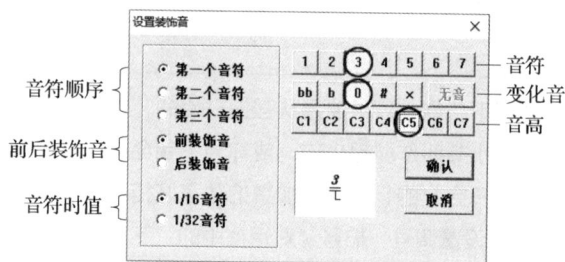

图1-4-40 "符号-1"窗口   图1-4-41 "设置装饰音"对话框

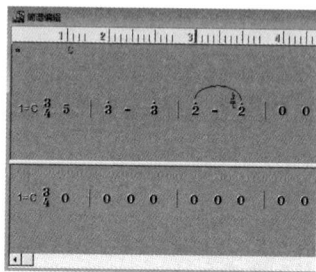 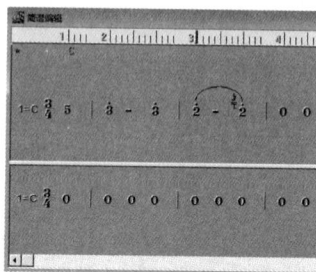

图1-4-42 添加装饰音   图1-4-43 添加前装饰音及连线记号

STEP 11 选择菜单命令"视图|简谱"再次打开"简谱"窗口（此时"符号-1"窗口自动关闭）。在工具栏上选择"选择工具"，在标尺上对准第4小节第1个音符的刻度线单击，确定输入点。

STEP 12 在"简谱"窗口选择音高按钮<u>0</u>与时值按钮0-·，在键盘上按数字键"1"，结果如图1-4-44（a）所示。在"简谱"窗口选择音高按钮<u>0</u>与时值按钮0-，将标尺输入线定位在第5小节第1个音符的位置，在键盘上按数字键"1"，结果如图1-4-44（b）所示。仿照步骤10输入连线记号，如图1-4-44（c）所示。

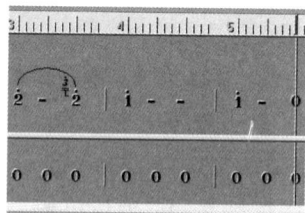 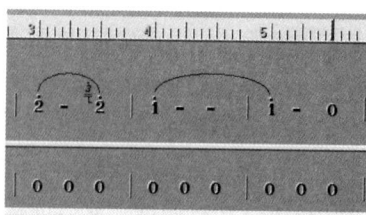

（a）   （b）   （c）

图1-4-44 编辑输入第4～第5小节

STEP 13 打开"简谱"窗口，选择"选择工具"，继续输入后面的音符（见图1-4-45）。

STEP 14 打开"符号-1"窗口，选择其中的"倚音记号"按钮<u>12</u>。选择"输入"按钮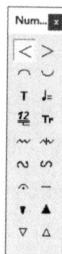，在第7小节第一个音符<u>1</u>的左上角单击，打开"设置装饰音"对话框。首先按图1-4-46（a）所示设置参数，再按图1-4-46（b）所示设置参数。单击"确定"按钮，结果如图1-4-46（c）所示。

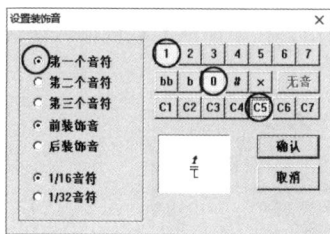

图1-4-45　编辑输入第5～第7小节

🛒 **说明**　如果添加的装饰音记号的位置不合适，可选择"选择工具" ▸，拖动鼠标来移动已添加好的装饰音记号，以改变它的位置。

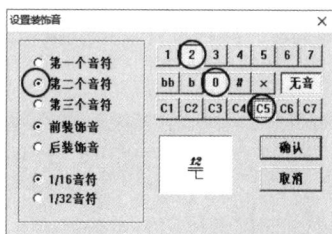

（a）　　　　　　　　　　（b）　　　　　　　　　　（c）

图1-4-46　输入第7小节的装饰音记号

STEP 15　继续输入第8～第9小节的音符及连线记号，如图1-4-47所示。

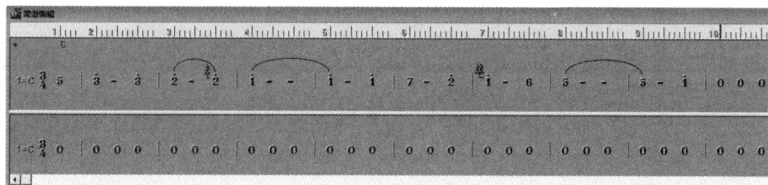

图1-4-47　输入第8～第9小节的音符及连线记号

STEP 16　选择"选择工具" ▸，在第9～第10小节之间的小节线上单击鼠标右键，从打开的"小节线与反复记号"窗口中选择"前反复"记号 ‖：，结果如图1-4-48所示。

STEP 17　继续绘制主旋律-1轨道剩余的简谱符号，如图1-4-49所示。

STEP 18　选择"选择工具" ▸，在"简谱编辑"窗口的下窗格空白处单击，以激活"主旋律-2"轨道。按前面类似的操作方法可绘制该民歌主旋律-2轨道的简谱符号（见图1-4-50）。

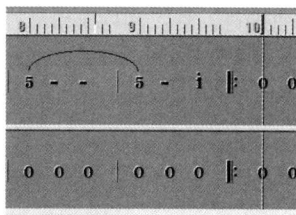

图1-4-48　设置反复记号

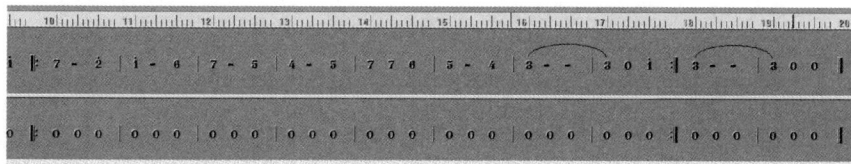

图1-4-49　绘制主旋律-1轨道剩余的简谱符号

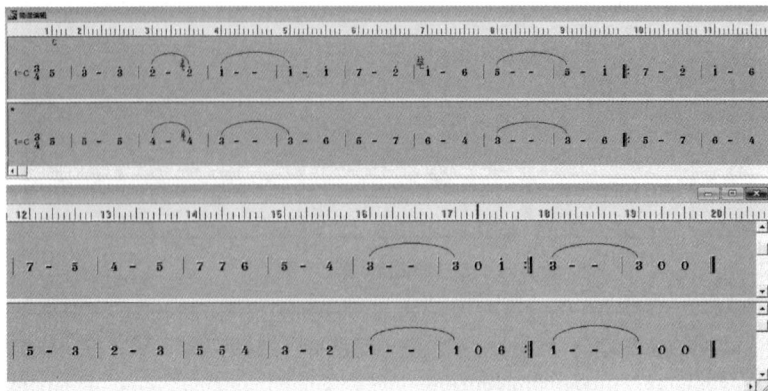

图1-4-50　主旋律-2轨道的简谱符号

STEP 19 在功能区单击"歌词编辑"按钮打开"歌词编辑"窗口，在下窗格的歌词输入窗输入歌词，如图1-4-51所示。

图1-4-51　在歌词输入窗输入歌词

说明 如果歌词与音符不对应，可通过添加空格进行调整。

STEP 20 歌词输入完毕后，关闭"歌词编辑"窗口。此时的"简谱编辑"窗口如图1-4-52所示。

STEP 21 将输入线定位在曲谱的开始，单击工具栏上的"播放"按钮▶，试听声音效果。

STEP 22 在功能区单击"乐谱打印"按钮，打开"乐谱打印"窗口。利用工具栏上的"前页"、"后页"、"设置字体"、"增大行间距"和"减小行间距"等按钮可对打印版面进行调整。利用菜单命令"插入|插入文字"可以添加标题及其他文字。

STEP 23 选择菜单命令"文件|保存"保存文件。选择菜单命令"文件|打印预览"打开打印预览窗口，单击其中的"打印"按钮将乐谱打印出来。

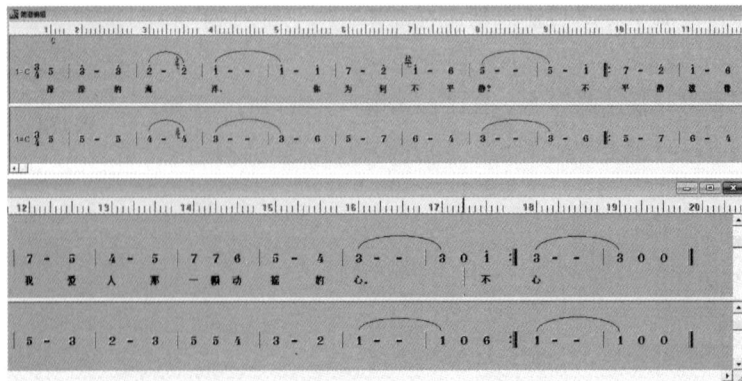

图1-4-52　输入歌词后的"简谱编辑"窗口

习题与思考

一、选择题

1. CD音频是以44.1 kHz的采样频率、16位的量化位数将模拟音乐信号数字化得到的立体声音频，以音轨的形式存储在CD上，文件格式为_____。

    A. *.cdl   B. *.mid   C. *.ra   D. *.cda

2. 以下软件不属于音频处理软件的是_____。

    A. Ulead Video Editor   B. Adobe Audition   C. Samplitude 2496   D. Cakewalk

3. 根据多媒体计算机产生数字音频方式的不同，可将数字音频划分为3类。以下哪一类除外_____。

    A. 波形音频   B. MIDI音频   C. 流式音频   D. CD音频

4. 影响数字音频质量的主要因素有3个，以下_____除外。

    A. 声道数   B. 振幅   C. 采样频率   D. 量化精度

5. Audition CC提供了3种专业的视图，以下_____除外。

    A. 波形视图   B. CD视图   C. 多轨视图   D. 浏览视图

6. 以下人耳不能感应到的声音的频率是_____。

    A. 1 000 Hz   B. 10 000 Hz   C. 50 Hz   D. 50 000 Hz

7. 采样频率为44.1kHz、量化位数为16位的2min立体声音乐约占用_____磁盘存储量。

    A. 21 MB   B. 24 MB   C. 25 MB   D. 26 MB

8. 以下_____不是影响数字音频质量的主要因素。

    A. 采样频率   B. 量化精度   C. 声波周期   D. 声道数

9. Audition CC不能提供_____的功能。

    A. 录音   B. 效果   C. 母盘制作   D. 合成

10. 以下类型的文件中，_____不属于音频文件格式。

    A. AU   B. WMA   C. CD   D. DAT

11. Audition CC波形视图下主要完成_____的任务。

    A. 刻录编辑   B. 合成编辑   C. 多轨编辑   D. 单轨编辑

12. 在以下音频格式中，_____属于无损压缩格式。

    A. AU   B. MP3   C. MIDI   D. WMA

13. 在度量声波属性的重要参数中，_____是指单位时间内声源振动的次数，即声波周期的倒数。

    A. 振幅   B. 频率   C. 相位   D. 周期

14. 以下关于音频压缩的描述中，正确的是_____。

    A. 压缩比例越高，音质损失就越小

    B. PCM是一种无损压缩格式

    C. 音频压缩可去除重复代码和无声信号

    D. MPEG是一种无损压缩格式

15. 音效更好的5.1声道共有6个声道，其中的"1"声道是一个专门设计的重低音声道，用于传送_____的音频信号。

  A. 高于18 000 Hz   B. 高于20 000 Hz   C. 低于200 Hz   D. 低于80 Hz

16. 对音频数据的压缩大多从去除重复代码和去除无声信号两个方面进行考虑。以下_____不是数字音频压缩时综合考虑的主要因素。

  A. 算法是否可逆   B. 音频质量   C. 数据压缩率   D. 计算量

17. 根据多媒体计算机产生数字音频方式的不同，可以将数字音频划分为3类，下列不属于这3类的是_____。

  A. 波形音频   B. MIDI音频   C. CD音频   D. AU音频

18. 在以下音频格式中，_____不属于RealAudio格式。

  A. RA   B. RMX   C. RM   D. AU

19. 以下不属于Audition CC视图模式的是_____。

  A. 波形视图   B. 录音视图   C. CD视图   D. 多轨视图

20. Audition CC是一款专业的音频制作与配音软件。以下_____不属于它所支持的视频文件格式。

  A. RM   B. MPEG   C. WMV   D. AVI

21. _____不是度量声波属性的重要参数。

  A. 振幅   B. 频率   C. 相位   D. 音调

22. 利用Audition CC刻录CD的操作过程如下：将音频插入CD轨道中、编辑CD列表、保存CD列表、刻录CD。整个过程是在Audition CC的_____视图下进行的。

  A. 编辑   B. 多轨   C. CD   D. 浏览

23. 在Audition CC中对单轨音频进行编辑时，通常可以使用标记来指示音频波形的特定位置，对于音频的选择、编辑与播放可以起到很好的辅助作用。在音频播放过程中，按_____键，可以在当前播放指针所在的位置添加标记。

  A. F4   B. F6   C. F8   D. F10

二、填空题

1. _____就是将采样得到的数据表示成有限个数值（每个数值的位数也是有限的），以便在计算机中进行存储。而_____指的是用多少个二进制位（bit）来表示采样得到的数据。

2. _____音频更能反映人们的听觉感受，但需要两倍的存储空间（填"立体声"或"单声道"）。

3. 所谓_____，就是用一定位数的二进制数值来表示由采样和量化得到的音频数据。在不进行压缩的情况下，将音频数据编码存储所需磁盘空间的计算公式为

存储容量（字节）=_____×量化位数×声道数×时间/8（字节）。

4. MIDI音频文件中记录的是一系列_____，而不是波形信息，它对存储空间的需求要比波形音频小得多。

5. 在多轨视图下，使用菜单命令"剪辑|_____"可以裁切掉素材片段上选区以外的部分。

6. 使用菜单命令_____可将当前剪贴板中的波形或其他音频文件的波形与当前波形以指定的方式进行混合。

7. 在多轨视图下，使用菜单命令"文件|导出|多轨混音|_____"可以将所有轨道的

全部素材缩混输出为音频文件。

8. Audition CC 是一款专业的音频制作与配音软件，提供了比Premiere Pro更为完善的_____环境。

9. CD格式是目前音质最好的数字音频格式之一，被誉为天籁之音。标准CD音频采用的是_____kHz采样频率、16位量化精度以及88 kbit/s的传输速率。

10. _____数字音频文件格式诞生于20世纪80年代的德国，它是MPEG标准中的音频部分。它由于所占存储空间小，音质又较好，因此成为网络上的主流音频格式。

11. Audition CC在多轨视图下保存的会话文件的扩展名为_____。

12. 数字音频编码技术_____的英文缩写是PCM。

13. 反相音频处理的手段是指对音频的_____反转180度。

14. 在Audition CC中，在音频波形上连续单击_____次，可以选择整个波形。

15. 在Audition CC的波形视图下选择"混合粘贴"命令，在其对话框中，选择"_____"选项，可以产生淡入/淡出效果。

16. 在用Audition CC编辑单轨音频时，可以使用_____指示音频波形的特定位置，以对音频的选择、编辑与播放提供辅助作用。在音频播放过程中，按_____键，可以在当前播放指针所在位置添加该指示。

17. 在用Audition CC编辑单轨音频时，选择要转化为静音的音频区域，通过菜单命令"_____|静音"即可将选区内的音频转换为静音。

18. 在Audition CC波形视图下，选择菜单命令"效果|时间与变调|伸缩与变调（处理）"，打开"效果−伸缩与变调"对话框。其中"伸缩"参数的值大于100%时表示_____速，小于100%时表示_____速。

19. 在Audition CC波形视图下，除了使用"效果"菜单为音频添加效果外，还可通过"效果组"面板一次性地为音频添加多个效果。但"效果组"面板不支持_____类效果，如删除静音（处理）、标准化（处理）、降噪（处理）、伸缩与变调（处理）等。

20. 在Audition CC多轨视图下，若要为轨道上的单个音频剪辑添加效果，可以双击该音频剪辑，切换到_____视图下为其添加效果，然后再返回多轨视图。

21. 在Audition CC中，CD刻录必须在_____视图下进行，如果在CD列表中插入不同格式的音频文件，刻录时可以自动进行格式转换。

22. Audition CC提供了3种专业的视图：_____视图、_____视图和_____视图。

23. 影响数字音频质量的3个主要因素为_____、_____、_____。

24. 通常44.1 kHz采样频率、16位量化精度、10min的立体声信号需要_____MB的磁盘存储空间（精确到小数点后一位数）。

25. 对音频数据的压缩大多从去除_____和去除_____两个方面进行考虑，在压缩时要综合考虑音频质量、数据压缩率和计算量3个方面的因素。

三、思考题

1. 通过查阅其他相关书籍或通过网络帮助，了解常用的音频处理软件还有哪些；这些软件在功能上与Audition CC有何不同。

2. 通过查阅其他相关书籍或通过网络帮助，了解在使用计算机录音和放音的过程中，音频模拟信号与数字信号如何转化；实现音频模/数（A/D）转化的主要硬件设备是什么。

四、操作题

1. 使用Audition CC录制一段声音（诗歌或散文），并对录制的声音进行处理（裁切、除噪、调整音量等）。选择合适的乐曲为录音添加背景音乐。

操作提示：

（1）将录音话筒与计算机正确连接。

（2）选择麦克风为录音设备。

（3）使用Audition CC录音。

（4）对录制的声音进行处理。

（5）打开相关的乐曲，为录音添加背景音乐（背景音乐的长度、完整性、音量及淡入/淡出效果要做适当处理）。

（6）保存会话文件，并导出MP3格式的缩混音频文件。

2. 利用TT作曲家（1.2标准版）绘制民歌《深深的海洋》（女声二重唱）主旋律-2轨道的简谱（参照图1-4-50）。

第 5 章
视频处理

5.1 数字视频简介

传统的录像机、摄像机等设备产生的模拟视频信号，可通过视频（采集）卡转化为数字视频信号，保存到计算机存储器中，这是获取数字视频信号的传统方法。在数码设备已广泛使用的今天，通过数码录像机、数码摄像机（Digital Video, DV）等新型影音设备就可以很方便地直接获得数字视频信号。图1-5-1所示是国产欧达（Ordro）数码摄像机。

图1-5-1　数码摄像机

本章所谓的"视频信号的处理"，指的是对保存在计算机存储器中的数字视频信号的处理。

数字视频是多媒体计算机系统和现代家庭影院的主要媒体形式之一。了解数字视频的压缩原理和相关的一些基本概念，对数字视频的应用有一定的帮助。掌握数字视频的一些基本处理方法，将会给工作与生活带来不少方便。本节主要介绍数字视频的常用文件格式、数字视频的压缩原理、数字视频的获取途径与基本处理方法、常用的视频处理软件等内容。

5.1.1　常用的视频文件格式

一般来说，不同的压缩编码方式决定了数字视频的不同文件格式。常用的数字视频文件格式包括AVI、MOV、MPEG、DAT、RM和WMV等多种。这些文件格式又分为两类：影像格式和流格式。

1. AVI 格式

AVI格式即音频—视频交错（Audio-Video Interleaved）格式，是将语音和影像同步组合在一起的文件容量格式。AVI格式是Windows系统中的通用格式，属于有损压缩，质量较好，但文件容量太大。由于通用性好，其应用仍十分广泛。通过Windows的媒体播放机、暴风影音等多种播放器都可以观看AVI视频。

AVI文件由3部分组成：文件头、数据块和索引块。数据块包含实际数据流（图像和声音序列数据），是文件的主体；索引块包含数据块列表及各数据块在文件中的位置；文件头包含文件的通用信息、数据格式定义、所用的压缩算法等。

2. MOV格式

MOV格式原本是Apple公司的QuickTime视频格式，后来随着QuickTime软件向PC/Windows环境的移植，使MOV视频文件广为流行。目前，可以使用PC上的QuickTime for Windows软件播放MOV视频。

MOV格式属于有损压缩格式，与AVI格式相同，也采用了音频、视频混排技术，但质量要比AVI格式好一些。MOV格式是一种流式视频格式，在某些方面甚至比WMV和RM更优秀。在MOV格式的已有版本中，4.0版本的压缩率较好。

3. MPEG格式

MPEG是活动图像专家组（Moving Picture Experts Group）的英文缩写。活动图像专家组成立于1988年，目前已颁布了MPEG-1、MPEG-2和MPEG-4三个活动图像及声音编码的国际标准，而支持多媒体信息且基于内容检索的MPEG-7和MPEG-21也在研究中。

MPEG格式采用了MPEG有损压缩算法，压缩比高，质量好，有统一的格式，兼容性好，因而成为目前最常用的视频压缩格式之一，几乎被所有的计算机平台所支持。MPEG格式的文件扩展名有mpeg、mpg等。

在MPEG格式的系列标准中，MPEG-4具有更多优点，其压缩率可以超过100∶1，仍旧保持极佳的音质和画质。MPEG格式的平均压缩比为50∶1，最高可达200∶1，压缩率之高由此可见一斑。

4. DAT格式

DAT是DATA的缩写，这里指的是VCD数据文件的扩展名。DAT格式采用的也是MPEG有损压缩，其结构与MPEG格式基本相同。标准VCD视频的单帧图像的大小为352像素×240像素，和AVI格式或MOV格式相差无几，但由于VCD的帧速率要高得多，再加上有CD音质的伴音，使VCD视频的整体播放效果要比AVI或MOV视频好得多。

5. RM格式

RM（Real Media）格式是Real Networks公司开发的一种流式视频格式，可以根据网络数据传输的不同速率制订不同的压缩比率，其扩展名为rm、ram等。Realplayer工具是播放RM视频的最佳选择。由于传输过程中所需带宽很小，RM格式已成为目前主流的网络视频格式之一。

6. WMV格式

WMV（Windows Media Video）格式是Microsoft公司开发的一种流式视频格式，它所采用的编码技术比较先进，对网络带宽的要求比较低，同时对主机性能的要求也不高。WMV格式能够实现影像数据在因特网上的实时传送。WMV是Windows的媒体播放机所支持的主要视频文件格式。

5.1.2 数字视频的压缩

数据压缩就是对数据重新进行编码。通过重新编码，去除数据中的冗余成分，在保证质量的前提下减少需要存储和传送的数据量。根据视频数据的冗余类型（视觉冗余、空间冗余、时间冗余、结构冗余、信息熵冗余、知识冗余等），常见的压缩编码方法有以下几种。

1. 视觉冗余编码

视频图像中存在着视觉敏感区域和不敏感区域，在编码时可以通过丢弃不敏感区域的数据来压缩视频信息。

2. 空间冗余编码

视频图像中相邻的像素或像素块间的颜色值存在着高度的相关性，利用这种在空间上存在冗余的特性对视频进行压缩编码的方法称为空间冗余编码，也称为空间压缩或帧内压缩（编码是在每一幅帧图像内部独立进行的）。其缺点是压缩率较低，压缩比仅为2~3倍。

3. 时间冗余编码

视频的帧序列中相邻的图像之间存在相关性。具体来讲，视频的相邻帧往往包含相同的背景和运动对象，只不过运动对象所在的空间位置略有不同，所以后一帧画面的数据与前一帧画面的数据有许多共同之处，这种共同性是由于相邻帧记录了相邻时刻的同一场景画面，所以称为时间冗余。同理，视频信息的语音数据中也存在着时间冗余。利用这种在时间上存在冗余的特性对视频进行压缩编码的方法称为时间冗余编码。由于时间冗余编码中只考虑相邻图像间变化的部分，因此压缩率很高。

4. 结构冗余编码

视频图像中的纹理区存在明显的分布模式（重复出现相同或相近的纹理结构），称为结构冗余。例如，方格状的地板、蜂窝、砖墙、草席等图像结构上存在冗余。根据结构冗余的特性对视频进行压缩编码的方法称为结构冗余编码。

5. 信息熵冗余编码

信息熵冗余也称为编码冗余，指一组数据所携带的信息量少于数据本身，由此产生冗余。例如，等长码表示信息相对于不等长码（如Huffman编码）表示信息，就存在冗余。针对信息熵冗余对视频进行压缩编码的方法称为信息熵冗余编码。

6. 知识冗余编码

知识冗余指某些图像的结构可由这些图像的先验知识和背景知识获得。例如，人脸的图像有同样的结构：嘴的上方有鼻子，鼻子上方有眼睛，鼻子在中线上等。人脸的结构可由先验知识和背景知识得到。针对知识冗余对视频进行压缩编码的方法称为知识冗余编码。

视频图像压缩的一个重要标准就是MPEG，它是针对运动图像设计的，是运动图像压缩算法的国际标准。MPEG标准分成MPEG视频、MPEG音频和MPEG系统（视频、音频同步）三大部分。MPEG算法除了对单幅图像进行帧内编码外，还利用图像序列的相关特性去除了帧间图像冗余，大大提高了视频图像的压缩比。

总体来说，MPEG在3个方面优于其他压缩/解压缩方案。首先，由于它一开始就是作为一个国际化的标准来研究制定的，所以，MPEG具有很好的兼容性；其次，MPEG能够比其他算法提供更好的压缩比，最高可达200：1；更重要的是，MPEG在提供高压缩比的同时，对数据的损失很小。

5.1.3 常用的视频处理软件

数字视频信息的处理包括视频画面的剪辑，切换、抠像、滤镜、运动等效果的施加，标题与字幕的创建和配音等。

常用的视频处理软件有Ulead Video Editor、Ulead Video Studio（绘声绘影）、Adobe Premiere、Adobe After Effects等。

1. Ulead Video Editor

Ulead Video Editor是友立公司（2005年被Corel公司收购）生产的数码影音套装软件包Media Studio Pro中的软件之一，是一款准专业的数码视频编辑软件。Video Editor提供了强大的视频编辑功能和丰富多彩的视频效果，学习起来也非常简便。

除了Video Editor之外，Media Studio Pro软件包还包括Audio Editor（音频编辑）、Video Capture（视频捕获）等软件。

2. Ulead Video Studio

Ulead Video Studio即绘声绘影（目前在Corel公司旗下），是一款专门为个人及家庭设计的比较大众化的影片剪辑软件。绘声绘影首创双模式操作界面，无论是入门新手还是高级用户，都可以根据自己的需要轻松体验影片剪辑与制作的乐趣。

绘声绘影提供了向导式的编辑模式，操作简单、功能强大；具有捕获、剪辑、切换、滤镜、叠盖、字幕、配乐和刻录等多重功能。可方便快捷地从用MV、DV、TV等设备拍摄的如个人写真、旅游记录、宝贝成长、生日派对、毕业典礼等视频素材中，剪辑出具有精彩创意的影片，并制作成VCD、DVD影音光碟，与亲朋好友一同分享。

3. Adobe Premiere

Adobe Premiere 是Adobe公司推出的专业的视频编辑软件，功能强大。该软件可用于视频和音频的非线性编辑与合成，特别适合处理由数码摄像机拍摄的影像。其应用领域有影视广告片制作、专题片制作、多媒体作品合成及家庭娱乐性质的计算机影视制作（如婚庆、家庭和公司聚会）等。Premiere不仅适合初学者使用，而且完全能够满足专业用户的各种要求。

4. Adobe After Effects

Adobe After Effects是目前比较流行的功能强大的影视后期合成软件。与Premiere不同的是，它比较侧重于视频的效果加工和后期包装，是视频后期合成处理的专业非线性编辑软件，主要用于电影、录像、DV、网络上的动画图形和视觉效果设计。

After Effects拥有先进的设计理念，能够与Adobe的其他产品，如Photoshop、Premiere和Illustrator进行很好的集成。另外，After Effects还可以通过插件桥接，与3ds Max、Flash等软件通用。

5.2 非线性视频编辑大师Premiere Pro CC

Premiere Pro CC是由Adobe公司推出的一款非常优秀的非线性视频编辑软件，是当今业界最受欢迎的视频编辑软件之一。

非线性编辑的硬件平台主要有3种：SGI（图形工作站）平台、MAC（苹果电脑）平台和PC平台。非线性编辑技术主要包括图层、通道、遮罩、效果（包括滤镜、切换、运动等）、键控（即抠像）、关键帧等技术。

5.2.1 新建项目文件

启动Premiere Pro CC 2015，进入"开始"界面（见图1-5-2）。单击"新建项目"按钮，打开"新建项目"对话框，如图1-5-3所示。

根据需要设置好相关参数，单击"确定"按钮，新项目创建完成，并进入Premiere Pro CC 2015的默认工作界面，如图1-5-4所示。

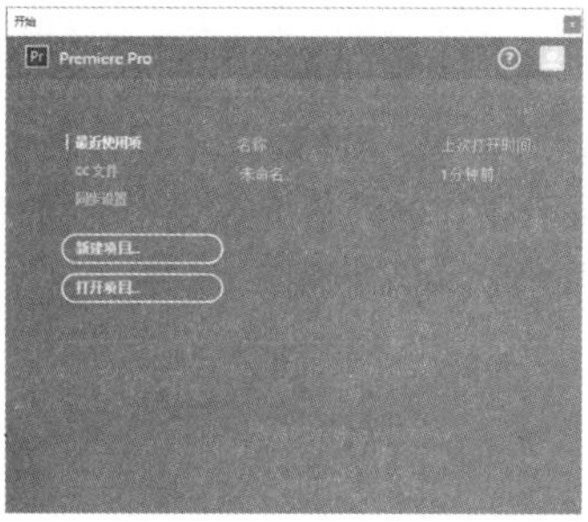

图1-5-2 "开始"界面 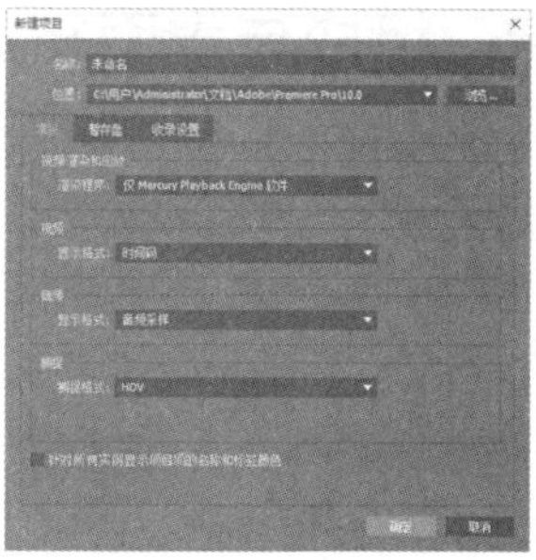　　　　　图1-5-3 "新建项目"对话框

根据需要设置好相关参数，单击"确定"按钮，新项目创建完成，并进入Premiere Pro CC 2015的默认工作界面，如图1-5-4所示。

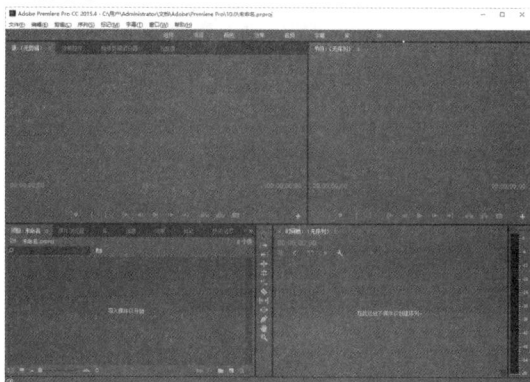

图1-5-4 默认项目编辑环境

5.2.2 新建序列

选择菜单命令"文件|新建|序列（Sequence）"，打开"新建序列"对话框，如图1-5-5（a）所示。

在"序列预置"选项卡中，可根据原素材的画面大小及格式来选择项目模式。如果要制作高清视频，需要选择HDV-HDV720P25模式；如果要制作超清视频，需要选择AVCHD-AVCHD 1080P25模式，这是目前

（a）"序列预设"选项卡　　　　（b）"设置"选项卡

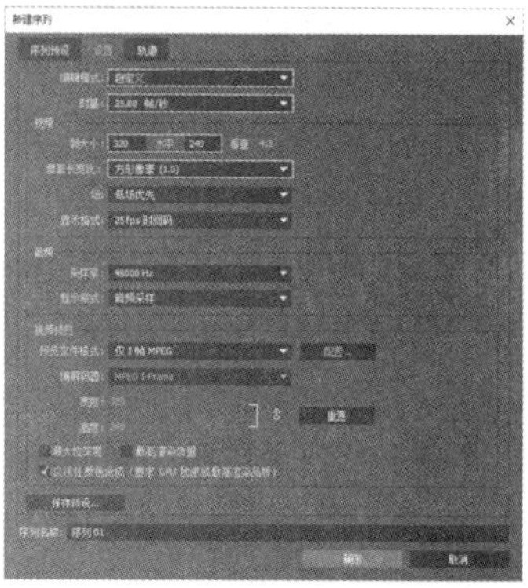

图1-5-5 "新建序列"对话框

最常用的超清尺寸。在"设置"选项卡中，可以对所选预置模式的参数进行修改。如果要改变画面大小（帧大小），必须在"编辑模式"下拉列表中选择"自定义"选项，如图1-5-5（b）所示。在"轨道"选项卡中，可以设置序列中音频与视频轨道的数目、音频轨道的类型等参数。

设置好上述基本参数，最后输入序列名称，单击"确定"按钮，进入Premiere默认的编辑界面。也可以将素材直接拖动到"时间轴"窗口，这样创建的序列与第一个拖入的素材的格式一致。序列创建好之后，存放在"项目"窗口，也可以被其他序列调用。

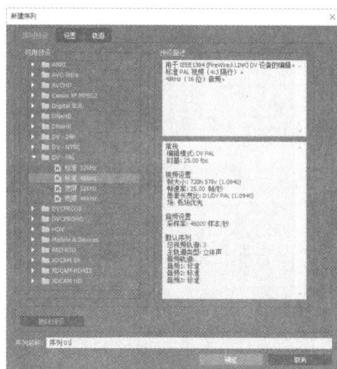

5.2.3 窗口组成与界面布局

Premiere Pro CC 2015根据用户的不同需要，提供了"编辑（Editing）"（默认）、"效果（Effects）"、"音频（Audio）"和"颜色（Color）"等多种界面模式。可以通过选择菜单"窗口|工作区（Workspace）"下的相应命令实现不同界面模式间的切换。

Premiere Pro CC 2015的工作界面由各种小窗口与面板组成，通常由几个小窗口或面板组合成一个面板组。

1. "项目"窗口

"项目（Project）"窗口用于导入、存放和管理素材。在"项目"窗口中双击某一素材，可以在"源"窗口中打开并进行预览。

2. "源"窗口

"源（Source）"窗口用于预览原始素材，标记素材、设置素材的出入点等基本编辑，并将素材拖动到"时间轴"窗口的相应轨道。

3. "时间轴"窗口

"时间轴（Timeline）"窗口是项目文件的主要编辑场所，可以按时间顺序排列素材，剪辑素材，在素材上添加效果，在素材间添加切换，进行轨道叠盖等操作。

4. "节目"窗口

"节目（Program）"窗口主要用于预览视频项目编辑合成的最终效果。

5. "工具"面板

"工具（Tools）"面板提供了用户在"时间轴"窗口编辑操作的常用工具。

6. "效果"面板

"效果（Effects）"面板提供了添加在时间轴轨道素材上的各种效果、预设效果和第三方插件效果。

7. "效果控件"面板

"效果控件（Effect Controls）"是对施加在时间轴轨道素材上的各种效果进行参数设置的主要场所。

8. "音频剪辑混合器"面板

"音频剪辑混合器（Audio Clip Mixer）"面板是在Premiere Pro CC环境中进行录音和对音频编辑的主要场所。

9. "信息"面板

"信息（Info）"面板用于显示当前选中素材的各种信息。

10. "历史记录"面板

"历史记录（History）"面板记录对项目文件的所有操作，必要时可以很方便地撤销或恢复操作。

用户可以根据需要和操作习惯对不同的面板组进行拆分并重新组合。若按住Ctrl键不放，同时向外拖动上述面板或小窗口的标签部位，可使面板或小窗口脱离面板组，变成浮动形式。选择菜单命令"窗口|工作区|重置为保存的布局"，可将当前程序窗口恢复到初始布局。

5.2.4 导入与管理素材

学会如何导入（Import）与管理素材，是进行视频合成的基本要求。

1. 导入素材

在Premiere Pro CC中，可以从外部导入到项目文件中的素材包括音频、视频、图形图像等，甚至还可以导入After Effects项目文件。

选择菜单命令"文件|导入（Import）…"，或者在"项目"窗口的素材列表区（或图标区）空白处单击鼠标右键，从弹出的快捷菜单中选择"导入…"命令，打开"导入"对话框。选择要导入的素材文件，单击"打开"按钮，可将素材导入到"项目"窗口中，如图1-5-6所示。

图1-5-6 "项目"窗口

此外，通过单击"导入"对话框中的"导入文件夹"按钮，可将所选文件夹中的素材一起导入到"项目"窗口中。

2. 管理素材

当导入素材的种类和数量都比较多时，就需要对"项目"窗口的素材进行科学管理。

（1）查看素材

查看素材的常用操作如下。

● 单击"项目"窗口左下角的"列表视图"按钮，以列表方式显示素材。

● 单击"项目"窗口左下角的"图标视图"按钮，以图标方式显示素材。

● 在"项目"窗口中，双击要查看的素材，或将素材直接拖动到"源"窗口，可在"源"窗口中查看素材。

● 在"项目"窗口中用鼠标右键单击某一素材，从弹出的快捷菜单中选择"属性"命令，可打开"属性"面板，查看该素材文件的详细信息。

（2）为素材分类

在"项目"窗口中对素材进行分类的方法如下。

STEP 01 通过单击"项目"窗口底部的"新建素材箱"按钮，新建各类素材文件夹。

STEP 02 将各素材拖动到对应类型的文件夹上（可选中多个素材一起拖动），如图1-5-7所示。

STEP 03 在"项目"窗口中选择某个素材文件夹，使用"文件|导入…"命令可将素材直接导入到该文件夹中。

（3）重命名素材

在"项目"窗口，可采用下列方法之一重新命名素材或素材文件夹。

● 在素材或素材文件夹上单击鼠标右键，从弹出的快捷菜单中选择"重命名"命令。

● 选中素材或素材文件夹后，单击素材或素材文件夹的名称，进入名称编辑状态，输入新名称，按Enter键。

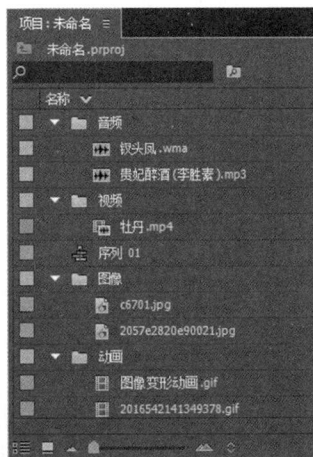

图1-5-7 分类素材

5.2.5 编辑素材

编辑素材是视频合成的重要内容。在Premiere Pro CC中，"源"窗口、"时间轴"窗口和"节目"窗口是对素材进行编辑加工的3个重要场所。其中，尤以"时间轴"窗口最为重要。

1. 在"源"窗口编辑素材

在将原始素材插入轨道之前，可以先在"源"窗口预览素材内容，并进行必要的编辑处理，如设置入点与出点，以规定插入到轨道的素材范围；设置素材标记，以便快速查找到素材的特定片段等。这些操作主要是依靠"源"窗口底部的控制按钮完成的，如图1-5-8所示。

图1-5-8 "源"窗口

- **适合 ▼**：单击该按钮，设置素材的显示比例。
- **{**：单击该按钮，可以在时间指示器所在的位置为素材设置入点。入点前的部分被裁剪掉。在时间线菜单中选择"清除入点"命令可清除入点标记。
- **}**：为素材设置出点（操作方法与入点的设置类似）。出点后的部分被裁剪掉。
- **▼**：单击该按钮可以在时间指示器所在的位置为素材添加一个标记。在时间线上单击鼠标右键，在弹出的快捷菜单中有清除标记的相应命令。
- **←|**：单击该按钮，时间指示器跳转到入点所在的位置。
- **→|**：单击该按钮，时间指示器跳转到出点所在的位置。
- **品**：单击该按钮，将素材插入到"时间轴"窗口中当前轨道播放指针的后面，指针后面的原有素材依次后移。
- **品**：单击该按钮，将素材插入到"时间轴"窗口中当前轨道播放指针的后面，指针后面的原有素材被覆盖。
- 除了使用品或品按钮从"源"窗口向时间轴轨道插入素材外，还可以将素材从"源"窗口的素材预览区或"项目"窗口直接拖动到"时间轴"窗口的对应轨道上。
- **📷**：单击该按钮，可导出时间指示器所在位置的当前静帧图片。

2. 在"时间轴"窗口编辑素材

Premiere Pro CC的"时间轴"窗口如图1-5-9所示，它是素材编辑与视频合成的主要场所。

（1）定位播放指针

在"时间轴"窗口，水平拖动播放指针的头部▼，或在标尺的某个位置单击，可改变播放指针的位置。

在"时间轴"窗口左上角的时间标志 00:03:53:15 （表示当前播放指针的位置，默认格式为

"时：分：秒：帧"）上单击，进入编辑状态，输入新的时间值，按Enter键，可精确定位播放指针。

（2）选择与移动素材

在"工具"面板（见图1-5-10）上选择"选择工具"。

● 选择素材：在轨道上单击可选择单个素材，按住Shift键单击可加选素材，通过在轨道上拖动鼠标指针可框选素材。

● 移动素材：在同一轨道内或同类轨道间拖动选中的素材，可改变素材的位置。

● 精确定位素材：选择时间线左上角的"对齐"按钮，并将播放指针精确定位于某一时间点，通过拖动素材使之吸附到播放指针。

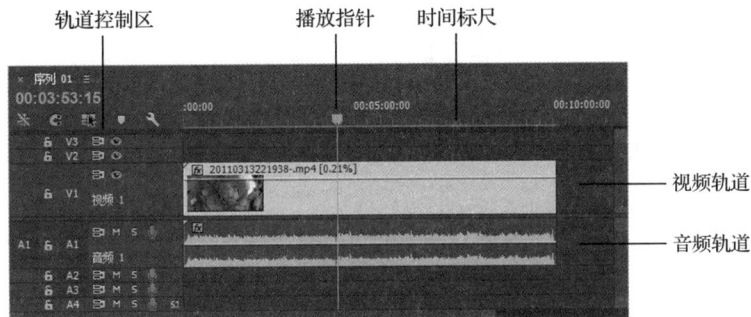

图1-5-9 "时间轴"窗口　　　　　　　　图1-5-10 "工具"面板

（3）裁切素材

裁切素材就是将素材多余的部分裁剪掉，或将裁剪掉的部分恢复。可采用下列方法之一裁切素材。

在"工具"面板上选择"选择工具"，将鼠标指针停放在素材的左右边缘上，指针变成 或 形状，按下左键左右拖动，可对素材进行裁切。在拖动延长恢复音频或视频素材时，不能超过其原始素材的长度。

在"工具"面板上选择"波纹编辑工具"，可使用类似的操作方法裁切素材。与选择工具的不同之处在于，使用"波纹编辑工具"裁切素材后，同一轨道上后续素材的位置会产生相应的变化，使得素材间距保持不变。

（4）分割素材

在"工具"面板上选择"剃刀工具"，将鼠标指针定位于素材上要分割的位置（可事先用播放指针进行精确定位），单击可将素材分割成两部分，每一部分都可以进行单独编辑。

（5）复制与粘贴素材

在"时间轴"窗口复制与粘贴素材的方法如下。

STEP 01 在轨道上选择要复制的素材。

STEP 02 选择菜单命令"编辑|复制"或按Ctrl+C组合键复制素材。

STEP 03 选择目标轨道，将播放指针定位于要添加素材的时间点。

STEP 04 选择菜单命令"编辑|粘贴"或按Ctrl+V组合键，将素材粘贴到目标轨道上播放指针所在的位置。

（6）停用素材

停用素材指的是隐藏视频素材或静音音频素材。只需在要停用的素材上单击鼠标右键，从弹出的快捷菜单中取消选择"启用（Enable）"命令即可。再次选择"启用（Enable）"命令，可重新启用该素材。

在轨道控制区，通过单击眼睛图标 ，可隐藏或显示对应的整个视频轨道；通过单击静音图标 ，可静音或取消静音对应的整个音频轨道。

（7）组合素材

在轨道上选择要组合的多个素材，在选中的素材上单击鼠标右键，从弹出的快捷菜单中选择"编组（Group）"命令即可将这些素材组合在一起。要想解开组合，只需在素材组合上单击鼠标右键，从弹出的快捷菜单中选择"取消编组（Ungroup）"命令。

组合（Group）的作用是将多个素材作为一个整体进行处理（如移动、复制、粘贴等）。

（8）设置回放速度

采用下列方法之一，可改变视频或音频的回放速度，获得电影中的慢镜头、快播等效果。

● 在"时间轴"窗口选中相应的素材，选择菜单命令"剪辑（Clip）|速度/持续时间（Speed/Duration）"，或在轨道素材上单击鼠标右键，在弹出的快捷菜单中选择相同的命令，打开"速度/持续时间"对话框，如图1-5-11所示。在对话框中修改"速度"或"持续时间"参数的值即可。

● 在"工具"面板上选择"比例拉伸工具" ，将鼠标指针停放在音频或视频素材的左右边缘上，指针变成 或 形状，按下左键左右拖动，可快速方便地调整剪辑的回放速度。

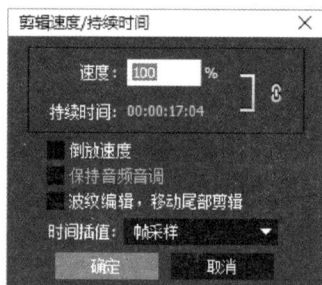

（a）调整视频回放速度　　　　　　　（b）调整音频回放速度

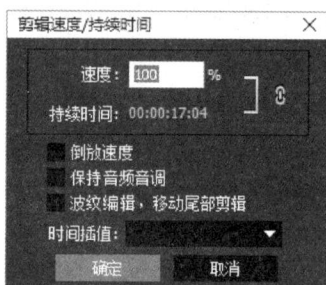

图1-5-11　调整回放速度

（9）音频与视频的链接

将包含音频的视频素材插入到某个视频轨道上时，其中的音频被放置在下面的音频轨道上。此时音频与视频是链接在一起的，只能一起编辑。若仅需要保留其中的一方，就必须将二者分离，删除另一方。操作方法如下。

STEP 01 在时间轴轨道上选择含有音频的视频剪辑。

STEP 02 选择菜单命令"剪辑（Clip）|取消链接（Unlink）"，或在素材上单击鼠标右键，从弹出的快捷菜单中选择相同的命令。

此时，可以单独选择取消链接后的音频或视频的任何一方，按Delete键将其删除。

（10）添加与删除轨道

在视频项目的编辑中，如果需要增加轨道，可按下述方法进行。

STEP 01 选择菜单命令"序列|添加轨道"，打开"添加轨道"对话框，如图1-5-12所示。

STEP 02 在"添加轨道"对话框中设置要添加的轨道类型、轨道数量和轨道位置，单击"确定"按钮。

如果要删除多余的轨道，可按下述方法操作。

STEP 01 选择菜单命令"序列|删除轨道"，打开"删除轨道"对话框，如图1-5-13所示。

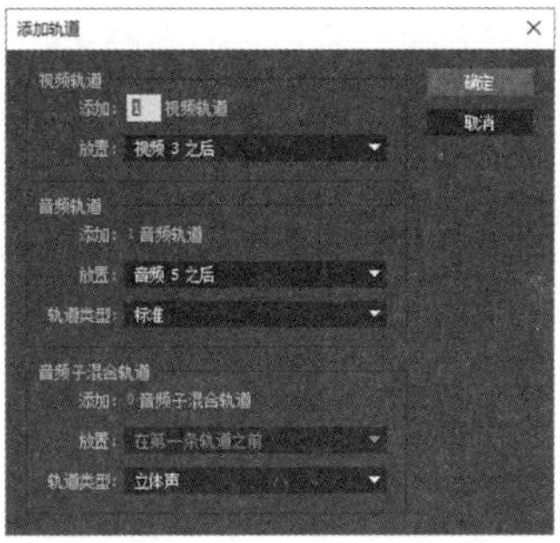

图1-5-12 "添加轨道"对话框 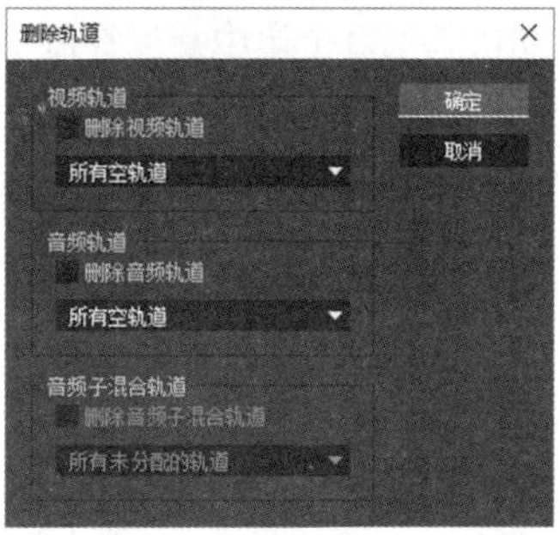   图1-5-13 "删除轨道"对话框

STEP 02 在"删除轨道"对话框中选择要删除的轨道,单击"确定"按钮。

(11)轨道的锁定

锁定轨道的目的是防止对轨道上的素材进行修改。通过单击轨道左侧的"切换轨道锁定"按钮 🔓/🔒,可锁定轨道或解锁轨道。

(12)展开与折叠轨道

"时间轴"窗口中的轨道在默认设置下都是最小化的。单击"时间轴"窗口左上角的"时间轴显示设置"按钮 🔧,从弹出的菜单中选择"展开所有轨道"命令可展开所有轨道,选择"最小化所有轨道"命令可折叠所有轨道。

将鼠标指针定位于视频轨道顶部的水平分割线,此时鼠标指针变成 ↕ 标志,向上拖动鼠标指针可展开单个视频轨道。同样,将鼠标指针定位于音频轨道底部的分割线,向下拖动鼠标指针可展开单个音频轨道,如图1-5-14所示。

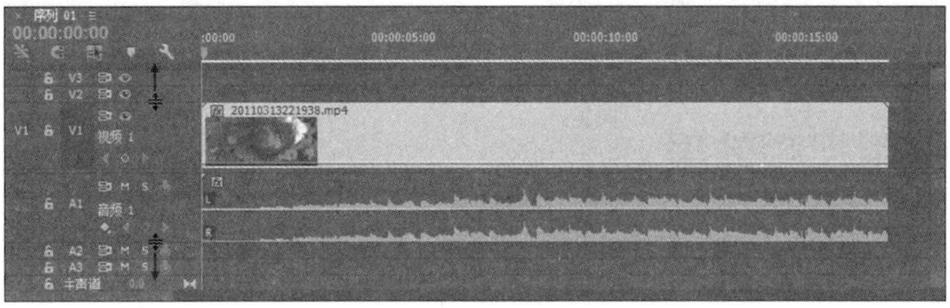

图1-5-14 展开单个轨道

3. 在"节目"窗口编辑素材

利用"节目"窗口,可以对插入到时间轴轨道中的素材进行处理,方法大多与"源"窗口类似;只是在素材编辑中,"节目"窗口一般要配合"效果控件"面板一起使用。另外,利用"节目"窗口还可以对视频轨道上的素材进行以下处理。

(1)改变素材大小

在视频合成中,常常需要修改视频轨道素材的像素尺寸。操作方法如下。

STEP 01 在"时间轴"窗口的视频轨道上选择要变换的素材(素材亮色显示),并将播放指针定位于所选素材的时间范围内,如图1-5-15所示。

STEP 02 在"效果控件"面板展开"运动"参数区,取消选择"等比缩放"复选框,并选中"运动"选项。

STEP 03 在"节目"窗口中单击选择要缩放的素材,显示变换控制框,如图1-5-16所示(如果在"效果控件"面板未选中"运动"选项,需要在"节目"窗口双击才能选择要缩放的素材)。

STEP 04 拖动控制框每个边中点的控制块，可单方向改变素材画面的大小。按住Shift键并拖动控制框4个角的控制块，可成比例缩放素材。

STEP 05 在变换控制框的外面单击，隐藏控制框。

当素材画面较大时，可能看不到或不能全部看到变换控制框，从而无法进行缩放、旋转等操作。此时，可适当减小节目窗口的显示比例。

（2）移动和旋转素材

为了创建视频的运动效果，有时需要改变素材的位置和角度。操作方法如下。

STEP 01 在"节目"窗口中显示变换控制框。

STEP 02 将鼠标指针置于控制框内，拖动鼠标可移动素材；在控制框外围的控制块附近（离控制块稍远一点，此时鼠标指针形状类似↖）沿逆时针或顺时针方向移动光标，可旋转素材，如图1-5-16所示。

图1-5-15　选择要变换的素材　　　　图1-5-16　变换控制框

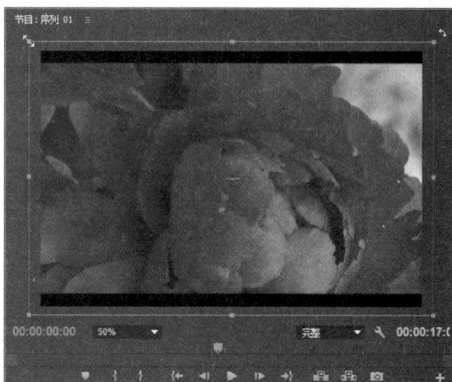

5.2.6　使用视频效果

视频效果又称视频滤镜，与Photoshop中的滤镜类似，主要区别在于Photoshop滤镜仅作用于单张图像；而视频滤镜要施加在视频剪辑的各个帧画面上，其功能更强，运算量更大。视频效果不仅可以用于视频剪辑，还可以用在图形图像、字幕等类型素材的剪辑上。运用视频效果，可以对原始素材进行各种特殊处理，以满足影片制作的要求。

1. 视频效果的添加

STEP 01 若"效果"面板没有打开，可选择菜单命令"窗口|效果（Effects）"将其打开。

STEP 02 在"效果"面板中展开"视频效果（Video Effects）"或"预设（Presets）"文件夹，将要使用的效果拖动到"时间轴"窗口的视频、图形图像或字幕等剪辑上。

2. 视频效果的编辑

STEP 01 在"时间轴"窗口的视频轨道上选择添加了视频效果的剪辑。

STEP 02 若"效果控件"面板没有打开，可选择菜单命令"窗口|效果控件（Effect Controls）"将其打开。

STEP 03 在"效果控件"面板上展开要编辑的视频效果，根据需要修改其中参数。

STEP 04 利用"效果控件"面板，可以在剪辑时间线的不同位置添加特定参数的关键帧，并在不同关键帧上设置不同的参数值，以实现视频效果在前后关键帧之间的变化，如图1-5-17所示。

3. 视频效果的删除

STEP 01 在视频轨道上选择要删除视频效果的剪辑。

STEP 02 展开"效果控件"面板,在要删除的效果名称上单击鼠标右键,从弹出的快捷菜单中
选择"清除"命令,如图1-5-18所示。

图1-5-17　设置视频效果参数　　　　　　　　图1-5-18　删除视频效果

4. 内置视频效果简介

内置视频效果即Premiere Pro CC自带的、随软件一起安装的视频效果。常用的内置视频效果如下。

(1)"过时(obsolete)""颜色校正""调整"与"图像控制"效果组

这4组效果主要用于调整素材影像的颜色,或营造一种特殊的色彩氛围。

"过时"效果组包括"RGB曲线""RGB颜色校正器""阴影/高光"等效果。图1-5-19所示
是"RGB曲线"效果的使用案例(增加红、绿原色的对比度,降低蓝色的含量)。

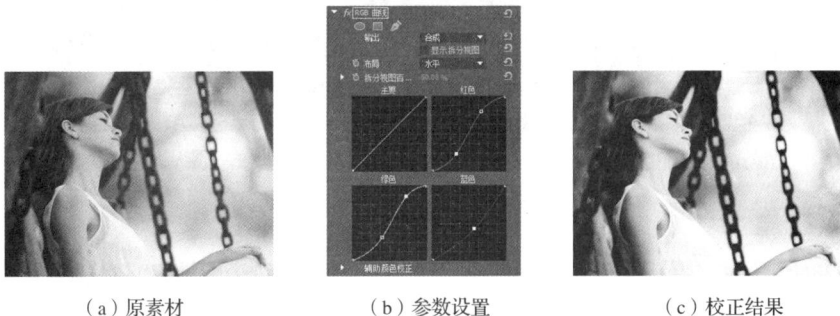

(a)原素材　　　　　　(b)参数设置　　　　　　(c)校正结果

图1-5-19　使用"RGB曲线"效果

"颜色校正"效果组包括"亮度与对比度""颜色平衡"等效果,"调整"效果组包括"光照效
果""色阶"等效果,"图像控制"效果组包括"颜色平衡(RGB)""颜色替换""黑白"等效果。

图1-5-20所示是"光照效果"的使用案例。

(a)原素材　　　　　　(b)参数设置　　　　　　(c)光照效果

图1-5-20　使用"光照"效果

（2）"模糊与锐化"效果组

"模糊与锐化"效果组用于模糊或锐化视频画面，改变画面的对比度，可产生朦胧、聚焦、运动等效果，具体包括"方向模糊""高斯模糊""锐化"等效果。图1-5-21所示是"方向模糊"效果的使用案例。

（a）原素材　　　　（b）参数设置　　　　（c）模糊效果

图1-5-21　使用"方向模糊"效果

其实"效果"面板中的"预设/模糊/快速模糊入点、快速模糊出点"就是"高斯模糊"效果的典型应用，经常用来设置视频画面淡入和淡出的特殊效果。

（3）"通道"效果组

"通道"效果组用于合成反向、叠加等多种影像效果，包括"反转""混合""计算""设置遮罩（蒙版）"等效果。图1-5-22所示是"混合"效果的使用案例。

"通道"效果使用案例

（a）视频2轨道素材　　　（b）视频1轨道素材　　　（c）混合结果

图1-5-22　使用"混合"效果

图1-5-23所示是"设置遮罩"效果的使用案例，实现了任意2个视频的渐变过渡（具体操作可参考"第5章素材\视频渐变透明效果\视频渐变透明效果（PR）.prproj"）。

"设置遮罩"效果使用案例

（a）视频渐变过渡效果　　　（b）参数设置及时间轴轨道素材放置

图1-5-23　使用"设置遮罩"效果

（4）"扭曲"效果组

"扭曲"效果组提供了对视频画面进行扭曲变形的多种方法，包括"位移""变换""旋转""边角定位""镜像"等效果。图1-5-24所示是"边角定位"效果的使用案例（在"效果控件"面板选择"边角定位"效果名称，可直接在"节目"窗口中拖动素材产生变形，图1-5-24（d）左图所示）。

"边角定位"效果使用案例

（a）变形前　　　　　　　　　　　　　（b）变形后字幕出现

（c）拖动素材产生变形　　　　　　　　　（c）参数设置

图1-5-24　使用"边角定位"效果

（5）"键控"效果组

"键控"效果组提供了基于亮度和特定颜色的多种抠像方法，包括"亮度键""颜色键""图像遮罩键""轨道遮罩键"等效果。图1-5-25所示是"颜色键"效果的使用案例。

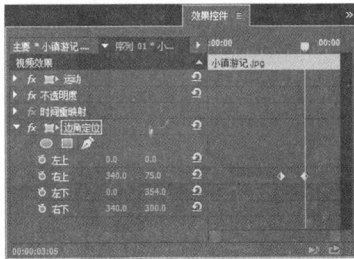

"颜色键"效果使用案例

（a）视频轨道2室内播音视频　　　　　　（b）视频轨道1外景视频

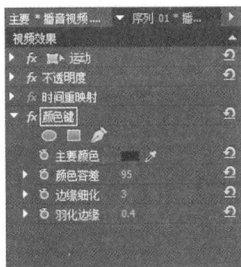

（c）参数设置　　　　　　　　　　（d）合成视频

图1-5-25　使用"颜色键"效果

（6）"透视"效果组

"透视"效果组用于对素材施加透视、倒角、投影等多种效果，包括"基本3D""斜角

Alpha""斜角边""阴影"等效果。图1-5-26所示是"基本3D"效果的使用案例。

（a）原始素材　　　　　（b）基本3D效果　　　　　（c）参数设置

图1-5-26　使用"基本3D"效果

（7）"生成"效果组

"生成"效果组用于在视频画面上产生叠加（单色、渐变或图案）、镜头光晕、闪电等效果。图1-5-27和图1-5-28所示分别是"棋盘"与"镜头光晕"效果的使用案例。

（a）原素材　　　　　（b）效果与参数设置（颜色为白色）

图1-5-27　使用"棋盘"效果

（a）原素材　　　　　（b）效果与参数设置

图1-5-28　使用"镜头光晕"效果

（8）"风格化"效果组

"风格化"效果组包括"浮雕""马赛克""画笔描边""闪光灯"等效果，应用案例如图1-5-29所示。

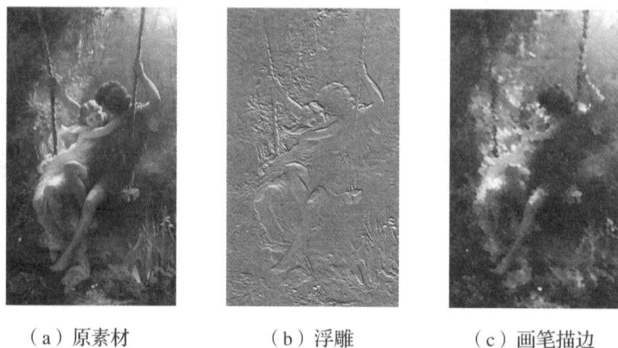

（a）原素材　　　（b）浮雕　　　（c）画笔描边

图1-5-29　使用"风格化"效果

（9）"变换"效果组

"变换"效果组用于对素材施加水平翻转、垂直翻转、裁剪和羽化边缘等变换，效果如图1-5-30所示。

（a）原素材　　　（b）水平翻转　　　（c）垂直翻转　　　（d）裁剪

图1-5-30　使用"水平翻转""垂直翻转""裁剪"效果

（10）"过渡"效果组

"过渡"效果组提供了上下层视频轨道之间画面切换的多种方法，包括"块溶解""渐变擦除""径向擦除""线性擦除""百叶窗"等多种效果。图1-5-31所示是"百叶窗"效果的使用案例（效果添加在上层视频轨道）。

（a）原素材　　　　　　　　（b）效果与参数设置

图1-5-31　使用"百叶窗"效果

（11）"视频"效果组

"视频"效果组提供了"时间码""剪辑名称""SDR遵从情况"等效果。图1-5-32所示是为一场足球赛的视频添加的"时间码"效果，以便观众随时了解比赛进行了多少时间。

（a）原素材　　　　　　　　（b）添加时间码

图1-5-32　使用"时间码"效果

（12）"杂色与颗粒"效果组

"杂色与颗粒"效果组包括"中间值""杂色""蒙尘与划痕"等效果，作用是在图像上添加杂色，创建颗粒状的纹理效果，还能够减弱或移除图像中的瑕疵，如杂点和划痕等。图1-5-33所示是使用"蒙尘与划痕"效果（通过钢笔工具创建路径蒙版），获得皮肤美化而五官与头发依旧保持清晰的人物磨皮效果。

（a）参数设置　　　　　　　　　　　（b）磨皮效果

图1-5-33　使用"蒙尘与划痕"效果

在为素材添加视频效果的同时，可以在素材时间线的不同位置插入关键帧，并根据实际需要设置不同的参数值，以实现视频效果的动态过渡，增加影片的艺术效果和可观赏性。"预设/模糊"中的"快速模糊入点"与"快速模糊出点"就是很好的例子。

使用"蒙尘与划痕"效果

5. 外挂效果插件简介

Premiere的外挂效果插件是由Adobe公司之外的第三方厂商开发的。这类插件按正确的方法安装好之后，也出现在Premiere的"效果"面板中，与内置效果用法类似。关于Premiere Pro CC外挂效果插件的安装应注意以下几点。

● 外挂效果插件要复制或安装在…\ Premiere Pro CC \ Plug-Ins \ Common文件夹下。

● 安装后一定要重启Premiere程序。

5.2.7　使用过渡效果

1. 添加过渡效果

STEP 01 若"效果"面板没有打开，可选择菜单命令"窗口|效果"将其打开。

STEP 02 将两段剪辑在同一视频轨道上前后衔接放置（无须重叠），如图1-5-34所示。

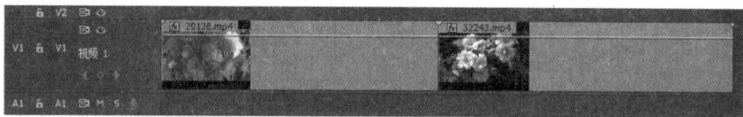

图1-5-34　并列放置素材，无须重叠

STEP 03 在"效果"面板中展开"视频过渡"文件夹，将要添加的过渡效果拖动到两段剪辑的衔接处，如图1-5-35所示。

图1-5-35　将过渡效果拖动到剪辑的衔接处

2. 设置过渡效果参数

STEP 01 使用"缩放工具"放大剪辑的衔接处，显示过渡效果的名称。

STEP 02 使用"选择工具"单击选择要编辑的过渡效果。

STEP 03 在"效果控件"面板中设置过渡效果的参数。

（1）调整过渡效果的持续时间

可采用下列方法之一调整过渡效果的持续时间。

● 在"时间轴"窗口，使用"选择工具"直接拖动过渡效果的左右两边（可放大后操作，此时鼠标指针显示为┣或┫形状），如图1-5-36所示。

图1-5-36 在"时间轴"窗口改变过渡的持续时间

● 在"效果控件"面板的时间线窗格（右窗格）拖动过渡效果的左右两边，或在参数区直接修改"持续时间"的值，如图1-5-37所示。

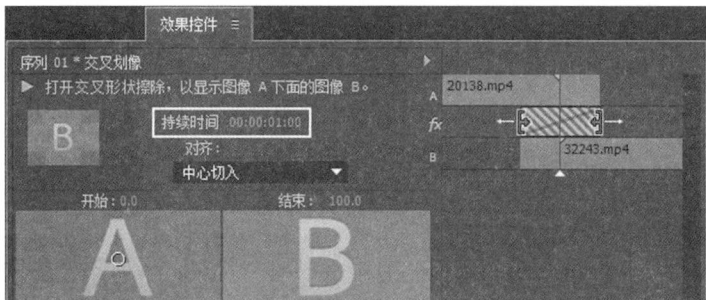

图1-5-37 在"效果控件"面板改变过渡效果的持续时间

（2）选择过渡效果的时间位置

可采用下列方法之一选择过渡效果的时间位置。

● 在"效果控件"面板的参数区，通过"对齐"下拉菜单选择过渡效果的时间位置，包括"中心切入""起点切入""终点切入""自定义起点"4个选项，如图1-5-38所示。

● 在"效果控件"面板的时间线窗格（右窗格），在过渡效果区域内左右拖动时间线（此时鼠标指针的形状为✦➡），如图1-5-38所示。

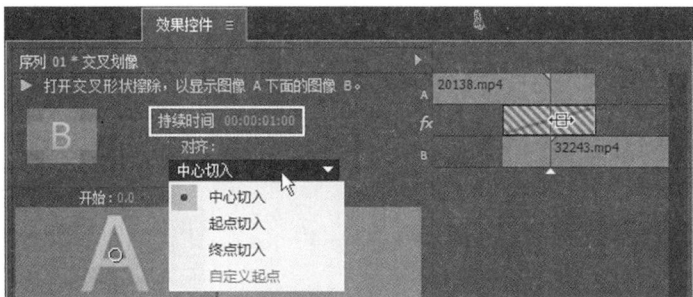

图1-5-38 改变过渡效果的位置

（3）过渡效果的替换与删除

● 两段剪辑之间只能存在一种过渡效果。当从"效果"面板中将一种新的过渡效果拖动到剪辑的衔接处时，原有的过渡效果会被取代。

● 在视频轨道上两段剪辑的衔接处单击选择过渡效果，按Delete键，或在过渡效果上单击鼠标右键，从弹出的快捷菜单中选择"清除"命令，可删除过渡效果。

3. 内置过渡效果

内置过渡效果是Premiere自带的过渡效果，分布在"效果"面板的"视频过渡"文件夹中。在Premiere Pro CC 2015中，常用的内置过渡效果如下。

（1）"3D运动"过渡效果组

"3D运动"过渡效果组包括"立方体旋转""翻转"等过渡效果。图1-5-39所示是"立方体旋转"过渡效果。

图1-5-39 "立方体旋转"过渡效果

（2）"溶解"过渡效果组

"溶解"过渡效果组包括"交叉溶解""叠加溶解""非叠加溶解""渐隐为白色""渐隐为黑色""胶片溶解""MorphCut"等过渡效果。图1-5-40所示是"交叉溶解"过渡效果。

图1-5-40 "交叉溶解"过渡效果

（3）"划像"过渡效果组

"划像"过渡效果组包括"交叉划像""圆划像""盒形划像""菱形划像"等过渡效果。图1-5-41所示是"圆划像"过渡效果。

图1-5-41 "圆划像"过渡效果

（4）"页面剥落"过渡效果组

"页面剥落"过渡效果组包括"翻页""页面剥落"等过渡效果。图1-5-42和图1-5-43所示分别是"翻页"过渡效果和"页面剥落"过渡效果。

图1-5-42 "翻页"过渡效果

图1-5-43 "页面剥落"过渡效果

（5）"滑动"过渡效果组

"滑动"过渡效果组包括"中心拆分""带状滑动""拆分""推""滑动"等过渡效果。图1-5-44和图1-5-45所示分别是"中心拆分"过渡效果和"带状滑动"过渡效果。

图1-5-44 "中心拆分"过渡效果

图1-5-45 "带状滑动"过渡效果

（6）"擦除"过渡效果组

"擦除"过渡效果组包括"划出""双侧平推门""带状擦除""径向擦除""插入""时钟式擦除""棋盘""棋盘擦除""楔形擦除""水波块""油漆飞溅""渐变擦除""百叶窗""螺旋框""随机块""随机擦除""风车"等过渡效果，如图1-5-46所示。

（a）"双侧平推门"过渡效果

（b）"带状擦除"过渡效果

（c）"棋盘"过渡效果

（d）"棋盘擦除"过渡效果

图1-5-46 多种擦除过渡效果

（e）"油漆飞溅"过渡效果

（f）"渐变擦除"过渡效果

（g）"百叶窗"过渡效果

（h）"随机擦除"过渡效果

（i）"风车"过渡效果

图1-5-46　多种擦除过渡效果（续）

（7）"缩放"过渡效果组

"缩放"过渡效果组包括"交叉缩放"等过渡效果，如图1-5-47所示。

图1-5-47　"交叉缩放"过渡效果

4．外挂过渡效果 Hollywood FX

除了内置过渡效果之外，Premiere Pro CC还拥有大量的外挂过渡效果插件。其中影响最为广泛的当属Pinnacle（品尼高）公司出品的Hollywood FX（好莱坞特技）插件系列，如图1-5-48所示。

（a）　　　　　　　　（b）　　　　　　　　（c）

（d）　　　　　　　　（e）　　　　　　　　（f）

图1-5-48　HollyWood FX过渡效果

Hollywood FX是一款可独立运行的软件，无须安装在Preimere的安装文件夹下。在安装Hollywood FX时，会自动安装针对Premiere的接口程序。但是为了方便软件资源的管理，最好还是将其安装在Premiere所在的Adobe文件夹下。

Hollywood FX安装完成后，在Preimere安装文件夹下的Plug-ins\en_US中，已自动创建Pinnacle插件文件夹，此时重新启动Preimere，在其"效果"面板的"视频过渡"和"视频效果"文件夹中，分别可以找到Pinnacle视频过渡效果与视频滤镜效果。

值得注意的是，Hollywood FX有多个不同的软件版本，有些版本不支持高版本的Premiere。此时，可以先在计算机中安装版本较低的Premiere软件，接着安装Hollywood FX；然后在低版本的Premiere安装路径的插件文件夹（Plug_In）中找到Pinnacle文件夹，将其复制到高版本的Preimere安装路径的对应位置即可。

5.2.8　使用运动效果

1. 在"效果控件"面板中设置运动效果

STEP 01　在视频轨道上选择要设置运动效果的素材。

STEP 02　若"效果控件"面板没有打开，可选择菜单命令"窗口|效果控件"将其打开。

STEP 03　若运动参数没有展开，可在"效果控件"面板中单击 ▶ fx ▣▶ 运动 左侧的▶按钮，展开运动栏参数。

STEP 04　在剪辑时间线的不同位置添加位置、缩放、旋转等参数的关键帧，并在不同关键帧上设置不同的参数值，使素材产生运动效果。操作方法如下。

① 单击"位置""缩放""旋转"等参数项左侧的"切换动画"按钮，这样可以在播放指针所在的位置添加对应参数的第1个关键帧。根据需要设置关键帧参数，如图1-5-49所示。

② 将播放指针拖动到素材时间线的其他位置，单击相应参数栏右侧的"添加-移除关键帧"按钮，即可在播放指针的当前位置添加第2个关键帧，并根据需要设置关键帧参数，如图1-5-50所示。

③ 以此类推，根据素材运动的特点创建多个关键帧，并设置不同关键帧的参数值，就可以使素材在位置、大小、旋转角度等方面形成动画效果。

④ 单击"转到上一关键帧"按钮或"转到下一关键帧"按钮，可以在各关键帧之间跳转，并根据需要修改相应关键帧的参数，如图1-5-51所示。

⑤ 要删除单个关键帧，首先切换到该关键帧，然后单击"添加-移除关键帧"按钮；或在

"效果控件"面板右侧的时间线部分，在要删除的关键帧图标上单击鼠标右键，从弹出的快捷菜单中选择"清除"命令，如图1-5-52所示。

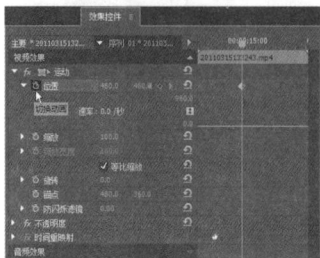

图1-5-49 创建首个运动关键帧

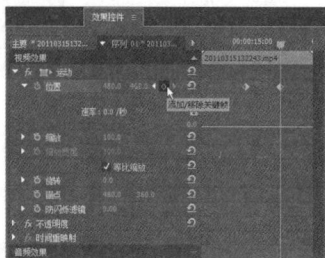

图1-5-50 创建并编辑其他关键帧

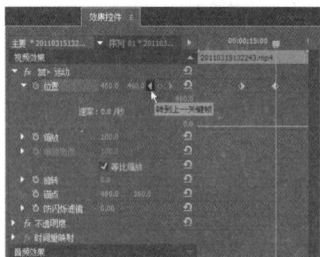

图1-5-51 关键帧跳转

图1-5-52 清除单个关键帧

⑥ 在已添加关键帧的参数项左侧的"切换动画"按钮 上单击，在弹出的警告框中单击"确定"按钮，可删除该运动参数的所有关键帧，从而删除有关该项参数的运动动画效果。

2. 在"节目"窗口设置运动效果

STEP 01 在"节目"窗口双击选择已经添加了运动效果的素材，显示素材的运动路径及路径上的关键点，如图1-5-53所示。

STEP 02 通过拖动控制点改变关键点两侧控制线的长度与方向，调整运动路径局部的形状。

STEP 03 按住Ctrl键不放，拖动控制点可使平滑关键点转换为尖突关键点，如图1-5-54所示。

图1-5-53 在"节目"窗口修改运动效果

图1-5-54 转换关键点

STEP 04 直接拖动关键点，可以改变素材在当前关键帧的位置。将位置、大小、旋转等功能结合使用，可以形成动感丰富的运动效果。

3. 控制剪辑的不透明度

STEP 01 在视频轨道上选择要设置透明效果的素材。

STEP 02 打开"效果控件"面板，根据需要在剪辑时间线的不同位置添加不透明度关键帧，并在相邻的关键帧上设置不同的不透明度数值，使素材产生不透明度渐变效果。

STEP 03 可以在"时间轴"窗口的视频轨道上修改不透明度曲线，以控制不透明度变化的加速度，如图1-5-55所示。视频轨道素材上的默认显示曲线为不透明度曲线。在素材上的 🎞 图标上单击鼠标右键，在弹出的快捷菜单中选择相应命令可将显示曲线分别设置为位置、缩放、旋转等其他类型的曲线。

图1-5-55　在"效果控件"面板上修改不透明度参数

其实，在"效果控件"面板和"时间轴"窗口都可以进行运动和不透明度参数的创建与修改，只不过前者能够精确设置参数的具体数值，而后者只能通过移动鼠标指针粗略修地改参数的值。

5.2.9　标题与字幕制作

标题与字幕的制作过程如下。

1. **打开"新建字幕"对话框**

选择菜单"字幕|新建字幕"中的有关命令都可以打开"新建字幕"对话框。如图1-5-56所示。其中字幕的宽高、帧频（时基）、像素长宽比的默认值与当前序列的设置相同，可根据需要进行修改。

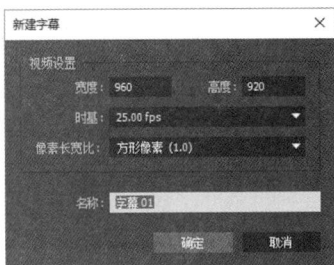

在"新建字幕"对话框中输入字幕名称，单击"确定"按钮，打开字幕设计窗口，如图1-5-57所示。

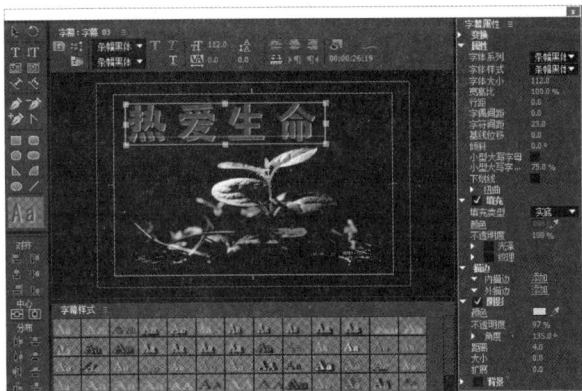

图1-5-56　"新建字幕"对话框

图1-5-57　字幕设计窗口

● 工具栏：位于字幕设计窗口的左侧，包括"选择工具" ▶ 、"文字工具" T 、"垂直文字工具" IT 等，用于创建和编辑文字、创建和编辑图形。

● 排列与分布栏：位于工具栏的下面，用于对齐与分布对象。只有3个或3个以上的对象才能够进行分布操作。

● 字幕预览窗口：位于字幕设计窗口的中心，用于输入与编辑文字、创建与编辑图形、查看字幕的最终效果等。

● 字幕属性栏：位于字幕设计窗口的右侧，用于设置文字的字体、大小、字间距、行间距、角度、颜色、描边与阴影等属性。

● 字幕样式栏：提供了Premiere Pro CC自带的多种文字样式，每一种样式都是多种文字属性的集合。用户可以将某种样式直接用在字幕上，并在此基础上进行编辑修改。

2. 在字幕设计窗口中创建文本并设置文本属性

STEP 01 选择"文字工具"或"垂直文字工具"，在字幕预览窗口单击，确定插入点，并输入文字内容。

STEP 02 选择"选择工具" ，此时字幕文字处于选择状态。利用字幕属性栏设置文字的属性，或利用字幕样式栏直接在字幕文本上添加文字样式。

STEP 03 如果添加了文字样式，还可以在此基础上利用字幕属性栏对文字的外观做必要的修改。

STEP 04 要想创建"滚动"或"游动（爬行）"效果的字幕，可单击字幕预览窗口顶部的"滚动/游动选项"按钮（见图1-5-58），打开"滚动/游动选项"对话框（见图1-5-59）。

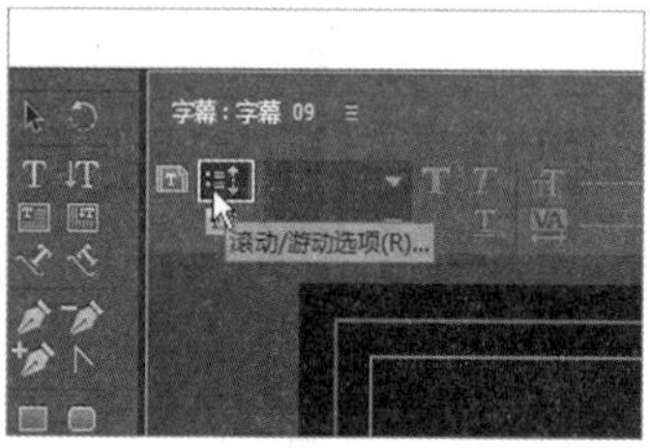

图1-5-58 "滚动/游动选项"按钮 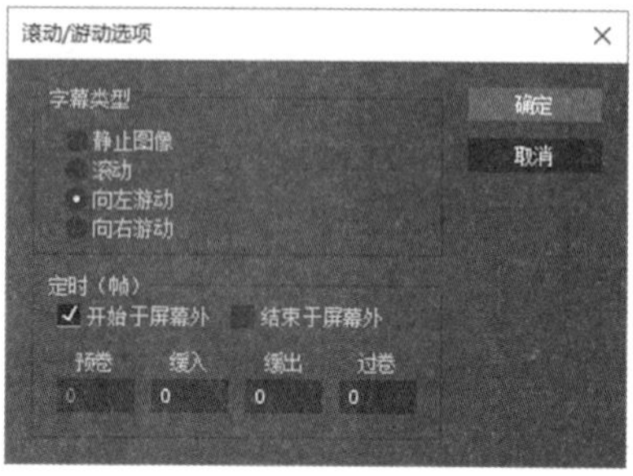　　　图1-5-59 "滚动/游动选项"对话框

STEP 05 若在"字幕类型"栏选择了"滚动"单选钮，可在"定时（帧）"栏设置滚动方式。

● 仅选择"开始于屏幕外"复选框，可使字幕文本从屏幕窗口底部移入，垂直移动到当前位置。

● 仅选择"结束于屏幕外"复选框，可使字幕文本从当前位置开始滚动，垂直向上移出屏幕窗口顶部。

● 同时选择"开始于屏幕外"和"结束于屏幕外"复选框，可使字幕文本从屏幕窗口底部移入，垂直向上移动，直到移出屏幕窗口顶部。

STEP 06 若在"字幕类型"栏选择了"向左游动"或"向右游动"单选钮，则在"定时（帧）"栏设置游动方式。方法与步骤5类似，主要区别在于游动字幕是水平移动的。

STEP 07 在"滚动/游动选项"对话框设置好参数，单击"确定"按钮，返回字幕设计窗口。

STEP 08 字幕的所有参数设置好之后，直接关闭字幕设计窗口即可。创建好的字幕出现在项目窗口的素材列表中，与其他素材一样使用。

5.3　After Effects简介

Adobe公司推出的After Effects（简称AE）软件是一款专业的非线性视频编辑软件，它整合了二维和三维的超级影视合成、动画创作和效果编辑等功能，广泛应用于电影、电视、多媒体、网络视频和DVD编创等行业。AE与其他Adobe软件有着良好的兼容性，可以非常方便地导入Photoshop、Illustrator的分层文件；Premiere的项目文件也可以近乎完美地再现于AE环境中。

启动After Effects CC，其窗口界面如图1-5-60所示。

工具栏　　　"合成"窗口

"项目"窗口

面板组

"时间轴"窗口

图1-5-60　After Effects CC 窗口组成

5.3.1　After Effects 创作流程

After Effects创作的一般流程如下。

STEP 01 新建项目文件。选择菜单命令"文件|新建|新建项目"，创建一个新的项目文件（项目文件的扩展名是aep，即After Effects project 的缩写）。选择菜单命令"合成|新建合成"，打开"合成设置"对话框（见图1-5-61），在此设置视频的画面大小、像素纵横比和帧速率等基本参数。

STEP 02 导入和管理各类素材。使用菜单"文件|导入"中的相应命令将各类素材输入到"项目"窗口中（见图1-5-62），并将素材拖动到"时间轴"（Timeline）窗口，得到相应的各类层。

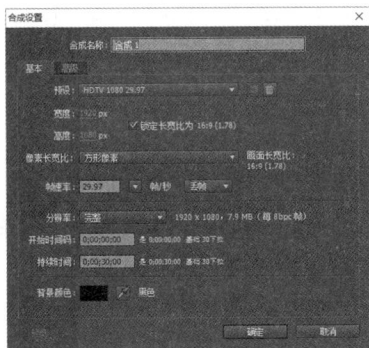

图1-5-61　"合成设置"对话框

图1-5-62　"项目"窗口

STEP 03 对层的各种属性进行设置、创作动画或者添加各种效果等。

STEP 04 预览合成效果，对不满意之处进行修改和调整。

STEP 05 保存项目文件，并渲染输出视频文件。

注：AE项目文件中所用到的各类素材是以链接的方式进行导入的，一旦移动、重命名或删除源素材文件，项目文件与这些素材的链接就会随之中断。AE这样做的好处是：项目文件的容量很小。另外，在AE中不能同时打开两个或两个以上的项目文件，只能在多个项目文件之间切换。

5.3.2 图层

AE的操作绝大部分都是基于图层的操作，图层是AE的基础。所有导入的素材及文字、灯光、摄像机等在编辑时都是以图层的方式显示在"时间轴"窗口中。画面的叠加是图层与图层之间的叠加，滤镜效果也是施加在图层上的。

1. 图层的基本操作

AE中图层的基本操作包括创建图层、选择图层、删除图层、更改图层的排序、设置图层的混合模式、序列图层等。

● 创建图层

将导入到"项目"窗口中的素材拖动到"时间轴"窗口中即可创建图层。同时拖动多个素材到"项目"窗口中，可一次创建多个图层。

● 选择图层

要想编辑图层，首先要选择图层。选择图层可以在"时间轴"窗口或"合成"窗口中完成。要选择某一个图层，可以在"时间轴"窗口中单击该图层。按住Shift键单击，可选择多个连续的图层；按住Ctrl键单击，可选择多个不连续的图层。如果选择错误，按住Ctrl键再次单击所选图层的名称位置，可取消该图层的选择。

选择菜单命令"编辑|全选"，或按Ctrl+A组合键，可选择所有的图层。在"时间轴"窗口中的空白处单击，可取消图层的选择。

● 删除图层

在"时间轴"窗口中选择要删除的图层，按Delete键即可将其删除。

● 更改图层的排序

在"时间轴"窗口中，通过鼠标拖动方式可更改图层的排列顺序。

● 设置图层的混合模式

图层的混合模式决定当前图层影像与其下面图层影像之间的叠盖方式，与Photoshop的图层混合模式十分相似，是制作影像特殊效果的有效方法之一。下面举例说明。

图层混合模式的应用

STEP 01 将"第5章素材\牡丹1.mp4、牡丹2.mp4"导入到"项目"窗口中。

STEP 02 新建合成（宽度为640像素，高度为600像素，方形像素，其他参数默认）。

STEP 03 将"项目"窗口的"牡丹1.mp4""牡丹2.mp4"依次拖入"时间轴"窗口中，其中"牡丹1.mp4"在上层，部分遮盖"牡丹2.mp4"层，如图1-5-63（b）所示。

STEP 04 选择"牡丹1.mp4"图层。选择菜单命令"图层|混合模式|变亮"，结果如图1-5-63（c）所示。

（a）素材视频　　　　　（b）"正常"混合模式　　　　　（c）"变亮"混合模式

图1-5-63　图层混合模式的应用

● 序列图层

序列图层就是将选中的多个图层按照时间先后进行自动排序，并根据需要设置图层之间重叠的时间长短及重叠部分的过渡方式。具体操作如下。

STEP 01 选择多个图层。

STEP 02 选择菜单命令"动画|关键帧辅助|序列图层"，打开"序列图层"对话框，如图1-5-64所示。

STEP 03 选中"重叠（Overlap）"复选框以启用图层重叠功能，通过"持续时间（Duration）"文本框设置图层重叠的持续时间，通过"过渡（Transition）"下拉列表设置图层重叠的过渡方式。过渡方式有"关（Off）"、"溶解前景图层（Dissolve Front Layer）"和"交叉溶解前景和背景图层（Cross Dissolve Front and Back Layers）"3种。

2. 图层的属性设置

在AE中，图层的基本属性有5个：锚点、位置、缩放、旋转和不透明度，如图1-5-65所示。

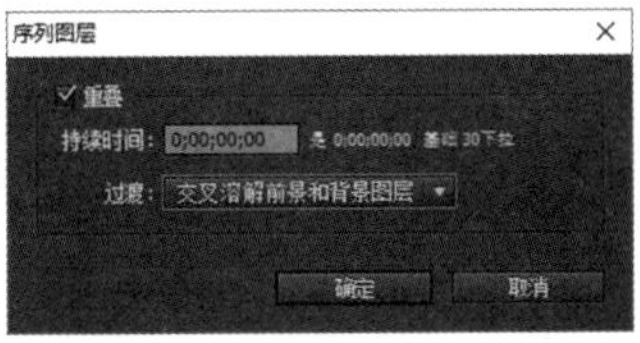

图1-5-64 "序列图层"对话框

图1-5-65 图层的属性

（1）锚点：即轴心点。在AE中各对象以轴心点✧为基准进行变换操作。默认状态下轴心点✧在对象的几何中心，随着轴心点位置的改变，对象的运动状态也会发生变化。对象轴心点的改变是在合成窗口进行的：在工具栏（位于菜单栏下面）中选择平移锚点工具▨，在合成窗口中单击选择要改变轴心点的图层对象，拖动其轴心点至新的位置。

（2）位置：在工具栏选择"选取工具"▸，在"合成"窗口中选择要改变位置的图层对象，然后拖动至新位置即可。按住键盘上的方向键，以当前缩放率移动1个像素；按住Shift＋方向键，以当前缩放率移动10个像素。

（3）缩放：在工具栏选择"选取工具"▸，在"合成"窗口中选择要改变大小的图层对象，通过拖动变换框四周的控制块，以轴心点为基准对图层对象进行缩放。

（4）旋转：在工具栏选择"旋转工具"↻，在"合成"窗口中选择要旋转的图层对象，在变换控制框内沿着逆时针或顺时针方向拖动图层对象，以对象轴心点为基准进行旋转操作。

（5）不透明度：在"合成"窗口中选择图层对象，通过菜单命令"图层|变换|不透明度"修改当前对象的不透明度。

3. 图层的分类

After Effects CC中的图层包括文字图层、固态图层、照明图层、摄像机图层、形状图层和调节图层等多种类型。不同类型的图层产生的图像效果也各不相同。

● 文字图层

使用工具栏上的"文字工具"，或菜单命令"图层|新建|文本"都可以创建文字层。文字层主要用来输入影片中的文字内容，制作字幕、影片对白等文字效果，是影片中不可缺少的部分。

● 纯色图层

纯色（Solid）图层主要用来构建影片的背景（通过添加效果还可以制作出动态背景效果）。选择菜单命令"图层|新建|纯色"，打开"纯色设置"对话框，对纯色图层的名称、大小、颜色等参数进行设置。如单击对话框中的"制作合成大小"按钮，可创建一个与当前图层大小相同的纯色图层。

通过菜单命令"图层|纯色设置"可以对选中的纯色图层进行修改。

● 照明图层

照明图层用于模拟真实世界中不同类型的光源，如家电或办公室灯光、舞台灯光、放电影时使用的灯光、太阳光等。照明和摄像机一样，只能应用在三维层中。所以，在应用照明和摄像机时，一定要先打开层的三维属性。

选择菜单命令"图层|新建|灯光"，打开"灯光设置"对话框以创建照明图层。照明图层包括平行光、聚光、点光、环境光4种灯光类型。

在"时间轴"窗口双击照明图层，可再次打开"灯光设置"对话框，以便对灯光的相关参数进行修改。

● 摄像机图层

摄像机图层用于模拟在三维场景中通过摄像机观察影像的效果。

选择菜单命令"图层|新建|摄像机"，打开"摄像机设置"对话框，从中可以设置摄像机图层的名称、缩放、视角、镜头类型等多种参数。

● 空对象图层

空对象图层只是对其他层起到一个辅助作用，本身并不参与渲染。

使用菜单命令"图层|新建|空对象"可创建空对象图层，它具有一般层的属性，也可以转化为三维层，但图层本身没有任何内容。

● 形状图层

使用菜单命令"图层|新建|形状图层"可创建形状图层，然后利用矩形、椭圆、钢笔等工具在形状图层上绘制各种形状。

● 调整图层

调整图层用于对其下面的图层进行统一调节。在调整图层上添加效果会影响其下面的所有图层，类似于Photoshop的调整层。

使用菜单命令"图层|新建|调整图层"可创建调整图层。

5.3.3 关键帧

影视动画软件的关键技术就是基于时间的二维关键帧变换动画技术。要想产生动画效果，至少需要两个关键帧。AE将自动在关键帧之间插值，以使动画过程平滑连续。在AE中，各种图层属性或效果参数的每一次改变都可以设置成关键帧。

关于关键帧动画的创建与编辑，请参照本章对应的实验内容。

5.3.4 效果

AE效果位于"效果和预设"面板，包括"扭曲""文本""模糊和锐化""生成""过渡""透视""遮罩""键控""音频""颜色校正""风格化"等多组效果，基本用法如下。

STEP 01 如果"效果和预设"面板未打开，可选择菜单命令"窗口|效果和预设"将其打开，从面板上效果的各组分类中找到需要添加的效果。

STEP 02 将效果拖动到"时间轴"窗口中未锁定的图层上。或首先在"时间轴"窗口选择要添加效果的图层，然后在"效果和预设"面板中双击相应的效果，这样也可将效果应用到图层上。

STEP 03 在"时间轴"窗口选中添加了效果的图层，在"效果控制"面板中修改效果参数，并在"合成"窗口中观察效果。

AE的所有效果文件均位于软件安装文件夹下的Support Files\Plug-ins中。第三方效果插件只需安装或直接复制到Plug-ins文件夹下的指定位置，重启AE就可以使用了。

5.3.5 影片的渲染及输出

AE工作流程的最后一步就是渲染输出制作好的影片。可以通过选择"文件|导出"菜单下的命令输出影片，也可以通过"渲染队列"窗口输出影片。后者提供了更多的选项，可以对影片输出进行更多的控制。使用"渲染队列"窗口输出影片的操作如下。

STEP 01 将合成添加到渲染队列。选择菜单命令"合成|添加到渲染队列"，打开"渲染队列"面板，如图1-5-66所示。

STEP 02 设置输出参数。在"渲染队列"面板中，单击（白色）"渲染设置"右侧的三角按钮，从弹出的下拉列表中选择预设的渲染方案（通常选择"最佳设置"选项）。若单击三角按钮右侧的黄色文字，则打开"渲染设置"对话框（见图1-5-67），以便对所选渲染方案做进一步修改。"输出

图1-5-66 "渲染队列"面板

模块"的设置方法类似，如果不想输出音频，可在"输出模块设置"对话框（见图1-5-68）的"自动音频输出"下拉列表中选择"关闭音频输出"选项。

STEP 03 选择影片的存储位置。在"渲染队列"面板中，单击（白色）"输出到"右侧的黄色文字，可以设置视频文件的存储位置。

STEP 04 渲染输出影片。在"渲染队列"面板中设置好上述参数后，单击右上角的"渲染"按钮，开始渲染输出影片。

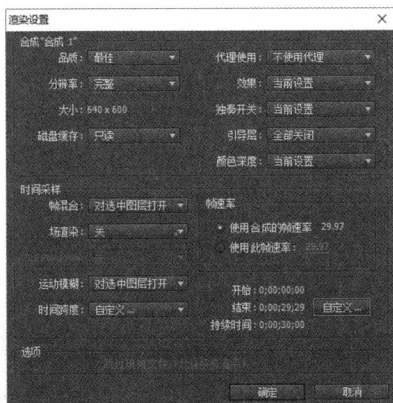

图1-5-67 "渲染设置"对话框

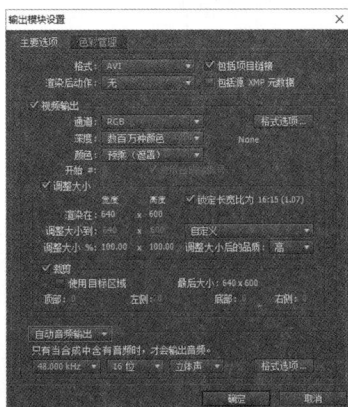

图1-5-68 "输出组件设置"对话框

习题与思考

一、选择题

1. _____标准是用于视频影像和高保真声音的数据压缩标准。

    A. JPEG   B. MIDI   C. MPEG   D. MPG

2. _____不是数字视频的文件格式。

    A. MOV   B. RM   C. MPG   D. CDA

3. 以下有关AVI视频格式叙述正确的是_____。

    A. 是Apple公司Mac系统下的标准视频格式

    B. 将视频信号和音频信号混合交错地储存在一起，以便同步进行播放

    C. 是有损压缩格式，压缩比较低，画质很高

    D. 采用的是无损压缩技术

4. _____是流式视频格式，可以在网络上边下载边收看。

    A. WMA   B. RM   C. MPEG   D. DAT

5. _____不是视频处理软件。

    A. Windows Movie Maker   B. Ulead Audio Editor

    C. Adobe Premiere   D. Ulead Video Studio

6. 视频编辑的最小单位是_____。

    A. s   B. min   C. h   D. 帧

7. AE中同时可以有_____个项目文件处于打开状态。

    A. 1   B. 2

    C. 可以自己设定   D. 只要有足够的空间，不限定项目开启的数目

8. AE属于_____的合成软件。

    A. 使用流程图节点完成操作   B. 使用轨道完成操作

    C. 基于图层完成操作   D. 综合以上所有操作方式

9. AE不能导入_____格式的文件。

    A. MA   B. AVI   C. MPEG   D. MAX

10. AE项目文件的扩展名是_____。

    A. prproj   B. ses   C. aep   D. aeproj

11. 在Premiere中，"项目"窗口主要用于管理当前编辑中需要用到的_____。

    A. 素材   B. 工具   C. 效果   D. 音量

12. 以下关于在Premiere中设置关键帧的描述，正确的是_____。

    A. 仅可以在"时间轴"窗口为素材设置关键帧

    B. 仅可以在"效果控件"面板为素材设置关键帧

    C. 仅可以在"时间轴"窗口和"效果控件"面板为素材设置关键帧

    D. 可以在"时间轴"窗口、"效果控件"面板、"节目"窗口为素材设置关键帧

13. 在Premiere中，使用"缩放工具"时按下_____键，在"时间轴"窗口各轨道的素材上单击，可以缩小素材。

A. Tab　　　　B. Ctrl　　　　C. Shift　　　　D. Alt

14. Premiere Pro CC不但提供了"视频切换效果"以实现视频间的转场，在"视频效果"中还有一组"过渡"效果，关于这两组转场效果的描述，不正确的是＿＿＿＿＿＿。

A. 在"视频切换效果"中的转场效果无须设置关键帧

B. 在"视频切换效果"中的转场效果只可以施加给位于两个相邻轨道上的、有重叠部分的素材片段

C. 在"过渡"效果中的效果直接施加在素材片断上

D. 在"过渡"效果中的效果需要设置关键帧，才能产生转场效果

15. 我国普遍采用的视频制式为＿＿＿＿＿＿。

A. SECAM　　　B. PAL　　　　C. NTSC　　　　D. RGB

16. 数据压缩就是对数据重新进行编码。通过重新编码，去除数据中的冗余成分，在保证质量的前提下减少需要存储和传送的数据量。以下不属于视频数据冗余类型的是＿＿＿＿＿＿。

A. 视觉冗余　　　　　　　　B. 距离冗余

C. 空间冗余　　　　　　　　D. 时间冗余

17. 以下不属于Premiere Pro CC界面组成部分的是＿＿＿＿＿＿。

A. "项目"窗口　　　　　　　B. "时间轴"窗口

C. "节目"窗口　　　　　　　D. "行为"面板

18. Premiere Pro CC根据用户的不同需要，提供了除＿＿＿＿＿＿之外的多种预设的窗口界面模式。

A. 视频　　　　B. 音频　　　　C. 编辑　　　　D. 效果

19. 在Premiere Pro CC中，使用＿＿＿＿＿＿调整视频效果参数。

A. "效果控件"面板　　　　　B. "效果"面板

C. "节目"窗口　　　　　　　D. "工具"面板

二、填空题

1. 根据数据的冗余类型，视频的压缩编码方法有视觉冗余编码、空间冗余编码、＿＿＿＿＿＿冗余编码、结构冗余编码、信息熵冗余编码和知识冗余编码等多种。

2. 视频的帧序列中相邻图像之间存在着高度的相关性，因此而产生的数据冗余称为＿＿＿＿＿＿冗余。

3. 数据压缩就是对数据重新进行＿＿＿＿＿＿，以去除数据中的冗余成分，在保证质量的前提下减少需要存储和传送的数据量。

4. Premiere Pro CC是由Adobe公司推出的一款非常优秀的＿＿＿＿＿＿视频编辑软件，是当今业界最受欢迎的视频编辑软件之一（填"线性"或"非线性"）。

5. Premiere Pro CC能将＿＿＿＿＿＿、＿＿＿＿＿＿和图片等融合在一起，从而制作出精彩的数字电影。

6. 在Premiere Pro CC中，滚动字幕实现字幕的＿＿＿＿＿＿移动，而游动字幕则可以实现字幕的＿＿＿＿＿＿移动。

7. 在Premiere Pro CC中，存放素材的窗口是＿＿＿＿＿＿窗口。

8. 在Premiere Pro CC中，单击"工具"面板中的＿＿＿＿＿＿按钮，将鼠标指针定位于素材上要分割的位置，单击即可将素材分割成两部分，每一部分都可以进行单独编辑。

9. Premiere Pro CC提供的音频效果、视频效果、音频过渡、视频过渡等都位于_____面板中。

10. Premiere Pro CC的项目文件的扩展名是_____。

11. 数据压缩就是对数据重新进行编码，通过重新编码，去除数据中的冗余成分。视频数据的冗余类型主要包括以下几种：_____冗余、_____冗余、_____冗余、结构冗余、信息熵冗余、知识冗余。

12. Premiere Pro CC根据用户的不同需要，提供了多种预设的窗口界面模式，包括_____、_____、_____、_____、元数据记录、字幕、库、所有面板和组件等。

13. Premiere Pro CC的_____面板中，存放着对项目文件已经完成的所有操作的记录；必要时可以很方便地进行撤销与恢复操作。

14. 在Premiere Pro CC的时间轴窗口中，可以通过添加_____，使用户快速准确地访问特定的素材片段或帧；还可以使其他素材与标记点对齐。

15. Premiere Pro CC中的视频效果与Photoshop中的_____类似。主要区别是，在Photoshop中，滤镜仅作用于单张图像；而Premiere中的视频效果则施加在视频剪辑的各帧图像上。

16. After Effects CC图层的基本属性有5个：锚点、位置、比例、_____和_____。

17. 一般来说，不同的压缩编码方式决定了数字视频的不同文件格式。常用的数字视频文件格式包括AVI、MOV、MPG和WMV等多种。这些文件格式又分为两类：_____格式和_____格式。

18. 视频图像压缩的一个重要标准就是MPEG，它是针对运动图像而设计的，是运动图像压缩算法的国际标准。MPEG标准分成MPEG_____、MPEG_____和MPEG系统三大部分。

19. 编辑素材是视频处理与合成的基础。在Premiere Pro CC中，_____窗口、_____窗口和"节目"窗口是对素材进行编辑加工的3个重要场所。

20. 在Premiere Pro CC中，裁切素材就是将素材多余的部分裁剪掉，或将裁剪掉的部分恢复。在拖动延长音频或视频素材进行裁切时，素材片段的长度不能超过素材的_____长度。

21. 在Premiere Pro CC中，使用_____工具，可以分割素材，分割的每一部分都可以进行单独编辑。

22. 如果要在Premiere Pro CC的"节目"窗口中设置视频剪辑的运动效果，就必须为该剪辑制作一条_____。通过拖动其上的控制点，将位置、缩放、旋转等功能结合使用，形成动感丰富的运动效果。

23. 如果要在Premiere Pro CC的"效果控件"面板中设置视频剪辑的运动效果，就必须在剪辑时间线的不同位置为该视频剪辑添加位置、缩放、旋转等参数的_____，并设置不同的参数值，使素材产生运动效果。

24. After Effects CC中的图层包括_____图层、纯色图层、照明图层、摄像机图层、形状图层和调整图层等多种类型。不同类型图层产生的图像效果也各不相同。

三、思考题

1. 通过查阅相关书籍或通过网络帮助，了解常用的视频处理软件还有哪些，与Premiere Pro CC、After Effects CC相比，各自的特点是什么。

2. 通过查阅相关书籍或通过网络帮助，了解将数码摄像机或数码录像机中的模拟视频信号输入到计算机中时，用到的主要硬件设备是什么。

四、操作题

1. 使用Premiere Pro CC和"练习\视频\"文件夹下的图像素材"1.jpg"～"8.jpg"、音频素材"散文朗诵片段（立体声）.wav"与"出水莲片段.wav"制作短片"配乐散文朗诵"。效果参考"练习\视频\荷塘月色（配乐散文）.mpg"。

操作提示：

（1）使用菜单命令"文件|新建|通用倒计时片头"制作片头。

（2）输入图像素材前将"静止图像默认持续时间"设置为500帧。

（3）创建字幕01"配乐散文：荷塘月色"（游动字幕）。

（4）创建字幕02，在"字幕设计"窗口绘制矩形，填充渐变色（黄色→白色），并设置矩形的不透明度为40%左右。

（5）通过在"出水莲片段.wav"的音量线上添加关键帧，适当降低与"散文朗诵片段（立体声）.wav"重叠时间区间内的音量。

（6）操作完成后的"时间轴"窗口如图1-5-69所示。

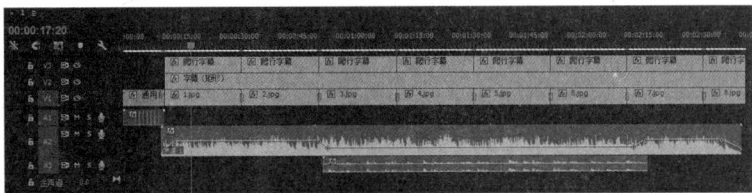

图1-5-69 操作完成后的"时间轴"窗口

2. 打开Premiere Pro CC软件，利用"练习\视频\"下的素材"视频素材01.mp4""视频素材02.mp4""视频素材03.mp4""视频素材04.jpg""视频素材05.jpg""秋日私语.wav"合成视频，效果参考"练习\视频\视频（牡丹）参考效果.avi"。

要求如下：

（1）新建项目文件，新建序列（自定义编辑模式，时基25帧/秒，帧大小为640像素×360像素，方形像素（1.0），其他参数默认）。

（2）合成时，删除所有视频素材中的音频部分。

（3）所用视频效果包括雨、雪、颜色键、镜头光晕、边角固定、高斯模糊等。

（4）所用视频切换效果为油漆飞溅。

（5）将背景音乐"秋日私语.wav"超出视频的部分截除，并在结尾部分设置音量淡出效果。

（6）最终静态字幕的旋转缩小消失为运动动画（位置、旋转3圈、缩放、不透明度）。

（7）古诗文字填充线性渐变（红色到透明）、适当设置外侧描边。

（8）效果尽量与参考效果保持一致。

第5章习题-操作题2

第 6 章

多媒体作品合成

6.1 多媒体作品合成概述

多媒体作品合成指在文本、图形、图像、音频和视频等多种媒体信息之间建立逻辑连接，合成为一个系统并具有交互功能。

多媒体作品合成包括传统数字媒体的合成和流媒体的合成。

1. 传统数字媒体的合成

传统数字媒体的合成具有以下特点。

- 各媒体素材往往以嵌入的形式合成到多媒体作品中。多媒体作品的最终文件大小与所用图形、图像、音频和视频等媒体素材的文件大小有着直接的关系。
- 合成工具软件包括PowerPoint、Flash、Dreamweaver、Director、Authorware、Visual Basic等多种。相应地，多媒体作品的文件格式也是多种多样的。
- 多媒体作品的传播介质包括优盘、光盘、移动硬盘、网络等多种。根据多媒体作品文件格式的不同，播放工具也有多种。

本章及前面相应章节主要介绍传统数字媒体素材的制作及多媒体作品的合成。

2. 流媒体的合成

流媒体（Streaming Media）技术是一种新兴的网络多媒体技术，以流的方式在网络上传输多媒体信息。

流媒体包括流式音频、流式视频、流式文本和流式图像等。目前美国RealNetworks公司的Real-System系列产品和Apple公司的QuickTime系列产品都支持流媒体技术。例如，使用RealNetworks公司的RealProducer软件可以将传统的数字音频文件和视频文件转换为流式音频与视频文件（.rm文件），使用RealNetworks公司的标记性语言RealText可以编写流式文本文件（.rt文件），而使用RealPix标记语言可以编写流式图像文件（.rp文件）。通过RealNetworks公司的流媒体播放器RealPlayer可以播放流式媒体文件。

借助同步多媒体合成语言（Smil）可以将上述流媒体合成在一起，形成流式多媒体作品。Smil是一种关联性标记语言，可以将Internet上不同位置的媒体文件关联到一起，已经渐渐成为网络多媒体的国际通用性标准语言。

流式多媒体的文件容量较小，主要用于网络传输。

值得注意的是，如果仅仅使用多媒体合成软件，按播放的先后顺序将各种单媒体素材简单地

"堆砌"起来，并不能构成好的多媒体作品。优秀的多媒体作品应具备以下特征。

- 综合应用多种媒体形式，其目的是为了更好地表现主题。例如，利用文字详细地描述事物，利用图像直观地反映事实，同步语音的配合使画面更具说服力，使用背景音乐更有效地渲染主题等。
- 多媒体作品中的各媒体之间应建立有效的逻辑关系，利用不同的媒体形式进行优势互补，以便更有效地表达主题。
- 合理地利用交互式功能为用户提供个性化信息服务，强调人的主观能动性。

另外，多媒体合成技术只是更有效地表达主题信息的手段，仅仅凭借炫耀自己"高超"的多媒体合成手段并不能创作出内容丰富的优秀多媒体作品。

6.2 多媒体作品合成综合案例——卷纸国画的制作

6.2.1 使用 Audition 处理配音素材

STEP 01 启动Audition CC 2015，在波形视图下打开 "第6章素材\卷纸国画\风（素材）.wav"，选择开始处约0.5s的波形，如图1-6-1所示。

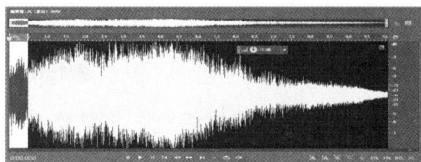

图1-6-1 选择部分波形

使用Audition处理
配音素材

STEP 02 选择菜单命令"效果|振幅与压限|淡化包络（处理）"，打开"效果-淡化包络"对话框，在预设方案中选择"平滑淡入"选项，如图1-6-2所示。单击"应用"按钮，所选波形得到淡化处理，如图1-6-3所示。

图1-6-2 设置对话框参数

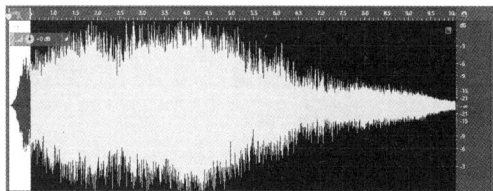

图1-6-3 对素材进行淡入处理

STEP 03 确认已选中菜单命令"视图|显示HUD（H）"，开启可视化振幅调整功能。

STEP 04 选择全部波形，在可视化振幅控制图标上向下或向左移动鼠标指针，减小振幅，如图1-6-4所示。

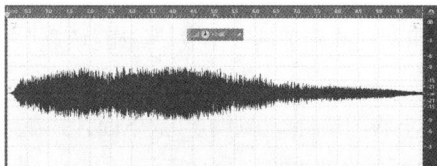

图1-6-4 适当减小振幅

STEP 05 使用菜单命令"文件|另存为"将处理后的音频仍存储为WAV格式的文件，命名为"风.wav"。退出Audition CC 2015。

6.2.2 使用 Photoshop 处理国画素材

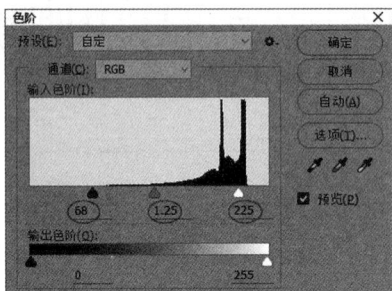

STEP 01 启动Photoshop CC 2015，打开"第6章素材\卷纸国画\山水画.jpg"。

STEP 02 选择菜单命令"图像|调整|去色"，以便去除画面色彩，获得灰度效果。

STEP 03 选择菜单命令"图像|调整|色阶"，打开"色阶"对话框，参数设置如图1-6-5所示。单击"确定"按钮，结果如图1-6-6所示。此次色阶调整的目的是增加图像的对比度。

使用Photoshop
处理国画素材

图1-6-5 设置"色阶"对话框参数

图1-6-6 色阶调整效果

STEP 04 在"图层"面板上通过双击背景层缩览图将其转换为普通层，并采用默认名称"图层0"。

STEP 05 使用"缩放工具"将图像放大到1600%。选择"矩形选框工具"，在图像左上角创建图1-6-7所示的选区（羽化值为0），并选择菜单命令"编辑|定义图案"将选区内的图像定义为图案。

STEP 06 将图像恢复为100%显示，并取消选区。选择菜单命令"图像|画布大小"，打开"画布大小"对话框，参数设置如图1-6-8所示。画布扩充结果如图1-6-9所示。

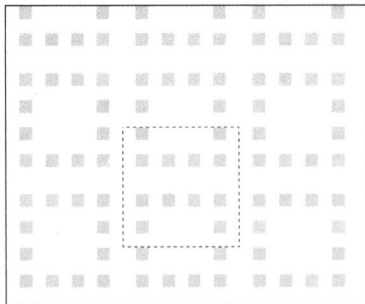

图1-6-7 创建矩形选区

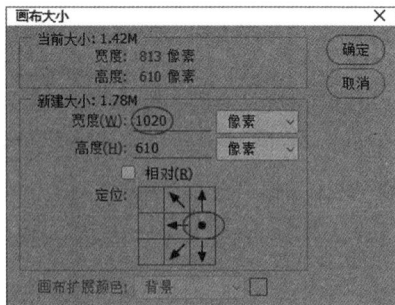

图1-6-8 设置"画布大小"对话框参数

STEP 07 新建图层1，使用"油漆桶工具"（或"编辑|填充"命令等）将步骤5中定义的图案填充在图层1上。

STEP 08 在"图层"面板上将图层1拖动到图层0的下面，并在"图层"面板菜单中选择"拼合图像"命令将图层合并。此时的画面效果如图1-6-10所示。

图1-6-9　向左扩充画布　　　　　　　图1-6-10　拼合图像

STEP 09 将当前图像以JPG格式存储起来，命名为"山水画（处理）.jpg"，以备后用。退出 Photoshop CC 2015。

6.2.3　使用Flash合成与输出作品

STEP 01 将字体文件"第6章素材\卷纸国画\字体\方正细珊瑚繁体.ttf"复制 到系统盘的"WINDOWS\Fonts"文件夹下（也可以在字体文件上单击鼠标右键， 从弹出的快捷菜单中选择"安装"命令进行字体安装。该方法在Flash、Photoshop等 软件启动前后使用都可，而将字体文件复制到"WINDOWS\Fonts"文件夹下的方 法只能在软件启动前使用）。

使用Flash合成与
输出作品

STEP 02 启动Flash Professional CC 2015，新建类型为ActionScript 3.0的Flash文 档。设置舞台大小为1000像素×550像素，舞台颜色为#C7CCB7，帧频为24帧/秒，文档其他参数保 持默认值。

STEP 03 选择菜单命令"视图|缩放比率|显示帧"，将舞台全部显示出来。将图层1改名为 "山水画"。

STEP 04 将声音素材"第6章素材\卷纸国画\风.wav""念奴娇 赤壁怀古.mp3"导入到库中。

STEP 05 打开"库"面板，在素材列表区"念奴娇 赤壁怀古.mp3"的"链接"处双击，输入 链接标识符"mp3"，回车确认，如图1-6-11所示。

STEP 06 将 "第6章素材\卷纸国画\山水画（处理）.jpg"导入到舞台中。选择菜单命令"窗 口|变形"，打开"变形"面板，将图片素材成比例缩小为原来的75%，如图1-6-12所示。

图1-6-11　设置链接参数　　　　　　图1-6-12　设置缩放参数

STEP 07 选择菜单命令"窗口|对齐"，打开"对齐"面板，将缩小后的图片与舞台在水平与 竖直方向居中对齐。

STEP 08 锁定"山水画"层，并在其时间线的第155帧处插入帧。

STEP 09 新建图层，命名为"左卷纸"。在其首帧舞台上图1-6-13所示的位置绘制一个36像 素×464像素的白色无边框矩形。将该矩形转换为影片剪辑元件，命名为"卷纸"。在舞台上调整矩 形的位置，使其覆盖山水画左边界，并在竖直方向与舞台居中对齐。

STEP 10 选择矩形。打开"属性"面板，在"滤镜"参数区单击"添加滤镜"按钮 ＋▼，在弹出的菜单中选择"投影"命令，并设置投影参数如图1-6-14（a）所示（其中颜色为黑色）。

图1-6-13 创建白色矩形影片剪辑

（a）添加内侧投影 （b）添加外侧投影

图1-6-14 添加滤镜效果

STEP 11 仿照步骤10再次为矩形添加"投影"滤镜，参数设置如图1-6-14（b）所示（其中颜色为黑色）。通过两次添加投影滤镜，矩形的效果如图1-6-15所示。

STEP 12 按Ctrl+C组合键复制已添加滤镜的矩形，并锁定"左卷纸"层。

STEP 13 在所有层的上面新建图层，命名为"右卷纸"。按Ctrl+Shift+V组合键（或选择菜单命令"编辑|粘贴到当前位置"）将矩形粘贴到"右卷纸"层的首帧，并水平向右移动到图1-6-16所示的位置。在"属性"面板上，将"右卷纸"的两个"投影"滤镜的"角度"参数值都更改为180，其他参数保持不变。

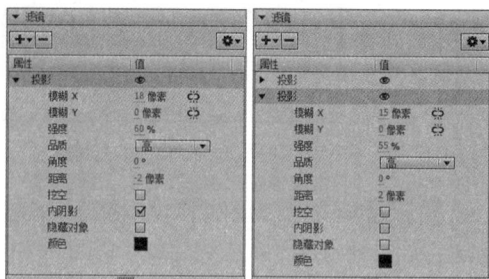

图1-6-15 模仿卷纸效果

图1-6-16 复制出右卷纸

STEP 14 在"右卷纸"层的第155帧插入关键帧，将矩形水平向右移动到图1-6-17所示的位置（刚好覆盖山水画右边界）。将"右卷纸"层的第2帧转换为关键帧，并插入传统补间动画。锁定"右卷纸"层。按Enter键，可以看到"右卷纸"水平向右运动的动画。

STEP 15 解锁"山水画"层。将"第6章素材\卷纸国画\念奴娇·赤壁怀古（书法）.png"导入到该层的舞台中，成比例缩小并放置在图1-6-18所示的位置。重新锁定"山水画"层。

图1-6-17 创建右卷纸运动动画

图1-6-18 导入书法素材

STEP 16 在"山水画"层的上面新建图层，命名为"分隔线"。在该层图1-6-19所示的位置绘制双线分隔线（两条竖直线都是1像素粗细的实线，左边直线的颜色为#cccccc，右边直线的颜色为#e0e0e0）。将两条竖直线组合在一起。

STEP 17 选中竖直的分隔线组合，按Ctrl+C组合键以复制该组合，按Ctrl+Shift+V组合键（或选择菜单命令"编辑|粘贴到当前位置"）15次以便在原位置粘贴15次，这样在同一位置共重叠有16个分隔线组合。将其中的一个分隔线组合水平向左移动到图1-6-20所示的位置。

图1-6-19 绘制分隔线

图1-6-20 确定水平分布范围

STEP 18 单击"分隔线"层的第155帧，以便选中所有16个分隔线组合。显示"对齐"面板（不选"相对于舞台"按钮），单击"水平居中分布"按钮 。锁定"分隔线"层。效果如图1-6-21所示。

STEP 19 在"分隔线"层的上面新建图层，命名为"印章"，并在该层制作图1-6-22所示的印章效果。其中文本内容为"最古美词"（用"水平文字工具"创建），字体为"方正细珊瑚繁体"，大小为20点，白色，字母间距为0，行距为-1。矩形大小为45像素×45像素，圆角5像素，无边框，填充为暗红色（颜色值为#990000）。

图1-6-21 水平分布分隔线

图1-6-22 制作印章效果

STEP 20 同时选中印章中的文本与矩形，将其转换为按钮元件。利用"属性"面板将该按钮元件实例命名为btn_seal01。

STEP 21 在"印章"层的第155帧插入关键帧。按Ctrl+C组合键复制印章，按Ctrl+V组合键粘贴印章。将粘贴出来的印章分离1次，将其中的矩形修改为纯红色（#ff0000），文字内容更改为"歌欣曲赏"。将分离后的印章重新转换为按钮元件，并利用"属性"面板将其命名为btn_seal02，如图1-6-23所示。

STEP 22 移动纯红色印章，使其与暗红色印章的位置完全重合。锁定"印章"层。

STEP 23 在"印章"层的上面新建图层，命名为"画面遮盖"，并在首帧绘制图1-6-24所示的无边框蓝色矩形，使得矩形的左边界尽量接近左卷纸水平方向的中央，右边界尽量接近右卷纸水平方向的中央，上下边界均超出山水画的上下边界（此处的矩形也可填充其他颜色，只要能看清楚即可）。

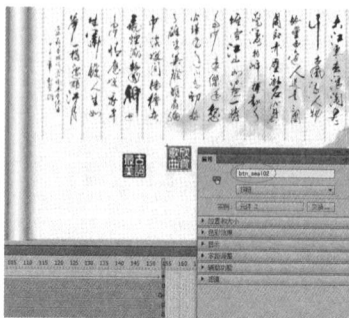

图1-6-23 制作第2个印章

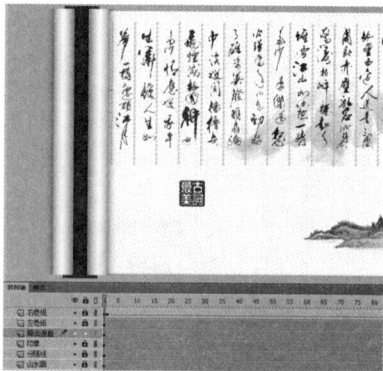

图1-6-24 绘制矩形遮罩

STEP 24 在"画面遮盖"层的第155帧插入关键帧。选择"任意变形工具"，按住Alt键水平向右拖动矩形右边界中间的控制块，直到图1-6-25所示的位置（尽量接近右卷纸水平方向的中央）。

STEP 25 在"画面遮盖"层的首帧插入补间形状动画，并将该图层转换为遮罩层。此时"印章"层自动转换为被遮罩层。

STEP 26 将"分隔线"层与"山水画"层转换为被遮罩层。

STEP 27 将"右卷纸"层解锁。在"右卷纸"层时间线第1帧图1-6-26所示的位置创建文本"展开画卷"（水平文本，华文中宋，30点，黑色），并将文本转换为按钮元件。利用"属性"面板将其命名为btn_play。锁定"右卷纸"层。

图1-6-25 变换矩形

图1-6-26 作品完成后的Flash编辑界面

STEP 28 在"右卷纸"层的上面新建图层，命名为"配音"。在该层时间线的第2帧插入关键帧，并为该帧添加声音"风.WAV"。通过"属性"面板将声音的"同步"参数设置为"开始"，重复1次。

STEP 29 为"右卷纸"层的第1个关键帧添加以下动作。

```
stage.displayState = StageDisplayState.FULL_SCREEN;  //全屏播放
btn_play.addEventListener(MouseEvent.CLICK,onclick1); //对按钮添加侦听
//事件目标.添加事件侦听器(事件类型,侦听函数)
function onclick1(e:MouseEvent):void { gotoAndPlay(2);} //定义侦听函数
btn_seal01.mouseEnabled = false;
```

```
btn_seal01.visible = true;
stop();
```

STEP 30 为"右卷纸"层的最后一个关键帧添加以下动作。

```
stop();
var s: mp3 = new mp3();     //调用库中声音的链接mp3
btn_seal02.addEventListener(MouseEvent.CLICK,onclick2);
function onclick2(e:MouseEvent):void {
    var channel: SoundChannel = new SoundChannel();
    //定义一个Channel对象用来记录当前播放到哪了
    channel =  s.play();     //播放声音,并将s对象的控制权交给channel
    btn_seal02.mouseEnabled = false;
    btn_seal02.visible = false;
    btn_seal01.visible = true;
    btn_seal01.mouseEnabled = false;
    channel.addEventListener(Event.SOUND_COMPLETE, onPlaybackComplete);
    //给声道channel加sound_complete监听,声音播放结束后进行其他处理
    function onPlaybackComplete(event:Event):void {
        btn_seal02.mouseEnabled = true;
        btn_seal02.visible = true;
        btn_seal01.visible = false; }
}
```

STEP 31 测试动画。选择菜单命令"文件|另存为"存储作品源文件,选择菜单命令"文件|发布设置"发布作品。整个卷纸动画效果可参考"第6章素材\卷纸国画\卷纸国画(AS3).swf"。

习题与思考

一、选择题

1. 对传统数字媒体的合成的理解以下_____是正确的。

   A. 各单媒体素材往往以关联的形式合成到多媒体作品中

   B. 多媒体作品的最终文件大小与所用媒体素材的文件大小之间不存在直接联系

   C. 多媒体作品的文件格式多种多样;相应地,播放工具也有多种

   D. 使用同步多媒体合成语言(Smil)将各媒体素材合成在一起

2. 下列对多媒体作品的理解错误的是_____。

   A. 仅用多媒体合成软件将各单媒体素材简单"堆砌",并不是好的多媒体作品

   B. 借助多种媒体形式表达作品主题,其主要目的是增强信息的感染力

   C. 各媒体之间应建立有效的逻辑链接,利用不同媒体形式进行优势互补

   D. 具有"高超"的多媒体合成技术和手段的多媒体作品就是好的多媒体作品

二、填空题

1. 多媒体作品合成包括_____的合成和_____的合成。

2. 多媒体作品合成指在文本、图形、图像、音频和视频等多种媒体信息之间建立_____,合成为一个系统并具有_____功能。

3. 使用_____语言(Smil)可以将各流式媒体合成在一起,形成流式多媒体作品。

4. 流式多媒体的文件容量较小,主要用于_____传输。

三、操作题

1. 使用Photoshop、Flash与"练习\合成\"文件夹下的 "风景01.jpg" "风景02.jpg" 和 "念故乡（伴奏）.mp3"合成多媒体作品 "片尾"（画面效果如图1-6-27所示）。效果参考"练习\合成\片尾.swf"。

图1-6-27　作品截图

操作提示：

（1）使用Photoshop的"可选颜色"命令对 "风景01.jpg"进行调色（调整图像中的绿色与蓝色）。结果参考"练习\合成\风景01（调色）.jpg"。

（2）使用Photoshop对调色后的图像进行裁切，裁切后的图像大小为600像素×480像素。结果参考 "练习\合成\风景01（调色+裁切）.jpg"。

（3）使用Photoshop的"可选颜色"命令对 "风景02.jpg"进行调色（调整图像中的黄色）。结果参考"练习\合成\风景02（调色）.jpg"。

（4）使用Photoshop对调色后的图像进行裁切，裁切后的图像大小为600像素×480像素。结果参考"练习\合成\风景02（调色+裁切）.jpg"。

（5）启动Flash Professional CC 2015，新建类型为ActionScript 3.0的Flash文档（舞台大小为600像素×480像素）。将调色并裁切后的图像"风景01" "风景02"与 "念故乡（伴奏）.mp3"导入到库中。

（6）在图层1插入图像"风景02"，并与舞台对齐。在第105帧插入帧。

（7）新建图层2，在第11帧插入空白关键帧。插入图像"风景01"，并与舞台对齐。

（8）将图像"风景01"转换为图形元件。在图层2的第31帧插入关键帧。在图层2的第11帧插入传统补间动画，并将该帧"图像"的不透明度（Alpha参数）设置为0。

（9）新建图层3，在第51~第61帧之间创建半透明（不透明度为40%）白色屏幕展开的补间形状动画。其中第51帧中透明矩形的大小为1像素×480像素，第61帧中半透明矩形的大小为400像素×480像素。

（10）新建图层4，在第61~第71帧之间创建字幕上升的传统补间动画（其中英文内容为Bright is the Moon over My Home Village，字体为Kunstler Script）。

（11）新建图层5和图层6。在两个图层的第71~第105帧之间分别创建白色竖直线条同时展开的补间动画（位于半透明白色屏幕左右两侧，一条从上向下展开，另一条从下向上展开）。

（12）新建图层7，在第105帧插入关键帧，并在该帧插入背景音乐"念故乡（伴奏）.mp3"（同步：开始。重复1次）。

（13）新建图层8，在第105帧插入关键帧，并在该帧插入动作脚本"stop();"。作品完成后的时间线结构如图1-6-28所示。

（14）测试动画，确定无误后保存并输出动画。

图1-6-28　作品最终的时间线结构

2.　使用Photoshop、Flash与"练习\合成\"文件夹下的 "琴韵素材01.jpg""琴韵素材02.jpg" "古筝经典-高山流水.mp3"合成多媒体作品"琴韵"）。效果参考"练习\合成\琴韵.swf"。

第6章习题-操作题
2-琴韵

操作提示：

（1）利用Photoshop打开"琴韵素材02.jpg"，将背景层转为普通层。

（2）选择蓝色背景，按Delete键删除，取消选区后如图1-6-29所示。

（3）利用菜单命令"文件/存储为"将结果以"放大镜.PNG"为文件名存储到D:\下（注意PNG格式）。

（4）打开Flash软件，利用"放大镜.png""琴韵素材01.jpg" "古筝经典-高山流水.mp3"合成多媒体作品（见图1-6-30）。要求如下。

● 舞台大小为750像素×500像素，帧频为24帧/秒。

● 小字属性：华文琥珀、红色、48点。大字属性：华文琥珀、红色、80点。根据参考效果适当调整字间距。

● 放大镜移动动画占用150帧，动画总长度为150帧。

● 古筝曲从首帧响起，一直到播放完毕（同步：开始。重复1次）。

图1-6-29　删除蓝色背景

图1-6-30　多媒体作品截图

211

第二部分
实验篇

实验1

多媒体技术概述

实验1-1 学习Windows 10媒体播放机的基本用法

▶ 实验目的

掌握Windows 10媒体播放机的基本用法。

▶ 实验内容

1. 使用Windows 10媒体播放机播放音乐和视频。

▶ 操作步骤

（1）启动Windows 10的媒体播放机，进入媒体库界面。在左窗格选择"音乐"选项，选择菜单命令"组织|管理媒体库|音乐"（见图2-1-1），将音乐所在的文件夹添加到媒体播放机的右窗格中。

（2）选择喜欢的音乐，单击媒体播放机窗口底部的"播放"按钮，就可以欣赏到美妙的声音了。

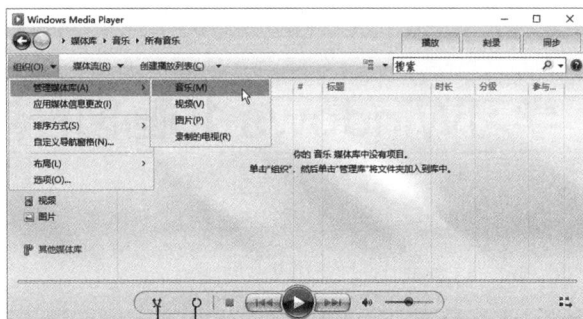

"打开无序播放"按钮　"打开重复播放"按钮

图2-1-1　Windows 10媒体播放机的媒体库界面

（3）在左窗格选择"视频"选项，选择菜单命令"组织|管理媒体库|视频"，将视频所在的文件夹添加到媒体播放机的右窗格中，并播放自己喜欢的视频（见图2-1-2）。

（4）利用窗口底部的导航栏 可以进行播放控制（包括控制音量大小、循环播放等）。单击窗口右下角的"全屏视图"按钮 可切换到全屏播放界面（见图2-1-3）。

（5）单击全屏播放界面右下角的"退出全屏模式"按钮 ，返回标准播放界面。

（6）单击标准播放界面右上角的"切换到媒体库"按钮 ，返回媒体播放机的媒体库界面。

图2-1-2　视频播放界面

图2-1-3　全屏播放模式

2.　创建自己的播放列表。

▶ 操作步骤

（1）在媒体播放机的媒体库界面的左上角单击"创建播放列表"按钮，将在左窗格"播放列表"分类下生成"无标题的播放列表"，将其名称修改为"我的播放列表"，如图2-1-4所示。

（2）在媒体库界面的右窗格中选择音频或视频文件，在文件上单击鼠标右键，从弹出的快捷菜单中选择"添加到|我的播放列表"命令，即可将上述文件添加到"我的播放列表"中。

图2-1-4　创建播放列表

（3）在媒体库界面的左窗格中选择"我的播放列表"，右窗格中将显示该列表中的文件，可以用鼠标右键单击任一文件，在弹出的快捷菜单中选择"上移"或"下移"命令调整该文件的播放顺序；选择快捷菜单中的"从列表中删除"命令，可将该文件从播放列表中删除。

实验1-2　学习Windows 10画图程序的用法

实验1-2
使用Windows 10
的画图程序绘制小
房子

▶ 实验目的

掌握Windows 10画图程序的基本用法。

▶ 实验内容

1.　使用Windows 10的画图程序绘制图2-1-5所示的小房子。

▶ 操作步骤

（1）启动Windows 10的画图程序，如图2-1-6所示。其中功能区包括"文件"菜单、"主页"选项卡和"查看"选项卡。"主页"选项卡中包含"剪贴板""图像""工具""刷子""形状""粗细""颜色""打开画图3D"按钮等参数区。

图2-1-5　小房子效果图

（2）使用"图像"参数区的 ⏏重新调整大小 按钮将绘图区大小设置为800像素×650像素。

（3）在"颜色"参数区单击选择"颜色1"，然后单击右侧调色板上第1行第2列的深灰色。这样可以将"颜色1"（即前景色）设置为调色板上的深灰色。

（4）在"形状"参数区选择矩形□，在绘图区按下鼠标左键拖动绘制出矩形（见图2-1-7，注意长宽比）。在"工具"参数区选择"颜料桶"工具🖌，在所绘矩形内单击填色。

（5）在"图像"参数区单击🔲按钮，从弹出的菜单中选择"透明选择"命令。选择"矩形选择"按钮🔲，在绘图区框选步骤（4）绘制的矩形，如图2-1-8所示。

（6）使用"图像"参数区的 ⏏重新调整大小 按钮将矩形水平倾斜−30度，如图2-1-9所示。

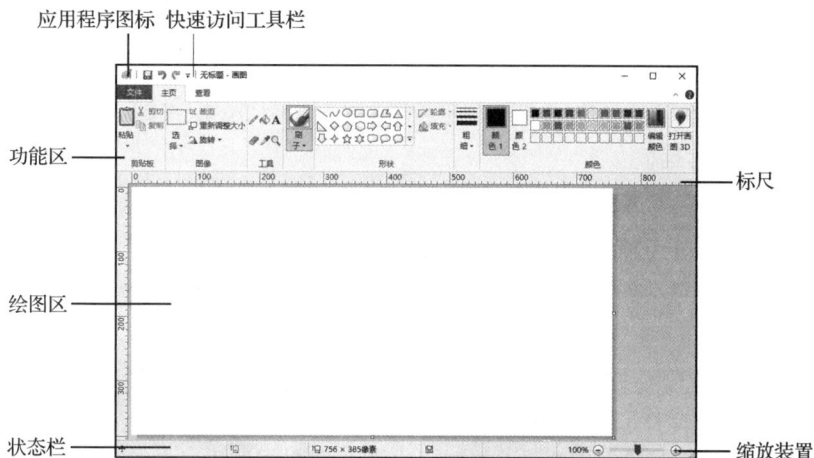

应用程序图标 快速访问工具栏

图2-1-6　Windows 10的画图程序窗口

图2-1-7　绘制矩形　　　　图2-1-8　框选矩形　　　　图2-1-9　斜切矩形

（7）在"形状"参数区选择直线╲，在"粗细"参数区选择合适的线条宽度。在绘图区绘制图2-1-10所示的直线段。

（8）仿照步骤（3）将"颜色1"设置为调色板上的浅灰色。在"形状"参数区选择椭圆形○，在绘图区绘制椭圆形，并用"颜料桶"工具🖌填色，如图2-1-11所示。

（9）框选椭圆形，按Ctrl+C组合键复制，按Ctrl+V组合键粘贴。使用"颜料桶"工具🖌在副本椭圆形上填充调色板上的深灰色。再框选副本椭圆形，按住鼠标左键拖动（最后用方向键微调）将椭圆形放置在图2-1-12所示的位置。

图2-1-10　绘制后房顶　　　图2-1-11　绘制椭圆　　　图2-1-12　表现圆孔的厚度

（10）使用调色板上的浅灰色绘制图2-1-13所示的图形（椭圆形+矩形，注意水平宽度一致，并对齐。放大后操作比较容易）。

（11）仿照步骤（9）表现门洞的墙壁厚度，如图2-1-14所示。

（12）仿照步骤（10）~步骤（11）在房子的前面绘制图2-1-15所示的窗户。

图2-1-13　绘制门洞	图2-1-14　表现门洞的厚度	图2-1-15　绘制窗户

（13）在"颜色"参数区单击"编辑颜色"按钮，打开"编辑颜色"对话框。先在对话框左侧的调色板中选择一种灰色，再在右侧竖直亮度条上上下拖动三角滑块，找到一种亮度介于调色板上两个灰色之间的颜色（红、绿、蓝3个颜色分量相等，约160），单击"添加到自定义颜色"按钮。单击"确定"按钮关闭对话框。

（14）在"颜色"参数区的调色板上选择步骤（13）定义的灰色。在"形状"参数区选择直线，选择合适的线条宽度。绘制图2-1-16所示的窗棂（放大后操作比较方便）。

（15）框选房子前面的窗户，按Ctrl+C组合键复制，按Ctrl+V组合键粘贴。将副本窗户移动到图2-1-17所示的位置。

图2-1-16　绘制窗棂	图2-1-17　复制出另一个窗户

2. 使用Windows 10的画图程序绘制图2-1-18所示的山水画。

操作提示

（1）绘制黑色水平线，用"铅笔工具"在水平线的上面绘制山的轮廓线（左右两端必须与水平线相交）。用"颜料桶工具"在线条围成的封闭区域内填充黑色。

（2）框选步骤（1）绘制的图形→复制、粘贴→垂直翻转→移动到步骤（1）所绘图形的下面→填充浅灰色（得到山的倒影）。

（3）用"椭圆工具"形绘制太阳，用"铅笔工具"绘制飞鸟，用"直线工具"绘制水草……绘制好人物与船之后，仿照步骤（2）得到同样颜色的倒影。

（4）在"形状"参数区选择"矩形"。单击 轮廓▼按钮，从弹出菜单中选择"无轮廓线"命令。单击 填充▼按钮，从弹出菜单中选择"记号笔"命令。在绘图区绘制覆盖人物与船倒影的矩形，得到倒影的透明效果。

图2-1-18　山水画效果图

<table>
<tr><td>实验1-3</td><td>学习Windows 10照片应用程序的
视频编辑功能</td></tr>
</table>

▶ 实验目的

掌握Windows 10照片应用程序创建和编辑视频的方法。

▶ 实验内容

使用Windows 10照片应用程序创建并编辑视频。

实验1-3
学习Windows 10
照片应用程序的视
频编辑功能

▶ 操作步骤

（1）启动程序。从Windows 10的"开始"菜单中运行照片应用程序，打开其窗口。

（2）准备素材。利用"导入"按钮，选择图2-1-19所示的"从文件夹"命令，选择"第1章实验素材\春意盎然素材"文件夹。

（3）创建视频。

① 选择"创建"中的"带有音乐的自定义视频"命令，如图2-1-20所示。

图2-1-19 从文件夹导入素材　　图2-1-20 创建带有音乐的自定义视频

② 在"文件夹"导航中选择刚刚导入的"春意盎然素材"文件夹，选择"春意盎然素材"文件夹中的所有图片、视频和声音等作为创建视频的素材。单击"创建"按钮。

③ 将视频命名为"春意盎然"。

④ 随后出现视频编辑窗口（见图2-1-21），提供了"更改视频标题""设置主题""更改音乐、旁白和音量""更改纵横比""导出或分享""滤镜""文本""动作""3D效果"等功能。

（4）欣赏视频。单击图2-1-21所示的"播放"按钮▷，欣赏系统根据原始素材自动组织和创建的视频。背景音乐是系统自动添加的（不是我们导入的素材文件夹中的）。

（5）更改背景音乐。选择"更改音乐、旁白和音量"中的"你的音乐"|"选择音乐文件"命令，将 "春天的早晨（片段）.mp3"（见第1章实验素材）设置为背景音乐。

（6）添加滤镜、动作、文本等效果。

① 利用"滤镜"按钮在视频中的"樱花"和"贴梗海棠"图片上分别添加"经典"和"喜悦"滤镜效果，如图2-1-22所示。

② 类似地，利用"动作"按钮在视频中的"樱花"和"贴梗海棠"图片上分别添加"缩小中心区域"和"往左放大"动作效果。

③ 利用"文本"按钮在视频的"桃花"和"牡丹"部分分别添加"春天的脚步近了……"和"一年之计在于春"的标题说明，并分别设置为"经典"和"醒目"动画文本样式。

④ 单击图2-1-22右上角的"完成"按钮，完成视频的上述设置。

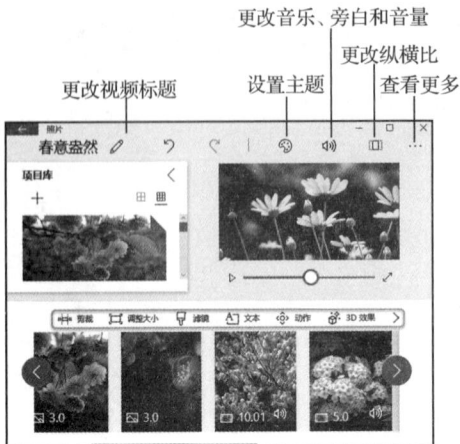

图2-1-21　视频编辑窗口

图2-1-22　添加滤镜效果

（7）在视频的"樱花"图片上单击鼠标右键，选择快捷菜单中的"添加标题卡"命令为视频添加片头标题卡。再在标题卡上单击鼠标右键，选择快捷菜单中的"编辑|文本"命令进行如下设置：文本内容为"万物复苏生机勃勃"，动画文本样式为"喜悦"，布局为"标题1"，背景图案为第2种。

（8）通过单击视频中每个素材底部的时间标志，为各素材设置持续时间：标题卡、春00（海棠）、春06（樱花）都设为3s，春01设为5s，其他都是10s。

（9）添加3D效果。在视频的不同时间段分别添加"翩翩蝴蝶""雨滴降落""雪花飘落""白雪降落""气泡漫天""瀑布飞溅""荧光点点"等3D效果。注意，有的3D效果，例如"荧光点点"等需要根据提示设置"连接到点"的选项，并且可以根据播放效果调整3D效果的位置和大小等参数，如图2-1-23所示。有的3D效果，例如"雨滴降落"等则适用于整个场景，并且可以根据播放效果调整3D效果的开始位置和结束位置。

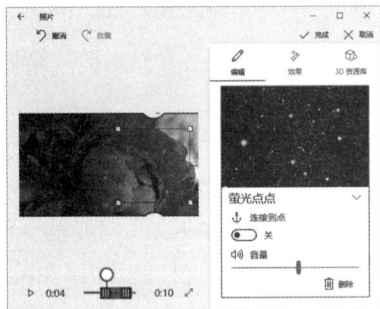

（10）导出或共享视频。选择图2-1-21所示右上角"查看更多"中的"导出或共享"命令，将视频项目导出到文件。

其中，有3个导出和分享选项：小文件（上传速度快，最适合电子邮件和小屏幕）、中文件（最适合在线分享）和大文件（上传的时间最长，最适合大屏幕）。这里选择第1项小文件。随后将花费一定的时间创建并导出视频，请耐心等候片刻。

视频导出成功后，将弹出图2-1-24所示的窗口，告知我们视频的默认保存位置（C:\Users\Administrator\Pictures\已导出的视频），并且允许有3种查看方式：在此应用中查看、在文件管理器中查看以及分享至社交媒体、电子邮件或其他应用。一般选择"在文件管理器中查看"，不仅可以浏览欣赏视频，还可以将视频另存到自己所指定的保存位置。

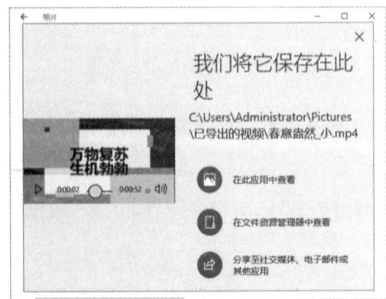

实验效果请参见"第1章实验素材\春意盎然.mp4"。

图2-1-23　"荧光点点"3D效果的设置界面

图2-1-24　视频默认的保存位置及查看方式

实验2

图形、图像处理

实验2-1 制作画面渐隐效果

▶ **实验目的**

学习Photoshop "渐变工具"的基本用法。

▶ **实验内容**

利用 "第2章实验素材\荷花.jpg"制作渐隐效果，如图2-2-1所示。

（a）素材 　　　　　　　　　　　　　　　　（b）渐隐效果

图2-2-1　素材与处理结果

▶ **操作步骤提示**

（1）使用菜单命令 "图像|图像旋转|垂直翻转画布"将素材图像垂直翻转。

（2）选择 "渐变工具"。设置选项栏参数如图2-2-2所示。

（3）将前景色设置为白色。

（4）由荷花花蕊中心向四周拖动鼠标指针创建渐变效果（应适当控制拖移的距离）。

前景色到透明渐变　　径向渐变

图2-2-2　设置渐变参数

实验2-2 制作灯光效果

▶ 实验目的

学习Photoshop "滤镜工具"的基本用法。

▶ 实验内容

在"第2章实验素材\建筑.jpg"上创建灯光效果，如图2-2-3所示。要求图像大小、分辨率、颜色模式等属性保持不变。

（a）素材 （b）灯光效果

图2-2-3 素材与处理结果

▶ 操作步骤提示

（1）所用滤镜为"渲染"滤镜组中的"镜头光晕"。

（2）从图像左上角向右下角依次添加4次滤镜效果（连成一条线，间距渐小，亮度渐弱）。

实验2-3 合成图片"圣诞节的月夜"

▶ 实验目的

学习Photoshop图像合成的基本方法。所用到的主要技术：图像选取、图层基本操作、图层样式、扩散滤镜、文字工具等。

▶ 实验内容

利用"第2章实验素材"文件夹下的 "圣诞树.jpg"与"鹿车.jpg"合成图像，如图2-2-4所示。要求合成图像的画面大小为700像素×485像素，分辨率为72像素/英寸。

（a）素材图像 （b）合成效果

图2-2-4 素材与合成效

▶ 操作步骤

（1）打开 "圣诞树.jpg"，使用 "套索工具" 圈选圣诞树（顶部的五角星和地面上的雪尽量不要选进来），如图2-2-5所示。

（2）添加扩散滤镜（在 "风格化" 滤镜组）。取消选区。

（3）新建图层1。创建圆形选区（羽化值为3），填充白色（见图2-2-6）。取消选区。

（4）打开 "鹿车.jpg"，用 "魔棒工具"（不选 "连续" 参数）选择白色背景，反选并复制选区内的图像。

（5）切换到 "圣诞树.jpg" 图像窗口，粘贴图像，得到图层2。

（6）适当缩放、移动图层2并添加外发光图层样式。

（7）创建白色文字，添加投影图层样式。

图2-2-5　圈选圣诞树	图2-2-6　绘制月亮

实验2-4　绘画 "日出东方"

▶ 实验目的

学习使用Photoshop绘制简单图画。

▶ 实验内容

利用Photoshop的基本工具（渐变、椭圆选框、矩形选框、套索、油漆桶、橡皮擦、铅笔、文字等）绘制图画 "日出东方"（见图2-2-7）。画面大小为250像素×600像素，分辨率为72像素/英寸。

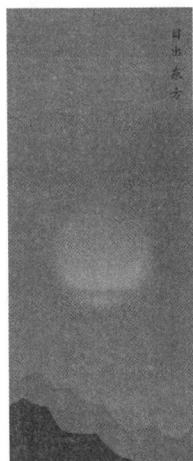

图2-2-7　绘画效果

实验2-4
绘画 "日出东方"

▶ 操作步骤

（1）新建250像素×600像素、72像素/英寸、RGB颜色模式、白色背景的图像。

（2）按住Shift键不放，由图像顶部向底部创建由红色（#ea0a0a）到灰色（#7f8181）的线性渐变。

（3）新建图层1。使用 "套索工具" 创建图2-2-8所示的选区（羽化值为0），填充黑色。取消选区。

（4）新建图层2，放置在图层1的下面。使用 "套索工具" 创建图2-2-9所示的选区（羽化值为

0），填充灰色（#636363）。取消选区。

（5）新建图层3，放置在图层2的下面。使用"套索工具"创建图2-2-10所示的选区（羽化值为0）。从选区顶部向底部创建由灰色（#757575）到透明的线性渐变。取消选区。

（6）在图层1的上面新建图层4。使用"椭圆选框"工具创建图2-2-11所示的圆形选区（羽化值为7左右）。从选区顶部向底部创建由红色（#ec240b）到黄色（#f6a90f）的线性渐变。取消选区。

（7）使用"矩形选框"工具创建图2-2-12所示的选区（羽化值为5左右）。按Delete键删除图层4选区内的像素。取消选区。

（8）在图层4的上面新建图层5。使用"铅笔工具"在太阳的前面绘制图2-2-13所示的3只飞鸟（铅笔粗细为1像素、黑色）。将图层5的不透明度设置为50%。

（9）创建文字"日出东方"（华文新魏、黑色、22点），如图2-2-14所示。最终文件的图层结构如图2-2-15所示。

| 图2-2-8 绘制背景与近山 | 图2-2-9 绘制稍远的山 | 图2-2-10 绘制远山 | 图2-2-11 绘制太阳 |

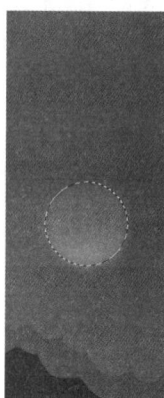

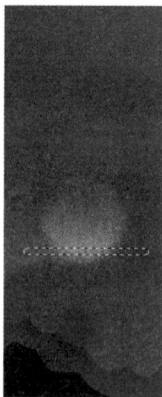

| 图2-2-12 创建羽化选区 | 图2-2-13 绘制飞鸟 | 图2-2-14 创建文字 | 图2-2-15 图层构成 |

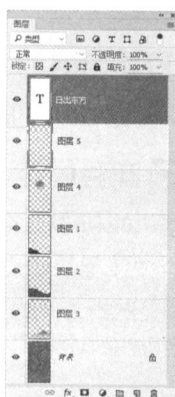

实验2-5 合成图片"还我河山"

▶ 实验目的

学习Photoshop图像合成的基本方法。所用到的主要技术：颜色模式转换、色彩调整、选区的创建与调整、图层基本操作、图层混合模式等。

实验内容

利用"第2章实验素材"文件夹下的 "岳飞书法.gif"与"山水.jpg"合成图像，如图2-2-16所示。要求合成图像的画面大小为600像素×550像素，分辨率为72像素/英寸。

（a）素材图像　　　　　　　（b）合成效果

图2-2-16　素材与合成效果

操作步骤

（1）打开 "岳飞书法.gif"，将颜色模式由"索引颜色"转换为"RGB颜色"（命令在"图像|模式"下）。

（2）选择菜单命令"图像|调整|阈值"调整图像颜色（采用默认的阈值色阶128）。结果如图2-2-17所示。

图2-2-17　调整阈值色阶

（3）使用黑色画笔（或铅笔）将文字笔画周围的白色杂点涂抹掉。

（4）选择菜单命令"图像|调整|反相"使图像颜色反转（此处黑白对换）。

（5）使用"套索工具"选择印章。选择菜单命令"图像|调整|色相/饱和度"将黑色印章调整为红色，参数设置如图2-2-18所示。取消选区。

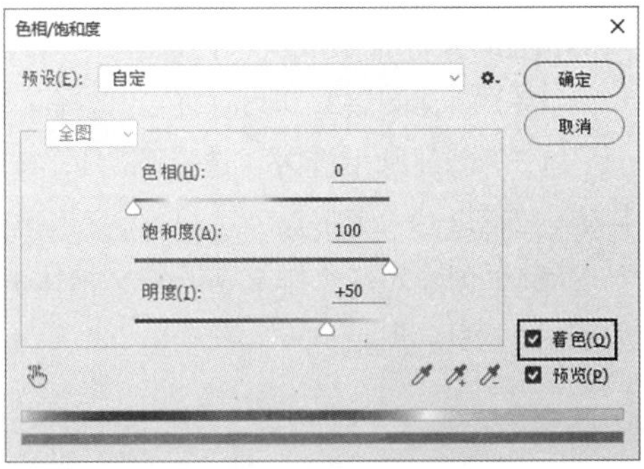

（6）新建600像素×550像素、72像素/英寸、RGB颜色模式、白色背景的图像。

（7）打开"山水.jpg"，并将其复制粘贴到新建图像中（得到图层1），放置在图2-2-19所示的位置。

（8）创建图2-2-20所示的矩形选区（羽化值为5）。选择菜单命令"选择|反选"将选区反转。

（9）确保选中图层1，按Delete键（可以多次）将

图2-2-18　"色相/饱和度"对话框

223

图像处理为模糊边缘效果（见图2-2-21）。

（10）将"岳飞书法.gif"中的图像复制过来（得到图层2），放置在图层1的上面。将图层2的图层混合模式设置为"正片叠底"，适当缩小并调整位置。

| 图2-2-19 复制图像并调整位置 | 图2-2-20 创建羽化的矩形选区 | 图2-2-21 将图像处理为模糊边缘效果 |

实验2-6 制作书籍封面效果

▶ 实验目的

学习Photoshop图像处理的基本方法。所用到的主要技术：颜色模式转换、色彩调整、选区创建、图层基本操作、画笔变暗模式、文字工具等。

▶ 实验内容

利用"第2章实验素材\水乡.gif"制作书籍封面效果。其中封面图像大小、分辨率与素材一致。

▶ 操作步骤

（1）打开"水乡.gif"，将颜色模式由"索引颜色"转换为"RGB颜色"（菜单命令在"图像|模式"下）。

（2）选择菜单命令"色相/饱和度"调整色彩，参数设置如图2-2-22所示。

（3）将前景色设置为#f9faf0。选择"画笔工具"，设置画笔大小为100像素，画笔模式为"变暗"，其他选项保持默认值。使用"画笔工具"将整个背景层图像涂抹一遍，将画面的白色背景涂抹成浅黄色背景。

图2-2-22 "色相/饱和度"对话框

（4）新建图层2，填充白色。选择菜单命令"图层|新建|图层背景"，使其转换为背景层。

（5）创建圆形选区。选择图层1，按Delete键删除选区内图像。取消选区，在图层1上添加投影样式，如图2-2-23所示。

（6）创建黑色直排文字（华文楷体），书籍封面的最终效果如图2-2-24所示。此时的图层组成如图2-2-25所示。

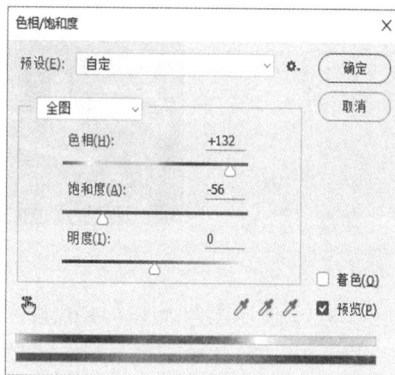

图2-2-23 封面挖空投影效果

图2-2-24 书籍封面效果

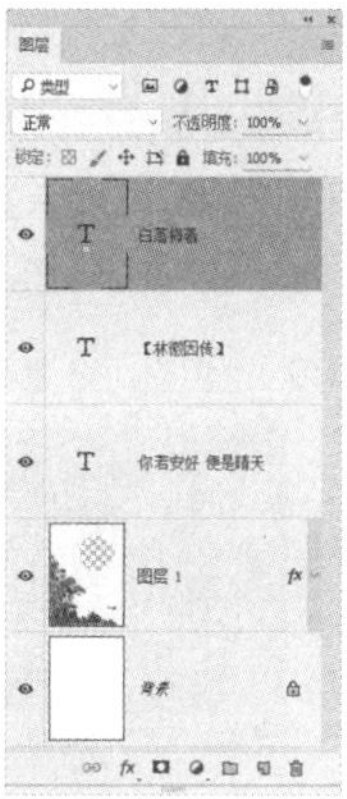

图2-2-25 最终图层组成

实验2-7 合成图片"哺育之恩"

▶ 实验目的

学习Photoshop图像合成的基本方法。所用到的主要技术：图像选取、选区描边、图层基本操作、图层样式、玻璃滤镜、填充工具、文字工具等。

▶ 实验内容

利用"第2章实验素材"文件夹下的 "文字.psd"与"小鸟.jpg"合成图像，如图2-2-26所示。要求合成图像的画面大小为474像素×212像素，分辨率为72像素/英寸。

（a）文字素材 　　　　　　　（b）小鸟素材

（c）合成效果

图2-2-26 素材与合成效果

▶ 操作步骤

（1）打开 "小鸟.jpg"，使用"矩形选框"工具创建图2-2-27所示的选区（羽化值为0）。

（2）依次按Ctrl+C组合键与Ctrl+V组合键，以便将选区内的图像复制得到图层1。

（3）在图层1上添加玻璃滤镜（通过滤镜库平台，在"扭曲"滤镜组）。

图2-2-27 创建选区

（4）在图层1上添加外发光图层样式（混合模式为"正常"，颜色为黑色，不透明度为45%左右，大小为10）。

（5）在图像左侧创建白色文字"制作者姓名"。为文字层添加投影图层样式。

（6）将"文字.psd"中的"文字"复制到"小鸟"图像，得到图层2（位于文字层上面）。适当缩小图层2，放置在图像右侧。

（7）在图2-2-28所示的位置创建矩形选区（羽化值为0）。

（8）在图层2与文字层之间创建图层3。在图层3的选区内填充颜色（#8e8d4a）。

（9）在图层3上描边选区（1像素、白色、内部）。最终的图层构成如图2-2-29所示。

图2-2-28　在选区内填色

图2-2-29　图层构成

实验2-8　合成图片"圣诞快乐"

▶ 实验目的

学习Photoshop图像合成的基本方法。所用主要技术：图像选取、图层基本操作、图层样式、图层混合模式、扩散滤镜、镜头光晕滤镜、图像旋转、仿制图章工具/橡皮擦/文字工具等。

▶ 实验内容

利用"第2章实验素材"文件夹下的"圣诞树.jpg"与"星光.jpg"合成图像，如图2-2-30所示。要求合成图像的画面大小为700像素×485像素，分辨率为72像素/英寸。

（a）素材图像　　　（b）合成效果

图2-2-30　素材与合成效果

操作步骤

（1）与"实验2-3"一样，首先在圣诞树上添加扩散滤镜。

（2）选择菜单命令"图像|图像旋转|水平翻转画布"将素材图像水平反转。

（3）将星光素材复制过来，得到图层1。将图层混合模式设置为"变亮"。

（4）适当放大、移动图层1，如图2-2-31所示。

（5）将右下角缺失的星光用"仿制图章工具"从左边仿制，如图2-2-32所示。

（6）使用"橡皮擦工具"（主直径为54像素左右、硬度为0）将图层1右上角没有隐藏的边界擦除，如图2-2-32所示。

图2-2-31　变换图层1

图2-2-32　仿制星光、擦除边界

（7）在图层1星光的头部添加镜头光晕滤镜（在"渲染"滤镜组）。

（8）创建白色文字（字体为华文彩云）。添加投影图层样式。

实验2-9 ｜ 合成图片"等你下班"

▶ 实验目的

学习Photoshop图像合成的基本方法。所用到的主要技术：图层基本操作、图层样式、图层蒙版、文字工具等。

▶ 实验内容

利用"第2章实验素材"文件夹下的 "金毛.jpg"与"玻璃.jpg"合成图像，如图2-2-33所示。要求合成图像的画面大小为500像素×392像素，分辨率为72像素/英寸。

（a）素材图像

（b）合成效果

图2-2-33　素材与合成效果

▶ 操作步骤

（1）打开"金毛.jpg"，按Ctrl+A组合键全选图像，按Ctrl+C组合键复制图像。

（2）打开"玻璃.jpg"，按Ctrl+V组合键粘贴图像，得到图层1。

（3）降低图层1的不透明度并添加显示全部的图层蒙版。

（4）确保图层蒙版处于选中状态。使用黑色软边画笔涂抹小狗头部左右两侧的画面，使之"隐藏"掉。

（5）适当调整小狗的位置与大小，如图2-2-34所示。

（6）创建文字（字体为"幼圆"，颜色为#ff0000），添加投影样式。

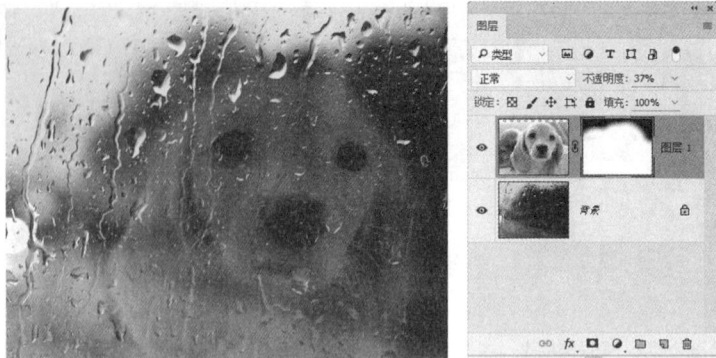

图 2-2-34　使用图层蒙版控制图层的显示范围

实验2-10　合成图片"水墨梅雪"

▶ 实验目的

学习Photoshop剪贴蒙版的基本用法。

▶ 实验内容

利用"第2章实验素材"文件夹下的"笔墨.jpg"与"梅雪.jpg"合成图像，如图2-2-35所示。要求合成图像的画面大小为800像素×426像素，分辨率为72像素/英寸。

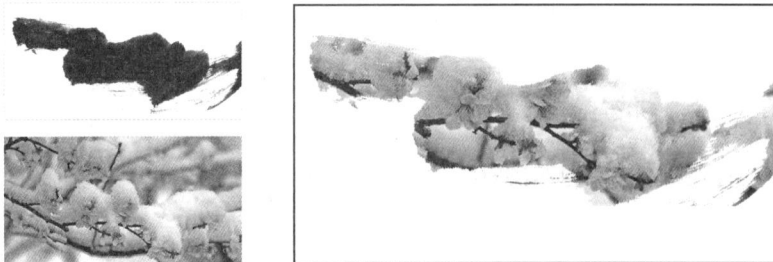

（a）素材图像　　　　　　　　　　（b）合成效果

图2-2-35　素材与合成效果图

▶ 操作步骤

（1）新建800像素×426像素、72像素/英寸、RGB颜色模式、白色背景的图像。

（2）打开"梅雪.jpg"，并将其复制粘贴到新建图像中（得到图层1），放置在图2-2-36所示的位置。

图2-2-36　合并梅花图像并调整位置

（3）同样，打开"笔墨.jpg"，将其复制粘贴到新建图像中（得到图层2），适当缩小，调整位置，如图2-2-37所示。

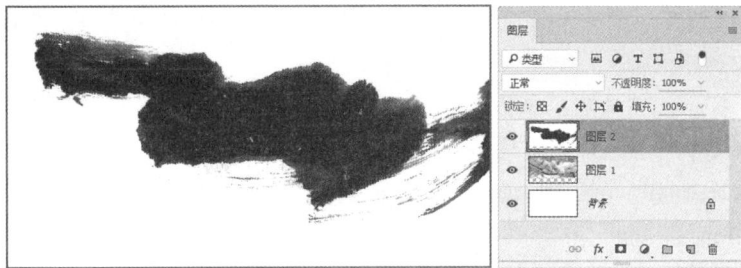

图2-2-37 合并水墨图像并调整位置

（4）使用"魔棒工具"（选项栏上不选"连续"选项，容差设置为32）选择图层2的白色部分，按Delete键删除。取消选区，如图2-2-38所示。

图2-2-38 清除水墨周围的白色像素

（5）（在"图层"面板上）将图层2拖动到图层1的下面。选择图层1，选择菜单命令"图层|创建剪贴蒙版"。

实验2-11 合成图片"岳母刺字"

▶ 实验目的

学习Photoshop图像合成的基本方法。所用到的主要技术：图层基本操作、图层分布、选区的创建与调整、选区描边、文字工具等。

▶ 实验内容

利用"第2章实验素材"文件夹下的"岳母刺字.jpg""古典图案.jpg""竹子.jpg"与"文本.txt"合成图像，如图2-2-39所示。要求合成图像的画面大小为336像素×783像素，分辨率为72像素/英寸。

▶ 操作步骤

（1）新建336像素×783像素、72像素/英寸、RGB颜色模式、白色背景的图像。

实验2-11
合成图片"岳母刺字"

（a）素材图像　　（b）合成效果

图2-2-39 素材与合成效果图

（2）打开"岳母刺字.jpg"，并将其复制粘贴到新建图像中（得到图层1），适当缩小，放置在图2-2-40所示的位置。

（3）使用"魔棒工具"（选择"连续"选项）选择人物周围的灰色背景，按Delete键删除。取消选区，如图2-2-41所示。

（4）同样，打开"古典图案.jpg"，将其复制粘贴到新建图像中（得到图层2），放置在图层1的下面，适当缩小，调整位置，如图2-2-42所示。

（5）创建图2-2-43所示的矩形选区。选择菜单命令"选择|反选"将选区反转。确保选中图层2，按Delete键删除选区内的图像。

（6）再次反转选区。选择菜单命令"编辑|描边"对选区描边（内部、1像素、黑色）。选择菜单命令"选择|变换选区"将选区对称放大，并再次描边（内部、2像素、黑色）。取消选区，结果如图2-2-44所示。

（7）打开"竹子.jpg"，并将其复制粘贴到新建图像中（得到图层3），放置在图层2的下面，适当缩小、旋转、调整位置，将图层的不透明度设置为22%，如图2-2-45所示。

（8）在图层1的上面创建文字（华文中宋、黑色、大小分别为72和18），适当调整字间距与列间距，如图2-2-46所示（小字内容可从"文本.txt"中复制）。

（9）在"图层"1的上面新建图层4，绘制图2-2-47所示的双线效果（粗细都是1像素，一条黑色，一条浅灰色，相距1像素）。

（10）将图层4复制4次。将图层4拷贝4水平向右移动到图2-2-48所示的位置。

（11）（在"图层"面板上）选择双线所在的全部5个图层。选择菜单命令"图层|分布|水平居中"，结果如图2-2-49所示。最终图层构成如图2-2-50所示。

| 图2-2-40 合并、调整人物图像 | 图2-2-41 删除人物周围的背景 | 图2-2-42 合并、调整图案 |

图2-2-43 创建矩形选区　　图2-2-44 为图案加双边框　　图2-2-45 处理竹子图像　　图2-2-46 创建文字对象

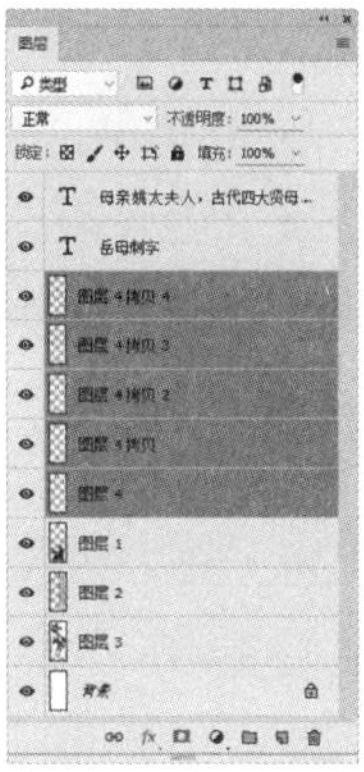

图2-2-47　绘制双线效果　图2-2-48　确定分布的水平间距　图2-2-49　图层分布结果　图2-2-50　图像完成后的图层组成

实验2-12　设计制作中国京剧宣传画

▶ 实验目的

学习Photoshop图像合成的基本方法。所用到的主要技术：图层基本操作、图层对齐、图案的定义与填充、选区的创建与调整、文字工具等。

▶ 实验内容

利用"第2章实验素材"文件夹下的"图案.jpg""书法.jpg""环形.jpg""人物.jpg""宫殿.jpg"合成图像，如图2-2-51所示（红色篆字内容为"诸葛亮舌战群儒"）。要求合成图像的画面大小为1000像素×600像素，分辨率为72像素/英寸。

实验2-12
设计制作中国京剧
宣传画

（a）图案　（b）书法 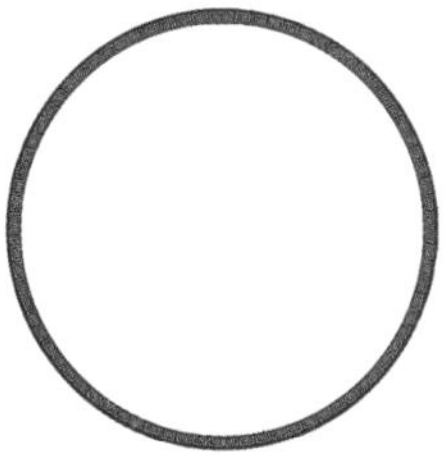　（c）环形 　（d）人物　（e）宫殿

（f）合成效果

图2-2-51　素材与合成效果

▷ 操作步骤

（1）新建1000像素×600像素、72像素/英寸、RGB颜色模式（8位）、透明背景的图像。在图层1上填充黄色（#ecac54）。

（2）将"图案.jpg"中的整个图像复制过来，得到图层2。（在"图层"面板上）将图层2与图层1一起选中。

（3）依次选择"图层|对齐"菜单下的"顶边"与"左边"命令，以便将图案对齐到图像窗口的左上角。

（4）按住Ctrl键不放，在"图层"面板上单击图层2的缩览图，以便选中整个图案。

（5）选择菜单命令"编辑|定义图案"将选区内的图像定义为图案（名称默认）。

（6）选择菜单命令"选择|变换选区"向右扩大选区，使其宽度超过图像宽度（高度不变），如图2-2-52所示。

（7）新建图层3（位于图层2之上）。选择菜单命令"编辑|填充"，参数设置如图2-2-53所示（在"自定图案"下拉列表中选择步骤5中定义的图案）。单击"确定"按钮，将所选图案填充到图层3的选区内。取消选区，如图2-2-54所示。

图2-2-52　确定图案填充的范围

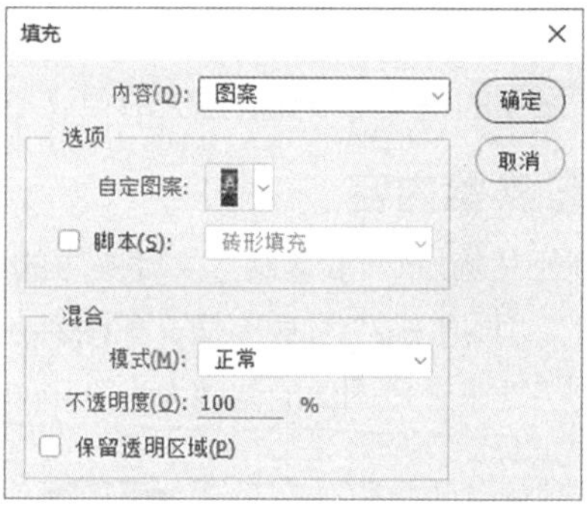

图2-2-53　"填充"对话框

（8）使用"魔棒工具"（不选"连续"选项）及菜单命令"选择|反选"选择"人物.jpg"中的人物，并将其复制到新建图像中，得到图层4。调整人物的位置，如图2-2-55所示。

图2-2-54　图案填充效果

图2-2-55　将人物合成进来

（9）使用"魔棒工具"选择"环形.jpg"中的圆环，并将其复制到新建图像中，得到图层5（位于图层4的上面）。调整圆环位置，如图2-2-56所示。

（10）复制图层5，得到图层5 拷贝。缩小图层5 拷贝中的圆环，如图2-2-57所示。

图2-2-56　将环形图案合成进来

图2-2-57　复制圆环图案

（11）选择"魔棒工具"，设置选项栏参数如图2-2-58所示。

图2-2-58　设置"魔棒工具"参数

（12）在图像中单击圆环内部的空白区域。选择图层1，按Delete键删除选区内的像素。取消选区。

（13）将"宫殿.jpg"中的图像复制过来，得到图层6，放置在图层1的下面。适当放大、移动图层6，如图2-2-59所示。

（14）将"书法.jpg"中的"文字"复制过来，得到图层7，放置在所有图层的上面。用"套索工具"圈选其中的"国"字，用"移动工具"调整其位置。取消选区，如图2-2-60所示。

图2-2-59　将宫殿素材合成进来

图2-2-60　合并书法素材

（15）在图层7的上面创建文字层"京剧"（字体为"华文中宋"）。在图层7与文字层之间新建图层8，绘制"京剧"后面的红色方形，如图2-2-61所示。

（16）创建文字层"诸葛亮舌战群儒"（字体为"经典繁方篆"）。图像完成后的"图层"面板如图2-2-62所示。

图2-2-61　创建文字层及后面的红色方形

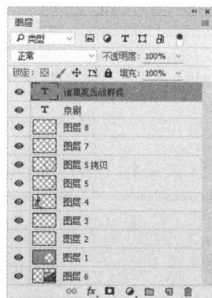

图2-2-62　图层构成

3

实验3

动画制作

实验3-1 制作小苗成长动画

▶ 实验目的

进一步学习Flash中逐帧动画的制作方法。

▶ 实验内容

使用Flash Professional CC 2015制作逐帧动画，动画效果可参照"第3章实验素材\成长的喜悦.swf"。所用图片素材为"第3章实验素材\ 1 .jpg ~7.jpg"。

▶ 操作步骤

（1）启动Flash Professional CC 2015，新建ActionScript 3.0类型的空白文档。

（2）设置舞台大小为163像素×126像素，帧频为4帧/秒，其他选项保持默认值。

（3）将所需的7张素材图片导入到库中，并显示"库"面板。

图2-3-1　连续选择多个帧

图2-3-2　将多个帧同时转换为关键帧

（4）选择图层1的第2帧，按住Shift键单击第7帧，选中第2~第7帧，如图2-3-1所示。

（5）在选中的帧上单击鼠标右键，从弹出的快捷菜单中选择"转换为关键帧"命令。这样所有选中的帧全部转变成关键帧，如图2-3-2所示。

（6）选择图层1的第1个关键帧，将"库"中的"1.jpg"拖动到舞台上。在"属性"面板中将图片的位置坐标（x,y）设置为（0,0），以便将图片与舞台对齐，如图2-3-3所示。

🎯 **提示** 在Flash中，坐标系的原点位于舞台的左上角。而"属性"面板中的（x,y）表示对象左上角的坐标值。将（x,y）设置为（0,0），可使对象与舞台的左侧及顶部对齐。在本例中，由于图片大小与舞台大小恰好相同，这样图片刚好将舞台全部覆盖。

（7）选择图层1的第2个关键帧，将"库"中的"2.jpg"拖动到舞台上，并与舞台对齐。

（8）同理，将"库"中的"3.jpg ~7.jpg"分别拖动到第3~第7关键帧的舞台上，并在各关键帧中将图片与舞台对齐。此时的"时间轴"面板如图2-3-4所示。

（9）选择图层1的第1个关键帧，按一下F5 键（或用鼠标右键单击第1个关键帧，在弹出的快捷菜单中选择"插入帧"命令），这样可在第1个关键帧的后面增加1个普通帧（普通帧舞台上的内容与其左边相邻关键帧的内容始终保持一致），如图2-3-5所示。

图2-3-3　修改图片的位置坐标　　　图2-3-4　编辑第2～第7帧　　　图2-3-5　插入普通帧

（10）采用与步骤（9）类似的操作，在随后的每一个关键帧的右侧分别插入1个普通帧，如图2-3-6所示。

（11）在第27帧上单击鼠标右键，在弹出的快捷菜单中选择"插入帧"命令，这样可以将最后一张图片"7.jpg"一直显示到第27帧，如图2-3-7所示。

图2-3-6　在其余关键帧后面插入普通帧　　　　图2-3-7　延长最后一张图片的显示时间

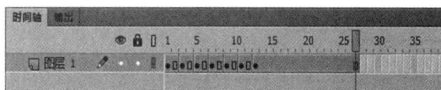

（12）锁定图层1，新建图层2。在图层2的第16帧插入关键帧，并在该关键帧的舞台上上创建文本"成长的喜悦"（黄色、黑体、18磅、字母间距8），如图2-3-8所示。

（13）按Ctrl+B组合键将文本分离1次。将图层2的第17～第20帧都转换为关键帧。

（14）在图层2的第16帧保留"成"字，删除其余文字；在第17帧保留"成长"两个字，删除其余文字；在第18帧保留"成长的"3个字，删除其余文字；在第19帧保留"成长的喜"4个字，删除"悦"字；第20帧保持不变，如图2-3-9所示。

图2-3-8　创建文本　　　　图2-3-9　创建文字逐帧动画

（15）锁定图层2。以"成长的喜悦.fla"为名保存.fla源文件并发布SWF文件。

实验3-2　制作翻页动画

▶ 实验目的
进一步学习Flash中补间形状动画的制作方法。

▶ 实验内容
打开"第3章实验素材\翻页的书.fla"。利用库中提供的资源和声音文件"第3章实验素材\风.wav"制作一段动画：一阵风吹过来，书页轻轻翻起；风过后，书页

实验3-2
制作翻页动画

又缓慢地落下。动画效果参照"第3章实验素材\翻页动画.swf"。

▶ **操作步骤**

（1）打开"翻页的书.fla"，显示"库"面板。将图层1改名为"背景"。

（2）将库中的"静止书本"拖动到舞台上图2-3-10所示的位置，并在第80帧插入帧。锁定"背景"层。

（3）新建图层，命名为"动画"。将库中的"书页"拖动到"动画"层的舞台上。调整"书页"的位置，使之与"背景"层书本的右页面对齐，如图2-3-11所示。

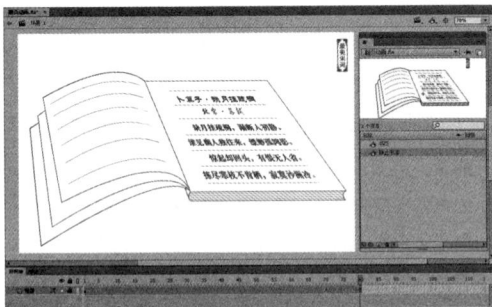

图2-3-10　编辑"背景"层　　　　　　　　　　　图2-3-11　调整"书页"位置

（4）选择菜单命令"修改|分离"（或按Ctrl+B组合键）将"书页"分离。

（5）在"动画"层的第20帧插入关键帧。在舞台的空白处单击以取消对象的选择状态。

（6）选择"选择工具"，将鼠标指针移到"书页"右上角，此时鼠标指针旁出现直角标志┛。按下左键将该节点拖动到图2-3-12所示的位置。

（7）按同样的方法将"书页"右下角的节点拖动到图2-3-13所示的位置。

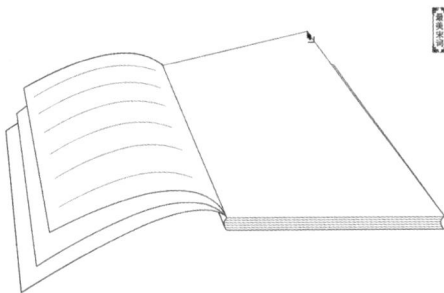

图2-3-12　拖动"书页"右上角的节点　　　　　　图2-3-13　拖动"书页"右下角的节点

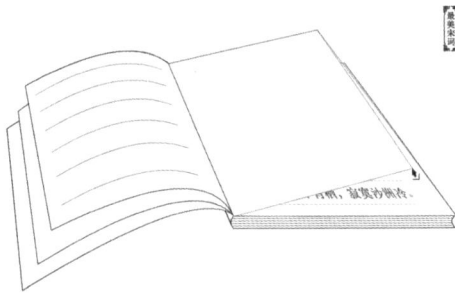

（8）使用"选择工具"将"书页"的上下两条边调整成图2-3-14所示的形状。

（9）在"动画"层的第40帧插入关键帧，第70帧插入空白关键帧。

（10）选中"动画"层的第1帧，按Ctrl+C组合键复制书页图形。选中"动画"层第70帧，选择菜单命令"编辑|粘贴到当前位置"，以便将复制的图形粘贴到第70帧舞台的同一位置。

（11）在"动画"层的第1帧和第40帧分别插入补间形状动画。在"属性"面板上设置"动画"层第1帧的"缓动"参数值为100。

（12）锁定"动画"层。新建一个图层，命名为"声音"。将"风.wav"导入到库中。

（13）选择"声音"层的第1帧，设置其"属性"面板参数如图2-3-15所示。

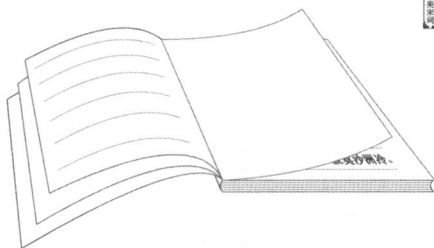

图2-3-14　调整书页上下两边的形状

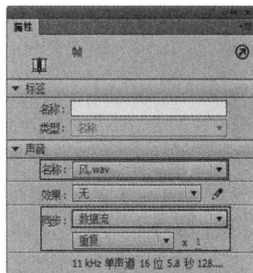

图2-3-15　设置声音属性

（14）锁定"声音"层。此时的"时间轴"面板如图2-3-16所示。

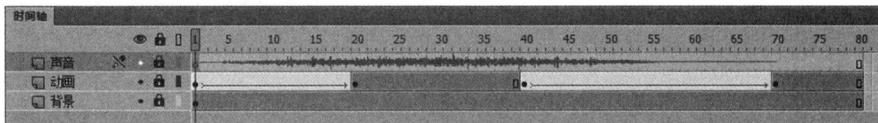

图2-3-16　动画完成后的"时间轴"面板

（15）测试动画效果，保存.fla源文件，并发布SWF文件。

实验3-3　制作探照灯动画

▶ 实验目的

进一步学习Flash中遮罩动画的制作方法。

▶ 实验内容

利用遮罩层制作"探照灯"动画。最终效果可参照"第3章实验素材\探照灯.swf"。

实验3-3
制作探照灯动画

▶ 操作步骤

（1）新建ActionScript 3.0类型的空白文档，设置舞台大小为800像素×200像素，舞台颜色为黑色，帧频为12帧/秒。

（2）将图层1改名为"文字"。在舞台上创建横向静态文本"有审美的眼睛才能发现美"（宋体、48磅、白色、字母间距为20）。将文本对齐到舞台中央。

（3）在"文字"层的第60帧插入帧。锁定"文字"层。新建图层2，命名为"遮罩"。

（4）在舞台上绘制图2-3-17所示的无边框圆形（填充蓝色到黑色的径向渐变，渐变中心在圆心，刚好覆盖第1个文字），并转换为图形元件。

图2-3-17　绘制光点效果

（5）在"遮罩"层的第30帧和第60帧分别插入关键帧，并在该层的第1帧和第30帧分别插入传统补间动画。

（6）将"遮罩"层的第30帧的元件实例水平向右移动到图2-3-18所示的位置（刚好覆盖最后一个文字）。锁定"遮罩"层。

图2-3-18　定位运动对象的另一个端点

（7）新建图层3，命名为"探照灯"。将"探照灯"层拖动到所有层的下面。

（8）选择"遮罩"层的第1帧，按住Shift键单击该层的第60帧。这样可选中第1～第60帧的所有帧。

（9）在选中的帧上单击鼠标右键，从弹出的快捷菜单中选择"复制帧"命令。

（10）用同样的方法选择"探照灯"层的第1～第60帧的所有帧，单击鼠标右键，从弹出的快捷菜单中选择"粘贴帧"命令。锁定"探照灯"层。

（11）在"遮罩"层的图层名称上单击鼠标右键，从弹出的快捷菜单中选择"遮罩层"命令，此时"文字"层自动转化为被遮罩层。此时的"时间轴"面板如图2-3-19所示。

图2-3-19　创建遮罩层

（12）对"文字"层进行以下操作：在第64帧、第90帧分别插入关键帧，在第61帧、第91帧分别插入空白关键帧，在第95帧插入帧。

（13）测试动画，保存.fla源文件，输出SWF文件。

实验3-4　制作小汽车行驶动画

▶ 实验目的

进一步学习Flash中影片剪辑元件在动画中的使用方法。

▶ 实验内容

利用"第3章实验素材"文件夹下的"树木.jpg""车轮.png""车身.png"和"喇叭.WAV"制作小汽车行驶动画。动画效果参照"第3章实验素材\行驶的小汽车.swf"。

实验3-4
制作小汽车行驶动画

▶ **操作步骤**

（1）新建ActionScript 3.0类型的空白文档。设置舞台大小为777像素×400像素，帧频为24帧/秒（其他文档参数保持默认）。

（2）将本例所需的图片素材和声音素材（共4个文件）全部导入到库中。

（3）新建影片剪辑元件"转动的车轮"，进入元件编辑环境。将"车轮.png"从"库"面板拖动到舞台上，转换为图形元件。在图层1的第24帧插入关键帧，在图层1的第1帧（关键帧）创建传统补间动画，并设置补间动画属性如图2-3-20所示。锁定图层1。

图2-3-20 设置补间动画参数

（4）新建影片剪辑元件"小汽车"，进入元件编辑环境。将"车身.png"和影片剪辑元件"转动的车轮"（使用两次）从库中拖动到舞台上，组成"小汽车"，如图2-3-21所示。锁定图层1。

（5）新建影片剪辑元件"移动的树木"，进入元件编辑环境。将"树木.jpg"从"库"面板拖动到舞台上，转换为图形元件，并利用"对齐"面板将其与舞台左对齐。

图2-3-21 组装小汽车

（6）选择菜单命令"视图|标尺"将标尺显示出来，从竖直标尺上拖出1条参考线定位左侧第1棵树木的树干位置，如图2-3-22所示。

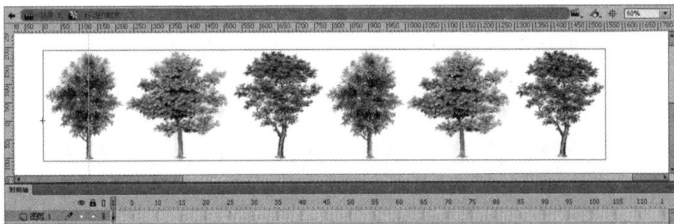

图2-3-22 定位第1棵树的位置

（7）在图层1的第180帧插入关键帧，在图层1的第1帧（关键帧）创建传统补间动画。选择第180帧，将树木图片水平向左移动（可按住Shift键使用"选择工具"向左拖动图片），使得第4棵树的树干定位在竖直参考线上（可使用水平方向键微调图片位置）。锁定图层1，如图2-3-23所示。

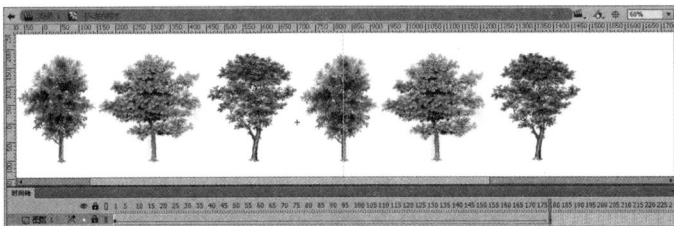

图2-3-23 定位第4棵树的位置

（8）返回场景1。取消选择菜单命令"视图|标尺"以隐藏标尺。将影片剪辑元件"小汽车"从库中拖动到舞台上，放置在图2-3-24所示的位置。

（9）在图层1的第80帧插入关键帧，将"小汽车"水平向右拖动到舞台中央位置（见图2-3-25）。在图层1的第1帧（关键帧）创建传统补间动画。在图层1的第80帧（关键帧）添加以下动作脚本（注意其中的括号、分号都是半角字符）。锁定图层1。

```
stop();
```

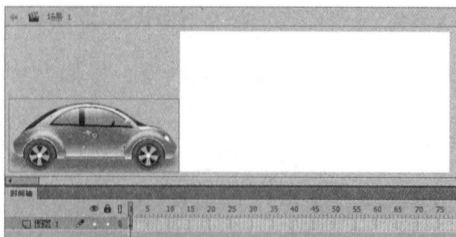

图2-3-24 定位小汽车的初始位置

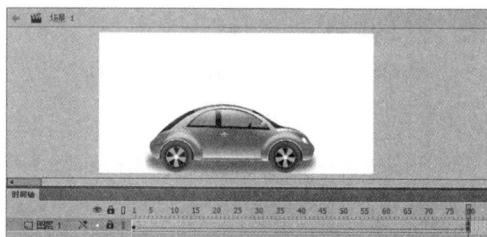

图2-3-25 创建小汽车行驶动画

（10）新建图层2，拖动到图层1的下面。将影片剪辑元件"移动的树木"从库中拖动到舞台上，放置在图层2图2-3-26所示的位置（与舞台左对齐）。

（11）在图层2的第80帧插入关键帧。将图层2第1帧的影片剪辑元件的实例分离1次。锁定图层2。

（12）新建图层3，在第30帧插入关键帧，并插入声音"喇叭.WAV"。整个动画完成后的"时间轴"面板如图2-3-27所示。测试并保存动画文件。

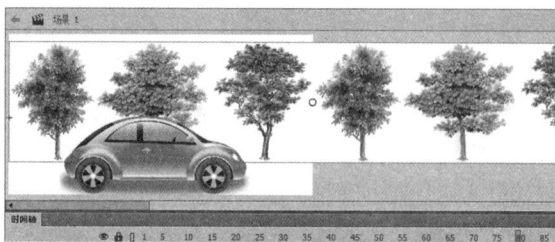

图2-3-26 将影片剪辑元件"移动的树木"应用到场景

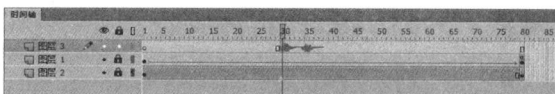

图2-3-27 动画完成后的"时间轴"面板

实验3-5 制作画面淡变切换动画

▶ 实验目的

进一步学习Flash中元件与遮罩层在动画中的使用。

▶ 实验内容

利用"第3章实验素材"文件夹下的"春花01.jpg"和"春花02.jpg"设计制作画面的淡变切换动画。效果参照"第3章实验素材\画面淡变切换.swf"。

实验3-5
制作画面淡变切换动画

▶ 操作步骤

（1）新建ActionScript 3.0类型的空白文档，设置舞台大小为512像素×384像素，舞台颜色为白色，帧频为12帧/秒。将本例所需的两张图片素材导入到库中。

（2）将"春花01.jpg"从库中拖动到舞台上，利用"对齐"面板将图片与舞台对齐。在图层1的第80帧插入帧，锁定图层1。

（3）新建图层2。将"春花02.jpg"从库中拖动到舞台上，转换为图形元件，并与舞台对齐。

（4）在图层2的第20帧、第40帧和第60帧分别插入关键帧。

（5）选择图层2的第20帧。在舞台上选择图形元件的实例，利用"属性"面板将其不透明度设置为0，如图2-3-28（a）所示。

（6）同理，将图层2的第40帧舞台上的图形元件实例的不透明度设置为0。

（7）在图层2的第1帧（关键帧）和第40帧（关键帧）分别创建传统补间动画。锁定图层2。此时的"时间轴"面板如图2-3-28（b）所示。

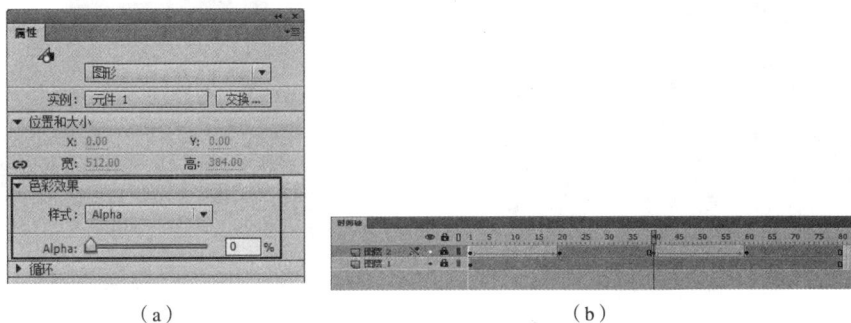

（a）

（b）

图2-3-28　创建传统补间动画

注：步骤（2）~步骤（7）创建了图片"春花01.jpg"与"春花02.jpg"之间的淡变切换动画。

（8）新建图层3，并在该层的舞台上图2-3-29所示的位置创建横向文本"花开花谢，春去春来，重复着人生有限、宇宙无穷这个永恒的话题"（静态文本、华文中宋、大小为12磅、字母间距为5、白色）。

（9）新建图层4，放置在所有其他层的下面。复制图层3中的文本对象，选择菜单命令"编辑|粘贴到当前位置"粘贴到图层4的同一位置。锁定图层3。

（10）将图层4中的文本修改成黑色，其他属性不变。锁定图层4。

（11）在所有层的上面新建图层5，并在该层绘制图2-3-30所示的没有边框只有填充的圆形（颜色任意）。

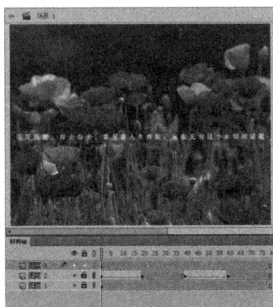

图2-3-29　创建白色文本

图2-3-30　创建圆形

（12）将图层5转化为遮罩层。此时图层3自动转化为被遮罩层。

（13）在图层2的名称上单击鼠标右键，从弹出的快捷菜单中选择"属性"命令，打开"图层属性"对话框，选择"被遮罩"单选钮，单击"确定"按钮。这样即可将图层2手动转化为被遮罩层。

（14）按步骤（13）的操作方法将图层1也转化为被遮罩层。至此动画制作全部完成，"时间轴"面板如图2-3-31所示。

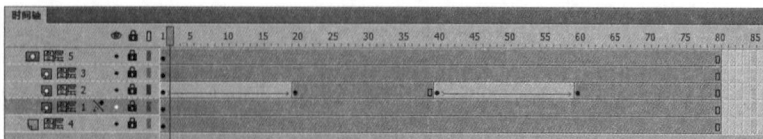

图2-3-31   动画完成后的"时间轴"面板

（15）测试动画（见图2-3-32）。保存.fla源文件，导出SWF文件。

图2-3-32   动画测试中的两个主要画面

实验3-6   制作梅花飘落动画

▶ 实验目的

进一步学习Flash中引导层和影片剪辑元件在动画中的使用。

▶ 实验内容

利用"第3章实验素材"文件夹下的"梅花.png""梅树.jpg""古典园门.png"设计制作园门内梅花飘落的动画。效果参照"第3章实验素材\梅花飘落.swf"。欣赏动画"第3章实验素材\葬花吟.swf"。

实验3-6
制作梅花飘落动画

▶ 操作步骤

（1）新建ActionScript 3.0类型的空白文档，设置舞台大小为700像素×610像素，舞台颜色为黑色，帧频为12帧/秒。将所需的素材全部导入到库中。

（2）将"古典园门.png"从库中拖动到舞台上，利用"对齐"面板将其与舞台对齐。

（3）在图层1的第90帧插入帧，锁定图层1。

（4）新建影片剪辑元件，命名为"梅花飘落"。在其编辑窗口进行以下操作。

① 将"梅树.jpg"从库中拖动到舞台上，利用"对齐"面板将其在水平与竖直方向分别与舞台居中对齐。在图层1的第90帧插入帧，锁定图层1。

② 新建图层2。将"梅花.png"从库中拖动到舞台上，转换为图形文件，缩小并放置在图2-3-33所示的位置。

③ 为图层2创建传统运动引导层，并在该层用"铅笔工具"绘制图2-3-34所示的引导路径。

图2-3-33 编辑首帧梅花图片

图2-3-34 创建平滑的引导路径

④ 在图层2的第45帧插入关键帧。并在第1～第45帧创建梅花沿引导路径下落（顺时针旋转1周）的传统补间动画，如图2-3-35所示。

⑤ 类似地，在当前的3个图层上创建第2朵梅花下落的引导层动画，如图2-3-36所示（动画在第45～第90帧之间）。

（5）返回场景1。新建图层2，拖动到图层1的下面，将"梅花飘落"元件从"库"面板拖动到图层2的舞台上，放置在图2-3-37所示的位置。锁定图层2。

（6）在图层1的上面新建图层3。并在该层的舞台上图2-3-39所示的位置创建横向文本"花谢花飞飞满天，红消香断有谁怜"（静态文本、隶书、大小为36磅、字母间距为6、红色）。

（7）将文本转化为图形元件。参照实验3-5中步骤（4）～步骤（7）的操作在图层3创建文字淡入淡出的动画。其中第1～第15帧淡入，第55～第70帧淡出，如图2-3-38所示。

图2-3-35 创建第1朵梅花下落的动画

图2-3-36 创建第2朵梅花下落的动画

图2-3-37 将"梅花飘落"元件应用到场景

图2-3-38 创建文字淡入淡出的动画

（8）测试动画。保存.fla源文件，导出SWF文件。

实验3-7 制作日出动画

▶ 实验目的

学习使用Flash中元件实例的色彩效果与滤镜效果。

▶ 实验内容

使用"第3章实验素材"文件夹下的"山脉.png""朝霞.png"设计制作日出动画。效果参照"第3章实验素材\日出.swf"。

实验3-7
制作日出动画

▶ 操作步骤

（1）新建ActionScript 3.0类型的空白文档，设置舞台大小为962像素×450像素，帧频为12帧/秒，舞台颜色为黑色。其他文档属性为默认值。

（2）新建图形元件，命名为"山脉"，并在该元件中导入素材"山脉.png"。

（3）新建图形元件，命名为"朝霞"，并在该元件中导入素材"朝霞.png"。

（4）新建影片剪辑元件，命名为"太阳"。在该元件中绘制一个边框无色、填充黄色（#FFFF00）、大小约为300像素×300像素的圆形。

（5）新建图形元件，命名为"红晕"。在该元件的编辑窗口绘制一个圆形：边框无色，填充色为由红色到透明的径向渐变（见图2-3-39），大小约为700像素×700像素。图中渐变条上两个色标的颜色都为纯红色（#FF0000），左侧色标的A值为100%，右侧色标的A值为0。

（6）返回场景，将图层1改名为"山脉"。将库中的"山脉"元件拖动到舞台上，利用"对齐"面板将其与舞台在水平方向居中对齐，在竖直方向底对齐。在"山脉"层的第100帧插入帧。

（7）新建图层，命名为"太阳"。将"太阳"层拖动到"山脉"层的下面。将库中的"太阳"元件拖动到"太阳"层的舞台上，放置在图2-3-40所示的位置。

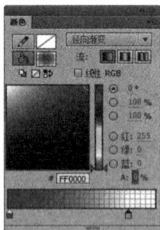

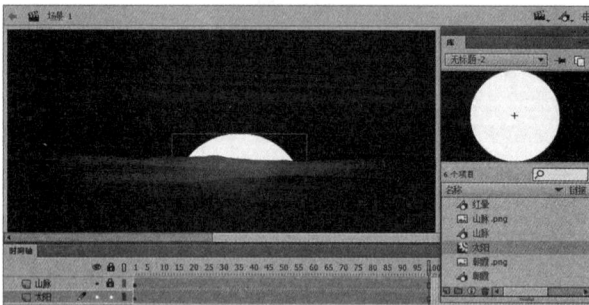

图2-3-39 定义渐变   图2-3-40 将"太阳"元件应用到场景

（8）新建图层，命名为"朝霞"。将"朝霞"层拖动到"太阳"层的下面。将库中的"朝霞"元件拖动到"朝霞"层的舞台上，等比缩小并放置在图2-3-41所示的位置。

（9）选择"太阳"层的第1帧（关键帧），单击舞台上的"太阳"元件实例，在"属性"面板的"滤镜"参数区为其添加"模糊"和"发光"滤镜。参数设置如图2-3-42所示。其中发光颜色为纯红色（#FF0000）。

（10）在"太阳"层的第90帧插入关键帧，并对该帧进行以下处理：将"发光"滤镜的颜色修改为纯黄色（#FFFF00），将"太阳"竖直向上移动到图2-3-43所示的位置。

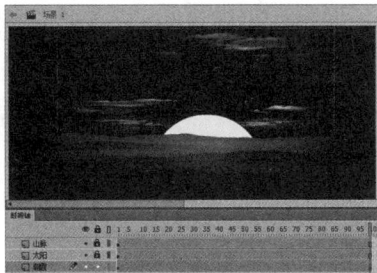
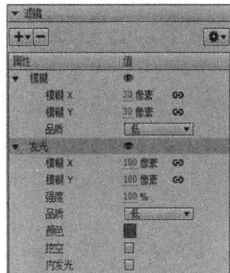

图2-3-41　将"朝霞"元件应用到场景　　　　图2-3-42　为太阳添加滤镜

（11）在"太阳"层的第1帧创建传统补间动画。锁定"太阳"层。

（12）在"山脉"层的第90帧插入关键帧。利用"属性"面板设置"山脉"元件实例的色彩效果参数，其中第1帧参数如图2-3-44（a）所示，第90帧参数如图2-3-44（b）所示。

（13）在"山脉"层的第1帧创建传统补间动画。锁定"山脉"层。

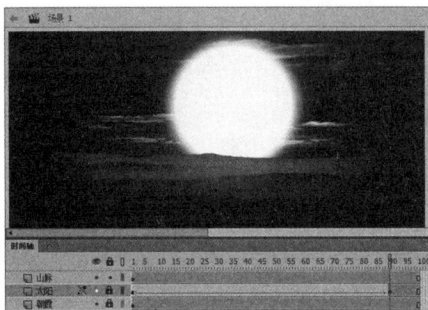
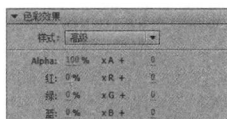

（a）

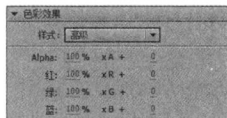

（b）

图2-3-43　创建太阳升起动画　　　　图2-3-44　设置山脉的色彩效果参数

（14）在"朝霞"层的第45帧和第90帧分别插入关键帧。利用"属性"面板设置"朝霞"元件实例的色彩效果参数，其中第1帧参数如图2-3-45（a）所示，第45帧参数如图2-3-45（b）所示，第90帧参数如图2-3-45（c）所示。

（15）在"朝霞"层的第1帧和第45帧分别创建传统补间动画。锁定"朝霞"层。

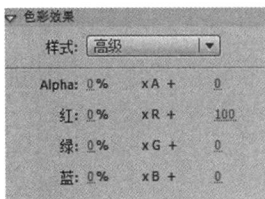
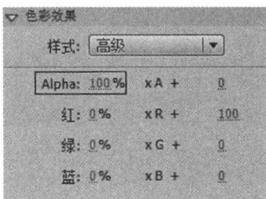

（a）第1帧参数　　　　　（b）第45帧参数　　　　　（c）第90帧参数

图2-3-45　设置"朝霞"元件实例的色彩效果参数

（16）新建图层，命名为"红晕"。将"红晕"层拖动到"太阳"层的下面。在"红晕"层的第5帧插入关键帧。

（17）将库中的"红晕"元件拖动到"红晕"层第5帧的舞台上，放置在"太阳"的后面，如图2-3-46（a）所示（尽量与太阳同心）。

（18）在"红晕"层的第90帧插入关键帧，将"红晕"竖直向上拖动到当前帧"太阳"的后面，如图2-3-46（b）所示。在"红晕"层的第5帧创建传统补间动画。

（a）初始位置

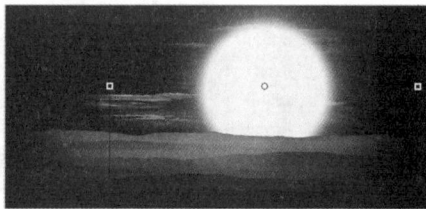
（b）调整后位置

图2-3-46　调整"红晕"的位置

（19）在"红晕"层的第15帧插入关键帧。利用"属性"面板设置"红晕"元件实例的色彩效果参数，其中第5帧参数如图2-3-47（a）所示，第15帧参数如图2-3-47（b）所示，第90帧参数如图2-3-47（c）所示。

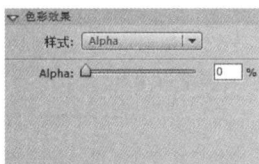
（a）第5帧参数　　　　　　　　（b）第15帧参数　　　　　　　（c）第90帧参数

图2-3-47　设置"红晕"元件实例的色彩效果参数

（20）在"红晕"层的第90帧等比放大"红晕"元件实例至2 000像素×2 000像素，中心仍定位在"太阳"的中心，如图2-3-48所示。

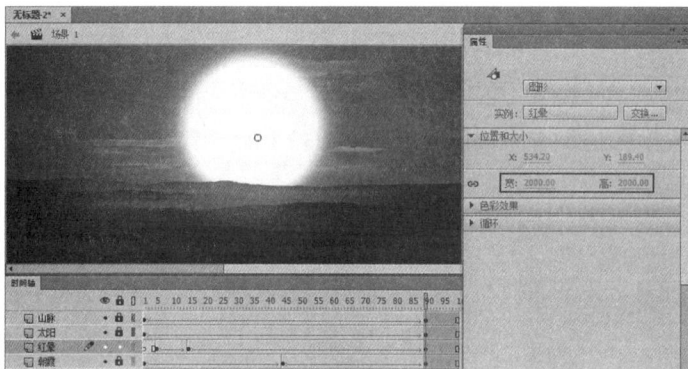

图2-3-48　在第90帧设置"红晕"的大小与位置

（21）锁定"红晕"层。测试动画效果。保存.fla源文件，并发布SWF文件。

实验3-8　制作下雨动画

▶ 实验目的

进一步学习Flash中交互式动画的制作。

▶ 实验内容

使用"第3章实验素材"文件夹下的 "白云.png" "雨.WAV"制作下雨的动

实验3-8
制作下雨动画

画。动画效果参照"第3章实验素材\下雨.swf"。

▶ 操作步骤

（1）新建ActionScript 3.0类型的空白文档。将素材"白云.png"和"雨.WAV"导入到库中。

（2）设置舞台大小为400像素×300像素，舞台颜色为黑色。其他文档属性为默认值。

（3）取消选择菜单命令"视图|贴紧|贴紧至对象"。

（4）新建图形元件，命名为"雨线"，并进入图形元件的编辑窗口。

（5）使用"线条工具"在"雨线"元件的编辑窗口绘制图2-3-49所示的白色短斜线（向左倾斜，粗细为1像素，宽度为3像素左右，高度为9像素左右，并对齐到舞台中心）。

（6）新建图形元件"水花"。使用"椭圆工具"在"水花"元件的编辑窗口绘制图2-3-50所示的白色椭圆（宽约为75像素，高约为24像素，边框粗细为1像素，填充无色，并对齐到舞台中心）。

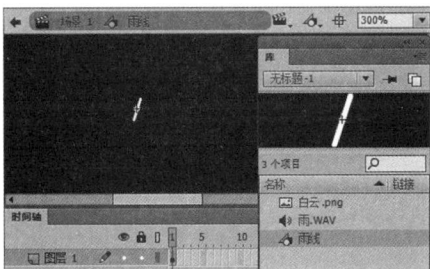

图2-3-49　创建"雨线"图形元件

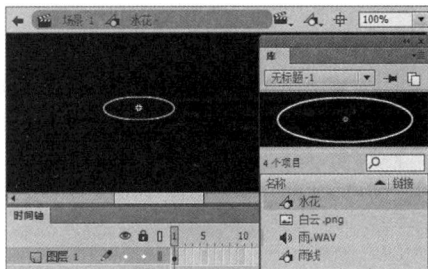

图2-3-50　创建"水花"图形元件

（7）创建影片剪辑元件，命名为"落雨"，在其编辑窗口中进行以下操作。

① 将图层1改名为"雨线下落"。将图形元件"雨线"从库中拖动到第1帧的舞台上，利用"属性"面板将"雨线"实例的x与y坐标值都设置为0。

② 在"雨线下落"层的第7帧插入关键帧，使用"选择工具"单击该帧舞台上的"雨线"实例，利用"属性"面板将其x与y坐标值分别设置为-80和250。

③ 在"雨线下落"层的第1帧创建传统补间动画。锁定"雨线下落"层。

④ 新建图层2，改名为"水花扩展"，并在该图层进行以下操作：在第7帧插入关键帧，将图形元件"水花"从库中拖动到该帧的舞台上；在第35帧插入关键帧；在第7帧创建传统补间动画。

⑤ 在"水花扩展"层继续进行以下操作：利用"变形"面板将第7帧的"水花"实例等比缩小为原来的10%；利用"属性"面板将缩小后的"水花"实例的x与y坐标值分别设置为-81.25和254.25（与"雨线"位置对应，如图2-3-51所示）；相应地，将第35帧的"水花"实例的x与y坐标值也设置为-81.25和254.25（与第7帧的"水花"同心），并利用"属性"面板将第35帧的"水花"实例的透明度设置为0。

⑥ 锁定"水花扩展"层。至此，"落雨"元件编辑完成。

（8）显示"库"面板，在素材列表区"落雨"元件对应"链接"的位置双击，输入链接标识符rainDrop，如图2-3-52所示。按Enter键确认。

◎ **提示** 此处将"落雨"元件与rainDrop类链接，输出影片时Flash将自动生成定义rainDrop类的编码。

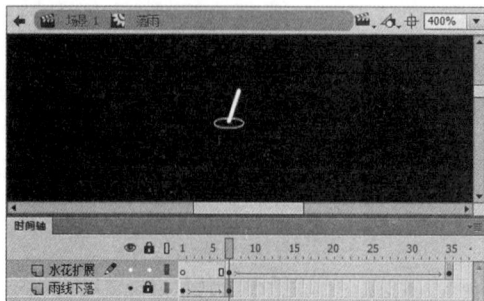

图2-3-51 设置"水花"的位置与大小

图2-3-52 编辑"链接"属性

（9）返回场景1，将图层1改名为"编码"，并在该层的第2帧与第3帧分别插入关键帧。

（10）选择"编码"层的第1帧，利用"动作"面板输入以下代码。

```
var mc:rainDrop; //定义rainDrop类的变量
var mcNum:uint=0; // 定义雨线数量变量，初始值为0
```

选择"代码"层的第2个关键帧，在"动作"面板中输入以下代码。

```
mc=new rainDrop();   //创建新对象的过程，类似于复制功能
mc.x=Math.random()*500-50;   //设置新实例的X坐标（本例舞台宽度为400像素）
mc.y=Math.random()*300-100;   //设置新实例的Y坐标（本例舞台高度为300像素）
mc.alpha = Math.random()*0.6+0.4;   //设置新实例的透明度
addChild(mc);  //将mc添加到显示列表
```

选择"代码"层的第3个关键帧，在动作面板中输入以下代码。

```
mcNum++;
if(mcNum<240){
gotoAndPlay(2);
}
else{
stop();
}
```

（11）新建图层2，改名为"背景"。使用"矩形工具"（边框设置为无色，填充为黑白线性渐变）绘制400像素×300像素的方形，利用"对齐"面板将其对齐到舞台中心，如图2-3-53所示。

（12）利用"颜色"面板将渐变中的白色修改为纯蓝色（#0000FF），将黑色修改为深蓝色（#000033）。将深蓝色色标适当向左拖动，如图2-3-54所示。重新填充舞台上的方形。

（13）在工具箱上选择"渐变变形工具"▦（位于"任意变形"工具组）。确保"背景"层舞台上的方形处于选择状态，逆时针拖动方形右上角的"旋转标志" ◨，将线性渐变调整为竖直方向，如图2-3-55所示。

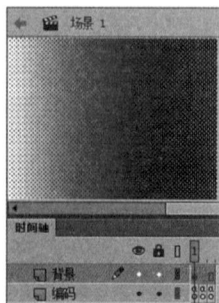

图2-3-53 绘制背景

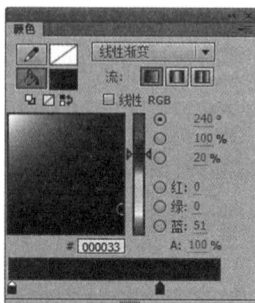

图2-3-54 编辑渐变

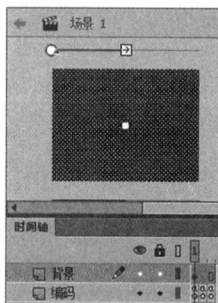

图2-3-55 调整渐变的方向

（14）锁定"背景"层。新建影片剪辑元件，命名"白云"，在其编辑窗口进行以下操作。

① 将"白云.png"从库中拖动到舞台上，转换为图形元件，并利用"对齐"面板将其与舞台在水平方向右对齐，在竖直方向居中对齐。

② 选择菜单命令"视图|标尺"显示标尺。从竖直标尺上向右拖移出一条参考线，定位于右侧大块云彩的左边界，如图2-3-56所示。

③ 在第300帧插入关键帧，并将该帧的"白云"与舞台在水平方向左对齐。然后使用键盘方向键水平向左移动图片至图2-3-57所示的位置（使参考线位于左侧大块云彩的左边界，与第1帧大块云彩的位置对应）。

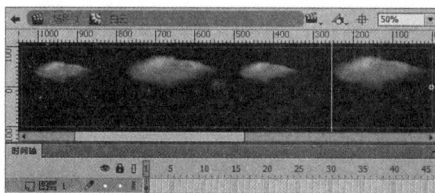

图2-3-56　使用参考线定位首帧图像的位置

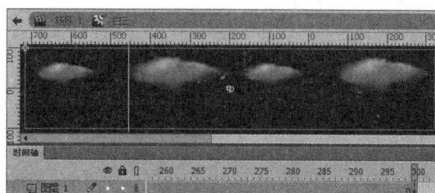

图2-3-57　定位第300帧图片的位置

④ 在第1帧创建传统补间动画。

⑤ 利用"动作"面板为第300帧添加代码"gotoAndPlay(1);"（这样可避免"白云"影片剪辑动画循环播放时在开始处的缓动，注意代码中的括号与分号都是半角）。

（15）返回场景1。在所有图层的最上面新建图层，命名为"白云"。将影片剪辑元件"白云"从库中拖动到"白云"层的舞台上，利用"对齐"面板将其与舞台顶对齐、右对齐。锁定"白云"层。

（16）新建图层，命名为"音效"。选择"音效"层的第1帧，在"属性"面板"声音"参数区的"名称"下拉列表中选择"雨.WAV"；在"同步"下拉列表中选择"开始"选项，并将"声音循环"属性设为"循环"，如图2-3-58所示。

（17）测试动画效果。保存.fla源文件，并发布SWF文件。

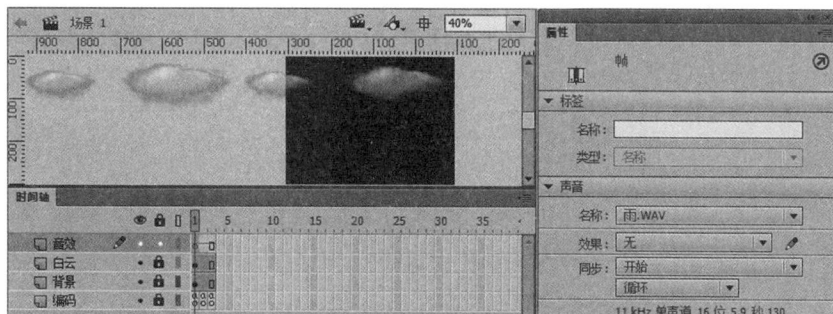

图2-3-58　设置音效参数

实验4

音频编辑

实验4-1　利用素材制作连续的鸟鸣音频

▶ 实验目的

练习Audition中音频附加的操作方法。

▶ 实验内容

将"第4章实验素材"文件夹下的 "1.WAV" "2.WAV" "3.WAV" "4.WAV" "5.WAV"依次首尾衔接起来，合并为一个音频文件，并以*.mp3格式进行保存。最终效果可参照"第4章实验素材\鸟语.mp3"。

▶ 操作步骤

（1）启动Audition CC 2015，选择菜单命令"文件|打开"打开 "1.WAV"。此时，Audition自动进入波形视图。

（2）选择菜单命令"文件|打开并附加|到当前文件"，在弹出的"打开并附加到当前文件"对话框中同时选中音频文件"2.WAV" "3.WAV" "4.WAV" "5.WAV"，单击"打开"按钮，如图2-4-1所示。

（3）将播放指针拖动到波形的开始，单击"编辑器"窗口底部的"播放"按钮▶，试听附加音频后的声音效果。

（4）选择菜单命令"文件|另存为"按题目要求保存文件。

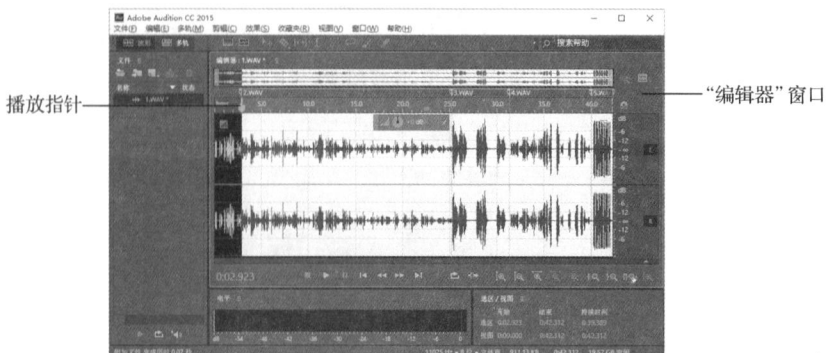

图2-4-1　附加音频后的Audition窗口

实验4-2 录制网上歌曲

▶ 实验目的

进一步熟悉使用Audition录音的方法。

▶ 实验内容

▶ 操作步骤

实验4-2
录制网上歌曲

（1）将耳机与计算机正确连接。

（2）在"声音"对话框的"录制"选项卡中将"立体声混音"设置为默认录音设备，如图2-4-2所示。

（3）用鼠标右键单击"立体声混音"选项，在弹出的快捷键菜单中选择"属性"命令，打开"立体声混音 属性"对话框，在"级别"选项卡（见图2-4-3）中调整录音设备的音量大小。

（4）在Audition中选择菜单命令"编辑|首选项|音频硬件"，打开"首选项"对话框（见图2-4-4），确认"音频硬件"栏的"默认输入"选项为"立体声混音"。单击"确定"按钮关闭对话框。

图2-4-2　选择录音设备　　　图2-4-3　设置音量大小　　　图2-4-4　确认输入设备

（5）在Audition中单击工具栏左侧的"视图"按钮 波形，弹出"新建音频文件"对话框，采用默认设置，单击"确定"按钮，进入波形视图。

（6）在网上找到要下载的歌曲。

（7）在Audition的"编辑器"窗口底部单击"录音"按钮，开始录音。

（8）在网上试听要下载的歌曲。此时在Audition的"编辑器"窗口可以看到录制的音频波形（如果音量大小不合适，可重新到"立体声混音属性"对话框进行调整，然后重新录制）。

（9）录音完毕后，单击"编辑器"窗口底部的"停止"按钮。将所录音频开始的静音删除，并保存音频文件。

实验4-3 多轨配音练习

▶ 实验目的

练习在Audition的多轨视图下音频合成的方法。

▶ 实验内容

实验4-3
多轨配音练习

利用"第4章实验素材"文件夹下的 "散文朗诵片段.wav" "出水莲片

段.wav"合成配乐散文朗诵效果。以"荷塘月色"为文件主名保存项目，并输出*mp3格式的音频文件。最终效果可参照"第4章实验素材\荷塘月色.mp3"。

▶ 操作步骤

（1）启动Audition CC 2015，单击工具栏左侧的"视图"按钮▇ 多轨，弹出"新建多轨会话"对话框，参数设置如图2-4-5所示。单击"确定"按钮，进入Audition的多轨视图。

（2）在"编辑器"窗口选择轨道2，将播放指针定位于轨道的起始点。选择菜单命令"多轨|插入文件"插入素材音频"出水莲片段.wav"，如图2-4-6所示。

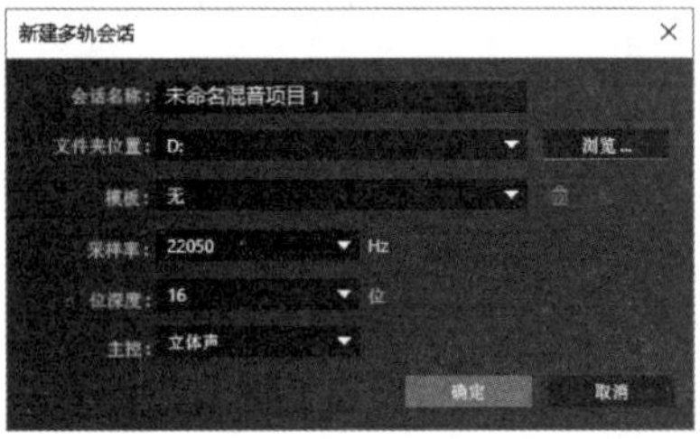

图2-4-5 "新建多轨会话"对话框 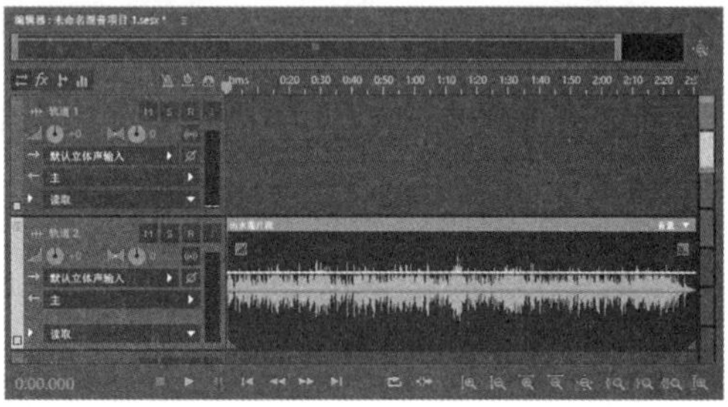　　　　　图2-4-6 在轨道2插入音频素材

（3）在"编辑器"窗口选择轨道1，将播放指针定位于0:35.000（35s）的时间位置。选择菜单命令"多轨|插入文件"插入素材音频"散文朗诵片段.wav"，如图2-4-7所示。

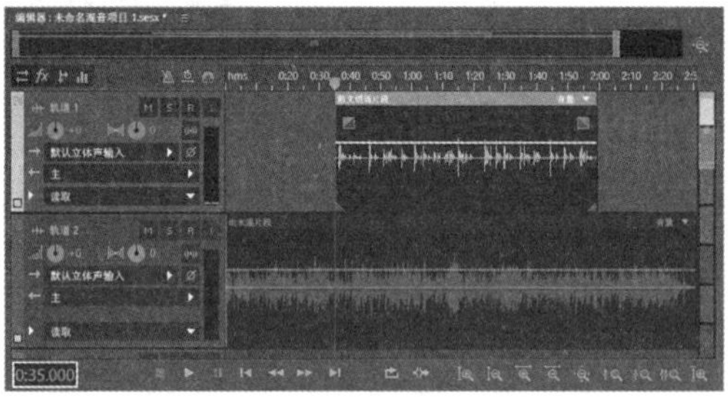

图2-4-7 在轨道1插入音频素材

（4）单击轨道2上的"出水莲片段.wav"，在其音量包络线（素材片段顶部的一条黄色水平线）的特定位置单击添加包络点，通过鼠标拖动改变包络点的位置使素材的音量随着时间的变化而变化，如图2-4-8所示。对于多余的包络点，可以通过在竖直方向将其拖出轨道区域而删除。

◎ **提示** 若音量包络线为折线，音量的变化会比较突兀。在音量包络线上单击鼠标右键，从弹出的快捷菜单中选择"曲线"命令，可以将折线包络线转化为平滑曲线包络线（为了保持平滑前包络线的基本形状，可在水平线部分原包络点的旁边适当加点），如图2-4-9所示。

（5）将播放指针定位于轨道的起始点。单击"播放"按钮▶，试听配乐效果。同时在左右（时间）或上下（音量）方向调整音量包络点的位置，使散文朗诵的背景音乐效果更佳。

（6）选择菜单命令"文件|另存为"将项目以"荷塘月色.sesx"为文件名保存。选择菜单命令"文件|导出|多轨混音|整个会话"导出合成音频"荷塘月色.mp3"。

（7）选择菜单命令"文件|关闭会话及其媒体"关闭项目文件。选择菜单命令"文件|关闭未使用媒体"清除"文件"面板上未使用的文件。

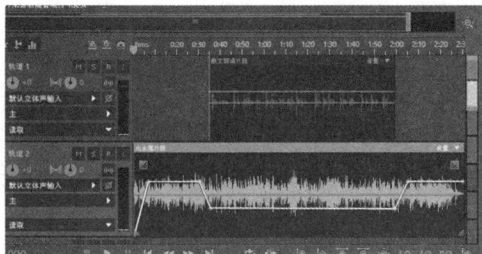

图2-4-8　调整背景音乐的音量

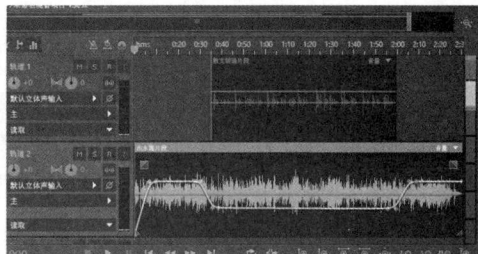

图2-4-9　对音量包络线进行平滑处理

实验4-4　单轨配音练习

▶ 实验目的

练习在Audition的波形视图下配音的方法。

▶ 实验内容

利用"第4章实验素材"文件夹下的 "卜算子–咏梅.mp3""梅花三弄.mp3"制作配乐诗朗诵效果。以"配乐诗朗诵_咏梅.mp3"为文件名保存音频文件。最终效果可参照"第4章实验素材\配乐诗朗诵_咏梅.mp3"。

实验4-4
单轨配音练习

▶ 操作步骤

（1）启动Audition CC 2015，在"文件"面板的空白处单击鼠标右键，选择快捷菜单中的"导入"命令将"卜算子–咏梅.mp3"和"梅花三弄.mp3"导入到"文件"面板中。

（2）在"文件"面板中双击 "梅花三弄.mp3"，以便在"编辑器"窗口中打开该音频。按Space键试听音效。

（3）在"选区/视图"面板的数值框内输入图2-4-10左图所示的数值，选择1:03.300 ~ 2:08.080之间的一段音频波形，如图2-4-10右图所示。

（4）选择菜单命令"编辑|复制到新文件"，将所选波形复制到新建文件中。

（5）将播放指针定位于波形的开始。选择菜单命令"编辑|插入|静音"在波形的开始插入14s的静音，如图2-4-11所示。

图2-4-10　精确选择波形

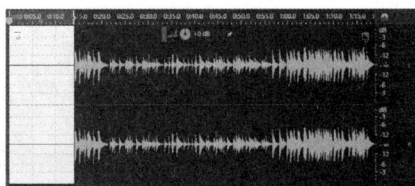

图2-4-11　插入静音

（6）按Ctrl+A组合键全选波形。按Ctrl+C组合键复制整个波形。

（7）在"文件"面板中双击"卜算子-咏梅.mp3"，以便在"编辑器"窗口中打开该音频。

（8）选择菜单命令"编辑|混合粘贴"，参数设置如图2-4-12左图所示。单击"确定"按钮，混合结果如图2-4-12右图所示。

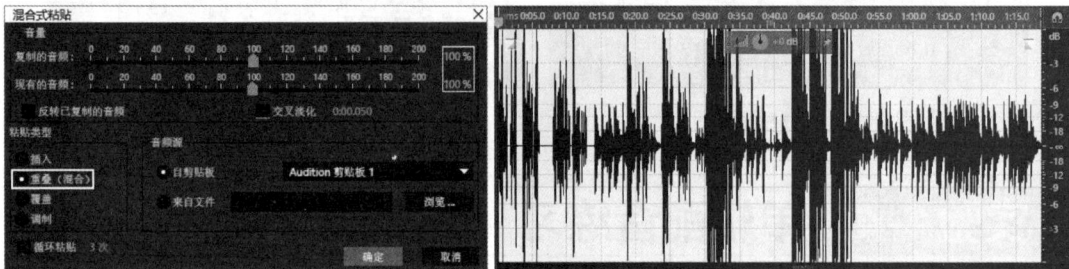

图2-4-12　将2个音频混合粘贴

（9）按Space键试听配音效果。选择菜单命令"文件|另存为"，以"配乐诗朗诵_咏梅.mp3"为名保存文件。

实验4-5　添加音频效果

实验目的

练习Audition中音频效果的添加方法。

实验内容

为音频"第4章实验素材\卜算子-咏梅.mp3"添加回声效果。

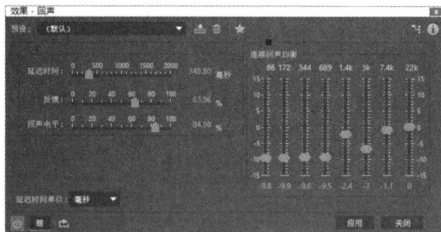

图2-4-13　"效果-回声"对话框

操作步骤

（1）启动Audition CC 2015，打开"卜算子-咏梅.mp3"。

（2）选择菜单命令"效果|延迟与回声|回声"，打开"效果-回声"对话框（见图2-4-13）。

（3）单击对话框左下角的▶按钮预览默认音效，根据需要调整对话框参数。单击"效果开关"按钮可以开启或关闭效果，以对比添加效果后的声音与源声。

（4）单击"应用"按钮，将效果添加在当前音频上。按Space键进行播放，试听音效。

（5）再次按Space键停止播放。保存文件。

实验4-6　在多轨视图下合成音频

▷ 实验目的

熟悉在Audition的多轨视图下音频编辑的基本方法。

▷ 实验内容

在多轨视图下，利用"第4章实验素材"文件夹下的 "卜算子-咏梅.mp3" "梅

实验4-6
在多轨视图下合成音频

花三弄.mp3"制作配乐诗朗诵效果，并输出MP3格式的混缩文件。

▶ 操作步骤

（1）启动Audition CC 2015，单击工具栏左侧的"视图"按钮 <img> **多轨**，在弹出的"新建多轨会话"对话框中设置"采样率"为44 100 Hz，"位深度"为16位，"主控"为立体声。单击"确定"按钮进入多轨视图。

（2）选择轨道1，将播放指针定位于轨道的起始位置。选择菜单命令"多轨|插入文件"将"卜算子-咏梅.mp3"插入到轨道1中。

（3）仿照步骤2，将"梅花三弄.mp3"插入到轨道2中，如图2-4-14所示。

（4）确保轨道2上的"梅花三弄.mp3"处于选择状态。利用"选区/视图"面板选择1:03.300 ~ 2:08.080之间的轨道区域，如图2-4-15所示。

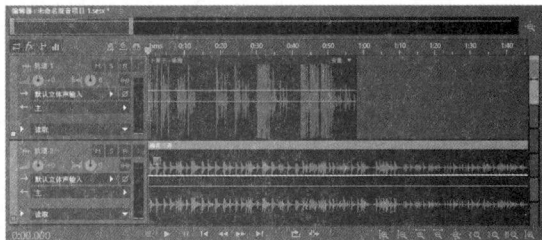

图2-4-14　将素材插入轨道

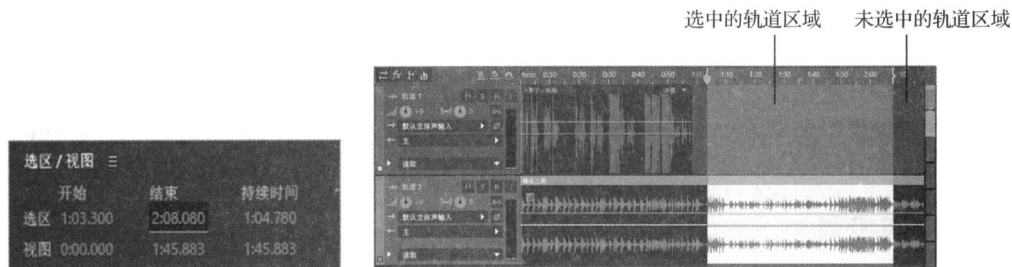

选中的轨道区域　　　未选中的轨道区域

图2-4-15　选择轨道区域

（5）选择菜单命令"剪辑|修剪到时间选区"，裁切掉素材片段上选区左右两侧的部分。

（6）将播放指针定位于轨道上14s的位置，如图2-4-16所示。

（7）确保选择了菜单命令"编辑|对齐|对齐到剪辑"。使用"移动工具" <img> 拖动轨道2上的素材使之左端吸附到播放指针，如图2-4-17所示。

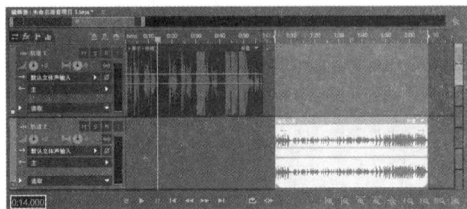

图2-4-16　定位播放指针

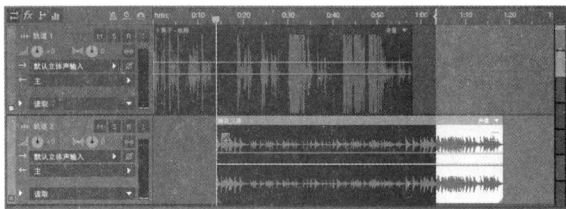

图2-4-17　移动素材

（8）使用"移动工具" <img> 在未选中的轨道区域（见图2-4-15）单击，取消区域的选择。单击轨道1中的素材，按住Ctrl键单击加选轨道2中的素材。

（9）选择菜单命令"文件|导出|多轨混音|所选剪辑"，打开"导出多轨混音"对话框，"格式"选择"MP3音频（*.mp3）"，输入文件名"配乐诗朗诵_咏梅.mp3"，选择文件的保存位置，单击"确定"按钮。

（10）保存会话文件。

5

实验5

视频处理

实验5-1 自定义窗口界面

▶ 实验目的

进一步熟悉Premiere Pro CC 2015的窗口界面。

▶ 实验内容

根据个人喜好，自定义Premiere Pro CC 2015用户界面，并将工作区保存起来，以备后用。

▶ 操作步骤

（1）启动Premiere Pro CC 2015，新建项目文件，新建序列。

（2）选择菜单命令"窗口|工作区|编辑"，进入编辑模式界面。

（3）关闭"信息"面板、"库"面板、"标记"面板、"媒体浏览器"面板、"历史记录"面板、"音频剪辑混合器"面板和"元数据"面板。

（4）拖动"效果"面板的标签至"节目"窗口标签的右侧并松开鼠标按键（见图2-5-1），使"效果"面板与"节目"窗口组合在一起。

（5）使用类似的操作再将"效果控件"面板组合到"节目"面板组，如图2-5-2所示。

图2-5-1 组合"节目"窗口与"效果"面板

图2-5-2 将"效果控件"面板组合至"节目"面板组

（6）将"节目"窗口组合到"源"面板组。将"工具"面板拖动到程序窗口的右下角，拖动其左右边界使面板宽度缩小到合适大小，如图2-5-3所示。

（7）选择菜单命令"窗口|工作区|另存为新工作区"，打开"新建工作区"对话框。输入自定义工作界面名称"myWorkspace"，单击"确定"按钮。

（8）再次选择菜单命令"窗口|工作区"，可以看到"myWorkspace"选项已经在其中了，以后可随时选择该项，切换到上述自定义的窗口界面。

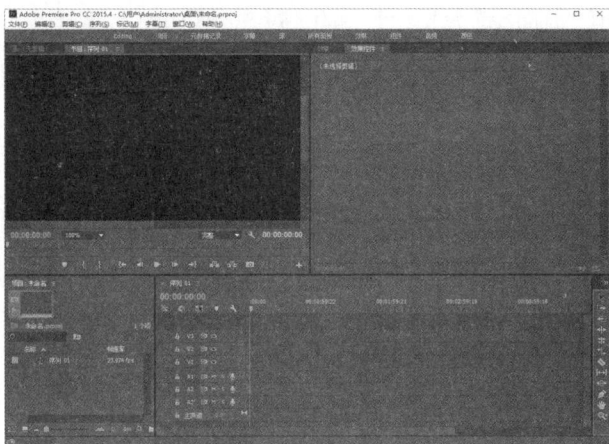

图2-5-3　调整"节目"窗口与"工具"面板

实验5-2　制作片头"春思"

▶ 实验目的

学习Premiere Pro CC 2015素材编辑的基本方法。

▶ 实验内容

利用"第5章实验素材\春思"文件夹下的 "报纸.jpg" "NATURE.mp3" "荷花.mp4" "绣线菊.mp4"合成视频"春思"。视频效果可参照"第5章实验素材\春思.wmv"。

实验5-2
制作片头"春思"

▶ 操作步骤

（1）启动Premiere Pro CC 2015，采用默认设置新建项目文件，新建序列。

（2）选择菜单命令"文件|导入（Import）"输入所需素材"报纸.jpg" "NATURE.mp3" "荷花.mp4" "绣线菊.mp4"。

（3）在"项目"窗口的素材列表中分别双击"报纸.jpg" "荷花.mp4" "绣线菊.mp4" "NATURE.mp3"，从"源"窗口浏览或试听素材。

（4）将"绣线菊.mp4"从"项目"窗口拖动到"时间线"窗口的V3轨道的开始。此时弹出"剪辑不匹配警告"对话框，单击"更改序列设置"按钮关闭对话框。

（5）从"工具"面板选择"缩放工具" 🔍 ，在V3轨道的"绣线菊.mp4"上单击几次，将素材适当放大。

（6）将"NATURE.mp3"插入到A1轨道的开始；将"报纸.jpg"插入到V1轨道的开始；将"荷花.mp4"插入到V2轨道中，右端与A1轨道的"NATURE.mp3"对齐（见图2-5-4）。

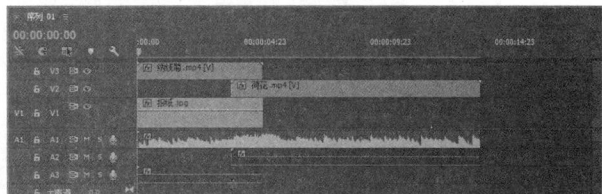

图2-5-4　插入轨道素材

（7）分别解除视频轨道上"绣线菊.mp4""荷花.mp4"素材中音频与视频的链接，并删除对应的音频素材部分。

（8）确保已经选中"时间线"窗口左上角的"对齐"按钮，并在"工具"面板上选择"选择工具"。在V1轨道上向右拖动"报纸.jpg"的右边缘，使之与"NATURE.mp3"的右边缘对齐，如图2-5-5所示。

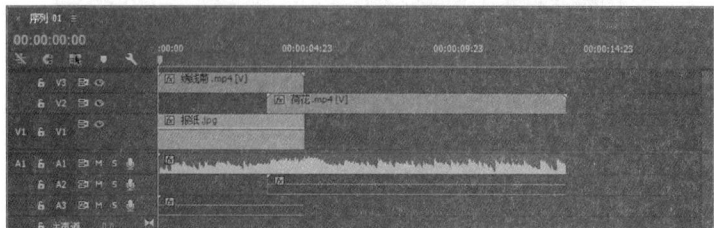

图2-5-5　延长图像素材

（9）展开V3轨道，这样可看到素材上的水平不透明度曲线及轨道控制区对应V3轨道的更多控制项，如图2-5-6所示。

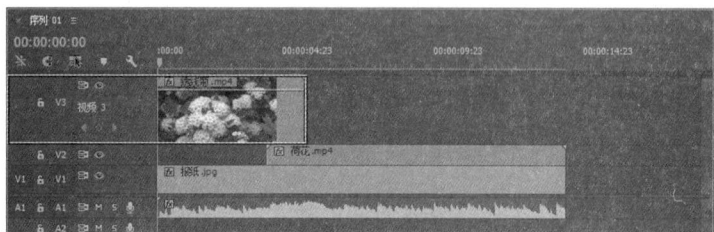

图2-5-6　展开V3轨道

（10）选择V3轨道上的"绣线菊.mp4"，按Shift+End组合键将播放指针定位于该素材的结尾。

（11）单击V3轨道名称"视频3"下边的"添加-移除关键帧"按钮，这样可在素材结尾处添加1个不透明度关键帧。

（12）选择V2轨道上的"荷花.mp4"，按Shift+Home组合键将播放指针定位于该素材的开始。再次选择V3轨道上的"绣线菊.mp4"，仿照步骤（11）在该处为"绣线菊.mp4"添加1个不透明度关键帧。

（13）向下拖动"绣线菊.mp4"结束位置的不透明度关键帧标记，将该处的视频画面设置为完全透明，如图2-5-7所示。这样可实现"绣线菊.mp4"与"荷花.mp4"在重叠区域的渐隐过渡。

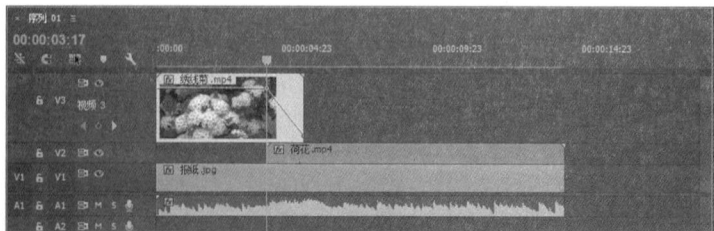

图2-5-7　修改不透明度

（14）确保已经选中V2轨道上的"荷花.mp4"。在"效果控件"面板中单击"运动"选项左侧的三角按钮，展开该项参数，如图2-5-8所示。

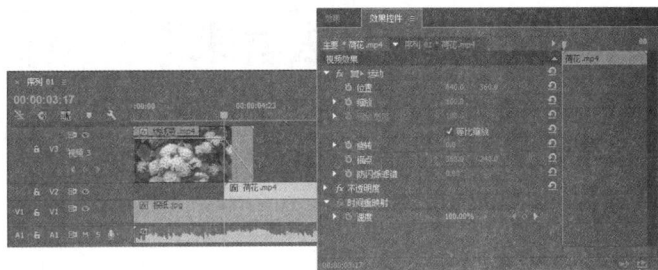

图2-5-8　显示"荷花.mp4"的运动参数

（15）在"时间线"窗口将播放指针定位于时间线上9s的位置（时间刻度为00:00:09:00）。在"效果控件"面板中依次单击"位置""缩放""旋转"选项左侧的"切换动画"按钮，这样可在"荷花.mp4"的当前位置分别添加"位置"关键帧、"缩放"关键帧与"旋转"关键帧。

（16）将播放指针定位于11s的位置（时间刻度为00:00:11:00）。在"效果控件"面板中依次单击"位置""缩放""旋转"参数栏右侧的"添加-移除关键帧"按钮，以便在"荷花.mp4"的当前位置分别添加"位置"关键帧、"缩放"关键帧与"旋转"关键帧。此时的"时间线"窗口与"效果控件"面板如图2-5-9所示。

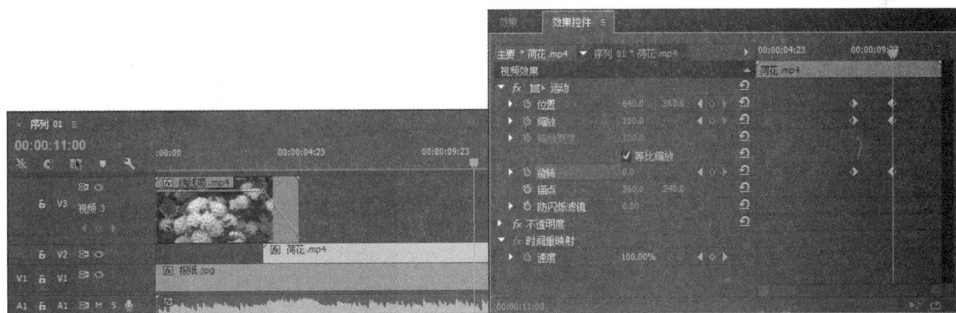

图2-5-9　在"荷花.mp4"的不同位置添加各种关键帧

（17）在"节目"窗口选择"荷花.mp4"的视频画面。通过旋转、缩放和移动操作将画面变换到图2-5-10所示的效果（刚好覆盖"报纸"上的插图）。

（18）锁定V1、V2、V3与A1轨道。至此完成视频项目的全部编辑。在"节目"窗口播放视频，预览合成效果。

（19）选择菜单命令"文件|保存"保存最终的项目文件，选择菜单命令"文件|输出|媒体"导出WMV格式的视频。

图2-5-10　缩小并旋转、移动关键帧画面

实验5-3 制作短片"冬去春来"

▶ 实验目的

学习Premiere Pro CC 2015视频效果的使用方法。

▶ 实验内容

利用"第5章实验素材\冬去春来"文件夹下的视频、音频和图像素材制作短片"冬去春来"。视频效果可参照"第5章实验素材\冬去春来.wmv"。

实验5-3
制作短片"冬去春来"

▶ 操作步骤

（1）将插件文件RAIN.AEX、SNOW.AEX和Shine.aex复制到"…\Premiere Pro CC 2015\Plug-Ins\Common"文件夹下。

（2）启动Premiere Pro CC 2015，新建项目文件（文件名称为"冬去春来"，保存位置为桌面，其他参数默认）；新建序列，参数设置如图2-5-11所示（对话框未显示的参数都采用默认）。

（3）选择菜单命令"编辑|首选项|常规"，打开"首选项"对话框，将右侧参数中的"静止图像默认持续时间"设置为10s（该步操作必须在图像素材导入之前完成）。

（4）选择菜单命令"文件|导入"导入"第5章实验素材\冬去春来"文件夹下的所有素材。当导入图像"月亮.psd"时，会弹出对话框，询问要导入的图层及素材大小，参数设置如图2-5-12所示。

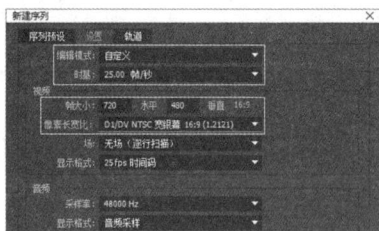

图2-5-11 设置新建序列参数

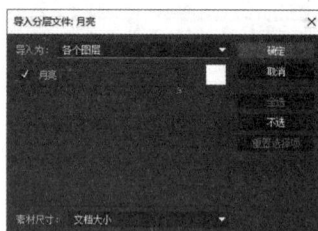

图2-5-12 设置PSD文件的导入参数

（5）对素材进行归类。在"项目"窗口中新建"图像""音频""视频"文件夹，并将导入的素材分别拖入到对应类型的文件夹中。

（6）将"美人蕉.mp4""MASK.gif""标题.png"分别插入到"时间线"窗口的V1、V2和V3轨道的起始位置。在"工具"面板选择"缩放工具"🔍，在插入的素材上单击一次适当放大素材，如图2-5-13所示。

（7）将"冬01.mp4""冬02.mp4""春01.mp4""春02.mp4""夏01.mp4""夏02.mp4""秋01.mp4""秋02.jpg"依次插入到V1轨道中"美人蕉.mp4"的后面（前后两段视频之间一定要并拢，否则无法添加过渡效果）。对于步骤（6）和步骤（7）中导入的视频，依次取消音频与视频的链接，并删除对应的音频，如图2-5-14所示。

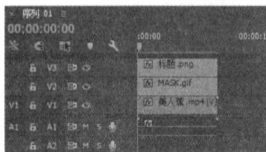

图2-5-13 插入片头素材

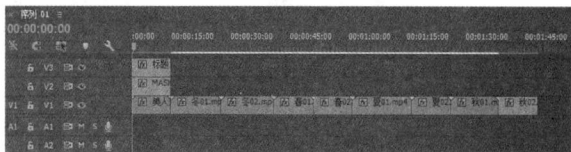

图2-5-14 插入冬、春、夏、秋四季素材

（8）将 "月亮/月亮.psd" 插入到V2轨道中，与V1轨道上的 "秋02.jpg" 首尾对齐。通过 "节目" 窗口调整 "月亮" 的位置，如图2-5-15所示。

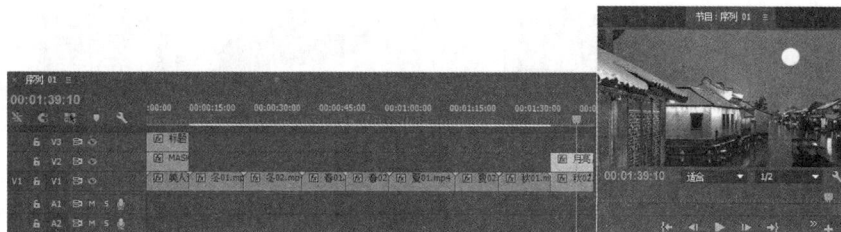

图2-5-15 将"月亮"素材插入V2轨道

（9）将 "爱的纪念.wav" 插入到 "时间线" 窗口A1轨道的起始位置，作为整个短片的背景音乐。

（10）在 "时间线" 窗口，使用 "选择工具" 向左拖动音频素材的右边缘，将多余的部分剪掉，以便与V1轨道上的素材长度保持一致。展开A1轨道，向下拖动音频素材上的水平音量线，适当降低音量，如图2-5-16所示。

图2-5-16 在"时间线"窗口编辑音频素材

（11）将 "雨.WAV" "知了.wma" "蟋蟀.WAV" 插入到A2轨道图2-5-17所示的位置。其中 "雨.WAV" 对应V1轨道的 "春01.mp4" "春02. mp4" "夏02. mp4"；"知了.wma" 对应 "秋01. mp4"；"蟋蟀.WAV" 对应 "秋02.jpg"。注意时间长度的对应，多余的部分要剪切掉。

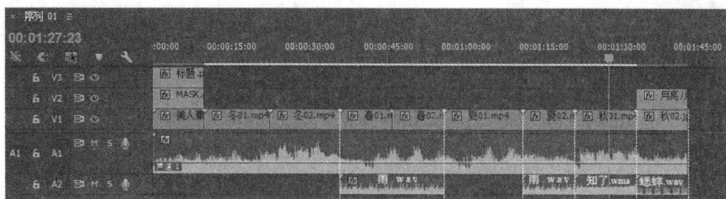

图2-5-17 在A2轨道上添加素材

（12）将 "雷声.WAV" 插入到A3轨道上图2-5-18所示的位置（素材被放大显示），对应V1轨道的 "春01. mp4"。

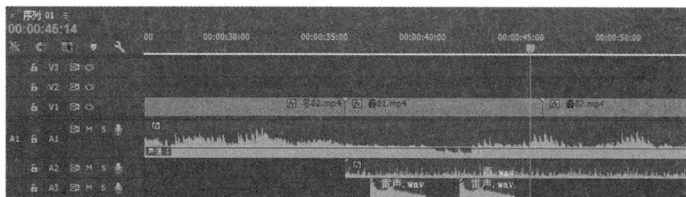

图2-5-18 在A3轨道上添加素材

（13）通过 "效果控件" 面板将V2轨道上的 "MASK.gif" 的不透明度设为80%，同时施加 "颜色键" 视频效果，参数设置如图2-5-19（a）所示（其中 "主要颜色" 使用黑色，"颜色宽容" 为

261

255，其他参数为默认值）。在"时间线"窗口将播放指针定位于"MASK.gif"的显示区间内，通过"节目"窗口观看视频效果，如图2-5-19（b）所示。

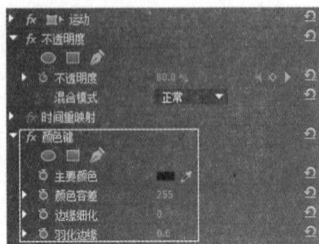

（a）参数设置　　　　　　　　　　　　　　　（b）视频效果

图2-5-19　使用"颜色键"抠像

（14）在V1轨道的各素材间添加"交叉溶解"过渡效果（位于"溶解"过渡组）。

说明　如果在两段视频之间添加过渡效果时，无法加在两段视频中间，只能加在一侧；此时可用"选择工具"单击已添加在一侧的过渡效果，然后在"效果控件"面板的"对齐"下拉列表中选择"中心切入"，即可解决问题。

（15）在"时间线"窗口，将"标题.png"的首尾分别裁切掉一部分（见图2-5-20），并将"模糊与锐化"效果组中的"高斯模糊"效果施加在该素材上。通过"效果控件"面板在素材首尾为"模糊度"参数创建4个关键帧（见图2-5-21），将首尾2个关键帧的"模糊度"值都设置为200，中间2个关键帧的"模糊度"值都保持默认值0。上述操作实际上是为"标题.png"创建模糊入与模糊出的动态效果（注意模糊入与模糊出的时间都控制在1s左右）。

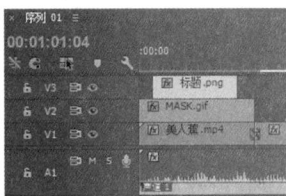
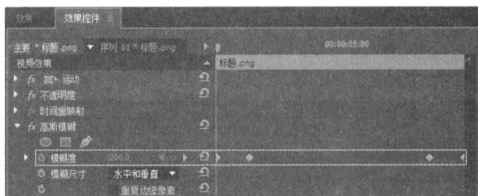

图2-5-20　裁剪"标题.png"　　　　　　　　　图2-5-21　创建模糊入与模糊出的动态效果

（16）仿照步骤（15），为V2轨道上的"MASK.gif"和"月亮/月亮.psd"创建模糊入与模糊出的动态效果（只是创建模糊入出效果，素材首尾不裁剪）。

（17）对V1轨道上的"秋02.jpg"施加"过时"视频效果组中的"RGB曲线"效果。参数设置与画面调整效果如图2-5-22所示（主要曲线向下弯曲，绿色和蓝色曲线适当上扬，其他参数保持默认值）。

图2-5-22　设置"RGB曲线"效果参数

（18）对V1轨道上的"春01.mp4"施加"外挂视频"效果组Simulation中的"CC Rain"效果。参数设置如图2-5-23所示。在效果名称上单击鼠标右键，从弹出的快捷菜单中选择"复制"命令，如图2-5-23所示。

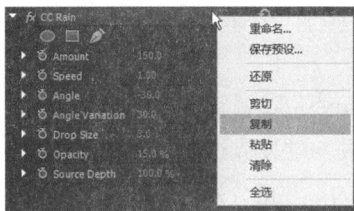

（19）在"时间线"窗口，单击V1轨道上的"春02.mp4"，在其"效果控件"面板的空白处单击鼠标右键，从弹出的快捷菜单中选择"粘贴"命令，如图2-5-24所示。这样就将相同参数设置的下雨效果复制到"春02.mp4"上。

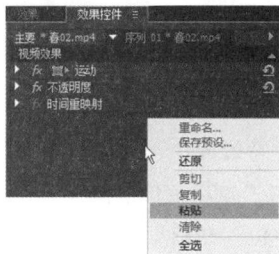

（20）在"时间线"窗口，同样将下雨效果复制到"夏02.mp4"上。

图2-5-23　设置效果参数并复制效果

图2-5-24　粘贴下雨效果

（21）对V1轨道上的"冬01.mp4"施加"外挂视频"效果组Simulation中的"CC Snow"效果。参数设置及实际效果如图2-5-25所示。

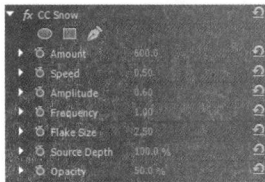

（22）在"时间线"窗口，将"冬01.mp4"上的下雪效果复制到"冬02.mp4"上。修改"冬02.mp4"上下雪效果的参数，将"Flake size"（雪片大小）减小到1.0（见图2-5-26）。

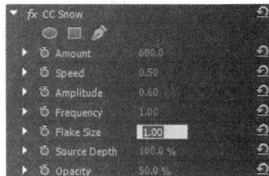

图2-5-25　施加下雪效果

图2-5-26　修改雪片大小

（23）在"时间线"窗口，使用"剃刀工具" ◆ 将"春01.mp4"分割成图2-5-27所示的5段（与"雷声.WAV"对应，分割前可放大素材并使用播放指针进行定位）。在第②与第④素材片段上施加"风格化"视频效果组中的"闪光灯"效果。参数设置如图2-5-28所示（其中"闪光色"取白色）。

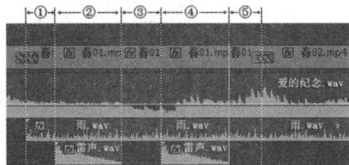

图2-5-27　分割素材

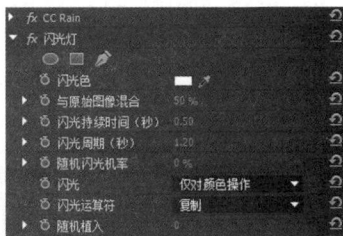

图2-5-28　施加"闪光灯"效果

（24）在"时间线"窗口，对"夏01.mp4"施加"生成"效果组中的"镜头光晕"效果。通过"效果控件"面板在剪辑的不同位置为"光晕亮度"参数添加关键帧，如图2-5-29所示（"光晕亮度"参数的值分别设置为最大155与最小30）。这样可实现光源闪烁的效果。

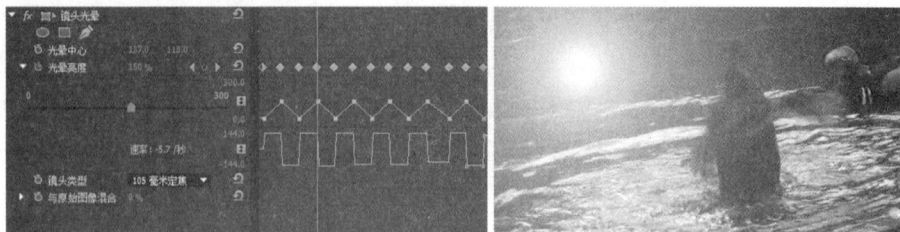

图2-5-29　制作"镜头光晕"动态效果

（25）在"时间线"窗口，对"标题.png"施加"外挂视频"效果组Trapcode中的"发光（Shine）"效果。参数设置及效果如图2-5-30所示。

（26）通过"特效控件"面板在图2-5-31所示的位置分别为 "源点定位"和"发光透明度"添加关键帧。其中"源点定位"的第1和第3关键帧与"发光透明度"的第2和第3关键帧的位置是对应的。"源点定位"在其第1、第2、第3关键帧的参数值分别为（200，150）、（-50，180）、（200，150）。"发光透明度"在其第1、第2、第3、第4关键帧的参数值分别为0、100、100、0。

（27）锁定V1、V2、V3与A1、A2、A3轨道。至此完成视频项目的全部编辑。在"节目"窗口播放视频，预览效果。

（28）选择菜单命令"文件|保存"保存最终的项目文件"冬去春来.prproj"。

（29）选择菜单命令"文件|导出|媒体"输出视频文件"冬去春来.wmv"。注意"导出设置"对话框的"基本视频设置"应与实验开始序列参数的设置一致，如图2-5-32所示。

图2-5-30　施加"扫光"效果

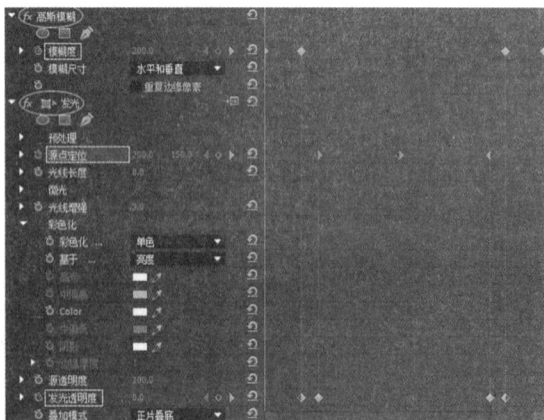

图2-5-31　创建关键帧动画

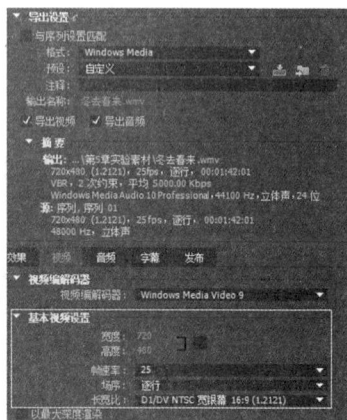

图2-5-32　基本视频设置参数

实验5-4　制作短片"诗情画意"

▶ 实验目的

学习Premiere Pro CC 2015过渡效果的使用方法。

▶ 实验内容

利用"第5章实验素材\诗情画意"文件夹下的全部8个图像素材和1个音频素材制作短片"诗情画意"。视频效果可参照"第5章实验素材\诗情画意.wmv"。

▶ 操作步骤

（1）启动Premiere Pro CC 2015，新建项目文件（文件名称为"诗情画意"，保存位置为桌面，其他参数值为默认）。新建序列，参数设置如图2-5-33所示（对话框未显示的参数都采用默认）。

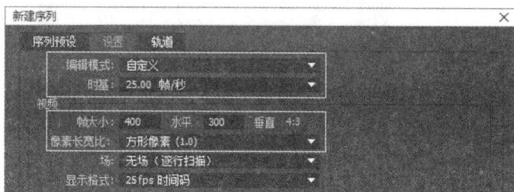

图2-5-33　设置新建序列参数

（2）选择菜单命令"编辑|首选项|常规"，打开"首选项"对话框，将右侧参数中的"静止图像默认持续时间"设置为10s。

（3）选择菜单命令"文件|导入"输入"第5章实验素材\诗情画意"文件夹下的全部8个图像素材和1个音频素材。

（4）将 "诗情画意01.jpg" ～ "诗情画意08.jpg"依次插入到V1轨道的开始（彼此邻接，但不重叠）。将 "梦中的婚礼.wma"插入到A1轨道的开始。

（5）使用"选择工具" 向右拖动V1轨道上最后一个图像素材的右边缘，使其长度增加到音频素材的右边缘，如图2-5-34所示。

图2-5-34　在轨道上插入素材并增加最后一个图像素材的长度

（6）在V1轨道的第2与第3张图像素材衔接处添加"3D运动"过渡效果组中的"翻转"过渡效果。在"效果控件"面板上将"持续时间"修改为"00:00:02:05"，如图2-5-35（a）所示。单击"自定义"按钮，打开"翻转设置"对话框，参数设置如图2-5-35（b）所示（其中"填充颜色"为黑色）。此时的过渡效果如图2-5-35（c）所示。

（a）　　　　　　　　　（b）　　　　　　　　　（c）

图2-5-35　施加"翻转"过渡效果

（7）在V1轨道的第3与第4张图像素材之间添加"划像"过渡效果组中的"圆划像"过渡效果，将过渡的持续时间修改为"00:00:02:05"（其他参数保持默认）。

（8）同样在第4与第5张图像素材之间添加"页面剥落"过渡效果组中的"翻页"过渡效果，将过渡的持续时间修改为"00:00:02:05"，如图2-5-36所示。

（9）在第5与第6张图像素材间添加"缩放"过渡效果组中的"交叉缩放"过渡效果，将过渡的持续时间修改为"00:00:02:05"。

（10）在第6与第7张图像素材间添加"滑动"过渡效果组中的"带状滑动"过渡效果。在"效果控件"面板中将过渡的持续时间修改为"00:00:02:05"，并通过"自定义"按钮将"带数量"设置为14，过渡效果如图2-5-37所示。

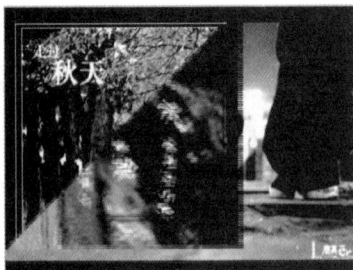

图2-5-36　施加"翻页"过渡效果

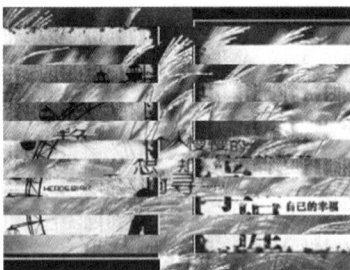

图2-5-37　施加"带状滑动"过渡效果

（11）在第7与第8张图像素材间添加"擦除"过渡效果组中的"渐变擦除"过渡效果。在弹出的"渐变擦除设置"对话框中采用默认设置。将过渡的持续时间修改为"00:00:02:05"，如图2-5-38所示。

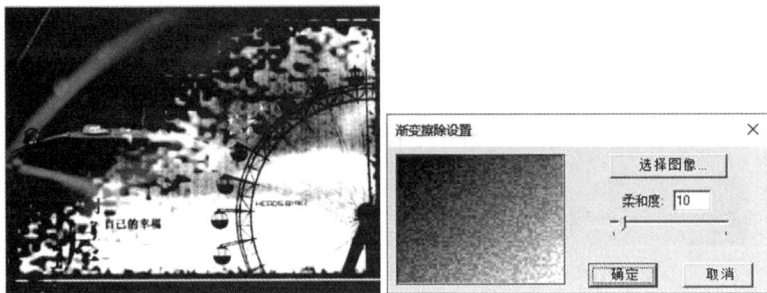

图2-5-38　施加"渐变擦除"过渡效果

（12）在第1与第2张图像素材间添加"外挂过渡"效果组FilmImpact.net II中的"Impact Radial Blur"过渡效果。将过渡的持续时间修改为"00:00:02:05"。

（13）通过"节目"窗口浏览视频合成效果。

（14）选择菜单命令"文件|保存"保存最终的项目文件。选择菜单命令"文件|导出|媒体"输出WMV视频文件。

实验5-5　制作短片"古诗词名句欣赏"

▶ 实验目的

学习Premiere Pro CC 2015字幕的制作方法。

▶ 实验内容

利用"第5章实验素材\古诗词名句欣赏"文件夹下的 "荷01.jpg" ~ "荷06.jpg"和 "舞动荷风（片段）.mp3"制作短片"古诗词名句欣赏"。视频效果可参照"第5章实验素材\古诗词名句欣赏.wmv"。

实验5-5
制作短片"古诗词
名句欣赏"

▶ 操作步骤

（1）启动Premiere Pro CC 2015，新建项目文件（文件名称为"古诗词名句欣赏"，保存位置为桌面，其他参数值为默认）。新建序列，参数设置如图2-5-39所示（未显示的参数都采用默认）。

（2）选择菜单命令"编辑|首选项|常规"，打开"首选项"对话框，将右侧参数中的"静止图像默认持续时间"设置为5s。

图2-5-39　设置新建序列参数

（3）选择菜单命令"文件|导入"输入"第5章实验素材\古诗词名句欣赏"文件夹下的 "荷01.jpg" ~ "荷06.jpg"和 "舞动荷风（片段）.mp3"。

（4）将 "荷01.jpg" ~ "荷06.jpg"依次插入到V1轨道（从V1轨道的开始，彼此邻接，但不重叠）。将 "舞动荷风（片段）.mp3"插入到A1轨道（见图2-5-40）。

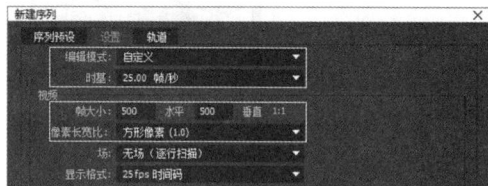

图2-5-40　在轨道上插入原始素材

（5）在V1轨道的最后一个图像素材上单击鼠标右键，在弹出的快捷菜单中选择"速度/持续时间"命令，将"持续时间"更改为"00:00:10:00"（10s）。

（6）在A1轨道上裁切掉音频素材相对于图像素材超出的部分，如图2-5-41所示。

图2-5-41　裁切音频素材

（7）在节目窗口中调整V1轨道上"荷02.jpg"的位置，使其靠右放置，如图2-5-42（a）所示。调整"荷04.jpg"与"荷06.jpg" 的位置，使其靠左放置，如图2-5-42（b）所示（以"荷04.jpg"为例）。调整"荷03.jpg"与"荷05.jpg" 的位置，使其靠上放置，如图2-5-42（c）所示（以"荷05.jpg"为例）。

（a）　　　　　　　　　　（b）　　　　　　　　　　（c）

图2-5-42　在"节目"窗口中调整素材的位置

（8）在V1轨道的各个图像素材之间添加"擦除"过渡效果组中的"渐变擦除"过渡效果。所有参数保持默认。

（9）在V1轨道的 "荷06.jpg"上添加"扭曲"效果组中的"边角定位"视频效果。在素材时间线上图2-5-43右图所示的位置分别为"右上"和"右下"参数创建两个关键帧，左边关键帧（时间线位置为00:00:30:23）的"右上"和"右下"参数保持默认，右边关键帧（时间线位置为00:00:32:11）的参数设置如图2-5-43所示。

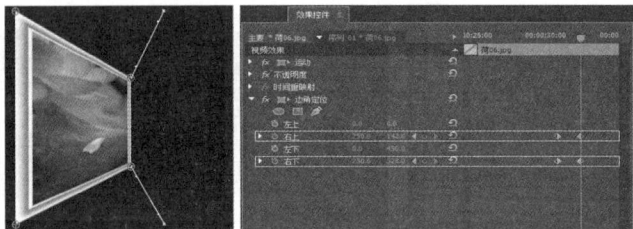

图2-5-43　设置视频特效动画

（10）向下展开A1轨道，选择 "舞动荷风（片段）.mp3"，利用轨道控制区的"添加-移除关键帧"按钮◇，在水平音量控制线上添加4个关键帧，向下拖动首尾两个关键帧，制作背景音乐的淡入淡出效果，如图2-5-44所示。

图2-5-44　制作音频的淡入淡出效果

（11）在"时间线"窗口将播放指针定位于"荷01.jpg"的显示区间内。选择菜单命令"字幕|新建字幕|默认静态字幕"（"新建字幕"对话框中的参数采用默认值，以下同），创建"字幕01"。在"字幕01"中创建文字对象"古诗词名句欣赏"，如图2-5-45所示（在"字幕预览"窗口的右上角选中"显示背景视频"按钮 ）。文字要求如下（未提到的参数采用默认值）。

● 行距为16，颜色为红色，大小为54，左右居中对齐。
● 文字外侧边缘描边为白色（大小为18）。
● 古诗词：字体为"方正黄草简体"，字符间距为0。
● 名句欣赏：字体为"微软雅黑（粗体）"，字符间距为25。

图2-5-45　字幕01效果

（12）在"时间线"窗口将播放指针定位于"荷02.jpg"的显示区间内。仿照步骤（11），创建"字幕02"。并在"字幕02"中创建垂直文字"宋·周敦颐·爱莲说"。在"字幕设计"窗口选中该文字对象，在字幕样式栏用鼠标右键单击风格"Caslon Italic Bluesky 64"，从弹出的快捷菜单中选择"仅应用样式颜色"命令（见图2-5-46）。继续在"字幕属性"栏设置该文字对象的属性：华文隶书，字体大小为42，文字颜色为红色（未提到的参数采用默认值）。字幕02的效果如图2-5-47所示。

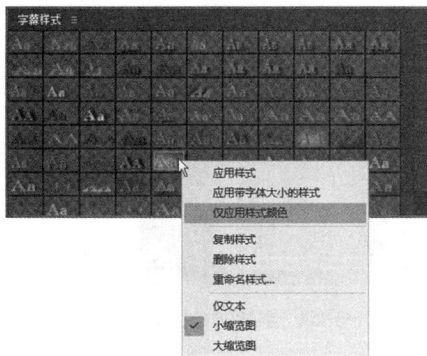

图 2-5-46　套用样式部分参数

图 2-5-47　字幕 02 的效果

（13）在"时间线"窗口将播放指针定位于"荷03.jpg"的显示区间内。仿照步骤（11）创建"字幕03"。在"字幕03"中创建横向文字"予独爱莲之出淤泥而不染，濯清涟而不妖，"。与字幕02类似，先套用样式"Caslon Italic Bluesky 64"的颜色，再修改属性：华文中宋，字体大小为34，行距为15，字距为5，填充红色。字幕03效果如图2-5-48所示。

（14）在时间线窗口将播放指针定位于"荷04.jpg"的显示区间内。仿照步骤11创建"字幕04"。并在"字幕04"中创建垂直文字"中通外直，不蔓不枝，"，除了行距不用设置，字符间距为15之外，其他设置与字幕03相同。字幕04的效果如图2-5-49所示。

图 2-5-48　字幕 03 的效果

图 2-5-49　字幕 04 的效果

（15）在"时间线"窗口将播放指针定位于"荷05.jpg"的显示区间内。仿照步骤（11）创建"字幕05"。在"字幕05"中创建横向文字"香远益清，亭亭净植，"。设置与字幕04相同的样式与属性，如图2-5-50所示。

（16）在"时间线"窗口将播放指针定位于"荷06.jpg"的显示区间内。仿照步骤（11）创建"字幕06"。在"字幕06"中创建垂直文字"可远观而不可亵玩焉。"。设置与字幕04相同的样式与属性，如图2-5-51所示。

（17）在"时间线"窗口，将播放指针定位于"荷06.jpg"的"边角定位"动画之后。选择菜单命令"字幕|新建字幕|默认滚动字幕"，创建滚动字幕"字幕07"（通过设置参数使文字从屏幕底部滚动出来，停止在屏幕的上下中间位置）。文字内容如图2-5-52所示。适当设置文字的字体、字体大小、字距、行距、填充色、阴影颜色等属性，如图2-5-53所示。

图2-5-50　字幕05的效果

图2-5-51　字幕06的效果

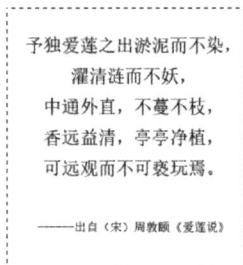

图2-5-52　字幕07的文字内容

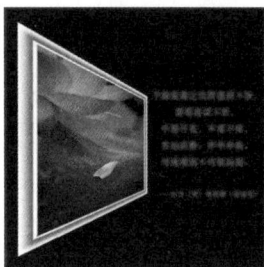

图2-5-53　字幕07效果

（18）将字幕01～字幕07插入到V2轨道图2-5-54所示的位置上。其中字幕01～字幕06分别与"荷01.jpg"～"荷06.jpg"的左端对齐，字幕07与"荷06.jpg"的右端对齐。字幕01～字幕06的时间长度都是00:00:04:05，字幕07的时间长度为00:00:03:00。

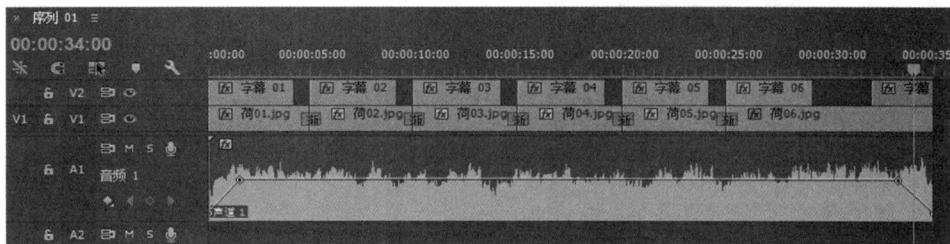

图2-5-54　在V2轨道插入字幕

（19）在"节目"窗口适当调整V2轨道上字幕01～字幕07各素材的位置（尽量与前面创建时相对于V1轨道各图片背景的位置一致）。

（20）在字幕02的首尾两端分别添加"立方体旋转"过渡效果（位于"3D运动"视频过渡组），参数值为默认。

（21）在字幕03的首尾两端分别添加"渐变擦除"过渡效果（位于"擦除"视频过渡组），参数值为默认。

（22）在字幕04的首尾两端分别添加"滑动"过渡效果（位于"滑动"视频过渡组），参数值为默认。

（23）在字幕05的首尾两端分别添加"交叉缩放"过渡效果（位于"缩放"视频过渡组），参数值为默认。

（24）在字幕06的首尾两端分别添加Impact Rays过渡效果（位于外挂视频过渡组FilmImpact.net TP2），参数值为默认，如图2-5-55所示。

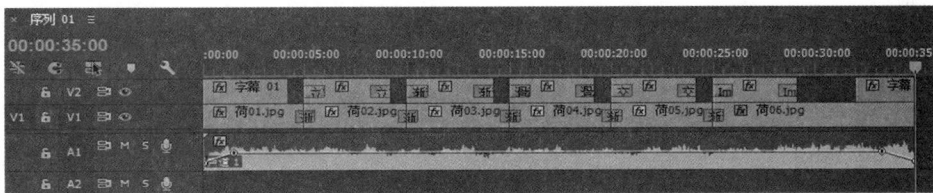

图2-5-55　为字幕添加过渡效果

（25）通过"节目"窗口浏览视频合成效果。

（26）选择菜单命令"文件|保存"保存最终的项目文件。选择菜单命令"文件|导出|媒体"输出WMV视频文件。

实验5-6　制作视频变换动画"国色天香"

▶ 实验目的

学习After Effects CC的基本用法。

▶ 实验内容

利用"第5章实验素材\国色天香\牡丹.mp4"制作视频变换动画。最终效果可参照"第5章实验素材\国色天香.mov"。

实验5-6
制作视频变换动画
"国色天香"

▶ 操作步骤

（1）选择菜单命令"文件|新建|新建项目"新建项目文件。选择菜单命令"合成|新建合成"，打开"合成设置"对话框，参数设置如图2-5-56所示，单击"确定"按钮。

（2）选择菜单命令"文件|导入|文件"将 "第5章实验素材\国色天香\牡丹.mp4"输入到"项目"窗口中，并拖动至"时间线"窗口。

（3）在"时间线"窗口，将当前时间设置为00：00：00：00（位于"时间线"窗口的左上角，格式为"时:分:秒:帧"），这样可将播放指针定位于时间线开始。按[键（或按住Shift键拖动素材）将"牡丹.mp4"左侧对齐到播放指针。

（4）展开图层变换参数，将缩放设置为"0.0，0.0%"，旋转设置为"0x+0.0°"。分别单击"缩放"和"旋转"左侧的"码表"按钮，在当前位置添加缩放与旋转关键帧（见图2-5-57）。

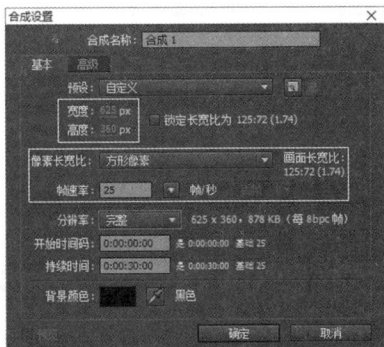

图2-5-56　设置图像合成参数

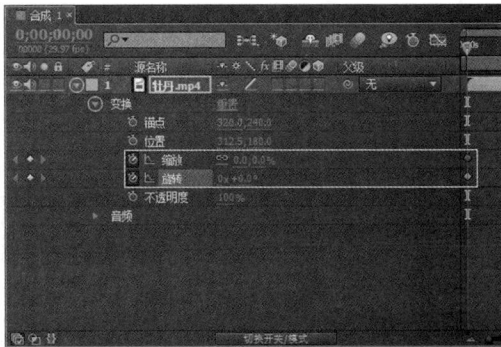

图2-5-57　设置第1个时间点的关键帧

（5）在"时间线"窗口，将当前时间设置为00:00:02:10，将比例设置为"100.0，100.0%"，旋转设置为"1x+0.0°"。系统会自动产生关键帧，如图2-5-58所示。

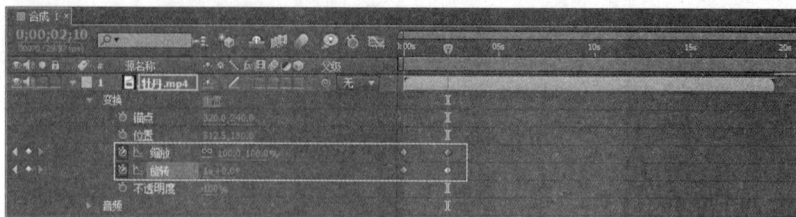

图2-5-58　设置第2个时间点的关键帧

（6）选择菜单命令"图层|新建|文本"创建文字层。文字内容为"国色天香"，字体为"华文中宋"，大小为136像素，填充红色，边框为黄色，放置在"合成"窗口的中央（见图2-5-59）。

说明　可在"字符"面板设置文字的各种属性。

图2-5-59　创建文字层

（7）在"时间线"窗口，使用"选择工具"拖动文字素材的左右边界，将其左边界定位在00:00:02:10的时间位置，右边界与"牡丹"层的右边界对齐，如图2-5-60所示。

说明　在"时间线"窗口选择"牡丹.mp4"，按O键将播放指针定位于"牡丹.mp4"的末端，再将文字素材的右边界拖动到播放指针上。同样，在"牡丹.mp4"的变换参数栏单击▶或◀按钮，将播放指针定位于00:00:02:10时间点的关键帧，再拖动文字素材的左边界到播放指针上。将时间线放大一定倍数后再进行上述操作更方便。

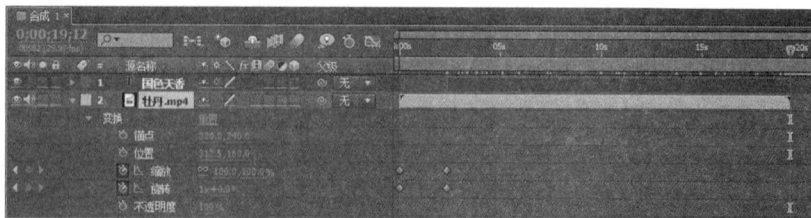

图2-5-60　调整文字层的时间线

（8）在"时间线"窗口，仿照步骤（3）～步骤（5）的操作方法，在00:00:02:10的位置分别为文字层建立缩放与不透明度参数的关键帧，并设置缩放参数的值为"1000.0，1000.0%"，不透明度参数的值为"0.0%"。在00:00:04:10的位置再次为文字层建立缩放与不透明度参数的关键帧，并设置缩放的值为"100.0，100.0%"，不透明度的值为"100.0%"（见图2-5-61）。

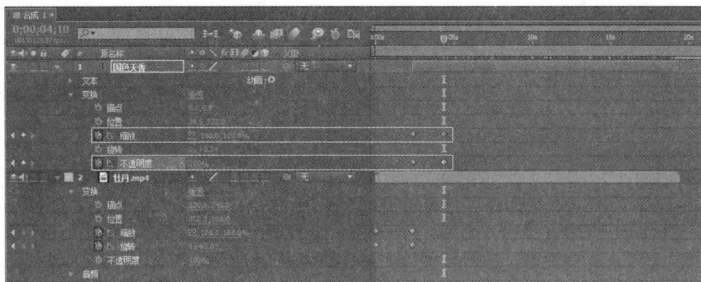

图2-5-61 为文字层设置关键帧

（9）至此完成本例的所有动画操作。选择"时间线"窗口，通过"预览"面板播放视频，在"合成"窗口中预览合成效果。

（10）选择菜单命令"文件|保存"保存最终的项目文件。选择菜单命令"合成|添加到渲染队列"或"文件|导出|添加到渲染队列"输出影片。

实验5-7 制作短片"美丽的茶花"

▶ 实验目的

进一步学习After Effects CC的基本用法。

▶ 实验内容

利用"第5章实验素材\美丽的茶花"文件夹下的"茶花01.wmv""茶花02.mp4""茶花03.mp4"和"芳菲何处（片段）.mp4"制作短片"美丽的茶花"。最终效果可参照"第5章实验素材\美丽的茶花.mov"。

实验5-7
制作短片"美丽的茶花"

▶ 操作步骤

（1）将外挂插件文件夹"VideoCopilot"复制到"…\Adobe After Effects CC\Support Files\Plug-ins"文件夹下。启动After Effects CC，新建项目文件。新建合成，参数设置如图2-5-62所示。

（2）将"第5章实验素材\美丽的茶花"文件夹下的"茶花01.wmv""茶花02.mp4""茶花03.mp4""芳菲何处（片段）.mp3"导入到"项目"窗口中，如图2-5-63所示。

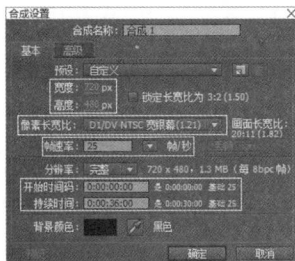

图2-5-62 设置新建合成参数

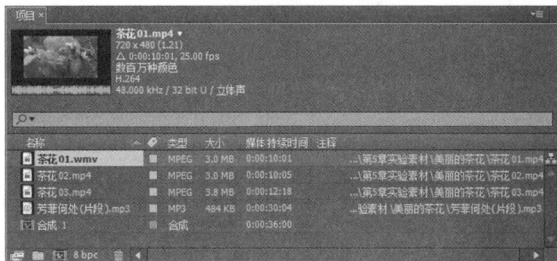

图2-5-63 导入素材

（3）依次将"茶花01.wmv""茶花02.mp4""茶花03.mp4""芳菲何处（片段）.mp4"拖入

"时间线"窗口，放置在图2-5-64所示的位置。其中"茶花03.mp4"层的结束点为00:00:36:00，"茶花01.wmv"层的起始点为00:00:08:00，"芳菲何处（片段）.mp4"层的起始点为00:00:00:00。而"茶花02.mp4"与"茶花01.wmv""茶花03.mp4"重叠部分的长度大致相等。

注：通过"图层|排列"菜单下的相关命令可以调整"时间线"窗口中各层的上下排序。

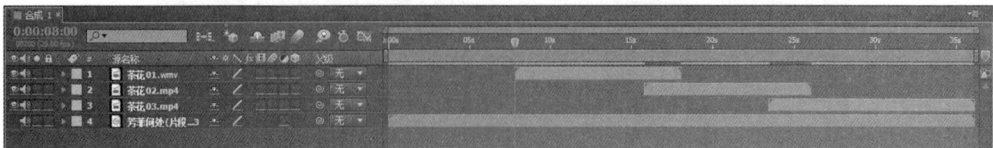

图2-5-64　将素材插入时间线

（4）为"茶花01.wmv"层添加"渐变擦除"过渡效果（位于"效果和预设"面板的"过渡"效果组，双击即可将其添加到选中的层上）。按Ctrl+Alt+Shift+键盘方向键将播放指针定位在"茶花02.mp4"的起始处，并在此处分别建立"过渡完成"与"过渡柔和度"参数的关键帧，将两个参数的值都设置为0。同样，按上述组合键将播放指针定位在"茶花01.wmv"的结束处，在此处再次建立"过渡完成"与"过渡柔和度"参数的关键帧，将两个参数的值都设置为100%。这样就实现了"茶花01.wmv"向"茶花02.mp4"的自然过渡，如图2-5-65所示。

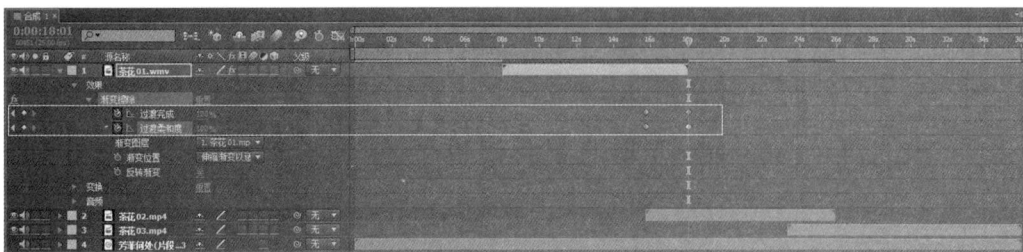

图2-5-65　在"茶花01.wmv"与"茶花02.mp4"之间设置过渡效果

（5）为"茶花02.mp4"层添加"CC Grid Wipe（网格擦除）"过渡效果（位于"效果与预设"面板的"过渡"效果组）。仿照步骤（4）的操作方法，完成"茶花02.mp4"向"茶花03.mp4"的过渡设置（只需建立"Completion（完成度）"参数的关键帧即可），如图2-5-66所示。

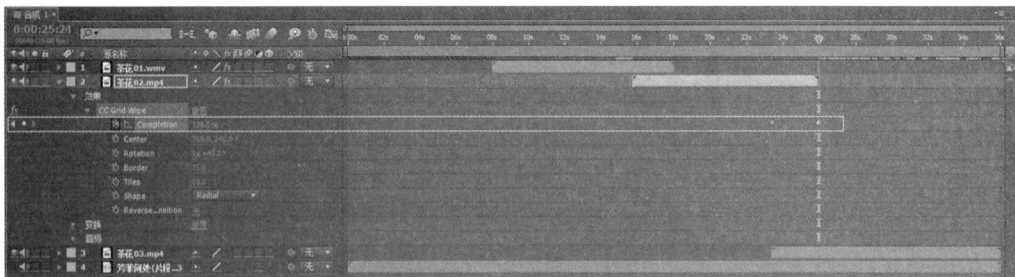

图2-5-66　在"茶花02.mp4"与"茶花03.mp4"之间设置过渡效果

（6）新建文字层。文字内容为"美丽的茶花"，字体为"微软雅黑（粗体）"，大小为96像素，填充黑色，边框为白色（描边宽度为2像素），字符间距为240，将文字放置在"合成"窗口的中央，如图2-5-67所示。此时，在"时间线"窗口，文字层位于最上层。

（7）在所有层上面新建黑色纯色层（见图2-5-68），并为纯色层添加"Saber（光电描边）"效果（位于"效果与预置"面板的"VideoCopilot"特效组）。参数设置如图2-5-69所示。

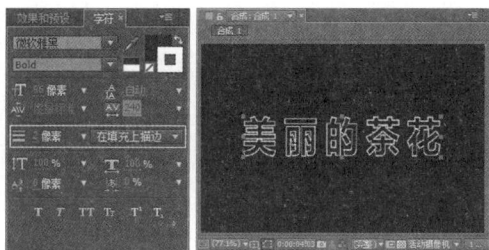

图2-5-67 创建文字层

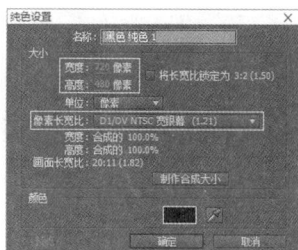

图2-5-68 创建黑色纯色层

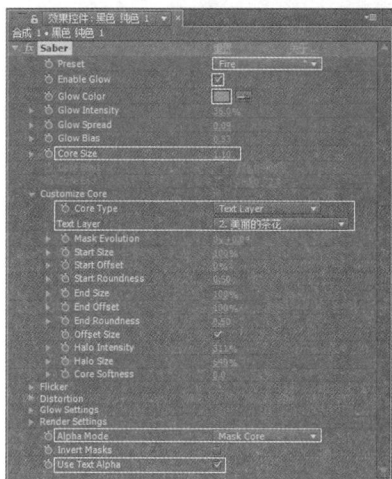

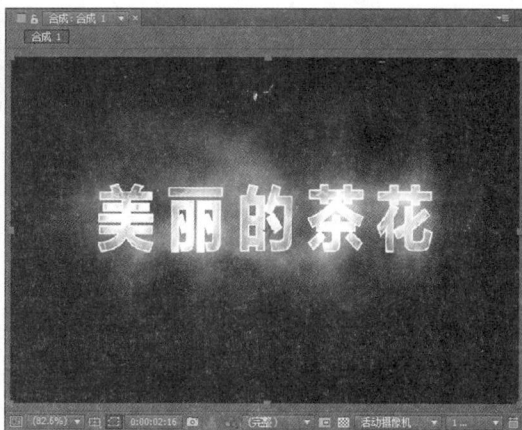

图2-5-69 "Saber"参数设置及效果

（8）在"时间线"窗口选择纯色层，选择菜单命令"图层|混合模式|屏幕"将黑色过滤掉。

（9）在"时间线"窗口，选择"美丽的茶花"文本层，分别在时间线的00:00:09:12与00:00:10:20处建立"位置"与"缩放"参数的关键帧。其中00:00:09:12处"位置"与"缩放"参数的值保持不变，将播放指针定位于00:00:10:20处的关键帧，通过"合成"窗口将文本缩小并移动到图2-5-70所示的位置。这样就实现了文字的缩放移动动画。

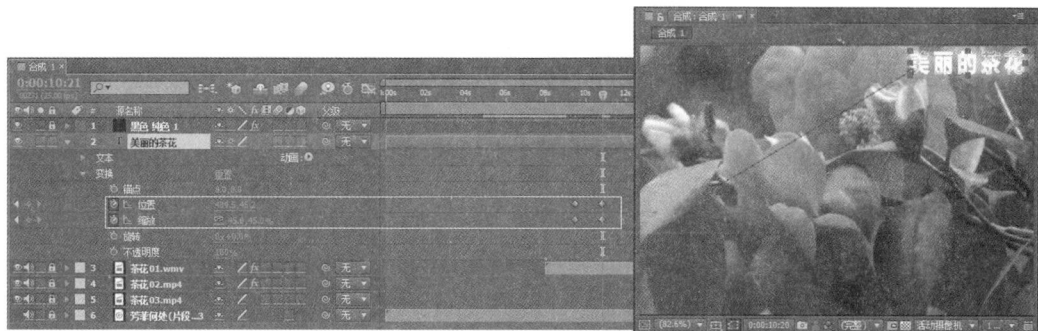

图2-5-70 创建文字变换动画

（10）为"茶花01.wmv"层设置淡入动画。在"时间线"窗口选择"茶花01.wmv"层，分别在时间线的00:00:08:00与00:00:9:12处建立"不透明度"参数的关键帧，并设置00:00:08:00处的"不透明度"值为0，设置00:00:09:12处的"不透明度"值为100%，如图2-5-71所示。

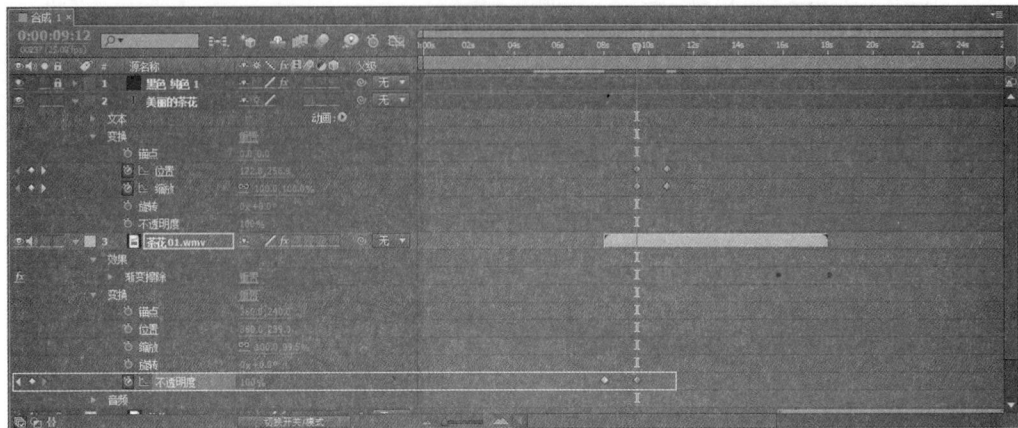

图2-5-71　设置"茶花01.wmv"层的淡入效果

（11）在"时间线"窗口将播放指针定位于时间线的起始位置（最左端），按小键盘上的"0"键预览视频合成效果。按Space键结束预览。

（12）选择菜单命令"文件|保存"保存最终的项目文件。选择菜单命令"合成|添加到渲染队列"或"文件|导出|添加到渲染队列"输出影片。

6

实验6

多媒体作品合成

实验 多媒体作品合成综合实验——设计制作翻页电子贺卡

▶ 实验目的

进一步学习使用Photoshop、Premiere、Flash等软件合成多媒体作品。

▶ 实验内容

使用Photoshop、Premiere、Flash等软件设计制作翻页电子贺卡，效果可参照"第6章实验素材\翻页卡片.swf"。所用素材为"第6章实验素材"文件夹下的"回形针.jpg""风景.jpg""画框.psd""To_Alice.MP3""文字内容.txt"。

▶ 操作步骤

（一）准备素材

1. 使用 Photoshop 制作回形针

（1）使用Photoshop打开"第6章实验素材\回形针.jpg"，使用"缩放工具"将图像放大到200%（见图2-6-1）。

（2）将背景层转化为普通层，采用默认名称"图层0"。新建图层1，填充白色。选择菜单命令"图层|新建|图层背景"将图层1转化为背景层。

（3）选择图层0，选择菜单命令"编辑|自由变换"（或按Ctrl+T组合键），将鼠标指针放在变换控制框外围，顺时针拖动鼠标将图中回形针旋转到图2-6-2所示的位置。按Enter键确认。

图2-6-1　原素材图像　　　　　　　图2-6-2　旋转图层

（4）（在"图层"面板上）将图层0的不透明度降低到40%左右（这样可使后面创建的路径比较清楚，便于调整）。

（5）选择菜单命令"视图|标尺"（或按Ctrl+R组合键）显示标尺。按图2-6-3所示在回形针上定位参考线（目的是标出回形针的各条边及拐角点的位置）。

（6）使用"钢笔工具"创建图2-6-4所示的直边路径（确定关键锚点时不仅要参考原图上回形针的端点、顶点和拐角点的位置，还要注意图形的左右对称性）。

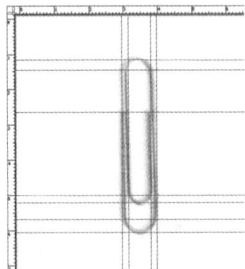

图 2-6-3　定位参考线　　　图 2-6-4　创建直边路径

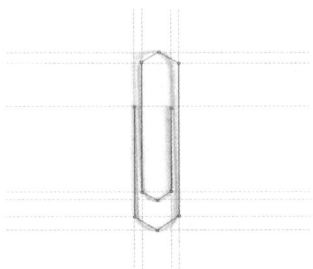

（7）按Ctrl+R组合键隐藏标尺。选择菜单命令"视图|清除参考线"。

（8）使用"直接选择"工具、"转换点"工具等调整路径，如图2-6-5所示（为便于查看，图中已隐藏图层0）。

（9）在"路径"面板上双击工作路径，弹出相应对话框，单击"确定"按钮。这样可将临时路径存储起来，以免丢失。

（10）在工具箱上选择"画笔工具"，在选项栏上设置4个像素大小的硬边画笔（即硬度为100%）。在工具箱上将前景色设置为纯红色（#FF0000）。

（11）在"图层"面板上新建并选择图层1。在"路径"面板上单击"用画笔描边路径"按钮，结果如图2-6-6所示。

图 2-6-5　调整路径　　　图 2-6-6　在图层1上描边路径

（12）隐藏路径。为图层1添加"投影"和"斜面和浮雕"样式，适当调整样式参数，如图2-6-7所示。

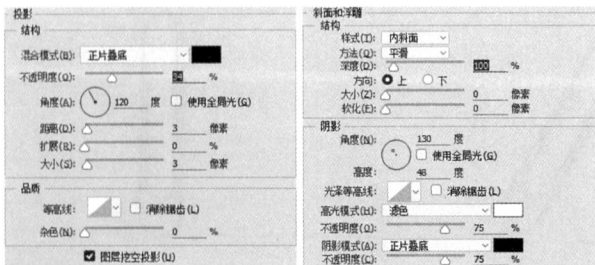

图 2-6-7　添加图层样式

（13）使用"裁剪工具"将回形针周围的空白区域裁切掉（注意，回形针的右侧和底部留出的空间稍大些，防止阴影被切掉），如图2-6-8所示。

（14）删除图层0与背景层（见图2-6-9）。选择菜单命令"文件|存储为"，将最终图像存储为PNG（*.PNG; *.PNS）格式，命名为"回形针.png"，以备后用。

图2-6-8　裁切画布　　　　图2-6-9　删除图层0

实验6
使用Photoshop
处理下雪图像

2. 使用 Photoshop 处理下雪图像

（1）在Photoshop中打开"第6章实验素材\风景.jpg"，如图2-6-10所示。选择菜单命令"图像|图像大小"，打开"图像大小"对话框参数设置如图2-6-11所示，单击"确定"按钮。

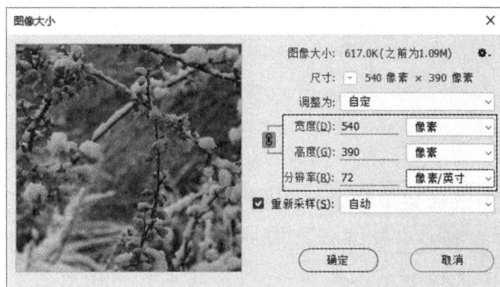

图2-6-10　素材图像　　　　　　图2-6-11　修改图像大小

（2）选择菜单命令"图像|调整|色阶"，打开"色阶"对话框参数设置如图2-6-12（a）所示。单击"确定"按钮。图像调整效果如图2-6-12（b）所示。

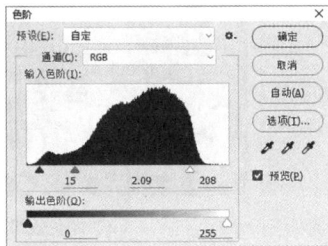

（a）参数设置　　　　　　　　　（b）调色效果

图2-6-12　调整图像色彩

（3）选择"仿制图章工具"，在选项栏上选择100个像素大小的软边（即硬度为0）画笔，将图2-6-13所示位置的局部图像修补到右上角。

（4）复制背景层，得到背景拷贝层。在背景拷贝层上施加高斯模糊滤镜（选择菜单命令"滤镜|模糊|高斯模糊"），将模糊半径设为1.5左右。

（5）将背景拷贝层的图层混合模式设置为"变暗"，如图2-6-14所示。

图2-6-13　修补图像

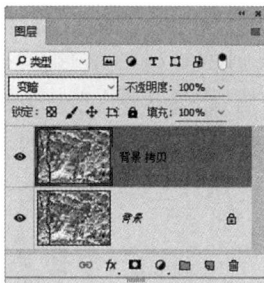

图2-6-14　修改图层混合模式

（6）将背景拷贝层向下合并到背景层。再次调整图像色阶，参数设置如图2-6-15（a）所示，图像调整效果如图2-6-15（b）所示。

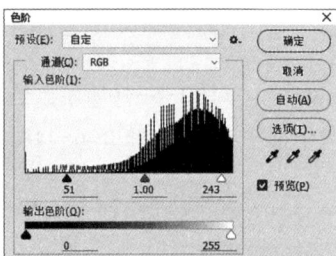

（a）参数设置

（b）调色效果

图2-6-15　再次调整图像色阶

（7）选择菜单命令"图像|调整|可选颜色"，打开"可选颜色"对话框，对洋红和红色分别进行调整，参数设置如图2-6-16所示，单击"确定"按钮。

（8）选择菜单命令"文件|存储为"，将最终图像存储为JPG格式，命名为"下雪.jpg"，以备后用。

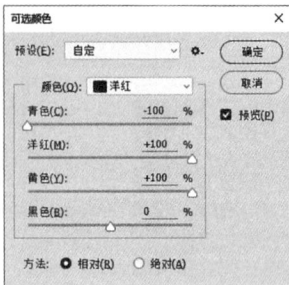

（a）参数设置（一）

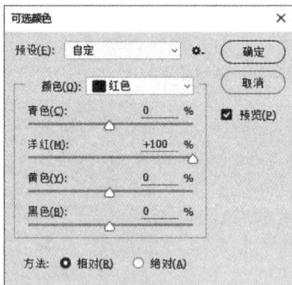

（b）参数设置（二）

（c）调色效果

图2-6-16　用"可选颜色"命令调整图像

3. 使用 Photoshop 制作窗框效果

（1）在Photoshop中打开 "第6章实验素材\画框.psd"，如图2-6-17所示（该素材也可由Photoshop直接绘制）。按Ctrl+A组合键全选图像，按Ctrl+C组合键复制图像。

（2）新建一个540像素×390像素、72像素/英寸、RGB颜色模式、白色背景的图像（像素大小及分辨率与"下雪.jpg"相同）。按Ctrl+V组合键粘贴图像。

实验6
使用Photoshop
制作窗框效果

（3）在"图层"面板上同时选中图层1与背景层。依次选择菜单命令"图层|对齐|顶边"与"图层|对齐|左边"，将素材对齐到图像窗口的左上角，如图2-6-18所示。

图2-6-17 打开素材图像　　图2-6-18 将图层1与背景层对齐

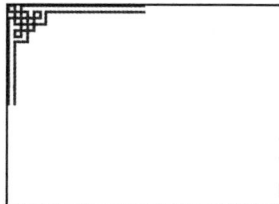

（4）复制图层1，得到图层1拷贝。选择图层1拷贝，选择菜单命令"编辑|变换|垂直翻转"。参照步骤（3）将图层1拷贝中的素材对齐到左下角，如图2-6-19所示。

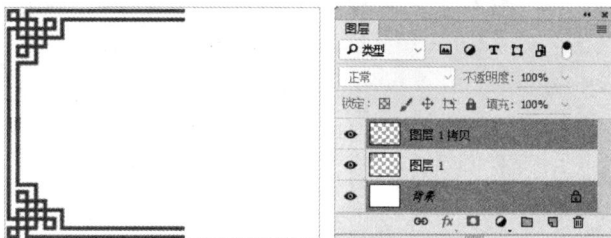

图2-6-19 复制并对齐图层

（5）将图层1拷贝向下合并到图层1，再次复制图层1，同样得到图层1拷贝。选择图层1拷贝，选择菜单命令"编辑|变换|水平翻转"。将图层1拷贝对齐到图像窗口的右边，如图2-6-20所示。

（6）再次将图层1拷贝向下合并到图层1，并在图层1上添加"投影"和"斜面和浮雕"样式，参数类似回形针（见图2-6-7），如图2-6-21所示。

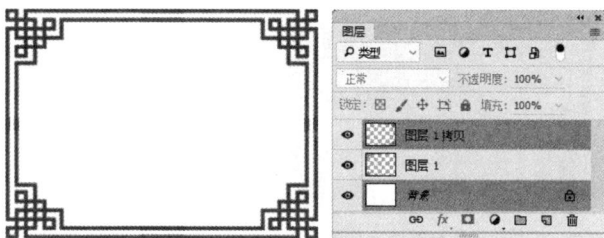

图2-6-20 再次复制并对齐图层　　　　　　图2-6-21 添加图层样式

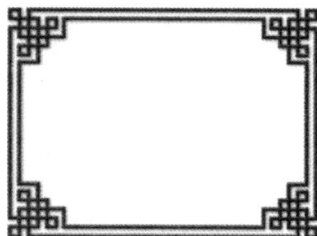

（7）选择菜单命令"图像|调整|色阶"，打开"色阶"对话框，参数设置如图2-6-22所示。单击"确定"按钮。图像调整效果如图2-6-23所示。

（8）删除背景层。选择菜单命令"文件|存储为"，将图像以PNG（*.PNG; *.PNS）格式存储，命名为"窗框.png"，以备后用。

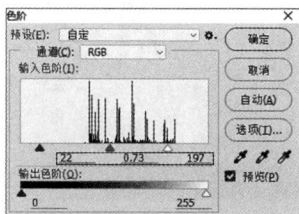

图2-6-22 "色阶"对话框　　　　　图2-6-23 色阶调整结果

4. 使用 Premiere 制作下雪视频

说明 制作视频前应在Premiere中正确安装下雪外挂插件。另外，尽管使用Photoshop、Flash、3ds Max等都可以制作下雪效果，但使用Premiere操作最快，效果也较真实。

（1）启动Premiere Pro CC 2015，新建项目文件，参数设置如图2-6-24（a）所示。新建序列，参数设置如图2-6-24（b）所示。

（2）选择菜单命令"文件|导入（Import）"输入"第6章实验素材\下雪.jpg"（即前面使用Photoshop处理好的 "下雪.jpg"）。

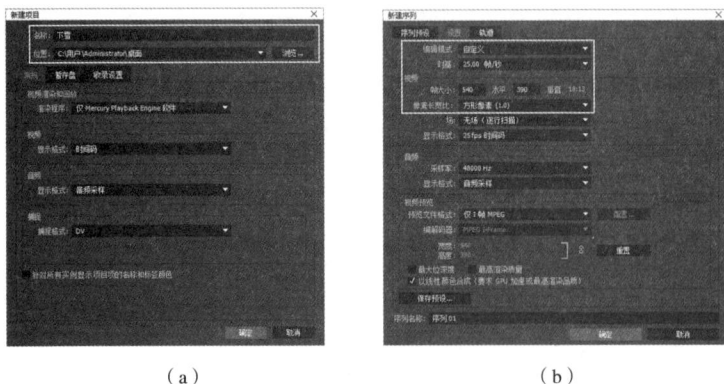

（a）   （b）

图2-6-24　新建项目与序列

（3）将 "下雪.jpg"插入到视频1轨道的开始位置，并在素材上单击鼠标右键，从弹出的快捷菜单中选择"速度/持续时间"命令。在弹出的"剪辑速度/持续时间"对话框中将"持续时间"参数值设置为00:00:05:00（5s），如图2-6-25所示。单击"确定"按钮。

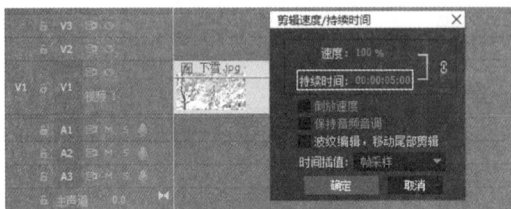

图2-6-25　设置轨道素材的持续时间

（4）打开"效果"面板，为视频1轨道上的图像素材添加下雪视频效果，并在"效果控件"面板上设置参数，如图2-6-26所示。

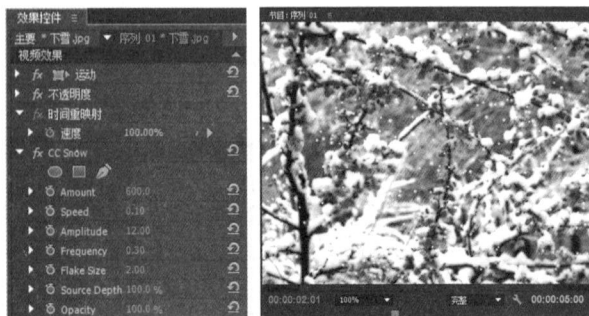

图2-6-26　设置下雪效果参数

（5）选择菜单命令"文件|保存"保存项目文件；选择菜单命令"文件|导出|媒体"导出FLV格式的视频（帧画幅大小为540像素×390像素，帧频率为25帧/秒），命名为"下雪.flv"，以备后用。

（二）使用Flash合成与输出作品

1. 制作自动翻页卡片

（1）启动Flash Professional CC 2015，新建ActionScript 3.0类型的空白文档。选择菜单命令"修改|文档"，打开"文档设置"对话框参数

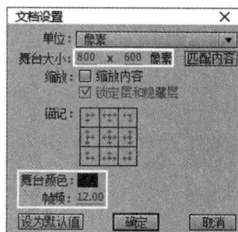

图2-6-27 "文档设置"对话框

设置如图2-6-27所示（其中背景颜色为 #990099），完成后单击"确定"按钮。

（2）在工具箱上选择"矩形工具"。利用"颜色"面板将笔触颜色设置为无色，将填充色设置为线性渐变，参数设置如图2-6-28所示。其中①、②、④号色标的颜色值为#F2BFFF，③号色标的颜色值为#EBA3FE。

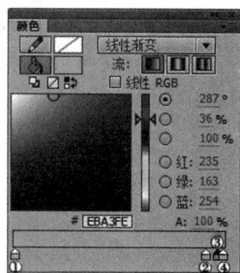

图2-6-28 设置渐变填充色

（3）在舞台上绘制图2-6-29所示的矩形，利用"属性"面板将其大小修改为320像素×450像素。按Ctrl+G组合键，将矩形组合起来。

（4）按Ctrl+C组合键复制矩形，按Ctrl+Shift+V组合键原位置粘贴矩形。

（5）将复制出的矩形水平向右移动到图2-6-30所示的位置（与原矩形间隔1个像素）。

图2-6-29 绘制卡片左封面

图2-6-30 复制并移动矩形

（6）按Ctrl+B组合键分离右侧矩形，重新填充纯色#F2BFFF，并再次将其组合。

（7）锁定图层1，并在其51帧处单击鼠标右键，从弹出的快捷菜单中选择"插入帧"命令，如图2-6-31所示。将图层1改名为"封面"。至此完成卡片封面的制作。

（8）新建图层2，命名为"中线"。选择"线条工具"，利用"属性"面板将笔触颜色设置为白色，笔触粗细为2个像素，样式为虚线。在卡片左右封面的分隔线处绘制一条竖直线段。锁定"中线"层，如图2-6-32所示。

（9）新建图层3。选择"矩形工具"。利用"颜色"面板将笔触颜色设置为无色，将填充色设置为白色，将不透明度参数A值设置为80%，如图2-6-33所示。

图2-6-31 完成封面制作

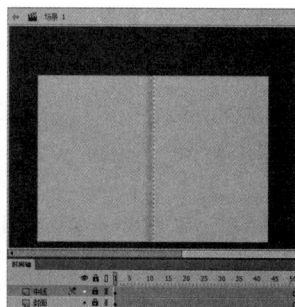

图2-6-32 绘制白色竖直虚线

（10）在图层3绘制图2-6-34所示的矩形。利用"属性"面板将其大小设为317像素×444像素。通过键盘方向键调整白色矩形的位置，使其与右封面左边对齐（覆盖白色竖直虚线），上下居中对齐，如图2-6-34所示。

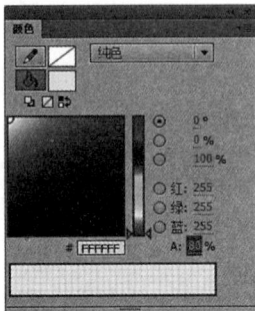

图2-6-33　设置单色填充色　　　　图2-6-34　绘制白色透明页面

（11）在图层3的第2帧、第11帧、第21帧、第31帧、第41帧、第51帧分别插入关键帧，如图2-6-35所示。

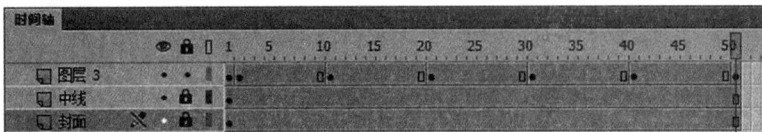

图2-6-35　在图层3的时间线插入关键帧

（12）单击图层3的第11帧。选择"任意变形工具"，此时被选中的白色透明页面周围出现变形控制框。将鼠标指针定位于控制框右边界中间的黑色控制块上，按住Alt键不放同时水平向左拖动鼠标鼠标，使矩形变窄；按住Alt键不放同时竖直向上拖动控制框的右边界（避开黑色控制块），使矩形出现斜切效果。向左和向上变形的幅度如图2-6-36所示。

（13）按Esc键取消矩形的选择状态。（选择"任意变形工具"）将鼠标指针定位于透明页面的上边界上（此时鼠标指针旁出现弧形标志），向下拖动鼠标使页面顶边弯曲；同样向下拖动透明页面的下边界使之弯曲。弯曲的程度如图2-6-37所示。

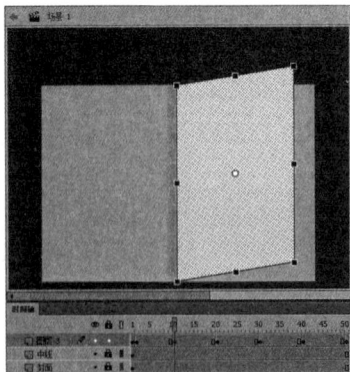

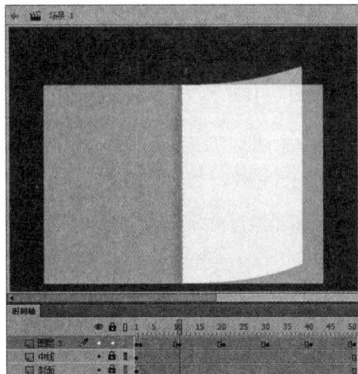

图2-6-36　使用"任意变形工具"变形矩形　　　　图2-6-37　使用"选择工具"变形矩形

（14）单击图层3的第21帧。参照步骤（12）与步骤（13）变形白色透明页面。变形效果如图2-6-38所示。

（15）单击图层3的第31帧。采用类似的方法变形白色透明页面（向左拖动右边界中间的控制块至中线的左侧，向上弯页面），如图2-6-39所示。

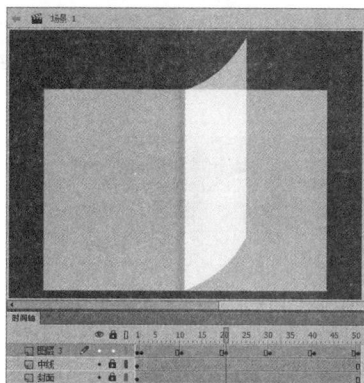

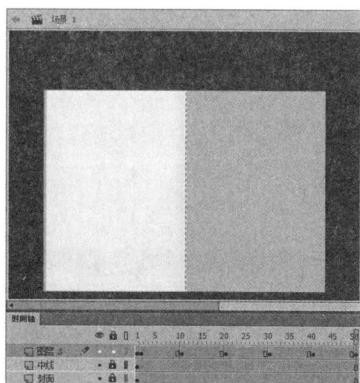

图2-6-38　变形第21帧的矩形　　　　图2-6-39　变形第31帧的矩形

（16）单击图层3的第41帧。参照步骤（15）变形白色透明页面，如图2-6-40所示。

（17）在工具箱底部不选"贴紧至对象"按钮。

（18）单击图层3的第51帧。选择"任意变形工具"，按住Alt键不放同时水平向左拖动变形控制框右边界中间的控制块，跨过中线，至图2-6-41所示的位置（距离封面的左边界2～3个像素）。

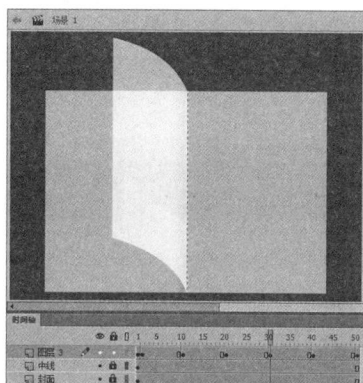

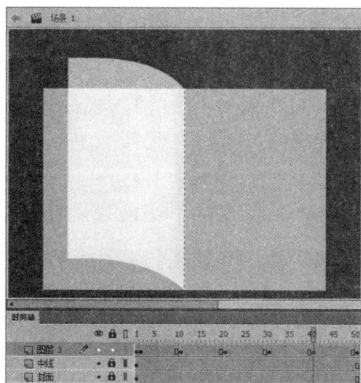

图2-6-40　变形第41帧的矩形　　　　图2-6-41　变形第51帧的矩形

（19）在图层3的第2帧、第11帧、第21帧、第31帧、第41帧分别插入补间形状动画，如图2-6-42所示。

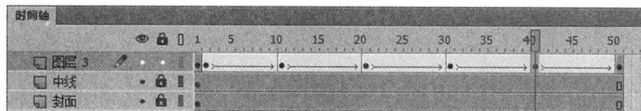

图2-6-42　创建补间形状动画

说明　选择菜单命令"控制|测试场景"，发现第21～第31帧的翻页动画未成功，下面通过添加变形提示解决这个问题。

（20）选择第21帧，连续4次选择菜单命令"修改|形状|添加形状提示"（或按Ctrl+Shift+H组合键），为当前关键帧添加a、b、c、d 4个变形提示。选择菜单命令"视图|贴紧|贴紧至对象"，通

过鼠标拖动将4个变形提示按顺序准确定位到页面的4个角上，如图2-6-43所示。

（21）选择第31帧（前面添加的变形提示同样会出现在该帧），与第21帧位置对应，将4个变形提示放置在页面的4个角点上，如图2-6-44所示。此时，如果第21帧和第31帧的变形提示放置得都准确，第31帧的变形提示会显示为绿色，第21帧的变形提示则显示为黄色，表示第21帧到第31帧的动画变形（在该点）是成功的。

图2-6-43　定位变形提示　　　　　图2-6-44　在第31帧定位变形提示

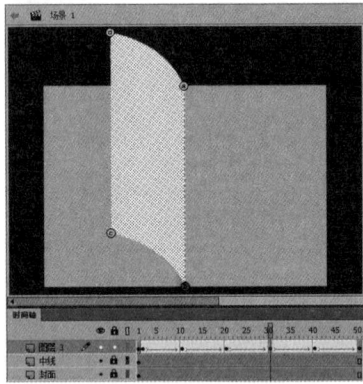

（22）如果第31帧的某个或某些变形提示显示为红色，可放大该变形提示处的对象局部，如图2-6-45所示（放大时，变形提示会消失，可选择菜单命令"视图|显示形状提示"重新显示）。将变形提示拖动到准确的位置，颜色就变成绿色了，如图2-6-46所示。

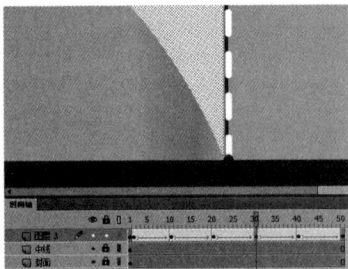

图2-6-45　放大对象局部　　　　　图2-6-46　准确定位形状提示

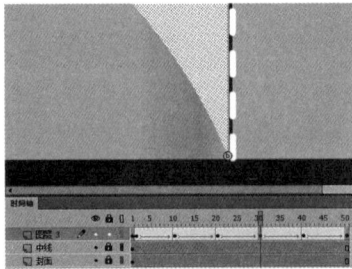

（23）如果通过步骤（22）的操作，将第31帧中出问题的变形提示准确定位后，仍然显示为红色，此时可用同样的方法调整第21帧中对应位置的变形提示。只有前后关键帧中对应的形状提示都准确定位后，变形动画才能成功。

（24）将图层3改名为"翻页动画"，并锁定该层。

2. 输入视频素材

（1）新建图层4，放置在"中线"层与"封面"层之间。选择菜单命令"插入|新建元件"，创建影片剪辑元件，命名为"下雪"，并进入该元件的编辑窗口。

（2）选择菜单命令"文件|导入|导入视频"，按对话框提示导入前面准备的视频素材"下雪.flv"，要点如下。

● 第1步"选择视频"：单击"浏览"按钮，选择"下雪.flv"。其他设置如图2-6-47所示。
● 第2步"嵌入"：采用默认设置。
● 第3步"完成视频导入"：采用默认设置，单击"完成"按钮。

（3）返回场景1。打开"库"面板，将"下雪"元件拖动到图层4的舞台上，适当缩小，放置在图2-6-48所示的位置。

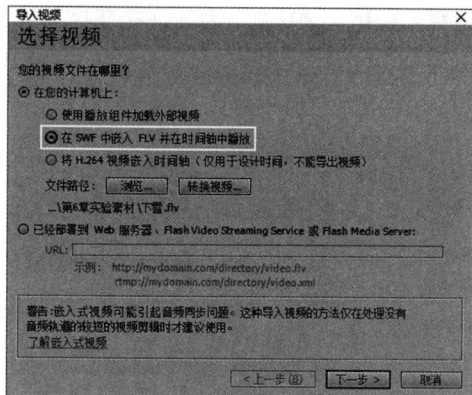

图2-6-47 "导入视频"对话框

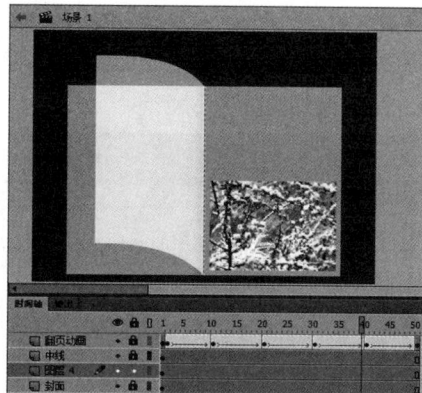

图2-6-48 使用元件实例

（4）选择菜单命令"文件|导入|导入到舞台"，将前面制作的图像素材"窗框.png"，导入到图层4的舞台上，适当缩小，以便与视频对齐，如图2-6-49所示。

（5）将图层4改名为"视频"，并锁定该层。

（6）新建图层5，命名为"文字"，放置在"中线"层与"视频"层之间。在图2-6-50所示的位置创建文本对象（文字内容可从文本文件"第6章实验素材\文字内容.txt"中复制）。为了美观，可选择自己喜欢的字体，适当调整字体大小、字间距、行间距等参数。

图2-6-49 导入"窗框"素材

图2-6-50 在卡片上书写文字

（7）锁定"文字"层。导入音频素材"第6章实验素材\To_Alice.mp3。

（8）新建图层，命名为"音乐"，放置在所有层的上面。在"音乐"层的第2帧插入关键帧，选择该关键帧，在"属性"面板的"声音名称"列表中选择"To_Alice.mp3"，"同步"选择"开始"，重复1次。锁定"音乐"层。

3. 添加交互控制

（1）新建图层，命名为"代码"，放置在所有层的上面。在"代码"层的第51帧插入关键帧。通过"动作"面板分别为"代码"层的第1帧和第51帧添加以下脚本。

```
stop();
```

（2）锁定"代码"层。新建图层，命名为"按钮"，放置在"翻页动画"层的上面。删除"按钮"层的第2～第51帧（仅保留第1帧）。

（3）选择"按钮"层的第1帧。导入前面制作的图像素材"回形针.png"。使用"任意变形"工具对素材进行缩放、旋转操作，并放置在图2-6-51所示的位置。

（4）选择"回形针"，按Ctrl+B组合键将其分离。使用"多边形工具"（位于"套索工具"组，用法与Photoshop的"多边形套索"工具类似）选择图2-6-52所示的区域（黑色围成的区域），按Delete键删除，如图2-6-53所示。

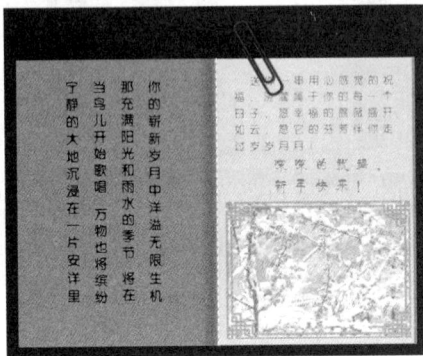

图2-6-51　导入"回形针"素材

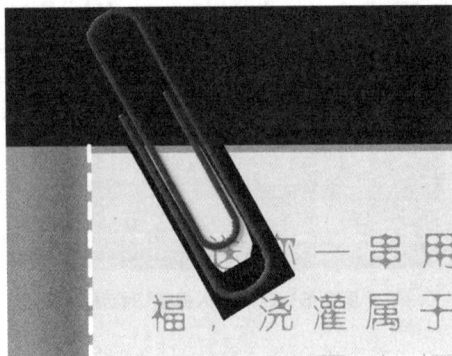

图2-6-52　选择"回形针"的部分区域

（5）使用"选择工具"单击选择回形针，选择菜单命令"修改|转换为元件"将其转换成按钮元件，命名为"回形针"。

（6）选择"回形针"按钮元件的实例，利用"属性"面板将该按钮元件实例命名为btn_play，并为"按钮"层的第1个关键帧添加以下动作。

```
btn_play.addEventListener(MouseEvent.CLICK,onclick); //对按钮添加侦听
//事件目标.添加事件侦听器(事件类型,侦听函数)
function onclick(e:MouseEvent):void { gotoAndPlay(2);} //定义侦听函数
```

（7）锁定"按钮"层。最终作品的图层及时间线结构如图2-6-54所示。

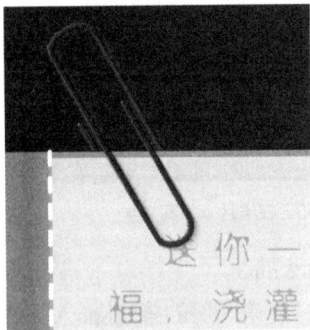

图2-6-53　回形针夹住卡片的效果

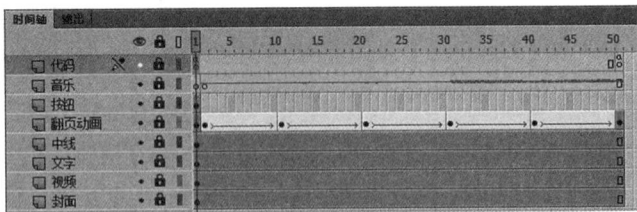

图2-6-54　最终作品的时间线结构

4．保存并输出作品

（1）选择菜单命令"控制|测试场景"测试作品。起初，卡片停留在第1帧，单击"回形针"按钮，启动翻页动画，同时背景音乐响起，并逐渐看到下雪视频。最后动画停止在最后1帧。

（2）选择菜单命令"文件|另存为"将作品源文件存储为FLA格式，命名为"翻页卡片.fla"。

（3）选择菜单命令"文件|发布设置"，输出SWF格式的电影文件。

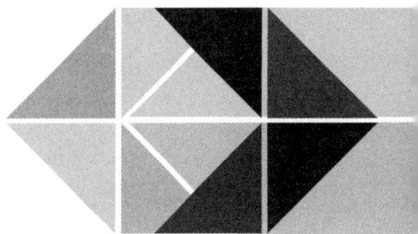

附录
模拟试卷

模拟试卷1

一、单选题

1. 多媒体计算机在对声音信息进行处理时，必须配置的设备是_____。
   A. 扫描仪　　　　　B. 光盘驱动器　　　　C. 音频卡（声卡）　D. 视频卡

2. 下列选项中，不是计算机多媒体设备的是_____。
   A. 光驱　　　　　　B. 鼠标　　　　　　　C. 声卡　　　　　　D. 显卡

3. 以下关于多媒体计算机的描述中，比较全面的是_____。
   A. 多媒体计算机能接收多种媒体信息
   B. 多媒体计算机能输出多种媒体信息
   C. 多媒体计算机能将多种媒体的信息融为一体进行处理
   D. 多媒体计算机能播放CD音乐

4. 目前，多媒体关键技术中还不包括_____。
   A. 数据压缩技术　　　　　　　　　B. 视频处理技术
   C. 神经元计算机技术　　　　　　　D. 虚拟现实技术

5. 以下不属于多媒体信息加工工具的是_____。
   A. Authorware　　　B. Photoshop　　　　C. Word　　　　　　D. Audio Editor

6. 下列描述不属于位图特点的是_____。
   A. 由数学公式来表述图中各元素
   B. 适合表现含有大量细节的画面
   C. 图像内容会因为放大而出现马赛克现象
   D. 与分辨率有关

7. 能反映位图图像颜色丰富程度的指标是_____。
   A. 位分辨率　　　　B. 图像分辨率　　　　C. 屏幕分辨率　　　D. 输出分辨率

8. Photoshop的功能非常强大，使用它处理的图主要是_____。
   A. 位图　　　　　　B. 剪贴画　　　　　　C. 矢量图　　　　　D. 卡通画

9. Photoshop的"减淡工具"与"加深工具"是通过调整颜色的_____来编辑图像的。
   A. 对比度　　　　　B. 浓度　　　　　　　C. 亮度　　　　　　D. 色相

10. 在Photoshop中，使用_____工具创建文本，不生成文字图层，而是生成字符形状的选区。
    A. 一般文字　　　　B. 蒙版文字　　　　　C. 路径文字　　　D. 变形文字

11. 在计算机动画中，比较关键的画面（即关键帧画面）_____。
    A. 由人工绘制完成

B. 由计算机自动计算完成

C. 有的需要人工绘制完成，有的需要计算机自动计算完成

D. 以上说法都不对

12. 以下哪一项是Flash的特点_____。

A. 动画中不包含位图　　　　　　　　B. 掌握困难

C. 动画文件容量较小及流式传输　　　D. 对计算机系统要求高

13. 在Flash中，以下不能用于创建补间形状动画的是_____。

A. 元件的实例　　　　　　　　　　　B. 使用"绘图工具"绘制的矢量图形

C. 完全分离的组合　　　　　　　　　D. 完全分离的位图

14. 在Flash的传统补间动画中，不能产生过渡的对象属性是_____。

A. 位置与大小　　　　　　　　　　　B. 形状

C. 旋转角度　　　　　　　　　　　　D. 颜色与不透明度（仅对实例）

15. 在Flash中，帧频是指_____的数量。

A. 每分钟要显示的动画帧　　　　　　B. 每秒要显示的动画帧

C. 每小时要显示的动画帧　　　　　　D. 以上都不对

16. 根据多媒体计算机产生数字音频方式的不同，可将数字音频划分为3类，_____除外。

A. 波形音频　　　B. MIDI音频　　　C. 流式音频　　　D. CD音频

17. Adobe Audition是一种处理和制作_____的多媒体工具软件。

A. 网页　　　　　B. 音频　　　　　C. 动画　　　　　D. 视频

18. 标准CD音频的采样频率为_____、量化位数为16位。

A. 20 kHz　　　　B. 22.05 kHz　　　C. 44.1 kHz　　　D. 88.2 kHz

19. 以下有关声音的描述中，正确的是_____。

A. 声音是一种与时间无关的连续波形

B. 利用计算机录音时，首先要对模拟声波进行编码

C. 利用计算机录音时，首先要对模拟声波进行采样

D. 数字声音的存储空间大小只与采样频率和量化位数有关

20. 某立体声音频的采样频率为44.1kHz，量化位数为8位，在不压缩的情况下1min这样的音频所需要的存储量可按_____公式计算。

A. $44.1 \times 1\,000 \times 8 \times 60$字节　　　　B. $44.1 \times 1\,000 \times 8 \times 60/8$字节

C. $44.1 \times 1\,000 \times 8 \times 2 \times 60/8$字节　　D. $44.1 \times 1\,000 \times 8 \times 2 \times 60/16$字节

21. 以下关于Windows系统下AVI视频格式的叙述中，正确的是_____。

A. 将视频信息与音频信息分别集中存放在文件中，然后进行压缩存储

B. 将视频信息与音频信息完全混合在一起，然后进行压缩存储

C. 将视频信息与音频信息交错存储并较好地解决了音频信息与视频信息同步的问题

D. 将视频信息与音频信息交错存储并较好地解决了音频失真问题

22. _____软件与Premiere的功能类似。

A. Audio Editor　　　　　　　　　　B. Video Editor

C. Flash　　　　　　　　　　　　　　D. PowerPoint

23. 在视频编辑软件中，视频轨道_____。

    A. 只能有一个   B. 只能有两个   C. 可以有多个   D. 以上都不对

24. 在视频编辑软件中，视频或音频轨道被锁定后，该轨道上的素材_____。

    A. 可以修改   B. 不可以修改   C. 有时可以修改   D. 以上都不对

25. 对传统数字媒体的集成的理解，以下叙述正确的是_____。

    A. 各单媒体素材往往以关联的方式合成到多媒体作品中

    B. 多媒体作品的最终文件大小与所用媒体素材的文件大小之间不存在直接的联系

    C. 多媒体作品的文件格式多种多样，相应地，播放工具也有多种

    D. 使用同步多媒体集成语言（Smil）将各媒体素材集成在一起

二、填空题

1. 在Photoshop中，如果要保存图像的多个图层，一般采用_____格式存储。

2. 在Photoshop中，滤镜实际上是使图像中的_____产生位移或颜色值发生变化等，从而使图像出现各种各样的特殊效果。

3. 在Flash中，_____类似于电视剧中的"集"或戏剧中的"幕"。它们将按照一定的顺序依次播放。

4. 在多媒体计算机系统中，音频的A/D和D/A转换都是通过_____完成的。

5. 利用前后帧画面的数据有许多共同之处，对数字视频进行压缩编码的方法，称为_____冗余编码。

三、图形图像处理

1. 利用"Aphoto1.jpg"制作模拟试卷1图（1）所示的效果，并以"myphoto1.jpg"为文件名存储起来。

    操作提示：

（1）对素材图片的水面区域使用"海洋波纹"滤镜。

（2）创建横排蒙版文字"湖光山色"（隶书、36点）。

（3）复制粘贴选区后添加"斜面和浮雕"图层样式。

2. 利用"书法.gif"设计制作模拟试卷1图（2）所示的效果，并以"myphoto2.jpg"为文件名存储起来。

模拟试卷1图（1）   模拟试卷1图（2）

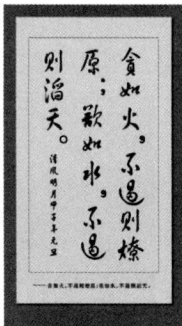

    操作提示：

（1）新建图像（大小为414像素×722像素），填充土黄色（#c28b4d），并添加纹理滤镜。

（2）新建图层1，创建矩形选区，填充浅黄色（#ffeec2）。添加 投影样式。取消选区。

（3）将"书法.gif"画面复制过来（得到图层2，位于图层1上面），缩小、调整位置，并将图层混合模式设置为"正片叠底"。

（4）在"书法文字"周围创建矩形线框（选区描边）。

（5）在所有图层的上面创建文本层"贪如火，不遏则燎原；欲如水，不遏则滔天。"

四、动画制作

1. 利用 "孙悟空.png" 与 "白云.png"，参照影片AYZ1.swf制作动画（见模拟试卷1图（3）），制作结果保存为 "A动画1.fla"，并以 "A动画1.swf" 为文件名导出影片。

操作提示：

（1）新建文档，设置舞台背景色为#0066CC，帧频为24帧/秒。将图片素材导入到库中。

（2）在图层1的首帧放置几朵静止的白云，一直显示到第120帧。

（3）新建图层2，利用库中素材创建从第1帧到120帧白云飘移的动画。

（4）新建图层3，放置在图层2与图层1之间。利用库中素材创建孙悟空的两段动画（从第1帧到60帧、从第61帧到120帧）。可选择菜单命令 "修改|变形|水平翻转" 将素材图片左右变向，并注意使孙悟空与白云在位置和速度两个方面协调。

2. 打开Asc2.fla文件，参照影片AYZ2.swf制作动画（见模拟试卷1图（4）），将结果保存为 "A动画2.fla"，并以 "A动画2.swf" 为文件名导出影片。

操作提示：

（1）设置舞台大小为400像素×300像素，帧频为12帧/秒。

（2）将库中 "背景" 图片插入到图层1的首帧，并显示至第80帧。

（3）新建图层2，将 "树枝" 图片放置在该图层，创建树枝从第1～第30帧，再到60帧上下摇动的动画效果（注意调整旋转中心），显示至第80帧。

（4）新建图层3，利用 "文字1" 元件和 "文字2" 元件，创建动画效果：从第1帧～第25帧静止显示 "青青绿草"，第26～第50帧变形为 "请勿踩踏"，静止显示至第80帧。

（5）新建图层4，将 "幕布" 元件插入到该层首帧舞台的左侧，静止显示到65帧，再创建第65帧～第80帧从左向右展开幕布的动画效果。

（6）利用 "蝴蝶组件1、2、3" 制作蝴蝶扇动翅膀的影片剪辑元件。

（7）在幕布图层下新建图层，命名为 "蝴蝶"，将 "蝴蝶" 元件放置在该图层首帧，并利用引导层创建蝴蝶在第31～第65帧沿路径飞舞的动画效果。

模拟试卷1图（3）　　　　　　　　　　　　　模拟试卷1图（4）

五、音频编辑

利用Audition CC软件将 "女声.wma" 转换为单声道，并以文件名 "Myvoice1.mp3" 保存起来。

操作提示：在 "波形" 视图选择菜单命令 "编辑|变换采样类型" 将素材音频转换为单声道。

六、视频处理

使用Premiere Pro CC视频编辑软件，参照效果video1yz.avi，利用 "背景.jpg" "相框.png" "麻

雀01.mpg""麻雀02.mpg""麻雀03.mp3"合成视频,将合成结果导出为AVI影片文件。

操作提示:

(1)新建项目文件,新建序列(画幅大小为940像素×600像素,方形像素),导入所有素材。

(2)将"麻雀01.mpg"与"麻雀02.mpg"首尾相连插入到V2轨道中,两段视频之间添加"交叉溶解"过渡效果。

(3)将"背景.jpg"插入到V1轨道中,将其持续时间延长到与"麻雀02.mpg"右端对齐。

(4)将"相框.png"插入到V3轨道中,同样将持续时间延长到与"麻雀02.mpg"右端对齐,并添加"颜色键"视频效果。

(5)创建标题字幕"可爱的小麻雀"(华文中宋、60点、红色、字距为30),放置在V4轨道上,并将持续时间延长到与"麻雀02.mpg"右端对齐。

(6)在A1轨道插入素材"麻雀03.mp3"。

七、多媒体合成

1. 利用Photoshop软件打开"PS素材01.jpg",利用通道抠选气泡并存储为透明背景的PNG图片[见模拟试卷1图(5)],以"图像处理01.png"为文件名存储到D:\下。

操作提示:

利用通道建立气泡选区,将气泡复制到新图层,删除背景层后将结果存储为PNG格式。

2. 打开Flash软件,利用"图像处理01.png"和"PS素材02.jpg"合成多媒体作品(效果参考"模拟卷素材\1\样张\合成01参考效果.swf")。将合成作品源文件"合成01.fla"及电影文件"合成01.swf"一起保存在D:\下。

操作提示:

(1)舞台大小与"PS素材02.jpg"一致,舞台颜色为黑色,帧频为24帧/秒。

(2)右侧气泡动画时间为第1~第100帧,左侧气泡动画时间为第10~第100帧(动画总长度为100帧)。

(3)气泡运动曲线如模拟试卷1图(6)所示,黑色区域表示舞台。左侧气泡运动中逆时针旋转1周。

(4)动画效果尽量与参考效果一致。

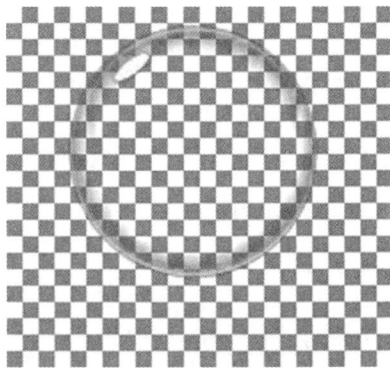

模拟试卷1图(5)

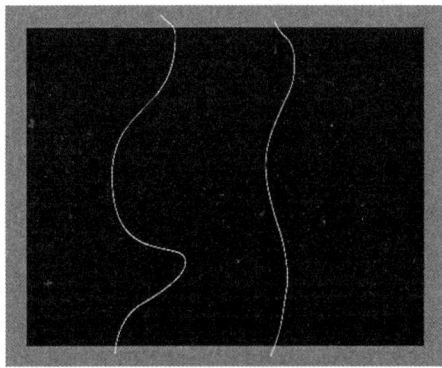

模拟试卷1图(6)

模拟试卷2

一、单选题

1. 计算机的多媒体技术是以计算机为工具，接收、处理和显示由_____等表示的信息的技术。

    A. 中文、英文、日文等　　　　　　　B. 文字、图像、动画、音频和视频等

    C. 拼音码、五笔字型码等　　　　　　　D. 键盘命令、鼠标操作等

2. 将连续的音频和视频信息压缩后放到网络媒体服务器上，让用户边下载边收看，这种技术称为_____。

    A. 流媒体技术　　　B. 网络技术　　　C. 压缩技术　　　D. 数字视频技术

3. 多媒体计算机软件系统不包括_____。

    A. 多媒体操作系统　　　　　　　　　B. 多媒体信息处理工具

    C. 多媒体设备驱动程序　　　　　　　D. 多媒体应用软件

4. 一种比较确切的说法是，多媒体计算机是能够_____的计算机。

    A. 接收多种媒体信息　　　　　　　　B. 输出多种媒体信息

    C. 播放CD音乐　　　　　　　　　　D. 将多种媒体信息融为一体进行处理

5. 下列多媒体信息处理软件中，_____是专门用来处理图像的。

    A. Photoshop　　　B. Flash　　　C. Authorware　　　D. Dreamweaver

6. 位图与矢量图比较，其优越之处在于_____。

    A. 对图像放大或缩小，图像内容不会出现模糊变形

    B. 适合表现含有大量细节的画面

    C. 容易对画面上的对象进行移动、缩放、旋转和扭曲等变换

    D. 一般来说，位图文件比矢量图文件容量要小

7. JPEG是_____。

    A. 一种压缩率较低的无损压缩方式　　B. 一种不可选择压缩率的有损压缩方式

    C. BMP、GIF等都采用的压缩标准　　D. 一种有较高压缩率的有损压缩方式

8. 关于Photoshop图层的说法，不正确是_____。

    A. 名称为"背景"或"Background"的图层不一定是背景层

    B. 对背景层不能进行移动、缩放和旋转等变换

    C. 新建图层总是位于当前层之上，并自动成为当前层

    D. 对背景层可以添加图层样式，但在文字层上不能使用图层样式

9. Photoshop的模糊工具和锐化工具用于改变图像的_____。

    A. 对比度　　　　B. 亮度　　　　C. 色相　　　　D. 饱和度

10. 在Photoshop CC中，"滤镜"命令执行完毕后，在"编辑"菜单中有一个"_____"命令，使用该命令可以调整滤镜效果的作用程度及混合模式。

    A. 撤销　　　　　B. 重复　　　　C. 返回　　　　D. 渐隐（Fade）

11. 在Flash中，以下对关键帧的叙述不正确的是_____。

    A. 是一种特殊的、表示对象特定状态（颜色、大小、位置、形状等）的帧

B. 空白关键帧不是关键帧

C. 一般表示一个变化的起点或终点，或变化过程中的一个特定的转折点

D. 关键帧是Flash动画的骨架和关键所在

12. 在Flash中，以下不能直接用于创建传统补间动画的是_____。

    A. 转化为影片剪辑元件的图形   B. 转化为图形元件的位图

    C. 处于分离状态的矢量图形   D. 转化为按钮元件文本

13. 在Flash中，用于创建补间形状动画的对象所满足的条件是_____。

    A. 矢量图形与非矢量图形都可以   B. 必须是矢量图形，否则必须将对象完全分离

    C. 以上说法都不正确   D. 必须是非矢量图形，否则必须组合对象

14. 在Flash动画中，每一帧都是关键帧的动画是_____。

    A. 传统补间动画   B. 多图层动画

    C. 补间形状动画   D. 逐帧动画

15. 在Flash中，下列有关补间动画的叙述中，不正确的是_____。

    A. 过渡帧由计算机通过首尾帧的特性以及动画属性计算得到

    B. 补间动画不需建立首尾两个关键帧的内容

    C. 动画效果主要依赖人眼的视觉暂留作用来实现

    D. 当帧频达到12帧/秒以上时，才能看到比较连续的动画

16. 在多媒体计算机中，_____是对音频信号进行A/D和D/A转换的设备。

    A. 声卡   B. 显卡   C. 解压缩卡   D. TV卡

17. 影响数字音频质量的主要因素有3个，_____除外。

    A. 声道数   B. 振幅   C. 采样频率   D. 量化精度

18. 某双声道音频，其量化位数为16位，采样频率为22.05kHz，在不压缩的情况下2min这种音频的数据量为_____。

    A. 5.29 MB   B. 10.09 MB   C. 21.16 MB   D. 88.2 MB

19. 以下有关MP3的描述中，正确的是_____。

    A. MP3音频采用无损压缩技术

    B. MP3音频采用有损压缩技术，音质较好

    C. 目前的音频压缩标准中其压缩比最高

    D. MP3音频音质好，所需存储量也高

20. 以下选项中，_____不是音频文件的扩展名。

    A. MID   B. WMV   C. CDA   D. WAV

21. 在Premiere中，音频轨道_____。

    A. 只能有一个   B. 只能有两个   C. 可以有多个   D. 以上都不对

22. 视频素材中如果包含音频，其视频和音频_____。

    A. 不可以分离   B. 有时可以分离   C. 可以分离   D. 以上都不对

23. 下列软件中，与Premiere不同类的是_____。

    A. Audio Editor   B. Video Editor   C. Video Studio   D. After Effects

24. 以下不属于视频文件格式的是_____。

    A. AVI格式   B. RM格式   C. MPEG格式   D. CDA格式

25. 下列对多媒体作品的理解错误的是_____。

    A. 仅仅使用多媒体集成软件将各单媒体素材简单"堆砌"，并不是好的多媒体作品

    B. 综合应用多种媒体形式，其目的是更好地表现主题

    C. 各媒体之间应建立有效的逻辑连接，利用不同媒体形式进行优势互补

    D. 具有"高超"的多媒体集成技术和手段的多媒体作品一定是好的多媒体作品

二、填空题

1. 在扩展名为OVL、GIF和BAT的文件中，代表图像的是_____。

2. 在Photoshop中，在包含矢量元素的图层（如文本层、形状层等）上使用滤镜，应首先对该图层进行_____化。

3. 在Flash中，_____的作用是组织和控制动画中的各个元素，其中的每一个小方格代表一帧。动画在播放时，一般是从左向右、依次播放每个帧中的画面。

4. 在Flash中，使用_____对话框可以设置Flash文档的标尺单位、舞台大小、背景颜色和帧频率等属性。

5. 传统的录像机和摄像机产生的视频信号一般是_____信号。

三、图形图像处理

1. 利用 "Bphoto1.jpg" 与 "Bphoto2.jpg" 制作模拟试卷2图（1）所示的效果，并以 "myphoto1.jpg" 为文件名存储起来。

操作提示：

（1）将 "Bphoto1.jpg" 的背景层转普通层，采用默认名称"图层0"。

（2）使用"魔棒工具"（选择"添加到选区"按钮、"容差"设为32、选中"连续"选项）依次加选中间的4个窗格内的白色区域。按Delete键删除白色像素，并取消选区。

（3）类似地，使用"魔棒工具"加选红褐色窗框（不含4个窗格内部的细边框）。依次选择菜单命令"编辑|拷贝"和"编辑|粘贴"，得到图层1。

（4）在图层1上添加"斜面和浮雕"图层样式。

（5）将 "Bphoto2.jpg" 的背景层复制过来，放置在最底层。

2. 利用"Bphoto3.jpg"与"Bphoto4.jpg"制作模拟试卷2图（2）所示的效果，并以"myphoto2.jpg"为文件名存储起来。

模拟试卷2图（1）

模拟试卷2图（2）

操作提示：

（1）在"Bphoto3.jpg"上创建圆形选区，使人物位于选区内的右侧。

（2）将背景色设置为白色。反转选区，按Delete键将选区删除为白色。

（3）再次反转选区，依次对选区进行6个像素的白色内部描边和1个像素的黑色描边。

（4）选择菜单命令"选择|变换选区"依次成比例缩小选区（保持中心不变），并进行白色描边，最后按Delete键将

最里面的小圆选区删除为白色。

（5）将"Bphoto4.jpg"中的图像复制过来，删除白色背景，缩小放置在如样张所示的位置。

（6）书写文字"上海音像教育出版社"（华文中宋、蓝色、14点）。

四、动画制作

1. 打开"Bsc1.fla"，参照样张（BYZ1.swf）制作动画，制作结果保存为"B动画1.fla"，并以"B动画1.swf"为文件名导出影片。

操作提示：

（1）设置舞台大小为900像素×450像素，背景色为黑色，帧频为12帧/秒。

（2）在图层1绘制850像素×400像素的白色矩形，与舞台居中对齐。

（3）将"红楼梦绘画.jpg"从库中拖动到舞台上，适当缩小，放置在白色矩形中央。

（4）在图层1的第100帧插入帧。

（5）仿照本书第6章在图层2制作左卷纸效果，在图层3制作右卷纸效果［见模拟试卷2图（3）］。

（6）在图层2的第1～第60帧创建左卷纸从画面中间向左移动的动画。在图层3的第1～第60帧创建右卷纸从画面中间向右移动的动画。

（7）新建图层4，放置在图层1与图层2之间。绘制矩形，垂直方向覆盖图层1中的白色矩形，水平方向左右两边分别位于左右卷纸的中间［见模拟试卷2图（4）］。

模拟试卷2图（3）　　　　　　　　　　　　模拟试卷2图（4）

（8）在图层4的第60帧插入关键帧，在水平方向放大矩形，使其左右两边分别位于该帧左右卷纸的中间。

（9）在图层4的第1帧插入补间形状动画，并将该层转换为遮罩层。

2. 打开"Bsc2.fla"，参照样张（BYZ2.swf）制作动画，制作结果保存为"B动画2.fla"，并以"B动画2.swf"为文件名导出影片。

操作提示：

（1）设置文档背景为绿色，将元件21放置在图层1，从第1帧显示至第50帧。

（2）将元件20放置在图层2，创建从第1～第40帧从舞台右边移动到左边的动画，并静止显示至第50帧。

（3）将元件22放置在图层3，从第30帧开始出现，第30～第45帧逐渐放大（水波效果）；第45帧后消失不见。

（4）将元件22放置在图层4，让其从第37帧开始出现，第37～第50帧逐渐放大［水波效果，与步骤（3）的水波同心］。

（5）创建按钮元件"replay"和"stop"，放置在背景层右下方。

（6）仿照本书第3章的"简单导航动画"为"replay"按钮添加代码，使得单击该按钮时动画重新播放；为"stop"按钮添加代码，使得单击该按钮时停止播放动画。

五、音频编辑

使用Audition CC音频编辑软件，利用"voice2.mp3"为散文朗诵音频"voice1.wav"配乐，将操作结果导出音频文件"Myvoice2.mp3"。

操作提示：

（1）在"多轨"视图下新建文件，导入两个音频素材文件。

（2）在"波形"视图下删除"voice2.mp3"中0:00.000~1:44.385之间的波形。

（3）在"波形"视图下为"voice1.wav"连续添加2次"降低嘶声（处理）"效果（参数默认），以去除该朗诵中的杂音。

（4）返回"多轨"视图。在轨道1开始插入步骤（3）处理过的"voice1.wav"；在轨道2开始插入步骤（2）处理过的"voice2.mp3"，并降低轨道2的音量，以突出散文朗诵的声音。

（5）为轨道2的音频剪辑设置"左侧淡入"效果。

（6）预览效果，并导出混缩音频文件"Myvoice2.mp3"。

六、视频处理

使用Premiere Pro CC 2015视频编辑软件，参照效果"video2yz.avi"，利用"斑马.mpg"和"斑马叫声.mp3"合成视频，将合成结果导出为AVI影片文件。

操作提示：

（1）新建项目文件，新建序列［画幅大小为720像素×576像素，像素纵横比为"宽银幕16∶9（1.4587）"］，导入所有素材。

（2）将"斑马.mpg"插入到V1轨道中，添加"阈值"视频效果（适当设置"级别"参数值）。

（3）将"斑马.mpg"插入到V2轨道中，添加"ProcAmp"效果（位于"调整"视频效果组），参数设置如模拟试卷2图（5）所示。

（4）将视频2轨道的"斑马.mpg"的前2s剪切掉，只保留2~6s的视频，并与V1轨道的"斑马.mpg"右对齐。

（5）在V2轨道的2~3s间创建"斑马.mpg"的不透明度动画（透明度从0变化到100%）。

（6）在A1轨道插入素材"斑马叫声.mp3"。最终的轨道结构如模拟试卷2图（6）所示。

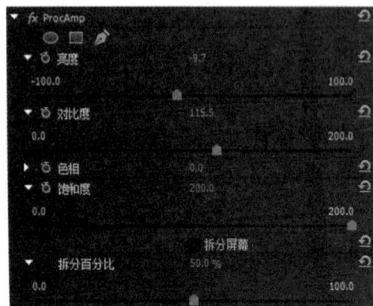

模拟试卷2图（5）

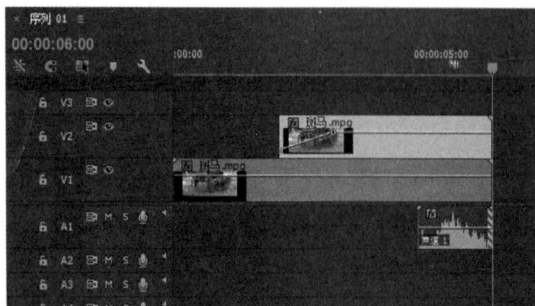

模拟试卷2图（6）

七、多媒体合成

1. 利用Photoshop软件，将"PS素材01.psd""PS素材02.jpg"处理成模拟试卷2图（7）所示的效果（"样张"文字除外）。将结果以"图像处理02.jpg"为文件名存储到D:\下。

要求：

（1）图像大小、颜色模式、分辨率与素材"PS 02.jpg"一致。

（2）效果尽量与样张一致（建议使用剪贴蒙版技术）。

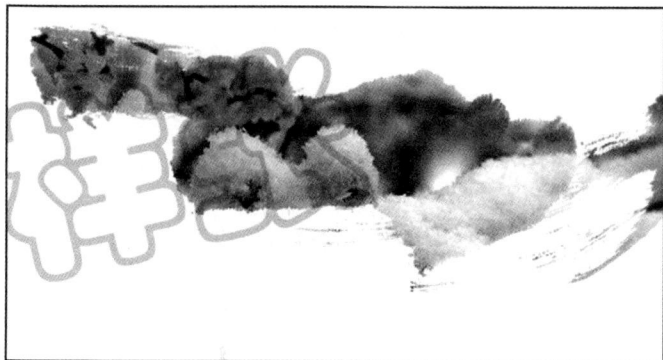

模拟试卷2图（7）

2．利用Flash软件，将"图像处理02.jpg"合成到多媒体作品（效果参考"模拟卷素材\2\样张\合成02参考效果.swf"）。将合成作品源文件"合成02.fla"及电影文件"合成02.swf"一起保存在D:\下。

要求：

（1）舞台大小为550像素×400像素，白色背景，帧频为12帧/秒。

（2）文字"梅须逊雪三分白"（微软雅黑（粗体）、18点、黑色）淡变出现动画占用20帧，停顿5帧后变形到文字"雪却输梅一段香"（变形时间为10帧，华文行楷、42点、红色），最后再停顿25帧（动画总长度为60帧）。

（3）效果尽量与样张一致。

参考文献

[1]　江红，李建芳，余青松. 多媒体技术及应用. 北京：清华大学出版社&北京交通大学出版社，2013.1.

[2]　王行恒，江红，李建芳，高爽，刘垚. 大学计算机软件应用. 2版. 北京：清华大学出版社，2007.5.

[3]　Ed Bott,Carl Siechert,Craig Stinson. Windows 10 Inside Out,2nd Edition. Washington:Microsoft Press,2016.

[4]　Rob Tidrow,Jim Boyce,Jeffrey R. Shapiro. Windows 10 Bible. Indianapolis:Iohn Wiley & Sons,Inc,2015.

[5]　（美）罗马尼罗. Photoshop CS从入门到精通（魏海萍等 译）. 北京：电子工业出版社，2004.

[6]　李金明，李金蓉. 中文版Photoshop CC完全自学教程. 北京：人民邮电出版社，2014.

[7]　新视角文化行. Photoshop CS6中文版平面设计实战从入门到精通. 北京：人民邮电出版社，2013.

[8]　唯美世界. 中文版Photoshop CC从入门到精通（微课视频版）. 北京：中国水利水电出版社，2017.

[9]　李建芳，杨云，高爽. Photoshop平面设计（CC版）. 北京：清华大学出版社&北京交通大学出版社，2018.

[10]　李建芳. Photoshop CC案例教程. 3版. 北京：北京大学出版社，2016.

[11]　叶华，马颖. 新概念Illustrator CS3教程. 5版. 北京：北京科技出版社，2008.

[12]　李建芳. 3ds Max 2011案例教程. 北京：北京大学出版社，2012.

[13]　林贵雄，吕军辉. 计算机绘谱. 北京：清华大学出版社，2007.

[14]　Adobe公司. Adobe Audition CC 经典教程.贾楠,译. 北京：人民邮电出版社，2014.

[15]　杨端阳. 电脑音乐家Audition CC 2017. 北京：清华大学出版社，2016.

[16]　王志新，彭聪，陈小东. After Effects CS5影视后期合成实战从入门到精通. 北京：人民邮电出版社，2012.